中国建筑口述史文库

【第四辑】

地方记忆与社区营造

主编 赵 琳 贾 超

中国 · 上海

建苑旧事交口传
营造拾遗续丹青

常青辛丑春日於沪上

目 录

口述史工作经验交流及论文　233

历史照片识读　331

附录　339

近现代建筑教育

- 金振声先生谈华南理工大学早期建筑教育历史（钱锋）
- 刘先觉先生谈后现代主义建筑及外国建筑史教材的编写（卢永毅、王伟鹏、汪晓茜）
- 奚树祥先生忆郭湖生先生（李鸽）
- 清华大学阚永魁老师谈留学苏联（李萌）
- 湖南大学建筑学科办学历史回顾——访谈巫纪光教授（刘晖、何思晴）
- 黄汇先生忆 20 世纪五六十年代清华大学建筑系教学情况（刘亦师、王睿智）
- 黄锡璆先生谈赴比利时鲁汶大学留学经历与北京小汤山医院设计（戴路、李怡）

金振声先生谈华南理工大学早期建筑教育历史[1]

受访者简介

金振声（1927—2014）

男，生于1927年5月，浙江杭州人。1944年毕业于江西赣州赣南联立正气中学，考入因抗战迁往粤北坪石的国立中山大学建筑工程学系[2]。1948年本科毕业，曾到湖北武昌任市政府建筑科技士，因不满于国民党的统治，经常阅读进步书刊并与进步友人书信来往，遭逮捕入狱，后由家人设法保释。1949年到江西永新四维中学任数学教员。1950年1月，由国立中山大学工学院院长兼建筑工程学系主任龙庆忠[3]教授推荐，到国立中山大学建筑工程学系任教。1952年华南工学院成立，继续在建筑工程学系任教。1961年华南工学院建筑工程系成立亚热带建筑研究室，任副主任（陈伯齐[4]任主任）。1981—1984年任华南工学院建筑系主任；1991年1月在华南理工大学退休。多年主讲住宅建筑原理与设计课程，任职期间大力推动华南工学院建筑系与欧美国家，以及中国香港等地区建筑院校之间的学术交流和互访活动。主要学术研究方向为南方地区住宅建筑，主要学术著作《房屋建筑学》《住宅建筑设计原理》等，编有《广州旧住宅调查图集》，发表科研论文《广州旧住宅建筑降温处理》《南方地区城市住宅建筑设计多样化研究》《珠江三角洲地区农村住宅居住环境设计问题》（1989年获广州市科协优秀论文二等奖）。1957年在"全国厂矿职工住宅设计竞赛"中获三等奖，1979年在"广东省城市住宅设计方案竞赛"评选中，主创的两个设计作品分获二等奖和三等奖。改革开放后，主持并参与设计深圳园岭居住小区等大量住宅建筑工程项目，以及湛江市波头区龙头镇镇区总体规划、吴川县塘缀镇总体规划修编与中心区详细规划等实践项目。

采访者： 钱锋（同济大学建筑与城市规划学院）
文稿整理： 钱锋、罗元胜
访谈时间： 2004年1月12日
访谈地点： 广东省广州市华南理工大学红楼办公室
整理情况： 2020年12月6日整理，2020年12月20日定稿
审阅情况： 未经金振声教授审阅，经彭长歆教授审阅修改
访谈背景： 采访者为了撰写博士学位论文《现代建筑教育在中国（1920s—1980s）》，采访了国内各高校建筑学科的一些老师，以了解各校现代建筑教育发展的历史情况。在华南理工大学访谈了金振声教授。

金振声教授

金振声　以下简称金
钱　锋　以下简称钱

| 金　我 1944—1948 年在校读书。1944 年我们进中山大学，因为日本人入侵，学校当时迁到了坪石。坪石在粤汉铁路（今京广线）以北，如果坐火车就会经过那个站。在此之前，学校本来准备搬到云南，我们也一起去，但后来大概是感觉不太适应那个地方，不是去昆明那些大城市，就没有去。当时有很多学校去了云南，比如西南联大也是在云南。我们学校后来去了云南澄江[5]，待了一段时间，还是觉得不太适应，因为有很多是广东同学，后来就又搬回来了。因为日本人打了一段时间后好像也不再打了，学校就搬回了坪石，一直待在那里好多年。1944 年，日本投降的前一年，他们败退的时候，打通粤汉铁路，我们刚好在粤汉线上，被他们一打，打得四分五散。

我是 1944 年入学，9 月考试，发了榜后去坪石入学。在那里读了还不到一个月，日本人就打来了。当时学校分成了三堆，一堆人跑到粤北连县一带，那里是山区；一堆人跑到东江（兴宁、梅县）一带；还有一堆人，没有跟着学校跑，回家了。连县、东江曾一度复课，等学生们看到报纸叫他们来上课，已经是日本人投降了。那时消息不太灵通，学生们各自学习课程的情况都不一样，就不太好谈。我们复原到这里（即广州五山中山大学旧址）后，一直到年底都还不能正常上学，因为原来日本人派遣华南地区的司令部就在我们校园，国民党的新一军到这里来接收，当时有很多俘虏在这里。10 月份到这里来，还看到很多俘虏，住在学生宿舍里，我们就没地方住了。教室里上课的课桌椅都没有，上课时，每人发一个小凳子，一个小图板，就像延安革命大学似的。

这样子进行了一学期，有些课程补了，有些课程延后半年，一直到 1948 年我们毕业。但后面 1946—1948 年之间有内战，总是搞运动，有时上课，有时不上，有些学生认真一些，会按时交作业，有些学生就不一定能按时交作业。考试他会来参加，作业就后来补一下。同学之间也不完全都同时在一起学习，不像你们现在上课那样，大家都相互了解。我们同其他学校有些不同，其他学校抗战开始时经过一些折腾，基本上就稳定了。后来虽然有内战，但也还好。而我们来了还不能马上上课，再加上时间也长了，教学内容有些还记得一些，有些就不记得了，像要做哪些作业，都不能完全记得住，只能提供一些参考。

钱 我这里有一份档案是当时的课程表，有些课程内容想向您请教一下。这里有徒手画，这是什么课？

| 金 其实就是素描课。徒手画就是用铅笔，画个物体的形态。

钱 是不是有些像速写？

| 金 它当时分了一分，其实内容都是一样的。以前上课，讲课的内容都是老师自己定的，不像我们现在有教学大纲。当时每个老师的学风，或者学派，都是受他原来所受教育的影响，另外也和他自己的喜好有关。

比如我们当时画素描和水彩的有两个教授，两个人的技巧、特点都不同。一个老师主张写实，结合当时的学生运动，强调表现劳苦大众、下层受压迫的人民的形象和环境。他总带我们到外面去写生。跑到菜场里，看到有人挑担子，他就叫我们赶快画下来。甚至还找来一个五六十岁的校工，脸上有很多皱纹的，叫我们画他的手。另一位老师的主张就完全不一样，他总是叫我们画水果、花卉，等等。一种是写实的，一种是学院派的。后来这个强调写实的老师也自成一派了，在广州很有一些名气。他叫符罗飞[6]，是个老革命，参加过地下党，斗争了很多年。他是意大利留学的，也搞些水彩，但以素描为主，不大主张搞静物写生一类。另一位老师是丁纪凌[7]。

他们两个作风完全不同，上课要求也不同。我们也搞不清楚，老师叫我们怎么画就怎么画。丁纪凌以教水彩为主，我们打基础就是以符罗飞为主的。符罗飞让我们这样画，我们就照着做了，但后来丁纪凌又和我们说不要这么画。以前的学校就是有这样的特点，老师自己从哪儿来的，师承谁，他教的时候就会要求以这个为主。到底用不用，怎么用，是你自己的事情。

钱 这里有“建筑初则及建筑画”，主要是什么内容？

| 金 这个就是“建筑初步”了，包括刚开始时的画图，写字，练习线条、符号等，粗细线、直曲线、材质纹样一类。后来还画西方建筑柱式（Orders），五柱式，用线条画，教你怎么用丁字尺、怎么画弧线、线头怎么交接，通常要十字交叉，怎么将铅笔线画得粗细一致。当时主要用铅笔、鸭嘴笔。用鸭嘴笔也得有技巧，不然会画不均匀或者漏墨。“建筑初则”就是这些基本练习，“建筑画”后来还画过平面图、立面图等。

钱 五柱范有没有要求渲染？

| 金 没有。我们当时读书时很不规范，图板都没有，有了图板我们都二年级了。到二年级也没有哪位老师来教你，因为（到了二年级）老师不管这些初级的练习。

我们当时把这个训练叫作“墨彩渲染”，因为墨彩渲染是整个渲染，包括色彩的基础，它能用单色表达明暗、深浅、褪晕……如果能够掌握墨彩，之后用彩色就容易了。但我们因为各种原因并没有练习过。不过后来设计中也要做一些彩色图，就自己琢磨。老师也不会直接教你怎么画，往往你交来一张图，他只会说你哪里表现得不好，比如说你的树画得不好，就得靠你自己去做。我们提高的主要途径是通过高年级同学，高年级同学说：“哎，老弟，你这里不行呀！”“哎呀，不行，你快点教我呀！”有时候，请他饮茶都有。我们以前学这些基础的东西，除了老师教以外，低年级向高年级学习，同班同学互相学习，都是十分重要的。这不像我们现在的课程，一二年级的老师都教得很细的。

钱 您前后几届学生有没有经过渲染练习？

丨金 大概在解放前的时候，有些班级好像有，但不像解放后，特别是学习苏联后那么厉害。苏联那时有一份教学大纲，教学要求、指示书、步骤应该怎样都讲得很详细。那时才是比较正规的照章办事。当时我们留下做老师的也是边教边学，要看书，自己学。过了一两年以后，就基本掌握了。

钱 您当时的建筑图案设计课做了些什么？

丨金 我印象不太深了。我们学习时，系里并没有将四年的课程公开贴出来过，学的时候也没有人告诉你，这个学期要学哪些课，不像我们现在都讲得清清楚楚。那时候，设计老师可能还接触得多一些，有些老师都是上完课就走的，连他姓什么都不知道。上课也没有教科书，都是听老师讲，做笔记。解放以后对这方面就很重视了，搞了统编的教科书。早期老师拿的教材都是外文的，一边翻，一边讲，所以他这个课讲多长时间，下学期还有没有，都不一定知道。

钱 您的课表里还有木工、工厂实习？

丨金 我印象中好像没有进行过这一类的实习。参观是有的，老师也开事务所，有时候会带我们去看看作品，是否算实习我不清楚。看这些课这么多，我都觉得很奇怪，好像没有上过这么多的课。

上设计课，老师也并不一定每个星期都来，有时候他来，有时候他不来，你要到他家里去。有些老师来时，也会去你的宿舍，可能想起来上次没看到你的图。这方面不像我们现在这么正规。当时很自由。

钱 为什么课程表里同时有建筑设计课和建筑计划课，它们有什么区别？

丨金 建筑计划其实就是建筑原理。

钱 好像后来也有建筑原理课的。

丨金 每个学期系里定一份计划，并不是一次就定好四年的，系主任定各个年级的课程，都是临时定，名称有可能是在这个时候调整的。1952 年学习苏联，全国同样一份计划，第二年再一份。每年排课，可能对名称、周数有些调整，包括徒手画、素描等都是类似的情况。

钱 理论课讲些什么内容呢，是讲构图原理吗？

丨金 构图原理课有的，讲比例、均衡、主次，英文书“*Composition*”[8] 是我们的经典读本。每一班我看都是教这个内容。老师一边翻看英文书，一边讲。当时老师叫杜汝俭[9]。

钱 1948 年时他是副教授。

丨金 一般留学回来的，都是副教授以上。

钱 当时有哪些课程，是哪些老师教的？

丨金 我们的课有中国营造法，主要讲“营造则例”，中国古建筑构造，有关宋和清朝的，龙庆忠老师教授。设计课是不同老师教的，老师有黄培芬[10]，好像原来是菲律宾大学（菲律宾马保亚工程大学）留学的，只教了一两年，后来去了香港。另外有夏昌世[11]、杜汝俭、陈伯齐、林克明[12]。林克明 1950 年、1951 年去了广州都市计划委员会，前几年设计院请他来做教授，他是最资深的，相当于上海的陈植。

钱 各位老师上课有什么样的特点？

| 金 以前我们读书也不大区分，不过从现在的角度来看，他们每个人的指导都有各自的特点和要求。我们学校的特点是这些老师都是从不同国家留学来的，不是说以哪一家为主，不像说如果都是从美国回来的，可能比较注重艺术和审美；如果从德国、日本回来的，比较注重功能、技术，因为日本是学德国的，德国有包豪斯，直到现在，德国仍然是以技术为主的。

我们这些老师，有从德国、日本、意大利、法国回来的，美国后来也有，我读书的时候好像没有。德国回来的有夏昌世、陈伯齐、丁纪凌，好像还有个教结构的。意大利回来的有符罗飞。法国回来的有林克明，另外教材料的金泽光[13]也是，他后来去做了广州市建设局的总工程师。日本回来的有龙庆忠，好像也教过设计，陈伯齐也留过日。这些老师留学欧洲和日本的比较多，美国的比较少，教学中对技术构造、功能很重视。是否符合功能要求这是其一，另外技术上能不能做得出也很重要。要是做不出来，你这方案再好也不行。对施工图、建筑构造要求比较多一些。有时候我们看杂志，有大跨度什么的，我们就做上去，老师会问你怎么做呀，一下子就没话讲了。问你柱网怎么布置，那时刚二三年级，结构也没学过，也不大懂的，可能教学中这方面比较重视一些。1949 年后我们进过一个美国回来的老师。因为老师们的背景不一样，所以并没有一个明确一致的地方。

钱 当时您做过哪些作业？

| 金 做过集合住宅、医院、商场、影剧院，没有工业建筑，工业建筑是解放后才有的。这几个可能类型不同，结构也有些不同，所以有些印象。其他还做过什么就记不清了。过去给的题目没有设计任务书，大概告诉你规模大小，是高层还是低层，你自己去做，不像我们现在规定得很死，一个地形给你，房间也给你。当时我们都自己去想，场地也是自己设想，所以每个人的方案都不大相同。表现方法也随便的，可以画水彩、墨彩，或者钢笔线条，没有统一的要求。学生们各展所长。自己尝试一种方法的也有，高班同学来指点两下，画两笔的也有。

那时也没什么助教，一个教授带一大帮学生，自己还要开事务所，物价也在飞涨，所以有些老师会来看看，有些老师也不来。学生们有时会翻看杂志，学一学。

你所列的这些课程中，建筑卫生、实业计划、经济学这些我都没有什么印象，都市计划没有做作业，就是讲理论，是陈伯齐教的。室内设计也没印象，也可能是结合在设计课里了。模型是自己做，老师并没有一定要求。学生们拿硬皮纸剪出大概的形状，非常简单的、辅助设计的草模。当时条件有限，这样做的也不多。老师有时会讲一讲，因为他们在国外时看到过，但得学生去做才行。那时全班同学全部能来上课的情况都很少。

中大的外省人不多，因为语言问题，老师们都是广东人，多讲广东话。龙庆忠是外省人，非讲普通话不可。有些老师会讲普通话，我们一些外省同学，希望老师用普通话上课，但老师讲普通话，广东同学又听不懂，只好作罢。语言也会影响学习。广东同学毕业也不大去外地工作，大多往国外跑，因为华侨多。广东人都觉得广东最好，气候、饮食都很好。解放前毕业生去外地的很少，解放后因为工作需要，才有不少人去了外地，退休后他们也大多回来，地方观念也会有些影响。

钱 中山大学后来成为华南工学院后有什么样的变化？

| 金 教学方面还是改进了很多的，过去的学校比较放手。

钱 以前教学里有没有强调过要做“固有式”建筑?

| 金 老师没有很强调这个东西，但学生有时候会想尝试一下。老师教学主要根据他自己所受的教育。设计老师主要是留德、留日的，他们的观点比较接近，他们会觉得“固有式”建筑没什么好搞的。老师们会有不同，但重点不是在这个地方。

但 1949 年后，当时受梁思成大屋顶思想的影响，这时候大家对传统中国建筑就比较重视了。我们也曾在 1953 年、1954 年时，全系去收集一些材料，当时在国内八所建筑院校[14]，除了清华大学本身就有很深的传统，大家都在收集传统建筑的资料，河南白马寺等。刚才说的过去一些不大讲中国建筑的也都去了，这样影响就很大了。后来又批判复古主义，这些起伏，全国都差不多。在 1949 年前，没有重点强调过传统建筑，比如像南工[15]刘敦桢[16]那样，他是很有基础的。

老师们大多是广东人，现在要搞中国传统建筑，北方和南方是有不同的，特别是有气候、文化的问题。当时的认识是这样，当然现在就更多了，还有环境、人文等问题。北京是四合院、广东是三合院，还有南方当地的一些追求，属于岭南建筑。再提高一些，就是亚热带建筑。后来我们搞了个亚热带建筑研究室，专门研究通风、降温等问题，将这方面深化下去。开始大家都是笼笼统统，强调大屋顶，中山纪念堂就是北方大屋顶，不是南方的，但它也有些地方特点或者结合了西方的内容，搞了八角攒尖的屋顶，这不是国内典型的。

钱 学苏对设计教学有没有影响?

| 金 有啊，设计教学要全按它的一套，苏联要六年，我们用了五年。清华大学好像是六年。课程名称都是统一的，建筑分工业建筑、民用建筑，民用里分居住、公共，等等。课程与内容都规定得很清楚。另外搞了专业，以后工作也很明确就是做这个方向，一个萝卜一个坑，你没法去干别的。

另外，以前的“土木”后来叫“工民建”，“建筑学”的名称也是学苏联的，以前没有用“建筑学”来与“工业与民用（建筑）”区分，不知道当时怎么就翻译成“工业与民用”了，搞得后来很多人考试时都不清楚这些专业的区别。这都是受苏联的影响，照搬过来的。当时强调“一边倒”学苏，认为“一边倒”才能清除欧美的影响。

学苏以后好像是1956年，开全国统一教学计划讨论会。那时同济大学是冯纪忠去的，我们系也有人去。当时专业已经建了这么久了，大家讨论制定共同的教学计划，所以我们越来越统一了。有了课，没有人员的要想办法补充。从前有些课程列了，如果没有老师，也不一定开。而且如果来了个老师，他也可能不教这个课，教别的课，取一个近似的名称。现在就不一样了，定这个计划你就得开课，师资不够就去培养。

钱 学苏对设计有没有影响，当时是否强调“民族形式”?

| 金 有的，有一段时间强调民族形式。

钱 老师上课时对学生有要求吗?

| 金 不一定说是老师要求，学生也是适应潮流吧。学生看到有些杂志，会去思考这些问题。国内一个时期也建了不少这样的建筑，北京是最典型的，以前地质部大楼等，东西长安街上也有很多。学生看一看，报纸上登出来，《建筑学报》也登，学生就想尝试一下，看看有什么不同。将来到社会上去，他们可能也会遇到要设计这样的东西，所以有一段时间，很多学生用大屋顶，旅馆、商店等设计都是大屋顶。

还有就是设计内容比较具体和明确，一个个类型做下来，每个类型做几个，设计技巧怎么样，都安排得很详细。比方说一年级徒手画、二年级素描、三年级钢笔画等，什么时候综合，都安排好。还强调了实习的环节，以前并非没有实习，但是可有可无的。后来，认识实习、生产实习、毕业实习，种类很多样。还有强调老师要写教学大纲、讲义。考试也改了，用笔试。这些方面，我觉得学苏之后有根本改变。要求很具体，很明确，有些东西很细致。好处是有的，但也带来了些问题，就是大家只能这样做。各个学校条件、师资不同，各个地方的环境、建筑发展、学术研究水平、成果都不同，在满足统一培养人才的要求下，是不是还应该发挥学校的专长和特色。当然现在又不同了，又增加了市场经济的需求。

钱 “民族形式”是不是在1955年、1956年“反浪费运动”后就低潮一些了？大概哪一年开始低落？

| 金 大概要到“设计思想革命”的六几年，批判一方面是形式问题，大屋顶、复古主义；另一方面是结构上“肥梁、胖柱、深基”，很保守。后来节约三大材料，原来要粉刷的也不粉刷了，又走过头了。在这以前也批判过复古，但这个时候是作为一个运动开始的，以后大家就很少搞大屋顶了。

钱 广州的建筑好像当时复古的也不太多。

| 金 广东没有北方所受的影响大，可能因为复古的发源地是在北京，当地官员比较欣赏。广东地区可能受历史的影响，和国外接触比较多，你看广东的民居，它不像北京四合院一直是这样，它有变化。你有没有去过广州的一些华侨之乡，台山、开平等，他们建新房子，一般都有一些改变，不仅平面布局（平面可能还有些原来的样子），它的材料、装饰都逐渐表现出西方的影响，屋顶也是。它在吸收外来文化方面，变化还是比较明显的。比如碉楼都是用钢筋混凝土的。开平的碉楼很多，高五六层，一有什么治安问题，抢劫、械斗，整个一家或几家人都在碉楼里躲避，门、窗都是钢的，阳台挑出来的，墙面上还有枪洞，形成它独特的建筑风格。它不是防外敌，是防本地土匪，因为华侨多，家里有钱，可能会遭抢劫。有的村里做好几个碉楼，起瞭望、保卫的作用。

大屋顶的建筑，广州也做过几幢，比如中山纪念堂。1954年左右也做过，好像一个市政府的宿舍做了大屋顶，大家看了也觉得很怪。那个老总解释了一下，他是市政设计院的，说大屋顶在当时很时兴。后来这个倾向就不太突出了。我们学校是在解放前，邹鲁[17]做校长的时候，国民党西山派（戴季陶）一些元老在孙中山去世时，为了纪念他，到国外找华侨集资建的。他提出来要红墙绿瓦。建筑还没有全建好，刚建了几幢，就打仗了。有些是完全照旧的，有些也有变化。比如文学楼，柱子和墙面用了我们叫的“意大利批荡”（水磨石）。

钱 是不是广州一直和海外关系比较密切？解放后联系还存在吗？

| 金 它有个最近的地方，就是香港。解放后和外面的联系就少得多了，进出不大方便，控制得比较严，出去要审批的。要有亲戚、父母在外，接受遗产之类的情况才可以。要去留学或一般没什么特别的事情都不让去。但是那边来的人还是有的，有不少亲友，我们都欢迎他们回来。对外信息的交流，这里比外地的条件要好一些。以前讲笑话，广东人要讲政治条件、海外关系，很多人都是不能做工作的，每个人家都有外面的亲戚，没有办法避免。另外你看，在这里一开电视，就可以看到香港的广告，在外地是看不到的。这些都是这里的地理条件决定的。

钱 “大跃进”的时候对学校有什么影响？

丨金　最大的影响就是搞人民公社，组织学生下放帮助搞规划和设计，也结合这些教学。高年级搞设计，低年级帮着画图，点草皮，全部都出去了。高低年级混合组班，由老师带队，一起做。做一些项目包括工人食堂（当时都是“大锅饭”）、青年之家、宿舍设计等，有些建了，当然后来也拆了。有些镇做得很大，还有检阅场、主席台什么的，有些甚至连飞机场都准备了，敢想敢为嘛。不过这个是个别的。我们还出过一本书。当时这些设计《建筑学报》也报道了很多，全国整个形势都是这样。后来发现不对了，去了两三年后又回来了，再重新补课。后来“文革”也搞了类似的运动，你们同济大学成立了“五七公社”，结果听说外事都很难办，学生后来要出去留学，如果是“五七公社”毕业，国外学校很难承认他们的学历。

钱　当时华南工学院有没有做“十大建筑”？

丨金　广东没有搞“十大建筑”，搞人民公社是后期。北京的“十大建筑”，我们这里也有老师去讨论方案，好像陈伯齐去了，做评委，不过我们这里没有负责过方案，不像清华、南工那样。

钱　1952 年后的课程情况是怎么样的?

丨金　当时的初步课主要有写仿宋字，包括中英文和数字、线条练习、墨彩渲染（一些小建筑如门、牌坊等），也画西方柱式，画一两个，因为曲线比较多，可以练线条。然后就做一个小设计，一般是小住宅，有时做个门楼（公园入口等）。

钱　小门楼有没有要求按古典的做?

丨金　有的，有些坡顶，中国传统建筑的屋顶。但没有西方样式的，那时做西式的不太好办。

钱　学生做设计时，是不是既有做民族形式的，也有不是的?

丨金　都有的。以后做设计也没有规定每个都要用民族形式，只是在一年级时训练一下，之后随便用什么样式，自己做。除非有特殊要求做古建筑形式的，但一般没有统一要求说这次设计都用古建筑形式。不过学生有时会做一些，特别是高年级，低年级学生一般不敢做，因为他们建筑营造法还没学过，怕画得不对。到了高年级，做毕业设计的时候有学生这样做的。毕业设计提“真刀真枪”是后来的事了，（20 世纪）60 年代的时候要毕业设计联系实际，提出这样的口号。以前 50 年代没有这样，还是以方案为主，老师也不干涉，你想怎么做都可以。大概当时学生看北京做了很多民族形式的建筑，也有些心痒的。

老师心里对有些东西也并不都是很赞成的，比如做人民公社代替教学，等等。你们学校成立“五七公社”，我们搞过“包承组”（音）。当时工农兵学员的时期，学生都是从底下推荐上来的，“复课闹革命”（20 世纪 70 年代初），来的学生程度不一，老师怎么教呢?索性就分成一个班就是一个“包承组”，老师有教设计的、有教结构的、有教施工的，有低年级老师，也有高年级老师，一个组找一个工地，一边做，一边上课，三年之中的教学都是这个组包掉，中间不再调动学生。你们学校是不是这样我不知道。后来这样也不行，因为老师的工作量也不同，比如教结构、构造的，到那里也没有多少好教，所以情况也挺复杂的，后来这种方式就取消了。1978 年之后重新恢复了正常教学。

钱　好的，非常感谢您的介绍。

1 本文由国家自然科学基金资助（项目批准号：51778425）。本文注释中人物介绍参考：彭长歆、庄少庞《华南建筑八十年：华南理工大学建筑学科大事记（1932—2012）》（广州：华南理工大学出版社，2012年）。感谢彭长歆教授为本文提供的帮助。

2 华南理工大学建筑系的前身是1932年因筹办勷勤大学改组广东省立工业专门学校中新成立的建筑系，林克明任系主任。1933年8月，省立工专并入勷勤大学成为工学院，下设建筑工程学系。1938年，日军进犯广州，勷勤大学建筑系迁往广东云浮县。同年，建筑系随勷勤大学工学院整体并入国立中山大学工学院，胡德元、虞炳烈、卫梓松等先后担任系主任。1952年院系调整后，国立中山大学建筑系整体并入新成立的华南工学院，黄适、陈伯齐等先后担任系主任。

3 龙庆忠（1903—1996），原名龙昺吟，字非了，号文行，江西永新县人。1926年留学于日本东京工业大学建筑科，毕业回国，就职于东北南满铁路局。1931年"九一八"事变后南下，1932年任河南省建设厅、省政府秘书处技术室技正。1941年任教重庆大学建筑工程系，同年兼任中央大学建筑工程系副教授。1943年于内迁的同济大学土木工程系任教，1945年任中山大学建筑系教授、系主任（1948），工学院院长，1952年后任华南工学院建筑系教授。在古建筑学研究方面成绩卓著，享有"北梁南龙"（"北梁"指北京梁思成先生）之称。著作有《建筑图解力学》《建筑论》《园林学》《营舍法》《中国古建筑防灾措施》《中国古代建筑结构设计论》《中国建筑与中华民族》等。

4 陈伯齐（1903—1973），广东台山人。1931年入日本东京高等工业学校特设预科学习，1934—1939年就读于德国柏林工业大学建筑系，1940年回国。1940—1943年任重庆大学建筑工程系教授兼系主任，1943年任同济大学土木系教授兼建筑组主任，1946—1952年任中山大学建筑系教授、系主任（1951—1952）。1951年参与华南土特产交流会总平面规划及中央舞台、省际馆设计。1952—1973年任华南工学院建筑系教授，广东省政协第二、三届委员（1960、1963）。

5 彭长歆教授指出，金振声先生入学时学校已从云南迁回，没有再迁云南之意，这里金先生表述得不太清晰。

6 符罗飞（1897—1971），广东文昌县人。1922入上海美术专科学校半工半读，学国画、西画两种，1926年毕业，同年加入中国共产党，组织云涛画会。1927年参加上海工人武装起义。1929年冬赴法国，途中因病滞留意大利那不勒斯，在那不勒斯陶器工艺学校半工半读，向伯特利（Paolo Vetri）学习绘画。1930年秋至1933年，于罗马皇家美术大学研究院绘画系学习，师从卡罗·维埃罗（Carlo Siviero）和格鲁塞·卡兹罗（Glusep Caschro）。1931年兼任意大利东方学院中文讲师（后晋升副教授），1935年应邀参加[意]威尼斯国际艺术赛会，出版《符罗飞油画集》。1938年回国，参加抗日救亡运动，在香港举办画展（又称"抗战画展"）。1940—1941年，任广西省政府参议员（半年），广西桂岭师范学校图画教员。1942—1952年，任国立中山大学建筑系教授，兼任湖南工业专科学校建筑系主任及教授（1943）。1952年后，任华南工学院建筑系教授。曾任中国美术家协会广东分会副主席、广州市政协委员、中国美协理事等。在"文革"中遭受冲击，1971年去世。1984年，人民美术出版社收集他的遗作，出版《符罗飞画集》。

7 丁纪凌（1913—2001），广东东莞人。1935年入德国柏林联合美术大学建筑雕刻系学习，1938年毕业。1939年在云南加入中山大学建筑系，1940年6月—1943年7月随学校入驻坪石。1947年受汕头市政厅委托建造孙中山巨型铜像，1957年3月加入九三学社。1958—1972年在广东建筑专科学校任教，在华南工学院建筑学院恢复高考后重回学校任教，1978年后入学的几届本科生均有幸接受他的美术指导。

8 访谈时金先生说是有关"Composition"的一本书，并没有说清是哪一本，现他已去世，无法询问清楚，根据他提及内容包括比例、均衡、主次，推测可能是*The Principles of Architectural Composition*。参见Howard Robertson. *The Principles of Architectural Composition*. London: The Architectural Press, 1924。

9 杜汝俭（1916—2001），广东顺德人。1935年入学勷勤大学，1939年毕业于中山大学建筑工程系，后留系任助教。1945年在广州市工务局甲等建筑师开业登记，自营正平建筑工程师事务所。1949—1952年任教中山大学建筑系，1952—1986任教华南工学院建筑系，1986年退休。著作有《园林建筑设计》。

10 黄培芬（1909—?），字建亚，广东台山人。1934年于菲律宾马保亚工程大学（Mapua I. T.）建筑系学士毕业。1937年在（香港）建新营造公司，任建筑及测绘技师，1940—1980年成为香港注册建筑师。1942—1949年任中山大学建筑系副教授（1943），讲授建筑图案设计、建筑计划、施工及估价、建筑图案论等课程。1948年成为广州甲等建筑师、香港工程学会（Engineering Society of Hong Kong）创始人之一，香港工程建设公司（Hongkong Engineering & Construction Co. Ltd）高级建筑师。1956年成为香港建筑师公会（香港建筑师学会）创始人之一、首届会员。1969年创办Wong & W. Chiu & Associates。

11　夏昌世（1903—1996），广东新会人。1922年毕业于广州培正中学，1928年毕业于德国卡鲁士普厄工科大学（Badische Technische Hochschule Fridericiana zu Karlsrube）建筑科。1932 年获得德国图宾根大学（Tubingen U.）艺术史研究院博士学位。1931 年担任（上海）启明建筑事务所建筑师，1932 年担任铁道部、交通部工程师。1934 年加入中国建筑师学会，1940 年任国立艺术专科学校教授、教务主任，同济大学教授，1942 年任中央大学、重庆大学教授，1946 年任中山大学教授，1952 年任华南工学院教授。1953 年任华南工学院民族建筑研究所所长，中国建筑学会第二、三届（1957、1961）理事。20 世纪 60 年代初，任广东省园林学会常务理事长。1973 年移居德国弗莱堡市，1982 年曾侨居香港，并先后返回广州指导和参加暨南大学华侨医院设计工作。代表作品有广州文化公园华南土特产展览交流大会水产馆、华南工学院图书馆、行政办公室楼、教学楼及校园规划、中山医学院医院大楼（中山医学院教学楼群于1996 年获中国建筑学会成立 40 周年优秀建筑创作奖）、湛江海员俱乐部、广西医学院、广州华侨医院等。著作有《中国古代造园及组景》《园林述要》等。

12　林克明（1900—1999），广东东莞人。1920 年赴法国马赛勤工俭学，随后入读里昂中法大学，1921—1926 年就读法国里昂建筑工程学院，主修建筑专业。1926—1928 年任汕头市政府公务科科长，1928—1933 年任广州市工务局设计课技士。1932 年任广东省立工业专科学校教授、建筑工程学系及土木科主任，1933—1938 年任广东省立勷勤大学建筑系教授、系主任。1933 自营林克明建筑师事务所。1938—1945 年抗战期间，辗转广西、云南、越南海防、西贡等地。1945—1950 年任中山大学建筑系教授。1950 年任广州黄埔港管理局规划处处长，1951—1952 任广州市人民政府市政建设计划委员会副主任。1953 年与陈伯齐、金泽光、郑祖良、梁启杰等创办广州市设计院。中国建筑学会第一届理事，第二、三届常务理事，第四届副理事长，第六至九届名誉理事。1972 年任广州市设计院副院长，1979 年兼任华南工学院建筑系教授及华南工学院建筑设计研究院院长。1990 年获“政府特殊津贴”专家，1992 年获广州市委、市人民政府所授“广州市优秀专家学者”称号。

13　金泽光，广东番禺人。1932 年于法国巴黎土木工程大学毕业，获法国国授建筑师学位。1937 年任广东省立勷勤大学建筑系教授，1938—1941 年任中山大学建筑系教授。1946 年，中国工程师学会任广东分会候补理事。1953 年与林克明、陈伯齐、郑祖良、梁启杰等创办广州市设计院、广州市建筑学会，历任广州市设计院副总工程师、广州市建设局总工程师等职。

14　1952 年全国高等院校开始调整，一直到 1959 年之间调整组合形成了国内主要八所包含建筑系的院校，分别是清华大学、天津大学、南京工学院（后为东南大学）、同济大学、华南工学院（后为华南理工大学）、重庆建筑工程学院（后为重庆建筑大学）、西安建筑工程学院（后为西安建筑科技大学）、哈尔滨建筑工程学院（后为哈尔滨工业大学），这些院校通常被称为建筑界“老八校”。

15　全称为“南京工学院”，今东南大学前身。

16　刘敦桢（1897.9—1968.5），字士能，湖南新宁人。建筑史学家，教育家，中国古代建筑研究的开拓者之一。1921 年毕业于日本东京高等工业学校建筑科，1922 年回国与柳世英等创建了华海建筑师事务所。1923 年与柳世英等又创办了苏州工业专门学校建筑科并任讲师，1925 年任湖南大学土木系讲师，1927 年任中央大学建筑系副教授、教授。1931 年任中国营造学社文献部主任，1943 年兼任重庆大学建筑工程系教授，1944 年中央大学建筑工程系主任，1945—1947 年中央大学工学院院长，兼建筑工程系主任。1949—1952 年南京大学建筑系教授，1952—1968 年任南京工学院教授，1960—1968 年任南京工学院建筑工程系主任，1953 年起任中国建筑研究室主任。曾为中国建筑学院理事、中国科学院自然科学史研究委员会委员及建筑委员会委员、中国科学院技术科学部学部委员、江苏省文物保管委员会常务理事、建筑土木建筑学会副理事长等。建筑作品有中山陵仰止亭（1931—1932）、光华亭（1931—1934）、南京瞻园改扩建（1960）等。著作有《佛教对中国建筑之影响》《北平智化寺如来殿调查记》《大壮室笔记》《明长陵》《大同古建筑调查》《易县清西陵》《河北西部古建筑调查记略》《河南北部古建筑调查记》《西南部建筑调查概况》等。

17　邹鲁（1885—1954.2），原名邹澄生，广东大埔县人。民国时期著名政治家，中山大学首任校长。1908 年，邹鲁与朱执信策划广州新军起义。1911 年武昌起义后，邹鲁与朱执信、陈炯明、胡汉民于广州起义，1914 年孙中山反袁，组织中华革命党，创办《民国杂志》，邹鲁任杂志之编辑进行反袁世凯斗争，并撰写《袁世凯之对内政策》等文章。1922 年陈炯明背叛孙中山，邹鲁等人任总统特派员，准备讨伐陈。1923 年，孙中山电胡汉民、邹鲁等五人暂行总统府职权，邹鲁出任财政厅厅长。1924 年，孙中山将广东高师、政法大学、广东农业专科学校合并成立广东大学，邹鲁为校长（1926 年学校定名为国立中山大学）。1924 年当选为中国国民党第一次代表大会中央执委委员。1925 年 11 月，参与发起西山会议，后在国民党二大会议上被开除。1927 年蒋介石进行清党，邹鲁退出政坛出游欧美。1929 年，自日本回国，1930 年到广州，1946 年任监察委员。1949 年经香港到达台湾，1954 年在台湾病逝。著有《中国国民党党史》《回顾录》《教育与和平》《邹鲁文集》等。

刘先觉先生谈后现代主义建筑及外国建筑史教材的编写

受访者简介

刘先觉（1931—2019）

男，著名建筑学者和建筑教育家，世界建筑史、现代建筑理论、中国近现代建筑史等研究领域的重要学者和代表人物之一。祖籍合肥，1931 年 12 月 12 日生于福建福州，2019 年 5 月 16 日逝世。1949 年考入之江大学建筑系，1950 年又考入南京大学（后南京工学院，现东南大学）建筑系，1953 年毕业。同年进入清华大学建筑系，师从建筑学家梁思成先生，成为我国第一批建筑学研究生。1956 年毕业后一直任教于南京工学院建筑系（现建筑学院），从事建筑历史与理论的教学和研究。曾担任中国建筑学会史学分会理事、南京近现代建筑保护专家委员会主任，1981—1982 年赴美国耶鲁大学做访问学者，1987 年任瑞士苏黎世联邦工业大学建筑学院客座教授，意大利国际城市研究中心研究员，曾受邀到意大利罗马大学、佛罗伦萨大学、英国诺丁汉大学等多所高校讲学；曾任两届江苏省人大常委会委员。在亚洲建筑、中国园林、生态建筑学等领域也不断开拓，出版著作、译著近 30 部，论文百余篇，主持多项国家科研项目及国际合作项目，曾获国务院特殊津贴、中国建筑学会建筑教育特别奖、宝钢优秀教师等荣誉。研究成果曾获教育部科技进步二等奖、中国建筑图书奖、建设部科技图书一等奖、国家精品教材、中国科普著作二等奖等。刘先觉先生执教半个多世纪，桃李满天下，迄今已培养了 3 名博士后，26 名博士，50 余名硕士。

采访者： 卢永毅（同济大学建筑与城市规划学院）、王伟鹏（同济大学建筑学博士后流动站）、汪晓茜（东南大学建筑学院历史与理论研究所）

访谈时间： 2017 年 12 月 6 日下午

访谈地点： 江苏省南京市刘先觉教授府上

整理情况： 王伟鹏于 2018 年 10 月 20 日完成访谈文字初稿，2019 年 12 月 7 日完成第一次修改稿；2020 年 2 月 17 日，卢永毅、王伟鹏和汪晓茜合作完成第二次修改稿并增补了注释；2020 年 3 月 19 日，王伟鹏完成定稿

审阅情况： 未经受访者审阅

访谈背景： 王伟鹏博士在同济大学建筑学博士后流动站工作期间，为博士后课题“中国后现代建筑的再考量”开展调研，为此与合作导师卢永毅教授一起采访刘先觉教授，东南大学汪晓茜教授帮助联系并参与访谈。访谈主要请刘先觉先生回顾西方后现代建筑影响中国的过程，也包括《外国近现代建筑史》教材的编写情况。

刘先觉先生漫画像
赖德霖绘于 2002 年

2017 年 12 月 6 日刘先觉先生（左）接受卢永毅教授访谈
王伟鹏摄

刘先觉　以下简称刘　　王伟鹏　以下简称王
卢永毅　以下简称卢　　汪晓茜　以下简称汪

卢　刘老师您好！他是王伟鹏博士，现在在同济大学做博士后，他原来跟随赵辰老师学习并完成了博士学位论文。我们今天为伟鹏的研究课题来请教您一些问题。

王　刘老师您好！我去年（2016）来拜访过您的。我博士论文研究的是文森特・斯卡利（Vincent Scully, 1920—2017）。

| 刘　文森特・斯卡利那个论文是你做的啊。你是不是已经知道，文森特・斯卡利刚去世了。

卢　我们知道了。11 月 30 日。

王　去世时 97 岁，他是 1920 年生的。

| 刘　你的书怎么还没出版？[1]

王　我觉得写得还不够满意，对他的研究还不够深入。

| 刘　先出了以后再版嘛！

王　好的，我继续努力。

| 刘　大家对他了解得还是不多的。因为你看，现在连对他姓名的翻译都不同，说明对他根本一点了解都没有。你在见到我之前，你的译名也是译得不对的。[2]

王　嗯，是的，在您的建议下改正了，包括 Shingle Style 和 Scully 的译名，都定下来了。[3] 之前那样翻译是因为有些人名翻译词典，将 Scully 译成“斯库利”。

| 刘　那这个词典译名本身就有错误。斯卡利和我是师生关系，面对面称呼的，这个不会错的。

王 编译名词典的专家应当是另有依据。

| 刘 是的，但是发现问题，你就应该去正名。

卢 学界对他的评价还是很高的。

汪 国内很多人不知道。但是这次微信消息出来以后，大家都在想他是谁。所以你（对着王伟鹏）的书要赶紧出来，有的时候机会很重要。

卢 因为文丘里（Robert Venturi，1925—2018）的那本书《建筑的复杂性与矛盾性》很有名，斯卡利为书写的序。我本来以为很多人都应该知道，不过好像没有想象的那样多。

| 刘 知道文丘里的人要多得多。

汪 知道詹克斯（Charles Jencks，1939—2019）的更多。

| 刘 你（对着王伟鹏）这本书要赶快出来。

卢 伟鹏在期刊上发了几篇文章。《建筑师》发了两篇。[4]《时代建筑》上还发了一篇书评。[5] 因为伟鹏博士后的研究计划是再回溯后现代建筑是怎么进入中国的，包括文丘里的书翻译进来，斯卡利为书写的序，还有詹克斯的影响……这些在我做学生的 20 世纪 80 年代是建筑界很热门的话题。我们那个时候在国内几乎得不到什么新的信息，而您，还有罗（小未）先生[6]，都去了美国，并把后现代思潮带回来。能否请您回溯一下这段历史，谈谈这个思潮对中国产生影响的过程？

| 刘 已经 40 年了。

卢 是啊！我觉得那个时候我们看到一些新的东西，其实不是很理解的，所以再来回溯一下那个过程很有必要。改革开放初始重启跟西方的交流，那个时候现代建筑大师都去世了，而第一个外来的新思潮就是“后现代”，对中国的影响很大。并且，我们与“后现代”（代表人物）正好有直接的交流，比如，斯卡利是重要的后现代理论推动者，罗先生也跟文丘里有过直接交流。所以关于这段很重要的历史，想再请教您这样的前辈。另外就是想顺着这个话题，还想再请教，之前的《外国近现代建筑史》您是如何参与编写的。因为这是（四个学校）合作编著的一本教材。当时条件很有限，教材做得已经非常不容易了。

| 刘 各种各样的访谈录中已经谈到了很多事情。照理讲，第一版的《外国近现代建筑史》，在罗先生的主持下面能完成是很不容易的事情。

卢 是了不起的，当时国家刚结束那么长时间的封闭状态。

| 刘 一方面是封闭，另一方面也有一点情况。当时除了我跟罗先生有点交往之外，跟其他学校基本上不来往，各搞各的。

当时好像是教育部的规划司，希望中建史就是一本，外建史也是一本，但是要各个学校合起来组织一个编委会来编。他们不赞成四个学校、五个学校各编一本，因为这样学生将来听谁的？

当时就是都要有编委会，中建史一个编委会，外建史一个编委会。中建史编委会当时很快就定下来了，南工还挑头，由潘谷西[7] 先生来主持，其他各个学校一起来参加，一起来合编。但是外建史方面定不下来。首先是整个从古到今要编成一本，这个意见就不大能同意；其次，古代、现代分开，怎么分？谁来主持？

也定不下来。当时搞得还是比较难办的。因为在清华，原来就是一分为二，陈志华[8]负责古代的，吴焕加[9]负责近现代的。

卢 他们之前的教学就是这样？

丨刘 他们前面就是这样分的。我们想是不是陈老师负责古代的，中间有没有哪几个学校可以参加一起搞，而近现代由罗先生负责，或者是哪几个人参加搞呢？结果陈志华就明确地说要独立编写。

我们（吴焕加、刘先觉）就跟罗先生一起编近现代史，编得大一点，大家可以一起发挥力量。罗先生说也好，她说近现代是无所不包的，大家愿意参加的，都来参加。

有些学校太小了，没有什么材料，况且也没有搞过，怎么办？那还是由同济大学、南京工学院、清华大学和天津大学四个学校来编近现代，并且是各取原来的所长，再继续发挥一下。而且罗先生还讲，你们原来搞什么就还搞什么。吴焕加原来搞现代派大师的，所有大师都归你吧。天大的沈玉麟[10]，她说你本来就是搞城市规划的，你不是搞建筑历史的，那所有城市规划的东西你都拿去吧。我过去写过一部分讲义，就是20世纪50年代以前。她说你那一部分除了大师部分给吴焕加以外，其他都是你的。剩下来50年代以后的，我们（同济）来搞。这部分新的东西多，她跟陈婉[11]、蔡琬英[12]、王秉铨[13]来啃那些硬骨头。很快就把这个矛盾解决了，最后大家都还认为可以，基本上把各自的特长都融进去了。各得其所。这就是当时编《外国近现代建筑史》教材的过程。

卢 哦，是这样来发挥各自所长。陈志华先生比较有个性……

丨刘 ……他那个体系基本上是俄文体系。它（《外国建筑史（19纪末叶以前）》）[14]的原型（参考），我不知道你们知不知道？

卢 我们一直想了解的。

王 是苏联的一套书吗？

丨刘 这是它的原型，是这两本，一本《建筑通史》（*Всеобщая История Архитектуры*）、一本《城市建设史》（*История городского строительства*）。原型就在这里。他的俄文资料也是相当丰富的。他俄文比较好。

卢 （看到扉页上的字迹问）这两本书是谁在1954年赠给您的？

丨刘 吴科征[15]，去世了。

汪 他那时候也是咱们老南工的。

丨刘 我跟他是同时代的人，情况都了解……这个俄文书，跟英文书、跟弗莱彻的东西根本是两种体系，弄不到一起去。[16]

卢 因为我知道，像罗先生编写的古代建筑史，有一部分是基于弗莱彻的《世界建筑史》。

丨刘 罗先生不太懂俄文，所以她不会去看这两本书。

卢 对啊！可能大部分人都看不了。

丨刘 我那个时候既学了英文，又学了俄文。

卢 您两种语言都懂。

| 刘 懂一点。所以他（陈志华）用的材料，我一看都知道，原型我都有。

卢 您觉得陈先生对建筑历史的解说，是受了这部（俄文建筑史）的影响？

| 刘 基本上吧。因为他也不可能刚刚毕业出来就一下子（能掌握的）。

卢 肯定有参考的。现在我们编写也要有参考的。（俄文建筑史）感觉上好像与我们能接触到的建筑史都不太一样。

| 刘 俄罗斯人他们编译也有很长的时间。

卢 他们有他们的一套研究，俄罗斯人研究的建筑史，来源怎么样就不太清楚了。就这些图的表现看上去就很不一样。

| 刘 后面也有参考书目。他们也曾做很深的研究，他们的书也不比弗莱彻的薄。

卢 这书的文字似乎比弗莱彻建筑史多多了，是一本史学书籍，弗莱彻的更像一个百科全书手册。这个（俄文）书印刷好精致、漂亮。

| 刘 本来我们系图书馆这些书都有，后来一起丢掉了。

卢 太可惜了。看这本书里的这些图，其实陈先生编写的教科书里也都没有，一般巴黎圣母院就只有一两张建筑图，而这本书里面有很多城市的图片。

汪 左岸、右岸都上去了。

| 刘 这本是城市史，那本是建筑史。它这个（城市史）里面，历史的事件说得比较多一点。

卢 还涉及各个地域的文化，还有讲述中国的、伊斯兰国家的城市。这两本是一套？

王 是一个人写的吗？

| 刘 不是一个人写的。

王 是集体的？

| 刘 嗯。它很全的，俄罗斯的也有很多……就叫建筑史，建筑通史。（那个是）城市史，城市建设史。

汪 我们的教材也是叫建设史的。沈玉麟老师编写的书就叫《外国城市建设史》（北京：中国建筑工业出版社，1989 年）。

卢 刘先生，记得您说其实您接触（西方）现代建筑史要早得多。您应该在南工的时候就有接触了？

| 刘 是在清华的时候就已经接触到近现代建筑史了。当时梁思成先生不是我的老师吗？梁先生他虽然是（中国）古建专家，但是他这个人很富有开拓性。我那本书你应该看过，叫《建筑轶事见闻录》……他当时回来的时候，就已经把现代建筑种子带回来了。

卢 那是指 20 世纪 40 年代末？

俄文版《建筑通史》

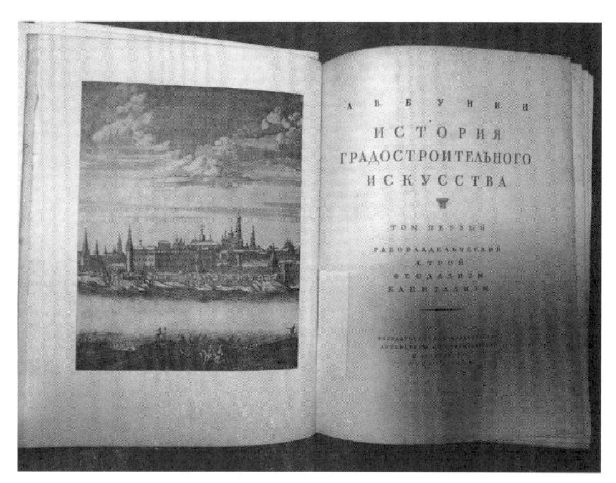

俄文版《城市建设史》

丨刘 20世纪40年代末、50年代初，他将现代建筑带回来了。最明显的一点，就是把现代的概念带回来了。就是说现代艺术、现代建筑是个什么概念，跟过去传统的有什么不同。他带回来一套图，叫作“*Modern Design Pattern*”，好像是这个名字，“现代设计图案”。好像是有36张很大的那种用来讲解的图，每张图都大概是比0号图还要大的图。他带回来，就在清华讲解这个东西。

我记不清楚那么多了，这36张图中间，有几张我还有印象。比如说第一张名字叫作“*Space Is Nothing*”，空间就是虚无。上面画了一个图，天空底下是大地，有一个人跳到半空中。意思是说如果是建筑的话，没有这个人，你就不知道这是天空，也不知道这是一个建筑的大地，就是这样一个概念。所以说空间就是虚无的，这是一个概念。另外我还记得最清楚的一张图，“*Thought Is Everywhere*”。

汪 思想无处不在。

丨刘 “灵感处处皆有”，他是这样翻的。就是说灵感要去找，你不找它，你就没有，你去找它，处处都有。所以过去在我们刚到的时候，还发现有这样的问题。学生拿到一个设计题目，不是像我们现在找参考资料什么的，而是拿着这个作业题目，跑到院子外头去看看天空、云彩，看有没有灵感，然后再看看树木、叶子，看有没有灵感。看看什么东西有没有灵感，到处找灵感。当时就是这样去找灵感。我后来到耶鲁大学去，他们还是这样。发了题目以后先去找灵感，不是说一来先去找过去有什么材料。找到了灵感以后，再来找哪些材料可以往里头配套。所以，这样的概念形成以后，你在做设计的时候，就跟我们过去找传统资料不一样了，这就是现代设计。这套图是系统的，共有36张，不知道你们能不能在网上找到。

卢 就有点像现代建筑设计原理教程？

王 这36张图，是国外现成做好的？

丨刘 人家现成做好的，他买回来，挂在那里讲解。那是现代艺术博物馆做的。

卢 就是纽约的现代艺术博物馆（MOMA）做的？

丨刘 是现代艺术博物馆做的。他买回来作为教材。做艺术也好，建筑设计也好，室内也好，都可以发挥作用。

卢 您原来在南工教学的时候有没有讲到这个？

| 刘 没有。

卢 当时像童寯先生等前辈也很早就关注现代建筑了，但是在课堂上没讲这些内容？

| 刘 梁先生去的时候比较晚，他带回来一点新东西。

卢 您是指他 20 世纪 40 年代又去美国（的那次访问）？

| 刘 他带了一些新的东西回来，所以我们这些新东西是从他那儿开始的，原来没有这些概念。我们原来学什么？学古典五柱式，怎么样画得仔细一点，怎么样做渲染，还是过去那套东西，与现代相关的概念还是没有。这个应该说中国现代建筑的起源吧……后来苏联专家又是最先到清华，所以这个就马上中断了。1953—1956 年我在清华，这个过程都见证了，其实苏联专家用的那一套，还是老的，驾轻就熟的。

卢 后来您从清华来到南工，是什么时候开始教西方建筑史？

| 刘 我是从清华一回来，就教外国建筑史……当时是什么情况呢？在清华的时候，梁先生当时搞中建史，所以我还跟他学中建史，但是同时他又要我辅导外建史。

卢 （清华）外建史不是梁先生上的？

| 刘 不是，另外有一个老师，跟吴良镛是同班同学。

王 是周卜颐先生吗？

| 刘 不是，比他晚。叫什么我忘了。[17] 他教学，让我做他的助教。陈志华那个时候刚毕业，还没有进入建筑史（教学）。那个时候让他教建筑初步，建筑初步里面有很多关于五柱式这些问题，还有渲染，他当时是教这个，不过他就对建筑史感兴趣。当时梁先生只有两个研究生，一个是我，一个是梁友松[18]，不知道你见过（梁友松）没有？不知道他还在上海市园林局吗？

卢 他早就退休了。他原来是同济的，但工作不久就被打成右派了。

| 刘 毕业以后，我就分回南工。问他，他说愿意到同济。但到同济以后就划成右派了。

卢 是的。梁友松先生到同济也讲现代建筑，讲得很有热情，但是很快就不能讲了。

| 刘 一年都不到。他后来分到园林设计院去了。

卢 您从清华回来就开始教外国建筑史？

| 刘 我回来以后，那个时候刘敦桢先生比梁思成先生年纪还大。（20 世纪）50 年代初到“文革”以前教师很少，一个系才 10 个教师都不到。所以那个时候刘敦桢先生既要教中建史，还要教外建史。后来人慢慢多起来，他年纪也大了，中建史就分给潘谷西先生。后来我一回去，他说那正好，你就上外建史这一部分，我就主要搞研究了，不上课了。他那个时候其实年纪也不大，60 多岁，专门搞研究了，不上课了。他被评为中科院学部委员，而且又给他成立一个中国建筑研究室，专门搞民居、园林、法式等，只做研究。

卢 您也跟他做一些园林研究？

丨刘 对。那个时候潘先生主要是搞中建史研究，刘敦桢先生说我这儿园林研究正好没有人，你来跟我。他说你既教外建史，也做中建史研究，主要是搞园林研究。所以《苏州古典园林》[19]从编写一直到最后出版，这整个过程基本上我一直跟着。而且，我熟悉很多细节的东西。我们当时到苏州去，有点像走娘家一样的。

我跟花工那些人都很熟，现在连苏州园林里头的一木一石我都很清楚，为什么这么弄，是什么意思。现在很多人也在研究苏州园林，我觉得他们的研究没有抓住园林的本质。现在有一些建筑学者很主观的。就是研究过去苏州园林这好、那好，做空间上的研究，这个空间不错、那个空间不错。其实刘敦桢他们当时不是这样研究的。他们研究什么？主要是以景为主，是以造景为主的，不是以造空间为主。现在有一些建筑学者，动不动讲苏州园林空间好，我觉得他们其实是有点曲解了原来的概念。因为古代的人也不知道什么空间，你就看那本《园冶》，也没有讲空间，而是讲景、讲物。

卢 空间是来自现代建筑的影响？

丨刘 对。他们现在就完全用现代的概念去解释园林，我觉得不是很恰当。

卢 再回到建筑史，您大概在1957年、1958年就开始教建筑史了。那个教学的基础，除了在清华的积累，还有哪些书影响您的教学？因为那个时候还没有条件出去看。

丨刘 当时因为梁思成和刘敦桢是同事，他们脑子里的概念应该都差不多的，都知道哪几本书是主要的。我一回来，刘先生说你要教外建史，你主要要熟悉几本书，一本就是《弗莱彻建筑史》，这本你必须得仔细读读。我过去在清华的时候也翻过，但是我没有从头到尾很仔细地去读。另外他讲还有一本，就是 *Space, Time and Architecture: the Growth of a New Tradition*（中文版的书名为《空间·时间·建筑：一个新传统的成长》），现代的东西你也必须了解，不然后面你没办法上课。所以这本，我也去很仔细地读。另外就是这本俄文的《城市建设史》我也看一看。

另外还有一本 *Town Design*（《城市设计》）[20]，后来有中文版翻译出来。这是关于城市方面的，从历史到现代，那本书里都有。所以讲讲那些东西，学生也很感兴趣。当时这几本书，是教建筑史必读的书。这是我原来在清华积累了几年的（讲义）材料，我还留着。当时讲课，没有现在的复印，有很多东西，只能用笔记下来。

卢 这个太珍贵了。1955年画了那么多历史建筑图。您这些内容都是从哪里弄来的呢？

丨刘 各种书上的。那时候还没有什么复印，都得画。

卢 而且很细，文字也全靠自己手写。梳理这条历史的脉络，您是以哪些书为主要参考呢？

丨刘 总体来讲，还是按照梁先生提的这个体系。

卢 梁先生在那里也上外国建筑史？

丨刘 最早上过。后来我们曾经跟天大合编过一本讲义，你看过的。跟同济合编的是图集。这个还在那之前，等于是过去的资料。

卢 像这些图，您还记得从哪里来的吗？像这个。

丨刘 各种书上。反正各种书上积累的，把它抄下来。这些东西本来预备烧掉的，后来想还是留着。

卢 这些太珍贵了，画了好多图。

丨刘 现在是复印一下什么都解决了。

王 刘先生，（20年代）50年代您在清华能够见到外国的建筑杂志吗?

丨刘 外国杂志能见到的，原来在南工的时候，那些杂志就都有。应该说有关西方的杂志南工是最多的。英美的杂志，好的基本上都有。而且那个时候是这样的，全国有一个期刊中心，建筑方面的就在南工，你可以把世界各国的有关建筑杂志都订到。

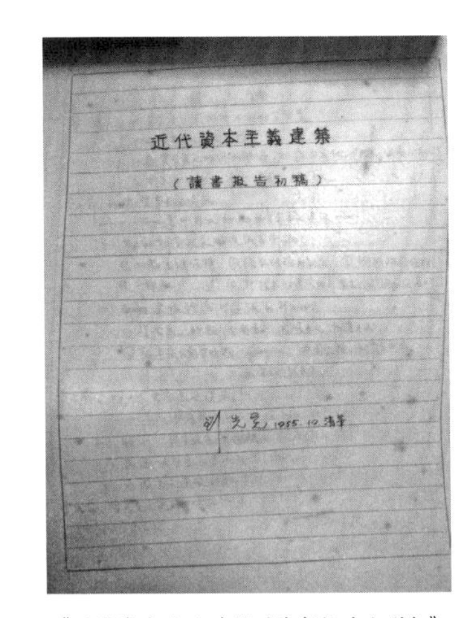
近代資本主義建築
（讀書報告初稿）
刘先觉，1955 10 清华

《近代资本主义建筑（读书报告初稿）》
刘先觉，1955年10月，清华

卢 对您来说，上课的话，哪几本杂志用处最大?

丨刘 一本是 *Architectural Forum*（《建筑论坛》），还有就是 *Architectural Review*（《建筑评论》），*Architectural Record*（《建筑实录》）。过去有的杂志，我们基本上都看过。而且那个时候系里没多少人，一个年级七八个人，人也很少。它就放在那儿，大家都可以看。

王 刘先生，您第一次听说后现代主义是在什么时候?

丨刘 第一次听说，是在1980年左右吧！是在杂志上，那个时候我还没有出国。

王 您出国访学的时间我查了一下，是1981年。

丨刘 我曾经很早的时候写过一篇文章，叫《后期现代主义》[21]。当时清华有个老先生在《建筑学报》上批判我那个讲法，说不对。我没有反驳，结果另外有几个人写了文章来反驳他，说他讲得不对。

因为有这个事，我大概是在1981年八九月份的时候到了美国，见到老师斯卡利，我问的第一个问题就是问他什么叫后现代主义。他讲你不要着急，你先去看看那些作品，然后我再跟你谈。

斯卡利这个人，我们讲他是后现代主义的旗手，或者叫理论家，他自己倒是很谦虚、很客气，他讲这只是我个人的一些观点。你可以不同意，你也可以去问问其他人。

他讲的有些东西，我觉得的确是要从不同的角度来理解。比如说菲利普·约翰逊（Philip Johnson）做的那个AT&T大楼。他带我去看，看了以后他跟我讨论。他说你觉得这个作品怎么样? 我当时还带着现代主义的观念，我也不能讲不好，因为是大师做的。我说这个作品我不喜欢，总可以吧。他说你为什么不喜欢呢? 我说有几点：第一点，这种建筑形象是复古思潮的产物，使人感到这种设计是在开历史的倒车，与今天的时代不相适应；第二点，这座建筑为了追求与众不同的形象，不顾建筑的实用性与经济性；第三点，这座建筑的形象与周围环境很不协调。大概是这么一个观点。讲完了以后他笑笑，也不生气，他人很和气、和蔼的。我说 What' s your idea?（你是什么看法呢?）

他讲的正好跟我相反。他说任何事情不能老是这一个东西占满天下，也要允许 pluralism（多元化）。不该只允许经典的、现代的概念，应该允许不同的人说不同的话。他说一般的人也喜欢多种口味，这是第一个观点。所以我认为这个（形式）啰唆，他当然是不同意的。

第二个观点就是，从经济学上来讲，他说这样一种装饰的做法，它就是一种广告。如果按照我讲的那样，从经济学的角度来看的话，那么广告可以一律取消，世界上就不要有广告。他说广告的目的，是为了花很少的代价，取得更大的经济效益。他说，现在周围的许多房子都很平淡，卖得不好。而这个房子却有那么多人抢购，这不是很明显的证明吗？

第三个我说建筑与环境不协调。他说单体建筑考虑与周围环境协调是必要的，但是协调可以有两种方式：一种是统一协调的方式；另一种是对比协调的方式。他说要回顾一点历史，回顾一点过去的特色，可以引起人们对传统、过去的一种回味。他说，好像是有一点新鲜感，又有一点老的这种感觉，这样更受人们的欢迎。

所以从这些方面来看，他说你看，这个房子还没有造好，就已经卖得差不多了，比周围的房子都更受欢迎。

卢 当时（这幢大楼）真的是经济效益好？

丨刘 他说，这就是证明，我不用去为它做宣传，你看是不是这样子。他又说，按你们中国人的算法，是这样少一点、那样少一点，我们美国人算，这样可以多一点、那样可以多一点……手是往外翻的，想的是怎么多赚。我们（中国人）是往里翻的，（想着）怎么节约。所以他说，对后现代的理解，不能拿你中国的这种看法来理解。

他的看法跟我是相反的，不过讲得有道理。我用我老的观点来批判他这不对那不对，这是有点冤枉他的。他讲得有道理，应该是多元的，而且应该是怎么样赚钱，怎么样符合时代的需要，就怎么做。所以最后他还是强调多元化。

卢 就是说他也不是说都要这样，而是说这样一种做法可以。

丨刘 怎么做能符合社会的需要，那就怎么做，所以他也强调后现代主义的合理性。他后来又强调一种建筑的新现代主义。就是说在这个（现代建筑）基础上也可以再变。他说的我都赞成。实际上他是一个多元论者，也不能说他完全就是后现代主义者。他就是这样一个人。

所以我觉得，他的某种观点，跟杨廷宝先生的思想很相像的。因为宾夕法尼亚大学（建筑教育）从某种程度上，也是把建筑作为一种商品来看待。就是说作为一个建筑师，应该什么都会，古典的要会、现代的要会。业主要你做什么，你就应该做什么。像他们过去讲的，你如果是个建筑师，就像裁缝一样，如果有一个业主他要到这儿来，想做一件夹克衫，那你这个建筑师不能讲我只会做西装，西装多好看，你不做西装我就不做。不能这样的。他要做什么，你就要给他做什么。

过去杨廷宝先生刚回国没多久，他曾经修过天坛，可见基本功有多么的棒。他能把天坛那么复杂的东西拆开来，仔细去研究，然后再把它拼起来。当时的斯卡利也秉承了这种思想。所以有的时候我们有点过了，好像现代就只能做现代，不做现代的我就不做，实际上不太符合实际。过去我们讲，就是说店大欺客，客大欺店。如果你是很有名的建筑师，你说了，人家业主就得听你的。如果你是业主，你很有气派的话，而建筑师不是很有名的话，业主就是老大。所以我们也可以看到像赖特（Frank Lloyd Wright），他在年轻的时候，人家业主要做什么，还得做什么。不能说我现在做什么东西，都要听我的。那人家不理你，你也没办法。

卢 您把斯卡利的多元论主张、建筑师和业主的关系、Beaux-Arts（布扎）教育和杨廷宝先生的实践这些个事情联系起来，我觉得很有意思。或许可以从美国的文化里去理解事情的渊源。

王 刘先生，当时斯卡利在耶鲁（大学）总共开了几门课？我记得您在文章里写道，您在那边修的是现代建筑理论。

丨刘 我的印象他只给研究生开课，也就是开一门课，就是现代建筑理论。另外就是带一些研究生，硕士、博士。他没有给本科生上课。

王 他这门课是一个学期的还是一（学）年的？

丨刘 一学期。现代建筑理论这个名词，我还是从他那里最先得来的。说实话，过去我们也不知道建筑理论和建筑原理有什么区别，过去建筑理论常常讲成是原理。在去美国之前基本是混为一谈。过去我们有居住建筑原理、公共建筑原理，有的人就混谈，公共建筑理论、现代建筑理论，都混为一谈，没有什么区别。他上这个课，是给研究生上课，研究生上课他有两种。一种是大课，是选修课，所有的研究生都可以学，不管哪个专业都可以去。

卢 就是通识课？

丨刘 还有一种就是研究生的专题史课，十几二十个人学的，也叫现代建筑理论。（两门课）名字是一样的，但是分为一、二，一前一后。广泛的“现代建筑理论”课，什么人都可以去。不是学建筑的，也可以学。学化学、音乐的，都可以学现代建筑理论，他反正就是讲一些理论的东西。另外一个要做作业，他可能还要补充上一些课，就要有作业、有其他要求。

在第一次上课的时候，就是上通识大课时，他在大礼堂里，人多得很，差不多有上千人。他首先就讲到什么是现代建筑理论、什么是现代建筑原理，原理跟理论的区别。我这个时候才开始明白是不一样的。他说原理回答的问题是做什么、是什么；理论回答的问题是为什么、如何做。他就首先剥离开了。

如果说一个住宅楼，比如说高层建筑，或者 13 层以上，或者应该有电梯，或者结构应该是钢结构的，这些是“是什么”的问题。如果说要讲理论的话，为什么要造这些高层建筑，造了高层建筑以后会有什么样的后果，如何来实现，这就是理论的问题。

我理解了以后，回国后我再顺着他这个路子，顺着他当时的提纲（展开研究）。他当时也没有给我们一本现成的参考书，而是提了许多书单。我就根据他写的书单去查看，根据他讲的精神，回来编了《现代建筑理论》[22]。里面没有讲是什么，像是并没有讲高层建筑什么时候开始、它有什么东西，而讲的是为什么做成这样、后果是什么，是这样的一个概念。

卢 他讲课的时候，是以专题的方式来讲的吗？还是以别的什么方式？

丨刘 基本上是专题的方式。

王 用两台幻灯机吗？然后拿根长教鞭，是吗？有几个助手？

丨刘 是。那是很原始的做法。助手 1 个。

卢 他为文丘里的书作的序写得很棒，他有没有在课堂里讲文丘里的专题？

丨刘 他曾经请过菲利普・约翰逊，来做专题报告。那一天做报告的时候，那个小礼堂人爆满，我稍微去得晚一点，已经只能坐地上了。当时大家想听听菲利普・约翰逊讲什么惊人之举，因为他刚刚在实施 AT&T 那个项目，是在快完工的时候。

听了差不多一个半小时，他也没讲太长。虽然人是爆满，但是并没有听出他有什么惊人的说法。所以讲完了之后，包括我，还有很多人就跑上去问斯卡利，为什么菲利普・约翰逊并没有讲出什么惊人的观点、概念？他讲的东西都是什么呢？非常四平八稳的内容，有点像我们过去杨廷宝先生讲的，学生应该怎么样就怎么样。他讲的也是，说年轻人、年轻建筑师还是应该注意实用、经济，一些美观、普通的常识，老百姓的生活需要，等等。讲得还是 ABC 的这种大众的理论。

卢 他也不讲自己的作品。

| 刘 不讲。斯卡利就讲，你要知道，他是告诉你们年轻人，现在必须打稳基础，一步一步，扎扎实实，不要一来就好高骛远。他说等到你们到了我这个时候，自然而然就会有新的观点出来了。现在这么年轻，就想好高骛远，将来作品就会华而不实。所以我也觉得他讲的跟过去杨廷宝先生讲的内容差不多。就是说这些花样只能我们老年人来玩儿，你们还得一步一步，规规矩矩的。这是我印象最深的，那些东西不是你们玩的。

卢 言下之意，他暗示着这些“花样”的东西里就包括像后现代的这些做法？

王 您回来之后，正是后现代主义在国内非常热的时候，您在课堂上有呈现吗？课堂上会着重讲一下后现代主义吗？

| 刘 我也有讲后现代主义建筑，也有一章，该讲的还是要讲。后现代主义、新现代主义、解构主义，都要讲到。他这个观点当然也要表达，我觉得他的观点还是比较全面的，不是说我研究了这个东西，我就觉得我是后现代主义的权威、旗手，并没有这样讲。而且他很谦虚，他总是说我讲的东西你都可以不同意，你也可以根据你们中国的情况，根据我的观点或者你们的具体情况，区别对待。我觉得还是蛮实惠、蛮现实的，并不是说我是什么权威，我是大师，你们就必须要听我的。

王 您写这本《现代建筑理论》中后现代主义那一章时，是参考斯卡利的书吗？

| 刘 没有看斯卡利，而是看文丘里的书。

王 当时在国外除了文丘里、詹克斯以外，您还有见到别的论述后现代主义的重要文献吗？

| 刘 文献没有什么，主要还是这两本书，就买了这两本书。

卢 一本是文丘里的《建筑的矛盾性与复杂性》，还有是詹克斯的书。

| 刘 还有那个赌城叫什么？

卢 那就是 *Learning From Las Vagas*（《向拉斯维加斯学习》）。另外，斯卡利或者是文丘里，他们会关注詹克斯吗？詹克斯的书在美国是什么样的情况？在中国是影响很大。

| 刘 詹克斯的书也看，也并没有完全排斥他，但是也没有把他奉为经典。

卢 比较起来，还是文丘里的书比他的有影响。文丘里的书，因为是纽约现代艺术博物馆 MoMA 专门推出的。

| 刘 詹克斯比他们到底还是年纪小。他们也不排斥他，好像也没有觉得不屑一看，并没有这样。

卢 您刚才讲得很有意思，就是斯卡利对后现代，或者像 AT&T 大楼这样的作品的讨论，他就觉得一个是要讲业主、讲多样性。但是我感受很深的一点，那个时候我正在读书，就是后现代传进来，在中国的语境里，好像是我们现代建筑已经有很多问题了，我们要离开，走上新的方向，甚至好像全部都要更新。您觉得是不是这样？它在中国的影响为什么会那么大？因为当时在我们脑子里，今天讲这个，明天就要讲那个了，再讲这个就过时了。

王 就是有说“现代建筑已经死了”。

丨刘 在中国，当时的概念好像就是现代建筑已经死亡，后现代主义上台了。实际上在美国并不是这样，他们认为这是一个新的思想，可以是这样，也可以不是这样。就是说可以搞新现代，也可以搞后现代，都可以，没有说现在就是后现代的世界，这有点夸张。那是詹克斯的夸张语气，他们并没有那么说。

卢 所以您觉得在中国有这样一种影响，好像是把它放大了，是詹克斯的书影响比较大导致的。

丨刘 其实在美国并没有那样。

卢 当时詹克斯的书的中译本出来以后，您怎么看的？因为像您、罗先生都去过美国，其实有很多书可以翻译。

丨刘 翻译归翻译，你讲课的时候，可以说这是他的一家之言，并不是说现在中国都进入后现代主义了。但是当时的确有点把后现代主义跟中国的复古主义靠在一起，因为中国曾强调社会主义内容、民族主义形式，受苏联的影响。持续下来，正好跟后现代主义有点挂钩，所以后现代主义也比较受关注了。

卢 您的意思，这还是跟国内的一些趋势有关系。

丨刘 有一点合拍。像那个是四部一会[23]，北京带头，全部都又要搞大屋顶。其实后现代主义也并没有完全讲都要搞那种复古，只有一部分是这样……（我们当时）没办法，不这样搞，在规划局你这个方案就通不过……（所以）后来就有一点变（味）了，把后现代主义变成是一种规定的样式。其实当时在国外并没有那样。所以人家别的样子照样在搞，只要业主喜欢就行。所以我想他们还是受那种建筑商品化的影响比较深。

卢 但那个时候我们建筑商品化这个概念还没有，总是想着这个观念或那个精神，比如时代精神、民族精神。所以这里像有一个（内外）差别。

丨刘 这个怎么讲呢，时代的误会，它碰到一起去了。

卢 那天我们去和罗先生聊了一下，其实也是这样。罗先生也觉得这（后现代）只是一种观点，到了国内有点被放大了。

丨刘 有点被放大了。正好碰上了。

卢 刘先生，我想再问问您近现代建筑史的话题。就是您到 1956 年，我看前面是 1955 年，其实就是在清华的时候，已经写了厚厚一沓子了。您到 1955 年、1956 年就有这么厚的东西，在教外建史了，这里面好像近现代建筑都有了？

丨刘 在看 *Space, Time & Architecture* 这本书之前，我还看过一本小书，叫 *What is Modern Architecture*？你看过这个书吗？是美国（纽约）现代艺术博物馆编的，叫《什么是现代建筑？》[24]。最早就是看的这本书，因为讲得很浅显，相对比较简单。然后再看 *Space, Time & Architecture*，然后再听梁先生 36 张图的那种现代设计概念，这样才一步一步地架构起来。

卢 其实那 36 张图已经是理论化的内容了？

丨刘 已经理论化了。就是说你设计也好、建筑也好、艺术也好，都可以用。

卢 您刚才讲刘敦桢先生也提到 *Space, Time & Architecture*。您的意思，那个时候老先生们对这本书都是很了解的？因为罗先生在圣约翰读书时也已经有，是黄作桑先生很早就引进来的。

| 刘 *Space, Time & Architecture*，梁先生讲，当时就是哈佛的教材。

卢 所以是他（20 世纪）40 年代后期再次去了美国以后，也许是带了这本书回来？

| 刘 对的，另外就是现代建筑史还有一本书，我不知道你是不是看过，是个德国人写的，书名叫 *A History of Modern Architecture*（《现代建筑史》），这是英文翻译过来的书名，原书是德国人写的。

卢 是 Jürgen Joedicke（尤尔根·约迪克）的吧？

| 刘 对，约迪克，也是我们的主要参考资料。

卢 但是像佩夫斯纳（Pevsner Nikolaus）的书，就没有什么影响？

| 刘 佩夫斯纳的书主要用在古代部分，没用在近现代。

卢 就是 *An Outline of European Architecture*（《欧洲建筑纲要》）？

| 刘 我们系里这些书基本都有，老的在国内能找到的书，基本上都有。

卢 如果古代部分是佩夫斯纳的书比较有影响，那肯定跟陈志华先生的参考书不一样。

| 刘 不一样，他那是完全俄文系统，这个是英文系统，不一样。

卢 像您（参与编写近现代史教材）写那一部分，就是四大师之前的那一块，时间在 19 世纪、20 世纪初。

| 刘 我除了写这部分历史以外，四大师的内容全部交给吴焕加了。

卢 从现代的开始，一直到高潮，其实都是您在写。

| 刘 对。包括高层、大跨，都是我写的。

卢 您觉得哪一本书影响比较大？是 *Space, Time & Architecture*，还是别的？

| 刘 这本还是主要的。

卢 但那本书里，对 19 世纪的“复古思潮”没有怎么描写。

| 刘 对，这个没有怎么说。当时有一本英文书，记不清楚什么书了……有那样一本书，前面是现代的部分，不是按照清华以 1850 年来分的，1850 年以前，19 世纪那些东西它是有的。它分成古典主义、浪漫主义、复兴主义……过去梁思成先生和刘敦桢先生也讲到，因为他们自己就是折中主义时期的人。

卢 梁先生讲的时候已经是带有批判性质了，是吗？

| 刘 不批，他那个时候还是作为正面来讲。包括杨廷宝他们，都还是作为正面例子来讲。你们年纪轻，可能不知道。实际上把建筑史讲成批判史，这个还是受苏联的影响。过去历史就是历史，并没有“批判”两个字，后来加了批判。是后来才加上去的，过去他们并不认为这是要批判的，都是你应该要知道的。

卢 是的，就是在那里发生的事实。当时编写教材工作分工了以后，有没有说大家定一些基调，就是说哪些不可以讲？哪些是要强调的？或者说我们互相怎么协调整本书？

| 刘 没有。分好工以后（完成编写），然后把这些通通都寄到罗先生那儿去。罗先生把它们适当地做一些调整，不要有重复的，然后就送到出版社。

卢 这可以理解成每一部分是比较独立地在编写的。那教材里还有马克思怎么说、恩格斯怎么说的引言，这些在前面提到的参考书里是没有的。

| 刘 那是受苏联影响，书前面不加一点马克思、恩格斯的话，不行的。我想我当时写历史的时候，是受老一辈的影响，还是尽量写事实，不大写批判。

卢 我觉得罗先生也是这样认为，就是写客观事实。

| 刘 事实是什么样就是什么样，批判干什么，有什么好批判的。今天这样批判，明天有另外一种看法。我现在写文章还是这样。我写近现代中国建筑史的时候[25]，当时就曾经有人讲，你这个批判的太少，要重新写。我说你要登就登，不登就拉倒，我觉得客观事实就是这样的。就像现在他们讲北京国家大剧院，这个例子一定要写批判。我说我就不写批判，目前事实是什么就是什么。你要批判你去批，每个人都可以有自己的意见。

卢 就是把它怎么产生的过程讲出来?

| 刘 怎么样的效果、怎么样的东西。还有贝聿铭的那个香山饭店，人家也认为要批判。我说是怎么样就是怎么样，你要批判是你的事，我说我提供你客观材料、客观事实，你要批判你就批，我没有怎么去批判。史学家应该尊重事实，事实不能歪曲，它是什么样就是什么样。不能说我为了批判它，我就把某些内容篡改了，这个不行。

| 刘 同济现在是你一人上还是几人上近现代建筑史?

卢 我主讲这门课，同事们参与讲授若干专题。我们的高年级趋向于专题教学了。现在的教学思路是，教材在这里，学生们应该自己看，然后我们在这个教材内容基础上，在课堂上发挥、拓展和深化。

| 刘 过去有好多是一个人讲，想怎么讲就怎么讲。书在这儿，学生要是不听我的，可以看书，基本上书上都有。过去没有中文书，现在有中文书了。而且中文书也基本上都可以参考，这个比较方便。现在你们由几人参与讲课，那（内容）要不要统一管理?还是不统一，随便怎么讲?

卢 不统一了。但是我为课程计划一系列专题。比如说王骏阳老师对于现代建筑的某一专题有很丰富的研究，我就请他来讲，观点也可以不一样。过去编年史的线路比较清晰，现在不那么强调编年史，而是一个主题及其一段时期的特点。

| 刘 那我们跟你们不一样了。

汪 其实差不多。虽然说我们现在并不强调编年史，但是我们所里面在讨论的时候，就是建筑史的教学，特别是通史这块，要有非常明确的时间线索。就是一定要哪几个阶段切在哪个时间段，非常明确地告诉学生们。比如说中古封建是什么时间、文艺复兴又是什么时间，这个毋庸置疑的，不能让他们左右摆动，这个毫无疑问的。当然在我们最近的通史讲课里，因为现在有年轻老师的介入，他可能会受夏铸九[26]老师的影响。

卢 是更偏重理论的?

汪 他会把它往全球史的角度讲。其实对于全球史，我们所里面的意见并不统一。年轻老师讲任何一个阶段的时候，会把它弄成一个网络一样的，比如说网络节点的浮现。那些节点是什么？就是各大文明、各地区的文明。然后是网络的互动。

卢 全球史就比较关注互相影响。

汪 但是我觉得不管多大程度的影响，不能忽视这个地区自身建筑发展的规律。如果要讲交流史的话，自身的特点就会弱化。今年这一届学生，就比较注重全球史的观念。但是我听了以后，觉得对一个阶段、某个国家的状态，阐释就不充分了，因为时间有限。比如，每次都要尽力讲希腊跟印度怎么沟通的，伊斯兰怎么样影响到中国的，必然伊斯兰的东西就讲得少了。我们现在还在慢慢地尝试。

卢 古代这样讲，近现代呢？

汪 近现代也是这样讲的。但是由于近现代时间就更短了，短了之后，就把近现代里面一些内容放在史论当中讲，我们会讲现代性的问题，然后会讲现代的城市与居住、现代的技术。

卢 那就是专题的。

| 刘 问题是你们有没有强调让他们看教材？就是不管怎么讲，教材的基本内容学生必须要掌握。比如说，你这么讲也好、那么讲也好，我最后要考对雅典卫城怎么看，对帕提农神庙怎么看，必须要弄得很清楚。不管你讲得很有趣，一下东方、一下西方，互相联系来、联系去。但是如果具体这些东西学生都不知道，什么叫古典、什么叫柱式，学生都弄不清楚，讲得天花乱坠，那有什么用？

因为从某种意义来讲，历史是不能变的。它是东、是西、是南、是北，是一、是二，它是这样讲过来的。理论可以讲这个不好，那个好。比如说像北京的国家大剧院，你可以由一个人来上，你可以把它批判一通，两节课程你专门就批判它，指出哪儿不好。但你根本不讲它的事实……你要承认它是现实的东西，它就有一定的合理性。没有一定的合理性，它不可能成为现实。

我们写这本（理论）书的时候，当时就是注意这一点，尽量讲事实，少讲批判。你可以批判，他也可以批判，个人从个人不同的角度来批判。有的人从形式上来批判，有的人从技术上来批判，有的人从功能上来批判……从形式上来批判，说它（大剧院）像个水泡，跟传统形式不一致。但是没有讲它的技术在某些方面是相当先进的，跟国外同类的剧院比，在某些方面是比人家做得更好的。

我还写过一本小书，不知道你有没有看过，叫《中外建筑艺术》（北京：中国建筑工业出版社，2014年）。不是给建筑系的人看的，但是后面很新，讲的国家大剧院……

王 有对CCTV大楼、奥运场馆、世博会，还有台湾最新建筑的内容。

| 刘 后面是新的。

卢 刘老师，非常感谢您接受我们的采访，辛苦您了！

| 刘 没事，很高兴。

2017年12月6日访谈结束后留影
左起：卢永毅教授、刘先觉先生、汪晓茜教授
王伟鹏摄

1 王伟鹏《文森特·斯戈利建筑理论体系研究》，南京：南京大学，2015 年。

2 之前将 Scully 译成“斯库利”或“斯戈利”。

3 之前将 Shingle style 译成“木鳞片风格”，在刘先生的建议下改为“鱼鳞板风格”。

4 分别是《建筑史学家和评论家文森特·斯库利》，《建筑师》，2010 年，第 5 期和《“洞见”还是“吹捧”？——文森特·斯卡利评罗伯特·文丘里》，《建筑师》，2016 年，第 4 期。

5 《抬头看到了地平线——评介〈大地、神庙和神祇：希腊宗教建筑〉》，《时代建筑》，2017 年，第 3 期。

6 罗小未，1925 年生。1948 年（私立）圣约翰大学工学院建筑系毕业。1948—1950 年上海德士古煤油公司助理建筑工程师。1951—1952 年圣约翰大学院建筑系助教。1952 年起任上海同济大学建筑系助教、讲师、副教授、教授。中国建筑学会理事、国务院学位委员会第二届学科评议组成员，上海市建筑学会第六、七届理事长，中国科学技术史学会第一届理事，上海市科学技术史学会第一届副理事长，全国三八红旗手，中国民主同盟盟员、国际建筑协会（UIA）建筑评论委员会（CICA）委员。著作有《外国近现代建筑史》（合著）、《外国建筑历史图说》《现代建筑奠基人》《上海建筑指南》《西洋建筑史概论》《西洋建筑史与现代西方建筑史》等。

7 潘谷西，1928 年 4 月 23 日生于上海南汇县。1947—1951 年就读于中央大学及南京大学（1950 年中央大学更名为南京大学）的建筑系。毕业后留系任教，直至 2003 年退休。主要从事中国建筑史、中国古典园林及宋明宫式建筑营造法式的教学与研究。参加编写的《苏州古典园林》1981 年获国家科技成果奖一等奖。相关专著有《中国建筑史》《曲阜孔庙建筑》《中国美术全集·园林建筑》《中国古代建筑史（第四卷）》《南京的建筑》《江南理景艺术》等。自 20 世纪 80 年代至今长期担任江苏省及南京市文物管理委员会委员，对历史文化名城及文物保护工作提供咨询与建议。2013 年，获中国风景园林学会终身成就奖。

8 陈志华，祖籍河北省东光县，1929 年 9 月 2 日生于浙江鄞县。1947 年入清华大学社会学系，1949 年转建筑系，1952 年毕业于建筑系。同年留校任教，直至 1994 年退休。自 1989 年起与楼庆西、李秋香组创“乡土建筑研究组”，对我国乡土建筑进行研究，对乡土建筑遗产进行保护。讲授过外国古代建筑史、苏维埃建筑史、建筑设计初步、外国造园艺术、文物建筑保护等课程。与西方建筑史相关的专著有《外国建筑史（19 世纪末叶以前）》《外国造园艺术》《意大利古建筑散记》《外国古建筑二十讲》等。

9 吴焕加，1929 年 11 月 28 日生，安徽歙县人。1953 年毕业于清华大学建筑系并留校任教，原从事城市规划教学，1960 年后转入建筑历史与理论方向，20 世纪 80 年代曾在美国、加拿大、意大利、西德等十余所大学研修、讲学和演讲。主教外国近现代建筑史，中国建筑学会建筑师学会理论与创作委员会委员。著有《近代建筑科学史话》《外国近现代建筑史》（合著）、《雅马萨奇》《20 世纪西方建筑史》《西方现代建筑的故事》《外国现代建筑二十讲》等。

10 沈玉麟（1921 年 3 月—2013 年 4 月），生于上海。1943 年毕业于（上海）私立之江大学建筑工程系。1948 年毕业于（美）伊利诺伊大学，获建筑学硕士学位，1950 年获城市规划硕士学位。回国后历任（上海）联合顾问建筑师工程师事务所建筑师，北方交通大学唐山工学院副教授；1952 年 9 月后任天津大学土木建筑系、建筑学院教授。著有《外国城市建设史》等。

11 陈琬，1951 年入圣约翰大学建筑系，1952 年院系调整后转入同济大学建筑系学习，1955 年毕业。后留在同济建筑系任教，在建筑历史教研组从事外国建筑史教学，参与《外国近现代建筑史》教材编写，也曾参与同济工会俱乐部等项目的设计工作。

12 蔡婉英，毕业于天津大学建筑系，1959 年入同济大学建筑系任教，在建筑历史教研组教授西方建筑史，与罗小未合编《外国建筑历史图说》，参与《外国近现代建筑史》教材编写。

13 王秉铨，1957 届同济大学建筑系毕业生，之后留同济建筑系任教。在建筑历史教研组教授西方建筑史，参与《外国近现代建筑史》教材编写。

14 《外国建筑史（19 世纪末叶以前）》初版由中国工业出版社 1962 年 1 月出版发行，封面署陈志华编著。全书 16 开本，中文简体，铅印横排。封面印有“高等学校教学用书”“只限学校内部使用”字样。书中有序言一篇，附图说明一篇。文字部分，每页 39 行，足行 39 字，总计 48.4 万字。在文字部分后面，按章附图，无图片索引。图版 136 页，总计 410 张图。定价 3.95 元，1965 年 2 月第三次印刷，累计发行 4800 册。

15 吴科征，1950 年考入原南京大学（后南京工学院，现东南大学）建筑系，为刘先觉先生同班同学，1953 年毕业，留校担任助教，在反右运动中受到冲击，1958 年离开学校，调入苏州园林局工作。20 世纪 80 年代进入无锡轻工业学院（今江南大学），创办了工业设计系。

16 《弗莱彻建筑史》的原名是：*A History of Architecture, as a comparative method for Crafters, Students as well as Amateurs*，在弗莱彻父子之后的再版中俗称 *Sir Banister Fletcher' s A History of Architecture*。《弗莱彻建筑史》是一本首版至今已有 100 多年历史的巨著，是世界最重要的建筑史书之一。由英国人弗莱彻（Banister Fletcher）及其儿子小弗莱彻（Banister F. Fletcher）于 1896 年首次出版。1901 年由小弗莱彻出版的第四版出现了著名的“建筑之树”，“历史性风格”和“非历史性风格”成了该版的两大基本部分。这一版本的体例一直延续到了第 16 版，也成为世界上流行最广的版本。我国建筑师所了解的《弗莱彻建筑史》基本上都是这版。

17 应该是胡允敬——采访者后补。胡允敬（1921—2008），河北天津人。1944 年 2 月毕业于中央大学建筑工程系。1947 年起任清华大学建筑系教师、教授，曾参加中华人民共和国国徽设计。生平介绍详见金建陵《参与中华人民共和国国徽设计的胡允敬》，《档案与建设》，2009 年，第 9 期。

18 梁友松（1930.2—2018.11），长沙人。1952 年毕业于清华大学建筑系，1952—1953 年任清华、北大、燕京三校建委会技术员，1953—1956 年为清华大学建筑系研究生。1956—1958 年任同济大学建筑系助教，1979—1990 年历任上海园林设计院建筑师、总建筑师，1990 年以来任上海园林设计院顾问，享受政府特殊津贴。在清华大学研究生院时，参与梁思成教授主持编写的《中国建筑史》部分工作，在梁思成先生向全国高校建筑系教师进修班讲授中国建筑史时，梁友松担任其助教。研究生毕业论文为《西方现代建筑》。在同济大学合作讲授西方建筑史，负责希腊、罗马和近现代时期的建筑史部分，同时担任建筑系三年级课程设计“机车制造厂”的教学指导。译作有《在全苏建筑工作大会上的报告》(布尔加宁)，发表于《建筑学报》；论文有《上海的园林绿化》《我看徽州民居》《论明清园林》（香港建筑署召开的学术会议上的报告）等。主持了国家银奖项目“大观园”仿古建筑群和园林的规划和设计、埃及开罗的“秀华园”设计、海口市东湖的琼仙阁宾馆设计、“大观园”招待所（宾馆）设计、上海龙华烈士陵园等。

19 刘敦桢《苏州古典园林》，北京：中国建筑工业出版社，1979 年。

20 此处估计刘老记忆有误，很有可能指的是 Edmund N. Bacon（埃德蒙·N. 培根）的著作 *Design of Cities*，中文版《城市设计》于 2003 年问世。

21 文章的全名为《关于后期现代主义——当代国外建筑思潮再探》，1981 年 9 月发表于《建筑师》第 8 期。

22 刘先觉主编《现代建筑理论——建筑结合人文科学自然科学与技术科学的新成就》，北京：中国建筑工业出版社，1998 年。

23 四部指的是第一机械工业部、第二机械工业部、重工业部和财政部，一会指的是国家计划委员会。

24 Margaret Miller. *What is Modern Architecture?*. Museum of Modern Art, 1942。

25 指的是：刘先觉《中国近现代建筑与城市》，武汉：华中科技大学出版社，2018 年。

26 夏铸九，生于 1947 年。美国柏克莱加州大学建筑博士，台湾大学建筑与城乡研究所名誉教授，东南大学建筑学院童寯客座教授，南京大学建筑与城市规划学院兼职教授。长期从事建筑理论与文化研究，涉及建筑学、哲学、社会学等各个领域，在亚洲城市化问题的研究方面具有较强的国际影响力。活跃于城乡社会的公共文化领域，推动台湾“社区营造”及城市遗产保护事业发展。除此之外，积极促进大陆和台湾之间的建筑学术交流，为促进两岸文化交流作出重要贡献。

奚树祥先生忆郭湖生先生

受访者简介

奚树祥

男，1933 年生于上海。1952—1958 年就读于清华大学建筑系，1959—1961 年回清华大学建筑系历史教研组进修，指导教授为梁思成和赵正之，兼任梁先生助理。1961—1963 年任内蒙古建筑学院（今内蒙古工业大学）教研组主任，1963—1981 年任教南京工学院（今东南大学）建筑系。1981 年赴美，任美中全国贸易委员会高级顾问编辑。1983—1985 年就读波士顿大学艺术史系及教授计划博士班，1986—1989 年任麻省理工学院东亚建筑计划客座教授，同时任 SBRA 建筑师事务所资深建筑师。在美期间建筑设计（合作）获奖三次，建筑画获奖七次。1992—1993 年任台北季兆桐建筑师事务所总经理兼主持建筑师，1994—1997 年应聘台湾金宝山任顾问，设计邓丽君墓和日光苑。1997 年与周恺共同创办天津华汇工程建筑设计有限公司，任副董事长、上海分部主持人。2008 年主持北京奥运公园国际竞赛获一等奖。著有《构图原理》（南京工学院出版社，1977 年）、《旅馆设计规划与经营》（与成竟志合译，北京：中国建筑工业出版社，1982 年）、《奚树祥建筑画》（上海书画出版社，2014 年）等。

采访者： 李鸽（《建筑师》杂志）
访谈时间： 2020 年 12 月 27 日
访谈地点： 微信
整理情况： 2021 年 1 月 2 日
审阅情况： 经受访者审阅
访谈背景： 郭湖生 (1931.4.28—2008.4.27)，男，浙江湖州人。1952 年毕业于南京大学[1]工学院建筑系，分配到青岛工学院[2]土木系任助教。1956 年该系并入西安建筑工程学院[3]，1957 年调回母校，任刘敦桢教授科研助手。1958 年 11 月，率四人小组赴云南贵州收集十年建设成就资料，并调查两省少数民族居住状况，写成《云贵两省少数民族居住状况调查报告》。1974 年，为《苏州古典园林》整理小组成员，负责实例部分。同年，参与由刘敦桢教授主持编写的《中国古代建筑史》。1977 年，任《中国古代建筑技术史》副主编，负责全书文稿审定工作。合作编写《中国建筑史》教材，撰写《中国大百科全书·建筑、城规、园林卷》条目 9 项，调查报告、研究论文、书评、书序等 60 余篇。

作为我国成就极高的中国建筑史理论学家，郭湖生先生在建筑技术史、中国古代城市史和东方建筑三个领域的研究成果皆具有广泛而深远的学术影响，并培养了常青、张十庆、杨昌鸣等一批日后卓有成就的研究生。感谢东南大学建筑学院单踊教授为本文部分信息查找提供帮助。

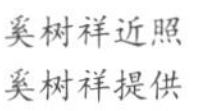

奚树祥近照
奚树祥提供

郭湖生教授
2001年周学鹰拍摄并授权于东南大学工作室

我最初认识郭湖生先生是在南京工学院教书之前，是在我回到清华进修，给梁（思成）先生当助理的那段时间。

1961年入夏，系曾派我跟吴光祖代表学校参加在建研院由刘（敦桢）老召开的一个书《中国古代建筑史》[4]某一稿的讨论会。会由刘老主持，当时全国各校建筑史方面都有老师参会。我跟光祖是小字辈儿，刚刚毕业还没多久（我是五八届，光祖是五九届），年轻不懂事儿，在讨论什么是中国建筑的发展推动力的时候，与大多数人发生了争论。当时会上多数人都同意刘老的意见，认为阶级斗争是建筑发展的主要推动力，但我跟光祖认为——现在看我们说的也不对——在封建社会，主要的建筑都为统治阶级服务，中国历史上最出彩、最有成就的是宫殿陵墓庙宇，建筑发展的动力应该是统治阶级的需要，帝王为代表的统治阶级的需要，才是建筑发展的动力，所以出现了很多宫殿和陵墓等。当时争得很厉害，就我跟光祖两人坚持，是少数。同济大学的董鉴泓[5]保持中立。而华南工学院的中国建筑史老师陆元鼎[6]，强烈抨击我们的观点，指责蛮厉害的，我们也觉得很孤立。郭湖生晚来几天，到了以后就卷入了这场争论。他大胆地说："我支持统治阶级需要是中国建筑发展的动力这个观点，需求决定供给，不能把阶级斗争概念化、教条化。"

在闭幕会上，建研院院长汪之力[7]批评了我们，说我们不尊重刘老的意见。这还不算，他们还给清华大学党委写了一封公函，说清华派出的两个年轻教师到这儿来拆台，唱反调。但是清华建筑系的党委书记刘小石[8]挺开明的，当时没跟我们说这回事，后来跟我说，学术观点不一样很正常，争论也不存在尊敬不尊敬的问题，所以就压下来了。

第二次见郭湖生是在1963年春，我从内蒙古调到南京工学院报到，顺路去杭州参观建研院做的浙江民居调查成果展览。在那遇到南京工学院两位教师，一位是钟训正，另一位就是郭湖生，他们受派也来参观这个展览。我当时印象很深，原因是看到钟训正坐在那里画图，把每一个浙江民居的图，用炭笔临下来。我在他旁边看了很久。我们那时还不认识。但我看出他画的水平很高。傅熹年[9]是我高一届校友，他也站在我身旁看钟训正画，跟我说钟画得又快又准，很有味道，我们没有和钟先生说话，但后来我到南工工作后与他成了好朋友。郭湖生搞中国建筑史，当时也在场看一圈，还谈了一些看法，对展览赞不绝口。我跟他也没说话，但觉得他挺有才气的。所以，当时我对这两位南工的青年教师非常钦佩，印象也非常深刻，这是我第一次跟他们的接触。

到南京工学院后，我们就有机会见面了。虽然当年在建研院开会时刘老很生我的气，可是我到南工以后，他还是很欢迎我，对我也很好。我那时还提心吊胆的，怕他对我有成见。但刘老很大度，对我很客气。我觉得这就是大学者的风度，十分敬佩。

从那以后我跟郭湖生就认识了，因为许多观念一致，就熟了。他告诉我，自己大学毕业后原来在青岛工学院当老师，是刘老通过建工部和教育部，用了很多办法把他调回南工来，并成为刘老的助手。

以我的印象，郭湖生很有学问，他看了很多书，记性也非常好，难得的是他有自己不同一般的观点。一个学者拥有自己独到的观点应该值得肯定。我到南工后，很希望分到历史教研组，可以向刘老、潘谷西[10]、郭湖生这些人学习，但系里张致中[11]说历史教研组人太多，设计教研组缺人，安排我到设计教研组去。所以我在南工十八年，一直教设计。因为对建筑历史有兴趣，所以跟他们都有来往。在我们交往过程中，我发现郭湖生是一位有学术深度的学者。尤其对于中国古代典籍和有关古建筑的一些工具书，他非常熟，帮了我不少忙，指导我到什么地方去查文献。当时我在研究中国古代旅邸考证，在写论文时，他帮了我很多忙，告诉我《古今图书集成》之类的资料，我确实从他那里学到不少。

南工刘叙杰[12]老师跟我说，郭湖生有学问，记性好，口才也好，满腹经纶但发表论文不多，他曾经两三次向郭建议，建议带几个研究生，他口述，让研究生记录整理成文，他也没有采纳。刘老写《苏州古典园林》时，郭湖生出了不少力，也参与了一部分工作。不过他最大的贡献是编写《中国建筑技术史》，他为那本书的出版，发挥了相当大的作用。

因为他太太有点残疾，行动不便，所以郭湖生要照顾家和孩子，每天早上到学校时，都手挎着一个菜篮子，逛一圈，完事儿就去菜场买菜回家。“文革”前后都是这样，给人一种不修边幅的印象——有点名士作风，有些孤傲，与世无争，对系里的工作虽有自己的看法，但平时不愿多谈，一切云淡风轻，置身事外。平时他还喜欢喝酒，他就是这样一个独来独往、率性的人。

他跟我的关系还不错。我到美国以后，他曾经写信给我，请我帮他找一位长辈，姓叶，名字我忘了，是国民党的高层官员。我当时也不认识多少人，所以没能帮上他。在“文革”的时候郭湖生经常找我在系里聊天，聊天下大事，他很能讲，分析问题丝丝入扣，讲起形势头头是道。

总之，我觉得很可惜，一个绝顶聪明，又很有学养的人，作用还没有充分地发挥出来。我所知道的大概就是这些了。

1　1927年创建的国立中央大学在中华人民共和国成立后更名为“国立南京大学”，后又更名为“南京大学”。1952年秋，全国院系调整，在前中央大学本部原址辟包括建筑、工程等工科为主的专业成立南京工学院。1988年，南京工学院更名为“东南大学”。

2　青岛工学院，1952—1956年设立的高等工业专门学院，我国第一次院系调整时新设的12个高等工业专门学院之一，由当时的山东大学土木系和山东工学院土木、纺织系合并而成。1956年，全国第三次院系调整时，土木系调至西安，并入新组建的西安建筑工程学院。

3　西安建筑工程学院，1956年成立，由原东北工学院建筑系、西北工学院土木系、青岛工学院土木系和苏南工业专科学校土木系科合并组成。1959年和1963年曾先后易名为西安冶金学院、西安冶金建筑学院。1996年，经教育部批准，更名为西安建筑科技大学。

4　由刘敦桢主编的《中国古代建筑史》，1965年成稿，1980年由建筑工程出版社出版。

5　董鉴泓，1926年6月生于甘肃天水。同济大学教授，博士生导师。曾任城市规划教研室主任，建筑系副系主任，城市规划与建筑研究所所长，中国建筑学会城市规划学术委员会副主任委员。现任《城市规划学刊》主编，《同济大学学报》编委，中国城市规划学会常务理事。主要著作有《中国城市建设史》《中国东部沿海城市发展规律与经济技术开发区规划》等。

6　陆元鼎，1929年出生于上海，1948年考入广州中山大学工学院，1952年毕业留校任教，随全国院系调整，成为华南工学院建筑系首批教师之一。20世纪50年代，陆元鼎开始投身于我国传统民居建筑研究。在他的推动下，传统民居建筑逐渐发展为一门系统学科，研究队伍日益壮大，引发了国内外专家的热切关注。1995年被推荐载入英国剑桥IBC国际名人录，2009年荣获中国民族建筑研究会终身成就奖，2018年，荣获"中国民居建筑大师"荣誉称号。

7　汪之力（1913—2010），生于辽宁法库。1936年加入中国共产党，在北平进行抗日救亡活动。抗日战争爆发后，历任国民抗日军军委会秘书长兼政治部主任，晋察冀军区第五支队政治部主任，晋察冀第二军分区政治部副主任、主任等职。抗日战争结束后，历任辽宁及沈阳中苏友好协会秘书长、副委员长，中共沈阳市委委员，中共本溪县委书记兼军管会主任，中共辽东省委办公室副主任等职。中华人民共和国成立后，1950年5月参加创建东北工学院的工作。1956年成立建筑工程部建筑科学研究院并任院长兼党委书记。1977年调任中国科学院计算技术研究所所长兼党委副书记，1979年任中国科学院力学研究所党委第一书记。曾任中国建筑学会名誉理事、中国风景园林学会顾问、中国圆明园学会副会长。

8　刘小石，清华大学营建系（建筑系前身）1948级学生，中共地下党员。1952年毕业，1953年回系任教，曾任系党支部书记。1984年任北京市规划局局长、总建筑师。著有《错误的设计思想 沉重的代价——评保罗·安德鲁的国家大剧院设计》，《城市规划》，2001年，第5期；《城市规划建设中的一些理性思考》（北京：清华大学出版社，2015年）。

9　傅熹年，1933年1月生于北京。1955年毕业于清华大学。中国建筑设计研究院研究员。20世纪五六十年代先后为梁思成、刘敦桢教授助手，进行中国近代和古代建筑史研究。以后重点研究中国古代城市和宫殿、坛庙等大建筑群的规划、布局手法及建筑物的设计规律，出版《傅熹年建筑史论文集》（北京：文物出版社，1998年）、《中国古代城市规划、建筑群布局和建筑设计方法研究》（北京：中国建筑工业出版社，2001年）、《中国古代建筑史（第二卷）：三国、两晋、南北朝、隋唐、五代建筑》（北京：中国建筑工业出版社，2001年）、《当代中国建筑史家十书：傅熹年中国建筑史论选集》（沈阳：辽宁美术出版社，2013年）等。1994年当选为中国工程院院士。

10　潘谷西，1928年生于上海。1947—1951年就读于中央大学及南京大学的建筑系。毕业后留系，曾任南京工学院（1988年更名东南大学）建筑系副主任、系学术委员会主任、校学术委员会副主任，中国建筑学会建筑史学术委员会第一届副主任，南京古教学会第一届副会长等职。从事中国建筑史与古典园林的教学与研究。参加编写的《苏州古典园林》1981年获国家科技成果奖一等奖。主持连云港云台山风景区规划及花果山古建筑群设计。主编《中国建筑史》《曲阜孔庙建筑》等多部获得国家重大奖项的图书。

11　张致中（1923—2007），江苏南京人。抗战后期从重庆大学建筑系转至中央大学建筑系，1948年毕业于中央大学建筑系，获工学士学位。1949—1954年留系任助教，1954年任副教授。1983年获聘教授，1979—1985年任系主任，1987年5月退休。长期讲授一年级建筑设计初步及指导各年级建筑设计、毕业设计课程。前后培养硕士生共计12人，共主持与参加建设工程设计40余项，其中主要有北京火车站建筑设计（与北京工业建筑设计院朱山泉建筑师共同担任建筑专业负责人），扬州鉴真和尚纪念堂施工图设计（方案为梁思成先生所做，1985年获建设部优秀建筑设计一等一级奖），扬州西园国宾馆（与何时建合作）及南京夫子庙美食一条街餐厅综合楼等。曾任江苏省土木建筑学会理事长、名誉理事长及江苏省建筑师学会名誉会长。

12　刘叙杰，我国著名建筑史学家、建筑教育家刘敦桢之子，南京师范大学附中49届校友，东南大学古建筑研究所教授，著名古建园林专家、建筑学家，中国建筑学会中国史学会副会长、中国文物学会传统建筑及园林委员会副会长、中国圆明园学会学术委员。

参考文献

[1] 东南大学建筑学科发展史料汇编写组．东南大学建筑学科史料汇编 1927—2017[M]．北京：中国建筑工业出版社，2017：83-203．

[2] 潘谷西．东南大学建筑系成立七十周年纪念专集 [M]．北京：中国建筑工业出版社，1997：248．

清华大学阚永魁老师谈留学苏联

受访者
简介

阚永魁

1933年生，1954年毕业于北京四中，1954—1955年在北京俄语专科学校留苏预备部培训一年，1955年赴莫斯科建筑工程学院工业与民用建筑系学习，1960年毕业回国，在清华大学任教至退休。曾担任莫斯科建筑工程学院北京校友会秘书。

采访者： 李萌（芝加哥大学东亚语言文明系）
访谈时间： 2014年9月15日
访谈地点： 北京市海淀区清华大学高二楼
整理情况： 2020年7月
审阅情况： 经阚永魁先生审阅修改
访谈背景： 20世纪五六十年代，我国曾派出数千名大学生留学苏联，尤以1954年、1955年最为集中。他们所学专业涉及从文学、艺术到理科及工程诸多方面。这一代人回国后，对国家的发展建设做出过不同程度的贡献，他们的经历在20世纪中国教育史上也具有特殊意义。作为在中苏关系“蜜月期”留学苏联建筑工程最高学府之一——莫斯科建筑工程学院的大学生，阚永魁老师的留苏经历具有一定程度的代表性。从20世纪90年代起，他担任过莫斯科建工学院北京校友会秘书，对母校毕业生回国后的工作状况有比较全面的了解。因此，对阚永魁老师的采访，不仅使我们了解到他个人留苏的宝贵信息，也使我们窥见那一代人几十年间在中国建筑工程领域发挥的作用。

留学之前

我是1933年生人，老家在河北省唐山专区乐亭县。小时候，我们那个地方是游击区，一会儿日本人来，一会儿国民党来，一会儿八路军来。往往是刚开学，就要跑敌情，课只能过一段时间再回来上。这样我五年级上了三回，六年级没上。1949年1月北京和平解放，3月我就到北京来了。我连小学毕业证书都没有，就买了个毕业证书，找了个交钱就上的中学。我上的那个学校叫惜阴中学[1]，大概是北京最差的学校之一。上了一个学期，我就转到了平民中学[2]，就是现在的北京第四十一中学，那个学校比较好。初中毕业考高中，不是统一招生，我考了三个学校——北京高工、通县潞河和北京四中，都考上了。北京高工三年毕业就能工作了，我跟家里商量。家里说，你自己做主，愿意上哪个就上哪个。我选了北京四中。

北京四中这个学校解放前就有了，那时候就叫四中。北京刚刚解放的时候，公立学校的男中、女中是分开的。男中就是七个，男八中是解放后成立的；女中那时候只有三个，就是女一中、女二中、女三中，解放以后又成立了几个新的。后来有好多私立学校，就按着顺序排，现在四十一中，四十二中，一〇一中，都是后来成立的。

四中在北京是教学质量比较好的，所以当时教育部给了四中十个进俄专（留苏预备部）的名额。但我们都得参加高考，如果高考成绩太差的话也会刷掉，但我们这十个人都进了俄专。其实提前一年，1953年学校就选中了，通知我们准备上留苏预备部，1954年高中毕业，当年进俄专读一年，1955年出国。

我在俄专是53班的。在俄专那一年，去掉暑假寒假，不剩多长时间。当时就上三门课：俄语、政治、体育。俄语当时包括两种课程，一个是阅读，一个是文法，分开上。然后就准备出国。那个时候政治审查很严，查家庭出身、社会关系。后来有人政审没通过，也有个别人因为身体状况没能出去。我们四中的十个人里面，有八个人出去了，两个人留下了，具体原因我不太清楚。当时就是告诉你，不出去了。不过当时有一个很优惠的条件，凡是出不去的，可以自己任选大学，你选哪儿就让你上哪儿。好多人都选了清华、北大。

莫斯科建筑工程学院中国留学生及所学专业介绍

我1955年到1960年就读于莫斯科建筑工程学院（Московский инженерно-строительный институт，МИСИ），学的土木工程，工业与民用建筑专业，简称工民建。从留苏预备部到莫斯科建工学院，专业是我自己报的。报完以后，所有的人要统一协调一下，不一定批准念原本报的专业。我报的就是土木工程，批的也是土木工程。1954年参加高考的时候，我报的就是清华大学土木系，当时就是喜欢这个专业。

20世纪80年代末，苏联解体前夕，清华大学土木系跟莫斯科建工学院建立了联系。那时候他们校长、副校长先后都到清华来访问，好多教师也组团来清华。我们专业对口交流，他们来介绍他们的科研成果、教学经验，我们也派团到他们那儿去。有两次清华组团，我跟着去当翻译；他们来的团先后有三次，也是我做翻译。当时我们的系主任是刘西拉[3]，是他开始跟莫斯科建工学院建立联系的，中间来回穿梭就都是我的事。因此我在莫斯科建工学院的留学生里是联系工作做得比较多的，我们学校毕业生的情况我都知道，我这儿有非常详细的名单。

1955 年出国的时候，我们那一届到莫斯科建工学院学土木工程的有 40 个人，但后来分走一些。第一次是念完二年级，准备上三年级的时候，教育部说学土建的人太多，而且咱们国家的土建事业跟苏联比起来，也不是那么落后，可以减少一些人，于是就动员一批人转去学电子、无线电、光学仪器。有人去了列宁格勒，有的还在莫斯科，到了包曼高工[4]等学校，学与国防相关的专业。后来因为不在同一个行业里，我们跟他们就没什么联系了。第二次是快上四年级了，当时我们学校新成立了一个专业，主要培养核电站建设方面的人才。这样就选了一部分中国同学去改学那个专业，就是使馆通知哪些人去学，不是个人选择。

实际上这个核电站建设专业跟我学的工民建，差别就在两门课。他们讲核发电站的流程，讲怎样根据核电站建设的特点做设计。核电站最大的特点是它里边有个核反应装置，外边是非常厚的钢筋混凝土保护壳，保证安全。发电的过程本身没有什么风险，但前几年日本福岛地震，把保护壳震破了，污染物就出来了。所以那个专业学安全壳的设计和发电设备的工艺等，就是多两门课，其他区别不多。学了这个专业的人，回来以后也没有都去搞核电站建设。

有一部分同学毕业回国以后，分到了二机部二院。当时保密，咱们国家好多部门都使用代号。二机部是核工业部，二院就是他们的设计院，核电站建设是他们的主要任务之一。我们这一届有 6 个人分到那个单位，级别最高的人叫曾文星[5]。他后来调到大亚湾去搞核电站建设，当了大亚湾核电站的总工，一直在那儿工作到退休。他来北京，我们就聚一聚。

莫斯科建工学院毕业生在二机部工作的，有负责核电站建设施工管理工作的樊喜林；何鉴堂是搞施工的，还当过总工；俞锡章也在大亚湾那边工作，跟曾文星在一起；何伯治、彭寿沛[6]都是搞设计的；任雨吉[7]曾担任核二院的副总工程师，已经过世。在中国建筑科学研究院工作的吴廉仲[8]担任过建筑结构研究所所长，龚洛书[9]、吴兴祖[10]担任过建筑材料研究所所长，吴兴祖夫人韩素芳[11]是混凝土专家；黄熙龄[12]，我们读本科的时候他读研究生，现在是工程院院士；蔡绍怀[13]、赵振民[14]当年也是研究生，赵振民夫人亢文慎[15]也在建研院工作。在其他单位工作的还有许纪蔚[16]、方璆[17]、邹觉新[18]等。许纪蔚有一段时间是我们莫斯科建工学院校友会的负责人；方璆当年学的是采暖通风，非常活跃，至今还在参加欧美同学会留苏分会的合唱团；邹觉新当年是研究生，回国后一直在交通运输部工作，做过部总工程师……

莫斯科建筑工程学院教学楼

参观莫斯科大学，左二为阚永魁

莫斯科建工学院的工民建虽然是一个专业，但它叫系，工民建是一个系。在莫斯科建工学院学习的中国留学生，大多数是在工民建系，还有一些在水利系。我们同一届就有水利系的留学生。另外还有机械系，刁尔方[19]就是机械系的研究生；还有暖通系、给水排水系、建筑材料系，等等。

我1960年毕业回来以后，分到清华大学土木系钢筋混凝土教研组搞教学。从1969年“一号命令”[20]开始准备打仗，我就分出来搞人防工程，一直到退休。我后来搞科研，接触的大部分都是国防单位，像工程兵、二炮、空军、海军。搞人防的时候，我也兼搞教学，主要就是20世纪70年代初到70年代中期，工农兵学员那一段。我留苏收获比较大的是在教学方面，吸收他们的教学内容、教学方法，后来在讲课中能够把这些经验应用上。搞人防工程，就是地下人防，主要是防护门、防护设备，跟过去的专业不沾边了，但当年学的基础知识都用得上，包括防护门的强度、受力原理，都是过去学的。

当时在莫斯科建工学院学习的中国留学生有三类人。第一类是进修教师，他们一般年纪比较大，比如清华工民建的杨曾艺[21]、张良铎[22]，力学的王和祥[23]，都是去进修两年；第二类是研究生，毕业的时候拿副博士学位，清华土木系的沈聚敏[24]、陆赐麟[25]，水利系的惠士博[26]、张宪宏[27]等，当时都是研究生；第三类就是本科生，像包裕昆[28]，他学的是核电站建设专业，但回来以后分到清华，起初在土木系搞教学，改革开放以后调到了设计院。这个设计院是清华大学下属的一个单位，跟土木系平行，跟北京市建筑设计研究院是同一等级，也是一个甲级设计单位，有二三百人的规模。在设计院工作的人，基本上不搞教学。

读本科的安英华、傅颖寿[29]夫妇是学建筑材料的，毕业回来分配到北京建工学院。在莫斯科建工学院，建筑材料叫建筑工艺，主要是搞预制构件，生产房屋预制的梁、柱，混凝土的配比、性能。左德钫[30]回来以后在建设部搞管理工作。黄凤福和潘景德[31]在七机部的设计院工作，我们同学里就他们两人分到了七机部。

陆赐麟去莫斯科建工学院读研究生，就是从清华土木系派出的，毕业又回到清华土木系搞钢结构。“文革”前夕新成立国防科工委时，把他调到了那儿。他在清华是业务骨干，在中国可以算钢结构方面的专家。一直到现在，咱们国家制定钢结构规范的重要会议，他都参加。他很有自己的观点、想法，还经常在报纸上发表文章。“文革”结束大学恢复招生以后，他调到了北京工业大学。他在苏联做研究生的时候，就是读的钢结构。他的导师是苏联钢结构方面首屈一指的专家斯特列列茨基（Н. С. Стрелецкий）[32]。

当年在莫斯科建工学院，中国留学生大约百分之六十学工民建，百分之十几学水利，还各有百分之几学材料、给排水、暖气通风。毕业回来以后分到高校的，北京的主要在清华。分到高校的人本来就很少，后来一直搞教学的更少。清华主要是工民建有一批，水利系有一批。到莫斯科建工学院念建筑系的人不多。建筑系下面的专业一个是建筑学，一个是城市规划。我们学校有学城市规划的，但回国以后分到外省市去了，比如杭州大学有一两个，南京河海大学（原华东水利学院）有一个；反倒是在基辅建工学院学建筑学的有一个分到了清华。所以清华留苏的，大部分都是学的工民建，还有相当一部分学的水利；暖通、给排水的不太多；材料（建筑工艺）的有几个。分到外地的，也是大部分都在设计院。

中苏工民建水平对比

这种分配的去向，在一定程度上说明我们国内当时工民建这方面的教学水平并不比苏联低很多，所以不需要那么多人回来补充到教学一线。但另一方面，比如清华，（20世纪）50年代曾有莫斯科建工学院和列宁格勒建工学院的苏联专家来讲过课。到1960年我回国的时候，清华用的教材和我们国家建筑设计的规范，都还是苏联的。

我们接受苏联的规范，应该是从 20 世纪 50 年代开始的。起初他们派专家来讲课的时候，我们没有自己的规范。向苏联“一边倒”之前，用的是美国规范。后来中国用苏联的规范分三个阶段。第一阶段是把他们的规范全文翻译过来，一条不变地翻成中文来用；第二阶段是大部分采用苏联规范的条文内容，我们自己也开始做些科研实验，积累一些数据，有些数据稍微改一改，但大部分还是苏联的，少部分用了自己的，用了自己的，名称就改成自己的，就是国标了；到了第三阶段，就大部分都是自己的了。第一阶段延续到（20 世纪）60 年代初跟苏联关系破裂之后。第二阶段比较长，延续到了 80 年代。做规范不能抄袭别人的，抄袭那就还属于第二阶段。第三阶段不能再用别人的规范，但这有个先决条件，就是得大量地做实验，得有自己的研究结果。如果我们做实验得出的数据跟他们的差不多，有点区别，就用咱们的；如果差别大的话，那就完全是属于我们自己的内容了。我记得刚回来搞教学时用的规范，叫 НИТУ，就是《标准与技术规范》（*Нормы и технические условия*），还叫这个名字呢。

当初派那么多人出去学工民建，确实是多了。与其让那么多人去学工民建这种比较一般的专业，不如分出一部分人去学尖端专业，或者学中国当时还没有的专业。比如无线电专业，那时中国就还没有。清华大学无线电系成立得很晚，后来是从电子系分出一部分人，成立了无线电教研组。清华的自动化专业，建立得就更晚了。后来我们意识到，没人去学无线电、自动化这类跟国防相关的专业，让那么多人都挤到工民建、建筑专业里，肯定是不符合国家发展要求的。

当然当时我们去学什么专业，也跟苏联高校的接收条件有关系，需要两国之间协调。不过后来我听说，去学国防专业的学生，比如航空学院的，课堂笔记到毕业的时候得留下，不准带回来；有些书只能在图书馆里看，不能借出来。所以如果真是去学尖端专业的话，也会受很大限制；但工民建没事，包括后来学核电站建设的，也没受影响。只有涉及苏联国家核心机密的部分，他们才限制得很严。当时学这种专业的，有莫斯科航空学院，有包曼高工——他们专门学航天、核武器，等等，都是军工。

我们出国前后，国内工民建方面的教学有苏联专家在。也就是说，在我们留学苏联的同时，他们在国内也为我们培养了相同专业的人才。所以我毕业回来以后，大家在一起搞教学，我感觉我们留苏生的优势不是很大。为什么呢？有了教科书和规范，上课就是讲规范、讲教科书。这些东西，他们已经派专家来讲过了，我们也组织老师去听课，做详细记录，把他们那些东西都学过来了。苏联专家来清华，他们讲课的方法、讲课的过程、讲课的内容，跟我们在莫斯科听到的是一个水平。当时来清华的专家有莫斯科建工学院的，也有列宁格勒建工学院的。他们派了第一流的教师来中国。比如说，他们木结构的第一号专家去哈尔滨讲课，清华就派老师到哈尔滨去听课，这跟我们在莫斯科建工学院听他讲课，内容基本上是一样的。所以我们在那儿学到的东西，国内的教师基本上也都掌握了；苏联专家在清华讲的规范，跟我带回来的内容也是一样的。但我来清华以后，连续四五年的俄文专业阅读课都是我教的，这个别人教不了，我主要是在语言上有优势。在其他方面，我们的优越性就不是很突出了。

科技方面的教科书，内容是这样的——现在周期短了，过去周期长，但也是同样的过程，就是刚出现的一些发明或者刚发现的一些先进技术，都是在科技交流会上发表；成熟度高一点了，再发表到杂志上；再成熟一些，经过一段时间考验之后，才写进教科书去。这个过程反映了什么呢？人家有些东西写进了教科书，但前面第一阶段、第二阶段的背景，研究与发表的过程，人家知道，我们总是不知道，所以你要是照着人家的教科书去讲课，需要补充一些内容，讲出它的背景、原理和过程的时候，人家讲得出来，我们的老师就讲不出来。所以苏联专家来讲了，我们就知道了；要是他们没来讲的话，我们的老师就只能照本宣科。

但我们在莫斯科的学习还是有其自身特点的，就是他们比较重视实践，所以我刚毕业回来，就能辅导学生做毕业设计，清华本校刚毕业的青年教师辅导不了。我记得当时学生设计的是预应力的混凝土屋架，那个我很熟，我们在苏联生产实习的时候都干过。预应力当时是才出现不久的东西，但苏联学校里已经讲得很透了，咱们这里才知道一个皮毛，所以在计算方法、计算过程方面，我就稍微占点儿便宜，在这方面搞教学有些优势，不过不是很大。

借鉴苏联老师的经验

国内毕业设计的训练跟我们在苏联受的毕业设计方面的训练，虽然表面上区别不是很大，但人家教师的水平都是很高的。莫斯科建工学院几乎各个专业都有全苏联一流的教师。教钢筋混凝土的是格沃兹捷夫（А. А. Гвоздев）[33]，教钢结构是斯特列列茨基。工民建专业还教土力学、地基基础、结构力学。他们每个老师都是一教几十年，因此教学经验很丰富。他们还有一个最大的特点——现在咱们这里经验多一些、水平高一些的老师就不讲课了，他们是第一流的老师，不管你在国家机关当什么官，在科研机构任什么职，只要在我这个学校挂名，就要给本科生讲课，他们这一条很厉害。所以我们考试或者老师给你答疑的时候，只要你稍微有一个什么表情，老师就知道你在想什么。你可能想到的，他早就知道了。

当时派出去学土木工程的人太多，虽然在这方面我们跟苏联并没有那么大的差距，但是回来以后我们在业务上的优势不是非常明显，不过苏联老师的教学方法对我的影响很大，我后来在讲课过程当中还是经常借鉴的。他们的老师讲课没什么废话，而且都脱稿。我从来没看见哪个老师拿着讲稿去上课的，就是用粉笔写，那个时候还用粉笔。上课的时候，出过一次这样的笑话。我们老师发现中国同学都是抢座位，坐前排，唯恐漏掉哪一节课，笔记也记得很详细；而苏联同学喜欢往后坐，有时候不想听就看小说或者聊天。有一门课叫机械原理，上课的时候，老师讲什么叫零件：零件是组成机械的最基本部件；若干零件构成一个整体，叫作元件；把几个元件合到一起，就叫组件。他讲课的时候不站在讲台上，而是顺着学生座位中间的通道一边走一边讲。他走到一个苏联学生旁边，那个学生正在看小说呢。老师就把手往桌子上一按："你站起来！"学生就站起来了。"你给我说说，什么叫零件？"学生光看小说，没听讲，答不出来。老师就把钢笔掏出来，摘下笔帽，问："这是不是一个零件？"学生说是。"你给我出去！"当场就把那个学生给轰走了。

我讲课的时候，一般不会要求学生注意听我讲。要想让大家听着觉得有意思，我有时候也走着讲，然后看到学生特别爱听的时候，我就把自己实践里边的经验加进去。我退休以后，在北京城市学院讲过三四年的建筑监理课。因为我当过好几年监理，可以离开讲稿，把监理过程当中那些经验详细地讲给学生听，他们就有兴趣。我刚回国的时候，我们这里老师的讲课水平还不太高，基本上都是讲教科书上的东西，苏联老师就不是这样。

我们当年有一门课叫建筑学，教建筑学的老师在设计院待过好多年，非常有经验。他讲工业厂房上边排风采光的天窗，光是那个天窗的构造和开启方法，他就讲了两堂课。他把所有不同的构造、不同的开启方法都讲了，大家都特别爱听。要是按教科书上的内容讲，几句话就完了。当时在莫斯科建工学院上课的主要老师，都是在外边兼职的。比如说格沃兹捷夫，他是苏联土木与建筑科学院的一个室主任，带博士生。他在莫斯科建工学院给本科生讲课，那真是大不一样！

我们清华的建筑系、土木系，没有一线教师同时在设计院兼职的，我们是科研和教学完全分开，设计和教学完全分开。至于这一点对我们的教学有没有负面影响，怎么说呢？现在在清华搞设计兼搞教学的人不多，搞科研同时讲课的也不多。搞科研的年轻教师，据我所知，主要都是带研究生。在课堂上给学生讲课的人，也有的兼搞科研，但基本上没有兼搞设计的。我们这里基本上就是年轻的搞教学，资深了以后就不再搞教学，就搞科研去了。这一点不只是清华土木系，这是高校教育普遍的现象，是全国性的。我看到一篇文章批评中国教育，批评中国的大学，批评得很尖锐，认为咱们的大学现在基本上都商业化了。比如说清华有个科技园，北大也有科技园。所谓科技园是什么？说穿了就是搞房地产，盖房子、出租；导师有课题，带研究生，但他自己并没多少精力去搞实验，研究生就是他的劳动力，科研经费导师可以提成，当然也给学生一定的补助。这种体制，我觉得不正常。这样搞，科研水平根本上不去，大家就是想办法多挣钱。我们这一代退下来的教师对这些都有看法，但是现职的教师也得面对现在的国情啊！

当年国家派出学建筑、建工的留学生，主要去莫斯科建工学院、列宁格勒建工学院和基辅建工学院，还有莫斯科建筑学院。人最多的是莫斯科，其次是列宁格勒，再次是基辅，主要是在这三个城市里。虽然苏联最高的建筑科研机构在莫斯科，虽然我们学校有不少一流教授，但不能说莫斯科就都是龙头老大。据我所知，结构力学、土力学、地基基础、钢结构、钢筋混凝土结构这些专业，莫斯科很强。但有一个来清华讲施工的专家，就是列宁格勒建工学院的。据说他们学校的给排水专业也很不错，他们还有筑路工程专业。基辅有没有非常一流的教授，我不太清楚。

我们当时在苏联观察到老师有设计经验、实践经验，他们的经验应用到教学里，这种方法很好。可是我们并没能把这一套经验带回来，或者说带回来的效果不那么明显。首先，到教学第一线的人不多；其次，大部分毕业生直接分到各个设计院，冶金口的、水利口的、核工业的，那些人主要就是搞实践、搞设计去了。当然在学校的还是要搞教学。比如我大部分精力搞科研，兼搞教学；包裕昆大部分时间搞设计，兼一点教学；张良铎进修回来以后一直搞教学。

进修教师在那里，主要就是和本科生一起随班听课，学苏联老师的教学方法、教学内容。研究生不上课，主要是自学，整天在宿舍里看书，在图书馆里看书，然后跟导师约定一个星期或两个星期见一次面，汇报这一段做的工作，请老师指导。本科生按专业分，研究生则分得更细。清华土木系去莫斯科建工学院读研究生的沈聚敏，是苏联当时最出名的钢筋混凝土专家格沃兹捷夫的研究生，学的是钢筋混凝土理论。他本来就是在清华工作了两年才出去读研的，又是师从这样的名家，所以回到清华以后，他在全系水平是最高的。他跟格沃兹捷夫学了一套理论，特别是钢筋混凝土的基本原理，应该说叫机理，带回了国内，这个别人掌握不了，所以他带的研究生水平都比较高。

沈聚敏作为留苏研究生，在那里要做课题，熟悉他那个专业的前沿，再加上有著名导师指导，所以他的基础理论就很扎实。他后来是我们系的学术委员会主席，负责研究生答辩，也负责评议研究生的论文。那个时候我在系里当研究生科长，又是学术委员会的秘书。有一段时间，沈聚敏还是莫斯科建工学院回国留学生校友会负责人。我觉得他工作太忙，他当选校友会主席以后，我就毛遂自荐，给他当秘书。后来他出国，别人继任，我这秘书也卸不掉了。我就是到处当秘书。

从沈聚敏的个例来看，他在苏联还是学到很多东西，所以研究生回来起的作用可能比本科生要大。

在莫斯科的学习生活

我们留苏的时候，跟同校研究生的接触很多，大家都住在同一层楼上，在同一个厨房里做饭。我们的党团也都是一个支部，所以一块儿开会。研究生张宪宏当过党支部书记；他退下来以后，书记是研究生陆赐麟。我们在厨房里，有时候一边做着饭、煎着肉饼，一边聊聊天。但在学术上我们跟他们没什么联系，我们基本上没有碰到什么问题需要问研究生的。研究生只搞自己的课题，我们上课碰到的那些问题，他们也不一定回答得了，还不如答疑的时候去问老师。

莫斯科建工学院坐落在莫斯科市区的东北角，那附近有个比较大的地铁站叫库尔斯克站（Курская），库尔斯克站的下一站叫包曼站（Бауманская）。我们在包曼站下车，还得走十分钟的路才到学校。我们住的宿舍在莫斯科市区的西南角（不是整个城市的西南角），在基辅站（Киевская）附近。基辅站往西再坐几站就到莫斯科大学了。我们坐地铁上学，不需要每天买票，可以一次买一整联，每次进站就撕一张。那个时候地铁非常便宜，票价大概几十个戈比（相当于当时人民币几毛钱），坐车上学花不了多少钱。生活上主要的花销就是吃饭。出国的时候每人带了两箱子东西，连手绢、袜子国家都发了。我们一般早晨六点钟就得起床，收拾一下，刷刷牙，然后简单地吃点面包、牛奶、香肠，就拎上书包去学校了，上了地铁还要看书。那时宿舍里没有冰箱，牛奶就放在洗脸间，喝的时候烧点开水兑上。

我们每天从早晨八点钟开始上第一节课，一直上到中午十二点；午饭只能在小卖部买点点心吃；下午两点又接着上课，一直到四点。下了课坐地铁回到宿舍，已经接近五、六点钟，吃点饭就得看书，有时候一看就看到半夜十二点。苏联人不睡午觉，他们有个观念，认为床只能是躺下睡觉用的。像咱们平时要想休息一下，可以在床上躺会儿，可是他们不这样做。有一次我们一个同学回到宿舍，躺在床上休息了一会儿，就被苏联同学发现了："哎呀，你是不是病了？"要送医院。我们一天睡不了多少觉，一个学期基本上看不了一场电影，没时间，非常辛苦。我们往往是考完试，连着看两天电影。

我们的宿舍是在一个大学生城（студенческий городок）里，有七栋楼，由一个物业单位统一管理。房间里每人配一个被单、一个床单、一条毯子，下面有个弹簧床垫。大概每十天到半个月，管理员就在

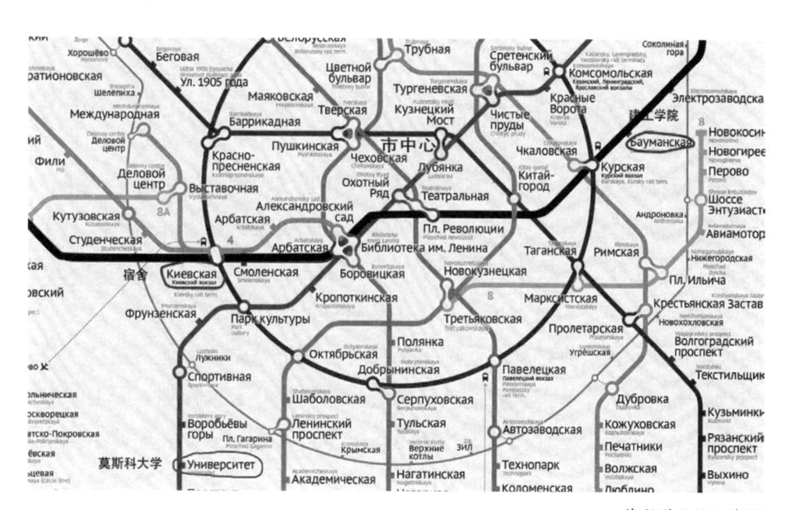

莫斯科地铁示意图

注：图为现今地铁图，跟20世纪50年代相比，

只是增加了更多线路，但当年乘坐的地铁还在，为图中加粗那条线

宿舍门口公布：今天要换床单。有人给我们换。名义上被单、床单之类的东西不需要花钱租，但可能发助学金的时候已经扣掉了。当时一个月助学金有 500 卢布，都发到我们住的楼里，但拿到手的是 485 卢布。听说有的学校也不收，估计他们的管理制度各处不太一样。我们宿舍的管理很严格，学生出门的时候，钥匙都要交到门房，回来的时候再从那儿拿，门口总有一个老太太值班。他们这种管理方式很成熟，很有秩序，是社会化管理，学校不管。

阚永魁参加生产实习时挖坑

我们的大学生城里面也住了其他学校的中国留学生，但我们之间没有联系。说实在的，不是不联系，是没时间。我们也就是晚上吃饭以前到楼门口去托托排球，跳跳绳，那个时候会发现还有别的学校的中国留学生，但不是很多。莫斯科有好几个大学生城，大家分住在各个地方。我们那里住得比较多的，大部分还是苏联人，就是从外地来莫斯科上学的苏联人。另外像蒙古、罗马尼亚、保加利亚、匈牙利等国家的留学生，也都跟我们混住在一起。一般按学校分，我们学校的都住 7 号楼，别的楼里是外校的，有俄罗斯人，也有外国人。

一般来说，研究生课题做得比较专；但在语言上，他们不如我们。因为我们分宿舍的时候都把中国人分开，我那个房间里四个人，除了我，还有一个阿尔巴尼亚人，一个罗马尼亚人，一个俄罗斯人，大家交流都说俄语；而且整天听课，也很有帮助。我们到那儿的时候，像数学、力学课都没困难，数学课是公式多，力学课是画结构图多。但像地质课，就困难了。地质尽讲石头的名称，得背单词，很难记。机械原理在语言上也很难。那门课的俄文是 Теория машин и механизма，我们的俄罗斯同学取每个词的第一个字母，凑在一起，给它起了个外号，叫 TMM（Тут моя могила，意为：这是我的坟墓），意思是这门课非常难学，简直要我的命。但这门课还不是最难的，对我们中国留学生来说，最难的是“联共党史”，因为它完全是叙述，既没有公式，也没有图，而且净是新词。我们一年级上“联共党史”，二年级上“政治经济学”，在语言上最困难的时候学了最难的课程。

到后来学专业课，就稍微容易点儿了，不过“测量”课也比较难，而且我们专业的课程非常多，除了地质课，还要上“土力学”“地基基础”。此外，我们还学美术、制图、建筑学，建筑学要用毛笔画渲染图。基础课的面宽，课程多，上课需要的时间就多。我们还要学给排水，还要学暖通。这些清华土木系都不学。

我们有过几次实习，就在莫斯科。在苏联实习跟在中国时不一样。我们这里是选一个地方，由老师带队去，老师参加管理、指导。他们呢？在学校就给你定好这个假期你去哪儿，同学里选一个负责人，就带着大家去了，学校什么也不管，回来就要你交报告。中国的实习也是在假期里，这一点是学的苏联。

我们一年级之后是测量实习，在莫斯科远郊区；二年级之后是生产实习，到一个工地。有时候实习的内容跟专业没有直接联系。记得那年我去实习就是跟着他们挖坑，挖一种很圆很深的坑，拿铁锹挖；然后火车运来一车水泥，我们就帮着去卸车。为什么这样呢？因为学校给你联系到这个地方、这个单位实习，你去了以后干什么，学校就不管了，人家让你干什么你就干什么。它的好处是按照你干活的劳动强度给你付工资。我毕业带回来的一个照相机，就是用实习挣的钱买的。那次实习挣了多少钱我忘了。我买的相机七八百卢布，牌子是“费德 –2”（ФЭД-2），当时属于中档；再高一档的是“左尔基”（Зоркий）；

从左至右依次为 20 世纪 50 年代苏联“费德”“左尔基”“基辅”牌照相机

最好的是“基辅”(Киев)。如果“费德 -2”是七八百卢布的话，“基辅”起码得 2000 卢布。当时苏联的照相机在世界上水平是非常高的，因为二战结束的时候，他们接收了德国最好的一个照相机厂，把设备和工程师都弄到苏联去了。后来苏联用他们接收过去的设备生产了“左尔基”系列产品。照相机最关键就是镜头，德国的“蔡司”（Zeiss）镜头到现在也是最好的。

那时候生产实习挣的钱没有让我们上交，使馆不管，挣了钱就自己装腰包了。当然各个学校的要求可能不一样。像包曼高工，他们政治上的要求是比较高的。我们的支部活动也不活跃，一年搞不了几次，有时候开个会，传达一下国内的情况；逢年过节组织一点文艺活动。1957 年国内“反右”的时候，我们学校没有什么事，国内的情况我们也知道，但没有组织批判。除了学习紧张以外，宣传工作也没什么好做的；组织工作方面，大家基本上不是党员就是团员，没什么发展工作。那时候发没发展过党员，我都不记得了，没印象。

留苏那几年里，我们就 1957 年去过莫斯科大学大礼堂一次，受毛主席接见。我差不多是坐在最前面。毛主席喝茶，杯子里的茶叶我都看得见；他抽铁筒“大中华”，我也看见了。当时没带相机，那时候还没相机呢。那天，毛主席是从后台走上来的。那句著名的“世界是你们的，也是我们的，但是归根结底是你们的。你们青年人朝气蓬勃，正在兴旺时期，好像早晨八九点钟的太阳。希望寄托在你们身上”，就是从这儿开始说的。[34]

我们当时的 500 卢布助学金用不了，每个月都可以剩下一些，因为我们吃得比较朴素。食堂贵，自己做就省好多钱。我们晚上都是自己做饭，最常吃的是煎肉饼，或者是拿西红柿炖洋白菜。煎肉饼买来

铁筒“中华”牌香烟，俗称“大中华”

“里加”牌面包和“基辅”牌香肠

的时候是生的，但是成形，回来以后往锅里倒点儿油就可以煎。我还特别爱吃他们的黑面包。当年中国人挖苦苏联人的时候说，他们连白面包都吃不起，吃黑面包！平时饭桌上要是有黑面包、有白面包，我绝不吃白面包，黑面包又好吃又有营养。我记得最好吃的面包是“里加”牌（Рижский хлеб）。香肠我们也经常吃，最好吃的香肠是“基辅”牌（Киевская）的。泥肠我也特别爱吃，他们的泥肠跟中国的完全不是一个味儿，不但味道好，而且也好看，淡淡的红颜色。

我们在苏联上学的时候，宿舍房间里没有电视，但居民家里一般都有。如果我们想看电视的话，宿舍楼的每一层都有一个“红角”（красный уголок），中间有一块空地方，角上放个电视，大家就在那儿看。虽然有电视，但我们一般不去看。功课做不完，作业留得很多。

（20世纪）60年代末，苏联电视每到夜里一点钟节目结束的时候，就会发出“嗞”的一声，然后屏幕上出现：“今天的节目已播完，请关机。”人家是为了省电，提醒你万一看着看着睡着了，听到这一响就可以把电视关掉。那是中国跟苏联关系最不好的时候，咱们就广播这样的消息：“他们的电已经缺到了这种程度，电视都必须得关掉。”同一个事情，人家那样理解，我们却这样理解！

留苏那些年，我们跟苏联老百姓也有一些接触。除了和苏联同学一起上课，同宿舍里有一个苏联同学以外，我们的宿舍楼里还有一些住家，比如我们对门就是一户，有时候我们需要用熨斗，就去跟他们借，所以互相之间都很熟。有时候礼拜天我们也跟苏联同学约好，一起到郊外去游泳，去野餐。实习的时候，我们整天跟苏联同学住在一个大帐篷里；跟周围的老百姓交道也打得非常多。苏联的老百姓不拿我们当外国人看，所以有时候我们也到他们家里去坐坐，聊聊天儿。

根据我当时的观察，苏联人的生活水平比中国人的高得多，吃、穿、用都比咱们水平高。我们有时候从学校回宿舍的路上，会在莫斯科市中心下车，到儿童用品商店（Детский мир）去转转；我们还经常去红场上最大的“国立百货商场”（ГУМ），也去“中央百货商场”（ЦУМ）。当时国立百货商场里的店铺，就跟北京王府井大街上的百货大楼差不多；现在都卖高档的东西了。当然现在王府井的东安市场也都是卖高档的东西了。但当年那儿很朴实，一层、二层卖的东西跟外边的价钱都差不多；特别是中央百货商场，那里的东西又多又便宜，而且比较集中。中央百货商场就在大剧院旁边。

苏联人吃饭也很讲究。前些年我们母校组团到清华来交流的时候，他们的团长是材料力学教研室的主任，姓瓦尔达尼扬（Г. С. Варданян）[35]，是亚美尼亚人。他一到清华就发了心肌梗死，我把他送到协和医院，抢救过来了，跟他关系搞得非常好。1991年我去莫斯科访问的时候，他非约我去他家吃饭。他家并没有专门的餐厅，就在客厅里吃饭。客厅里有三个柜子，里面摆的是英国瓷器、德国瓷器、日本瓷器。那天他专门找了一个人来帮他做亚美尼亚风味的饭菜，先吃什么，后吃什么都有讲究。吃第一道菜用一种瓷器，吃完都撤下去；吃第二道菜再换另一种瓷器。吃完以后，厨房里摞起好多盘子！真是非常客气，非常好客。

当年我们的大学生城宿舍里没有热水。至于莫斯科普通居民区，楼里有没有热水，各个小区不一样。他们的暖气不是自己烧，是靠火电站排出的热水供暖。水暖气非常热，要是不小心腿靠上去，会烫着的。宿舍房间里非常暖和，我们做作业的时候就穿个衬衫，冬天睡觉时就盖个被单。有的小区除了供暖以外，平时也为居民提供热水，但这种小区不是到处都有。

我们在莫斯科上学的时候，正赶上赫鲁晓夫为了解决老百姓的住房问题，推出很多两室、三室的民居，外表看都是很大很长的楼房，叫作“赫鲁晓夫楼”（Хрущевка）。我们就是看到了外表，但有时候老师讲课也会提到。前面已经讲了，苏联老师讲课喜欢结合实际。比如讲砖石结构，很重要的一点是砖的标号，指砖的强度；水泥也有强度；砖跟水泥砌到一起，又形成一个砌体的强度。中国老师讲课就讲测量砌体强度怎么做实验，做出来的结果是多少。苏联老师不会这样讲。像赫鲁晓夫楼那种大高楼，要想知

生产实习时住的帐篷

生产实习时阚永魁与附近住户全家合影

莫斯科国立百货商场

莫斯科中央百货商场

1991 年阚永魁在莫斯科建工学院瓦尔达尼扬教授家做客

阚永魁留苏期间在宿舍里看书

“赫鲁晓夫楼”外观

道砌体的强度很难。如果是混凝土，可以把孔打到任何一个地方，多打几个，然后取平均值；可是砖不行，打在缝上和打在砖上就不一样。老师告诉我们，莫斯科有一个非常有经验的老师傅，他拿瓦刀一敲砖，就能判断出砌体的强度是多少，误差很小。需要确定赫鲁晓夫楼砌体强度的时候，那个老师傅敲敲砖，敲敲缝，判断出强度以后，他不说。他有个条件："分给我一个单元，我就告诉你们。"结果真分给了他一个单元。苏联老师讲课会给我们讲这一类东西，他们对社会生活的了解非常多。

给我们讲地基基础的老师到过中国，参加过武汉长江大桥的建设。他讲课，时不时地就来句中文，还南腔北调。有一次考试的时候，有一个中国女同学考得不好。这个从武汉回来的老师问她第一个问题，她没答对；老师又追加一个问题，她答得还不好；第三个问题，她又答错了。老师就用中文说："你也不嫌害臊！"（腔调为"海扫"）苏联人讲中文就这个调儿。他很随便。中国老师能这么对学生说话吗？我对他们那种考试方法很欣赏，都是口试，没有笔试。要是考试通不过，下一个学期开学的时候可以补考一次。

虽然莫斯科有很多教堂，有砖石结构的，也有木结构的，但我在那儿上学的时候没有去过。后来两次回去，去看了好多教堂，包括莫斯科胜利广场西南角上新盖的那个。现在好多年轻人结婚都到那儿去举办婚礼。

我非常喜欢俄罗斯的绘画。莫斯科最有名的特列恰科夫画廊，我起码去过六次，到现在为止，好多画家的名字我都还记得。虽然当时看电影的时间很少，休息的时间不多，但画廊还是去的。另外我也喜欢他们的古典音乐，但莫斯科大剧院票价非常高，那时候我们去不起，后来回去交流的时候才去过。

留苏那几年，我没有什么遗憾。那一段时间，心情一直很舒畅。我后来两次去莫斯科，去列宁格勒，跟母校和校外的人交流，都感觉很舒畅。虽然我们曾经有一段时间跟苏联关系很紧张，有矛盾，但我回去的时候，不管是坐车还是在其他公共场合跟他们聊天，感觉都很随便，没什么隔阂。

1960年中苏关系开始恶化。作为留苏生，我个人没受到什么影响，但不少回国以后还跟苏联人保持联系的，都受到影响了。至于在那儿跟俄罗斯人结婚带回来的，影响就更严重，后来一般都给拆开了。清华土木系给排水专业有一个老师，列宁格勒建工学院毕业的，他跟一个俄罗斯女同学结了婚。人家到了中国，有时候跟苏联大使馆联系，这是正常的吧？结果"文革"的时候把人家打成特务，硬逼着离婚了。

莫斯科建工学院中国留学生暑假到列宁格勒旅游
背景为彼得大帝"青铜骑士"雕像，前排左二为阚永魁

附

莫斯科建筑工程学院 1951—1993 年中国留学生毕业人数统计表

毕业时间	大学生（工程师）		研究生		共计
	男生	女生	工程副博士	工程博士	
1955 年			6		6
1956 年	0	1	3		4
1957 年	0	4			4
1958 年	12	2	8		22
1959 年	5	4	4		13
1960 年	27	11	19		57
1961 年	12	8	14		34
1962 年			3		3
1963 年			6		6
1964 年			7		7
1993 年			1	1	2
合计	56	30	71	1	158

20 世纪中国留苏建筑、建工类大学生人数统计表

地域	学校	大学生人数	备 注
俄罗斯	莫斯科建筑工程学院	86	
	莫斯科建筑学院	12	
	列宁格勒建筑工程学院	87	
乌克兰	基辅建筑工程学院	79	
	哈尔科夫建筑工程学院	0	只有研究生
	第聂伯罗彼得罗夫斯克建筑工程学院	19	
	敖德萨建筑工程学院	11	

莫斯科建筑工程学院中国毕业生工作岗位一览表（统计 127 人）

工作单位	人数	占比（%）
高等学校	50	39.4
科研单位	33	26
设计单位	24	18.9
国家机关	10	7.9
施工单位	8	6.3
军事部门	2	1.6

1 惜阴中学，今北京第四十三中学前身，校址在和平门外西琉璃厂八角琉璃井3号，毗邻安徽会馆，占地6.25亩。1947年6月19日由王耀庭创办并任第一任校长，由当时的社会名流和军政要员，医学科学专家组成校董事会，确立了“救济失学青年，普及中等教育”的办学宗旨。

2 北京平民中学，1928年5月创办，曾为男校。

3 刘西拉，1940年生。1986年起任清华大学土木工程系讲师、副教授、教授、博士生导师。1998年调上海交通大学建工与力学学院，任教授，博士生导师、副院长，担任过土木与建筑工程系主任等职，并兼任清华大学土木工程系主讲教授。

4 曾用的正式名称为“莫斯科包曼高等技术学校”，中国留学生简称之为“包曼高工”，现名“莫斯科国立包曼技术大学”，成立于1830年，是俄罗斯最有名的科技大学，为太空科技和国防工业等尖端科技领域培养了大量人才。

5 曾文星，1955—1960年在莫斯科建筑工程学院工业与民用建筑系学习，毕业回国后分配到第二机械工业部（核工业部）工作。

6 樊喜林、何鉴堂、何伯治、彭寿沛、俞锡章均为莫斯科建筑工程学院工业与民用建筑系本科毕业，回国后均分配到第二机械工业部（核工业部）第二研究设计院工作。

7 任雨吉（1921？—2010），1945年毕业于浙江大学土木工程学系，1951年赴苏联莫斯科建筑工程学院钢结构专业攻读研究生，1955年获副博士学位。回国后在核工业部第二研究设计院工作，研究员高级工程师，曾任院副总工程师、科技委常委等职。

8 吴廉仲，1953年考入北京工业学院普通机械制造专业，1954年进入北京俄文专科学校留苏预备部，1955—1960年在莫斯科建筑工程学院工业与民用建筑系学习。毕业回国后短期在中国科学院力学研究所工作，后调入中国建筑科学研究院建筑结构研究所，曾任所长。

9 龚洛书，1931年生。1959年毕业于莫斯科建筑工程学院，中国建筑科学研究院研究员，主要从事混凝土及应用技术研究，曾任建筑材料研究所所长，主持编制国家标准、行业标准12项，有《轻集混凝土》等专著、译著及多篇学术论文。

10 吴兴祖，毕业于莫斯科建筑工程学院建筑材料专业。回国后在中国建筑科学研究院材料力学研究所工作，曾任所长。

11 韩素芳，1961年毕业于莫斯科建筑工程学院，中国建筑科学研究院研究员，高性能混凝土研究中心指导专家，主要从事混凝土基本理论和基本性能研究，获国家科技进步二等奖、建设部科技进步二等奖等。

12 黄熙龄（1927— ），1949年毕业于中央大学土木工程系，1955年赴莫斯科建筑工程学院攻读研究生，1959年获副博士学位。1959—2005年在建设部工作，1995年当选为中国工程院院士。2005—2010年调中国建筑研究院工作。

13 蔡绍怀，1951年毕业于重庆大学土木工程系。1955年赴莫斯科建筑工程学院攻读钢筋混凝土结构学，获副博士学位。曾任国家核安全委员会第一至四届专业组成员，是我国第一代大型核反应堆工厂施工图主要设计人之一。主编《钢管混凝土结构设计与施工规程》，著有《钢管混凝土结构的计算与应用》《钢管混凝土结构》等论文多篇，获1978年全国科学大会奖，1994年国家科技进步奖等。

14 赵振民，莫斯科建筑工程学院水工建筑专业研究生。

15 亢文慎，1953年赴莫斯科建筑工程学院工业与民用建筑系学习，毕业回国后在中国建筑科学研究院工作。

16 许纪蔚，1950年高中毕业，考入东北工学院，1952年进入北京俄文专科学校留苏预备部，同年秋赴莫斯科建筑工程学院工业与民用建筑系学习。1957年毕业，回国分配到北京有色冶金设计研究总院工作。

17 方璆（后改名方琳），1953年赴莫斯科建工学院攻读采暖通风专业，毕业回国先后在湖南大学和辽河油田工作，退休前担任中国石油天然气总公司高级工程师。

18 邹觉新，1934年生。1953年赴莫斯科建筑工程学院攻读港口专业，1958年毕业回国，长期在交通运输部工作，曾任部总工程师，参与过国内多个港口和航道的改扩建工程。

19 刁尔方，1956年毕业于上海交通大学起重运输机械系，同年秋进入北京俄文专科学校留苏预备部，1957年留学莫斯科建筑工程学院，攻读建筑机械专业研究生。1961年毕业回国，分配到第一机械工业部工作。

20 1969年3月，中苏边境爆发武装冲突，形势紧张。同年10月，中共中央下达“一号命令”，其中要求党政军高级领导人疏散到首都以外地区，加强战备，准备打仗。中央直属机关和北京一些高校也随后外迁，一时间造成大规模社会动荡。

21 杨曾艺，1932年毕业于清华大学土木工程系，1955—1957年在莫斯科建筑工程学院进修。曾任清华大学教授、土木工程系副系主任。

22 张良铎（1924—2017），1948毕业于清华大学，后留校任教，主攻钢结构方向。1956—1958年赴莫斯科建筑工程学院进修，20世纪60年代初开始指导研究生，70年代科研重点转向结构工程的抗震、抗爆，主持、参与众多项目的试验和理论研究工作，发表学术论文40余篇，先后获国家科技进步二等奖、国家计委科技进步一等奖、建设部科技进步一等奖等多个奖项。

23 王和祥，曾在莫斯科建筑工程学院工程力学专业做进修教师。

24 沈聚敏（1931—1998），浙江慈溪沈师桥人。1949年考入同济大学土木工程系，1952年进入清华大学土木工程攻读研究生，后任土木系助教和讲师（1955）。1957—1961年赴莫斯科建筑工程学院攻读研究生，师从著名学者格沃兹捷夫教授，获副博士学位。回国后继续在清华大学土木工程系任副教授、教授、博士生导师，担任清华大学学位评定委员会委员兼土木系学位评定分委会主任（1992—1995）等，并受聘担任科研工作，出版学术专著5部，发表学术论文百余篇，先后获得国家科技进步三等奖，国家教委科技进步二等奖、三等奖等。

25 陆赐麟（1929—2017），1952年毕业于天津大学，随后进入清华大学土木工程系攻读研究生，1955年任土木工程系钢结构专业讲师，1956年赴莫斯科建筑工程学院进修，后改读研究生，1960年毕业，获副博士学位，回国后继续执教于清华大学土木工程系，后调国家科委工作。1980年调入北京工业大学土建系，任副教授、教授。长期从事建筑钢结构的教学与科研工作，参编、参译过多部专业领域的专著，发表多篇学术论文，2014年获中国钢结构协会“中国钢结构三十年领军人物”荣誉证书。

26 惠士博，曾在莫斯科建筑工程学院水工建筑专业攻读研究生。

27 张宪宏（1927—2019），1950年毕业于清华大学土木工程系，1959年从莫斯科建筑工程学院获得副博士学位，回国后在清华大学水利系任教，长期从事水利工程的教学、科研、设计工作，曾任清华大学水利系主任、水利电力部教学委员会副主任、水利部科技委员会委员、能源部高级咨询委员等职，获“北京市劳动模范”称号及“国庆70周年荣誉勋章”。

28 包裕昆，莫斯科建筑工程学院工业与民用建筑专业本科毕业，回国分配到清华大学工作。

29 安英华、傅颖寿均毕业于莫斯科建筑工程学院建筑材料专业。

30 左德钫，毕业于莫斯科建筑工程学院工业与民用建筑系。

31 黄凤福、潘景德均毕业于莫斯科建筑工程学院工业与民用建筑专业。

32 尼·斯·斯特列列茨基（1885—1967），苏联科学院通讯院士，著名建筑结构和桥梁施工专家。出版过数部关于结构强度理论和桥梁施工方面的基础性专著，以及钢结构专业的教科书，包括《桥梁课程》（1931）、《金属结构》（1948，1952，1961，被翻译成七种文字）。其最重要的科学成就是主持开创了极限状态计算建筑结构方法，对建筑设计和施工影响深远。曾获“社会主义劳动英雄”称号，四次获得“列宁勋章”，两次获得“劳动红旗勋章”等。

33 阿·阿·格沃兹捷夫（1897—1986），苏联结构力学及钢筋混凝土结构研究专家，参与制定苏联1931年第一次颁布的钢筋混凝土及混凝土结构设计和构造的技术条件和规范，其奠基性著作是《用极限平衡法计算结构的承载力》（1949）。曾获“社会主义劳动英雄”称号，两次获得“列宁勋章”，获得“红旗勋章”“红星勋章”等，并担任“列宁奖金”评委会委员。

34 即1957年11月17日，毛主席在莫斯科大学接见中国留苏学生。

35 古·苏·瓦尔达尼扬（亚美尼亚族），莫斯科建筑工程学院高等数学教研室教授，1987年起担任材料力学教研室主任，苏联国家奖金获得者。

湖南大学建筑学科办学历史回顾——访谈巫纪光教授

受访者简介

巫纪光

男，1935 年生，广东宝安人。1955 年入读中南土木建筑学院工民建专业建筑学专门化方向（五年制），1960 年留校湖南大学任教，历任讲师、副教授、教授，1988—1998 年任建筑系主任。曾任中国建筑学会建筑史学分会建筑与文化学术委员会副主任、全国建筑学专业指导委员会委员、湖南省土木建筑学会副理事长、湖南省建筑师学会会长、湖南城市规划学会理事、湖南大学设计研究院顾问总建筑师。巫纪光教授积极促进建筑与文化的研究，于 1991 年发起及组织召开全国性的"建筑与文化学术研讨会"，主编《中国建筑艺术全集 11：会馆建筑·祠堂建筑》。在从事建筑文化理论研究的同时，巫纪光教授勤奋地从事建筑创作，完成了近百项的建筑方案及工程实践，许多作品都反映出对中国建筑文化创新的追求。其中湖南大学图书馆建筑设计率先突破我国传统图书馆闭架管理的组织模式，采用大空间、高阅览、低书库，简约的中国传统文化风格，被誉为 20 世纪 80 年代我国最好的高校图书馆之一，评为全国优秀文教建筑。湘西王村镇规划、湖南社会科学院图书馆等多项作品获全国及省优秀设计一、二、三等奖。

采访者： 刘晖（华南理工大学建筑学院）、何思晴（华南理工大学建筑学院）

访谈时间： 2020 年 11 月 8 日上午

访谈地点： 湖南省长沙市岳麓山下湖南大学建筑学院

整理情况： 2020 年 11 月由何思晴整理录音，刘晖复核

审阅情况： 2020 年 12 月 22 日经巫纪光先生审阅

访谈背景： 湖南大学建筑学科的办学历史可以追溯到 1929 年刘敦桢教授在该校土木系内成立的建筑组，九十多年来湖南大学建筑学科受到时代大潮起伏影响，多次停办复办。来自五湖四海的几代建筑学人筚路蓝缕，克服各种困难，在这个内地省份培养了大批建筑人才。巫纪光教授 1955 年从广东宝安的一个小山村考入中南土木建筑学院（湖南大学），数十年在此求学、任教，改革开放后又长期担任系主任，退休后仍关注着湖南大学的发展。巫先生主持系务十多年，正值建筑系初创，恢复建筑学招生的特殊时期。湖南大学建筑学科在经费短缺、人才流失情况下的艰难办学，具有相当的典型性和代表性，回顾这段历史有助于理解我国建筑教育的普遍发展历程。

采访合影
左起：刘晖、巫纪光先生、何思晴

巫纪光　以下简称巫
刘　晖　以下简称刘

动荡的童年，漂泊在粤港之间

刘　您是广东宝安人，为什么会考来湖南，入读中南土木建筑学院？

丨巫　说来话长，有很多因素：第一个因素跟我家里有关。我1935年出生，2岁的时候母亲就去世了，跟着爷爷奶奶过，到1938年的时候日本人占领了我的家乡，并且到村子抢东西、杀人，因此我们就逃难到香港。那时候我父亲在香港，他是太古轮船公司的海员。在香港我住在荃湾，靠种菜、养鸡及父亲的薪水补贴生活。我小时候隐隐记得我父亲带我去过一次他的船上，那里有好多好玩的东西，除了这个我再也记不得了。

后来1941年冬天，我大概6岁，日本人又进攻香港。冬至那一天我印象最深的就是日本人向荃湾打了三炮：第一炮打到这一边（比划左边），第二炮打到那一边（比划右边），第三炮打中中间的油库，一下子把荃湾码头的油库炸了。当时天上全是黑的（烟），太阳都看不见，在这种情况下坚持不了多久，我们就又跑回老家。我们从荃湾步行到深圳，一路上都是死人及烧焦了的房子、汽车……我们当晚在深圳的菜市场内睡了一晚，第二天才走到老家。但我父亲还要去太古轮船工作，那条船四个月才回香港一次。他还想要去出海，全家人都求他不要去，所以他就没去，这样我们家任何收入都没有了[1]。但这条轮船一到太平洋就被日本人炸沉了，父亲因此躲过一劫，大家都非常庆幸。钱没有了，但人还在。他又回到老家，那时候日本人也还在老家，不过他们只占领了镇的据点，我们刚回去没饭吃，田没得种，就吃树叶子。有一种树把树皮剥开来就可以吃，然后种的稻子才这么高（比划），刚刚抽穗的时候就一根根地吃，这个熟了摘这一根，那个熟了摘那一根，连壳一起磨了吃，就这样熬过去了。

这时候我要开始上小学了，就在我们村里的小学，好小的一个村，说是上学也没什么课，就是好玩，有好多东江抗日游击队住在我们那个小学里头。

刘 您是在宝安哪个乡上学?

| 巫 我是在现在的深圳坪山区的长狩村。给你们讲个好玩的故事，看到游击队，大家都好高兴，我们都很小，还是小鬼嘛。我们趁他们不在的时候，把子弹偷出来了，跑到那个小山峰上，搞了很多草，把子弹埋在里头，点燃，然后大家趴在下面听子弹啪啪啪地炸响。

村里面的小学上到三年级就没有了，我就到了坪山镇小学，现在的坪山区小学。（拿出坪山中心小学的百年校庆纪念册）你看，我们原来的小学就是这个样子，在一个围楼里面，前几年坪山小学一百周年，我还回去了。（翻到某一页）这是我，1949 年小学毕业，这是我的老同学，这个到武汉大学去了，这个参军去了，空军，都是我们那一届的。为什么这个小学校有一百周年，还要纪念呢，（因为）这是东江纵队的一个重要的根据地，最早的一个党支部就建在我们学校，我们校长后来还参加了东江纵队，在东莞的广九铁路打仗时牺牲了。我父亲以前在香港捐钱捐物给游击队，还参加过余闲乐社[2]，是个进步组织。他那条船上的船员曾经保护过曾生[3]——后来的两广纵队司令员、广州市市长。曾生在广东中山大学读书，国民党要抓他，他就跑到香港去了。在香港我父亲跟他们都是老乡，（我家）离曾生那个地方只有几公里，就保护他上船，在船上（他还和父亲）一起打了一段工，船上好几个人被他发展成共产党了，但是我父亲没有（入党），解放后有几个人（工友）都回到国内工作，在广州江边上那个胡文虎大楼——广州海员工会（后来也做过总工会）工作，其中还有我父亲的一个结拜兄弟——张东荃。

我哥哥从香港回来以后，在家里没待多久，就参加东江纵队游击队去了。后来在一次打仗的时候，被日本人捅了一刀，肠子都出来了。那时候我比较小，只知道全家人在哭，不知道在哭什么，后来才知道这事。日本人投降以后，国共重庆谈判不是有个“双十”协定吗，共产党要从南方所有游击区撤出来，地盘交给国民党，东江纵队就北撤了，乘美国的军舰从大鹏湾上船，（海）运到烟台，合并到陈毅的部队，后来和其他广西的（游击队）合并成两广纵队，曾生是司令员，他在我们这个小学读过书的，一百周年要纪念就是这个原因。

巫先生翻阅《坪山中心小学百年纪念册》
左起：巫纪光先生、刘晖

追求进步，北上求学

丨巫 前面说的是家庭的原因，母亲很早就去世了，所以我对家庭没有什么牵挂，从初中开始我就离开家里到外面上学。上完小学之后，在坪山的“力行中学”（初中）上了一年就没上了，因为没有老师。我就去龙岗上初中，在“平岗中学”寄宿。一个礼拜回家一趟，从家里背一袋米到学校，每天用个小钵子，把米洗好放到厨房里面，蒸一钵米饭，然后买点菜，就这样在龙岗度过两年初中。后来通过考试考到惠州高级中学，（那时候）宝安县都没有高中，只有惠州才有，在那读完三年高中。我很小就离开家里，跟父亲也很少在一块，（因为）他在香港。

高中时，父亲说让我到香港去跟他一起（打工），我不愿意，因为在香港上学要好多钱，他还要养家，负担不起我的学费。当时已经解放了，内地上大学不要钱，所以大家很高兴，很想上学，我就没有去香港。在惠州读完高中以后，到广州考试，考到湖南[4]。所以（来湖南）首先是家庭的原因，同时也有外界的原因，我（老家）是老游击区，大家思想还是很进步的，有些同学去参军，参加抗美援朝，有这样一股热潮。刚解放时，人们并不想到外国去。那时国内没有日本鬼子也没国民党的黑暗统治，我就想到北方上大学，因为北方早解放，建设需要人才，这是当时的形势下我们的选择。刚才说到我的两个同学，一个考到武汉，一个考到大连船舶学院。

刘 我伯父跟您同龄，他参加了海军航空兵，在东北训练，但没有去朝鲜，没打成仗，后来在山东。

丨巫 没打成仗（笑）。所以第一是家里没有什么牵挂，小学就离开家里了；第二个就是当时的政治气氛，就是日本鬼子被打跑了，心情好（舒畅），国家建设需要人才，所以不论到哪里都愿去。当时我考试的时候，对于什么是建筑学，什么是工民建，根本不懂。为什么要选建筑专业？当然家里有点影响，父亲说，香港这里有三种（自由）职业比较好：一是律师，一是建筑师，还有一个是医生。我想了半天，学医我不行，刚解放还没有律师事务所，法律也还没有发展到这个地步，所以就选了建筑。为什么选中南土建呢？我报了三个志愿，第一清华大学，第二是中南土建，第三是华南工学院，最后录取到中南土建。反正不管哪一个都很高兴，只要考上了就很高兴。

考上以后，我们所有的人在广州广雅中学集合，坐火车北上，大家都非常激动。那天晚上的火车里，我们这个车厢一百零几个人吧，全是中南土建的，另外一个车厢全是中南矿冶（学院）的，还是一个车厢全是湘雅医学院的。我们（一同）来中南土建的，除了广东的、香港的，还有印度尼西亚的华侨，家境像我一样的香港人在香港也上不起大学。当时印度尼西亚排华，很多（华侨）回来了，有些就考上大学。

1955 年的中南土建学院是什么样的呢？刚来长沙的时候，下了火车，一直走到湘江边，那时候没有桥，要等很久的轮渡，轮渡过到溁湾镇。那有个汽车站，从那个汽车站到中南土建学院，一个小时才有一趟汽车，要等很久。到这里来以后，吃也（基本）不要钱，只收很少一点点伙食费。我在惠州的时候，伙食费 9 块钱一个月，算起来，我还不算是很穷，因为我父亲在香港工作。

从中南土建到湖南大学

丨巫 现在回过头来讲讲（湖南大学的建筑学科）办学历史。“中南土木建筑学院”成立于 1953 年院系调整的时候。当时把原有湖南大学“五马分尸”：化工的（专业）给了华南工学院，把机械和电机专业给了华中工学院，然后把那些文科给了武汉大学，水利给了武汉水利学院。剩下的就在（长沙）这个地方，矿业专业成立了“中南矿冶学院”（今中南大学），因为湖南有色金属多，所以（矿冶）就留在这里了。除此之外还有历史、文学等文科合并到湖南师范学院，然后把中南大区各个学校的土建专业合并到这里。但是建筑学专业的合并碰到问题，就是华南工学院不肯来——“抗命”（笑），建设村一大片两层楼的房子，都是建给各个地方来的教授住的，只有华南的不来，夏昌世[5]、龙庆忠[6]、陈伯齐[7]等几个从外国回来的教授，他们不肯来湖南，之后就保留了华南工学院的建筑学，其他像武汉的、南昌的、广西的、郑州的土建学科通通到这里来了，刚刚成立的时候还把湖南克强学院[8]的建筑系也合并进来。

湖南大学的建筑学科最早由著名留日学者刘敦桢[9]创办（1924年），中南土建学院的院长是柳士英[10]，当时没有办建筑学本科专业，办的是专科——建筑学的专科，好像是两年制，有一个毕业班。现在武汉有很多那个专科班毕业的，武汉城建学院（现在合并到华中科技大学）原来的园林系主任就是这个班毕业的，还有好几个分在武汉市建筑设计院。这一届之后还有一个班，因为华南的老师“抗命”不来，保留了建筑学，大概就在1954年左右，把这里建筑学办的第二届专科班，合并到华南工学院去了[11]。原来湖南轻工院的钟姓总工就是这个班到华南以后毕业的[12]。他在这里读了一年，就合并到了华南，这是1954年的事，到1955年我进校了，就改成五年制，我读的叫工民建专业。

刘 工民建都改了五年制啊？

| 巫 为什么改五年制呢，就是建筑、结构、施工，三条腿走路[13]，三个学科同样的重要，到了四年级左右再分方向，由个人选择。这种模式实际上是东京大学的模式，柳士英在日本读书的时候就是这个模式。日本的建筑学专业有两种模式：一种是偏向艺术的，另一种偏向工程的就是这种模式，改了五年制，内容就多了很多，我们上了36门课。

刘 所以您读的是加强版的工民建，包含了很多建筑学的内容。

| 巫 我们刚进校就要学绘画，教我们绘画的女老师很棒，从法国回来的。我们那时候要学素描，还要开建筑历史课，其他工民建一般都不开。还要开城市规划课，黄善言[14]老师讲城市规划，他是听了苏联专家的课（再来教我们），温福钰老师教我们建筑历史。除了这些课以外，建筑设计是（每个方向）都要开的课，做一些一般的民用建筑，同时还要学三大力学，到了后来选课的时候，我们学建筑（学方向）的可以不选弹性力学、塑性力学，学工民建和施工的人要选，各个方向选的课不同。我们学建筑专门化的，后期要加强建筑设计的内容，同时一些有关设备空调、给排水及建筑电气也要学，所以课程很多。这样的模式搞到1957年，1955—1957年有三届是这样的模式，到了1958年又变了。把工民建又改成“工民结”，以结构为主，又改回四年制，那里头就没有什么建筑学的内容了。也就是这时候，开始筹建建筑学专业。1960年开始招收五年制的学生。[15]

刘 就是说1958年，工民建改成工民结，同时筹办建筑学。

| 巫 所以1960年，建筑学又再招生了，就是蔡道馨老师那个班。

刘 招了几届建筑学？

| 巫 两届，第二届就是61级柳展辉老师那一届，但到了1962年就又停办了。为什么又停办呢？当时跟国家政策有关，经过1958年的“大跃进”，很多地方冒进，所以出台“调整、巩固、充实、提高”的方针。全国砍了很多建筑学，就剩下老八校了，其他的都砍掉了，所以湖大也下马了。

这个过程中还牵涉到中南土建学院怎么变成湖南工学院，湖南工学院又怎么变成湖南大学。最初，中南土建学院归教育部管，后来改为湖南工学院就下放到湖南省了。为什么要改成工学院呢，就是因为1953年院系调整时，把湖南大学的机械、电气、化工这些最基本的工科都给调到武汉、华南，搞到别的省去了，（湖南省）要重新办化工、机械、电气这几个最基本的工科专业，但是湖南又没钱，办了三年无法发展，这样一来就把学校给了机械部[16]。机械部一接手，重点就放在机械专业，学校里的机械工厂就是那个时候盖的，都是机械部给的钱，机械、电机等专业就发展了。像给排水和暖通专业机械部也很想办，为什么呢？因为机械部大概有十几个直属设计院，像长沙的八院，杭州的二院，洛阳、郑州、天津、西安、重庆都有机械部的设计院，它们都需要给排水和暖通，但建筑学就下马了。建筑学专业在停办前，办到61级的时候，教师一共有36人。[17] 还有一个是助理员，就是管理实验室的，建筑学停办以后大部分人都走了。

刘 温福钰他们也是在那个时候走的？

| 巫 是的，温福钰就去了武汉，后来在武汉管工地。

刘 读书的时候你也参加一些工程实践实习吗，去工地吗？

| 巫 很少很少。我们当学生的时候，早期都没有做，后期“大跃进”，就在这里盖个“四无大厅”[18]，以及盖个五层楼全部用空斗墙的学生宿舍，说是很先进，实际要不得，后来全拆掉了。我们搞毕业设计，就是图书馆后面那栋化工楼，毕业设计是王绍俊带着我们做，但是没做完，我又走了。后来调我去搞人民公社规划，在那里吃饭都很困难，我们还是得去那里做规划：讨论多少亩地，要多少拖拉机，村镇放在什么地方……这样的规划，其实那时候我们并不太懂。

刘 你们一毕业，就恢复了建筑学。

| 巫 1960年的时候，把建筑学恢复起来，主要是杨慎初老师在那里操作。院系调整时他从克强学院合并到这里来，跟黄善言老师他们一起过来的。黄善言是个教书的，杨慎初原来是地下党，解放以后党组织合并，他是湖南大学的党支部书记，差不多是校级干部。后来，他又来主持创办建筑学专业，为此他自己又选择去东南大学去进修，回来以后就不当党支部书记了，当不上了，级别不够啊，上级派了书记来。他回来后主要精力就是创办建筑学专业，当时他是土木系的副系主任。我们毕业以后，1960—1961年恢复建筑学专业的工作，就是他来主持。

刘 他是以土木系的副系主任的身份来主持建筑学的恢复工作？

| 巫 对，具体（执行）是建筑学教研室，樊哲晟当主任，还有曾理教授。为什么杨后来不在建筑系？“文革”一来，有些人提过他的意见，可能有点不和谐的气氛，感情上就有点疏远。“文革”后他就修岳麓书院去了，在岳麓书院文化研究所当所长，同时承担修复岳麓书院的工作，柳肃、汤羽扬[19] 是他在那边带的研究生。柳肃是学哲学的，转过来搞建筑史。

刘 “文革”期间，湖大建筑学招收工农兵学员吗？

| 巫 工民建专业招过（工农兵），我们（建筑学教研室）留下来的十来个人都去教工民建的课了。我也教过工民建的课，（带过）毕业设计和工地实习，还要担负暖通、给排水、道路等专业的课。

刘 很好奇停办了建筑学专业，却还留建筑学教研室十几个人的队伍，而且保留这么多年。是打算以后要复办建筑学，还是为了服务工民建和其他专业？

丨**巫** 谁都不知道。实际上这十几个人中，除了中青年约10人之外，有六七人年纪较大，到（20世纪）80年代恢复招生时就有2人去世，2人退休，2人调到外校。[20]

刘 在中南土建的时候，有哪些印象深刻的教授？

丨**巫** 当时是教授的，一位是樊哲晟，他不是搞建筑设计的，是搞建筑构造的[21]，在土木系的时候，是建筑学教研室主任，算是比较老的。除了樊哲晟之外，还有一位叫周行（也是留学日本），是南昌大学来的，在这里做建筑设计的教授，后来这里一停办，他调到广西大学去了。还有一个是武汉大学来的建筑设计的教授，记不得名字了。那个老先生很有个性的，大家都经常念起他，他从武汉到长沙来，每个星期都要过河（进城）去洗个澡，他是美国留学回来的，不过（20世纪）60年代就去世了。此外还有曾理教授、魏永辉教授及黄善言、温福钰等也是很有经验的老教师。

柳士英教授是中南土建学院院长，有时候给我们讲讲话，偶尔参加教研室活动，但是并没有上过我们的课。柳士英（20世纪）60年代收了两个研究生，一个叫董孝伦，是中南土建毕业的，比我低一班；另一个叫魏泽斌，是清华大学毕业考来读柳士英的研究生。实际辅助指导他们的，董是王绍俊，魏是黄善言，他们当时做的多是一些低层建筑、住宅区。毕业后董孝伦分配到杭州工作，后来是浙江省设计院的院长；魏泽斌分配到湖南省设计院，改革开放后到深圳工作了。

刘 黄善言老师比您高几届？

丨**巫** 那高很多届，他是跟杨慎初一起从克强学院并过来的，是我的老师。我上学的时候，他教规划及建筑设计，是一位很勤奋、很务实、很有干劲的老师，在学校及湖南都有不少作品。

刘 王绍俊是同济毕业的吗？

丨**巫** 是东南大学毕业的，是（20世纪）60年代初主要教建筑设计的老师，改革开放初期就把他调去办工业设计系了。我们这里主要教构造的陈文琪老师是同济来的，还有一个是王绍俊的夫人——郑建华（也是同济大学来的）。

刘 郑建华是学规划的？一直在系里教书？

丨**巫** 她原来是学建筑的，后来因为要教规划课，她又回同济去进修了，听苏联专家讲课。后来她到我们这就教规划，不教建筑了。她是湖大城市规划学科的带头人，后来带的研究生邱灿红，接她的班。改革开放后她就走了，到广东的惠东县做规划，学校也不肯放她，但她想要走，那边还给她房子，后来她不愿意在惠东，就去深圳了。她女儿从湖南大学毕业后分配到深圳工作，在深圳买了一套房子，他们就不回来了。

刘 王绍俊是湖南人吗？

丨**巫** 不是，王绍俊是南京人，郑建华是无锡的。实际上和我一样年龄的除了杨新民、胡长明是湖南人之外，李继生、周志宏、叶椿华、陈和流、谭子厚、林金山等都是外省人。

刘 杨新民还教过我们建筑构造。

| 巫 杨教建筑物理与构造。彭明霞是杨新民夫人，土木系的教授，教制图和画法几何。还有个教制图的叫黄江夏，调回华南去了。其实那个年代，很多外面来的，你看我们系，陈文琪是上海的，王绍俊老家是南京的，郑建华是无锡的，张举毅也是上海的，我是广东的，闵玉林老师老家在宁波，但是他长期住在哈尔滨。[22]

刘 难怪他普通话很好听。

| 巫 他们两口子在北方待的时间长，从哈尔滨调来，老先生九十几岁了，（身体）还蛮好。

改革开放年代的艰难办学

刘 （20 世纪）80 年代恢复建筑学招生，办建筑系最感困难的是什么？

| 巫 困难最大的是“人”。到改革开放前，我们（建筑学教研室）教师大概有 12 个人。后来学校把王绍俊、谭子厚、李继生、赖维铁[23]等人调去创办工业设计系，剩下的就不到十个人了。在这种情况下，就轮到我和闵玉林老师来抬轿子。1981 年我们建筑学恢复招生，1984 年就从土木系分出来成立建筑系，系主任就是闵玉林老师。在他的任期内，除了招收四年制建筑学本科之外，还拿到建筑设计的硕士授予权，可以招收研究生。但是他只当了两年，学校就下个文，说到 60 岁要退休，我当时就很火，系主任都还没当完（一届）呢，怎么就要他退休？他也很恼火，“你要我退我就走了。”他就去海南大学上课，他喜欢吃虾子，在那里天天有虾吃（笑）。

那时候很滑稽，学校要他退休，但又没说系主任要换届。每个礼拜一（学校）要开（系主任）会，就要我去，我说不去，我是副系主任，闵老师没有交代我接替他的工作，所以我不能去。就这么拖，后来实在不行了，拖了两年以后（系主任）就换我了。[24]

刘 所以您正式当系主任是 1988 年？

| 巫 是的，正式当了 10 年，实际主持系里工作 12 年，因为闵老师走了以后没有马上任命我。接下这么个烂摊子，非常困难。首先缺少人（教师），实际上什么都没有；其次缺少办学场地及设施。中楼有个半地下室，那个大教室本来是声学实验室，做隔声实验的东西都有，但是停办之后拆掉了，消声实验这些都没法做，只能借机械系的实验室去做。学校只给我们 5 万块钱（开办费），5 万块钱能做什么用呢？当时不像现在，画图只要一台电脑就行，当时做设计得有图板。所以要买绘图桌椅，桌椅板凳图板买完，5 万块就没有了。所以要使建筑专业“中兴”，困难很多，除了缺人还缺钱，缺办学场地，缺图书资料，等等。

| 巫 在这种情况下，只好自力更生，一边在这里教学，另一边就出去找钱。当然找钱这个事情，也不光我这样做，别的学校也一样。像重建工他们跑到海南，还在广州设计了好几栋大建筑。没钱嘛，就向市场要钱，所以那个时候我就跑到改革开放的前沿——珠海办了湖南大学设计院珠海分院，然后又在深圳办了一个建筑学的室内装修班，然后在武汉又办了一个湖南大学设计院武汉工作站，这样把钱搞回来啊。

巫纪光设计的湖南大学新图书馆
刘晖摄

刘 这些创收都是系里的老师，还是另外一些人去做？

丨巫 最早去珠海搞创收是1986年，我跟土木系一起去的，由土木系的沈蒲生[25]老师领队，他为首，我是副的，跟他配合。当时为什么要我去呢，当时他们系主任陈行之在珠海接了一项高层建筑（设计任务），我们就冲着这栋高层建筑去的。当时陈行之就问建筑的派谁去啊，别人就说，派老巫去啊，只有他做过高层建筑设计。那时候我就做过我们学校图书馆，那是1979年开始设计，1981年做完，46米高，算是个高层，其他人都没做过高层建筑。

你问怎么经营，那时候人很少，一边要上课，另一边又要创收，最早在珠海是和土木系合作，搞了两年就搞不下去了。1989年以后，房地产一下子就下去了，房子卖不出去，钱都收不回来，所以就不和他们一起搞了。又隔了两年多，设计费收不回，我跟土木系的刘建行老师去找那个老板要钱，老板就跟我说，钱是没有，给你两套房子吧。我们这两个人笨得要命，想着要房子有什么用呢，结果房子也没要就回来了，白白让钱丢了。如果要了两套房子现在好值钱。这样一来，我们和土木系的合作就算完了，我们不会做生意。后来1991年、1992年我又重返珠海，那时候就不是跟土木系合作了，我们自己干。

刘 是和艺蓁公司[26]王博士吗？

丨巫 它跟我们有合作，但我们主要不是靠它。王建平博士也不是艺蓁的，真正艺蓁的老板姓曾，后来去世。我们不是经营艺蓁，是跟他们有合作关系。后来珠海的业务多了，人手不够，我就去找我的老同学，他们都退休了，武汉有两个，一个武汉电力院的，另一个武汉规划院的，还有一个湖南省林业勘察设计院的，他们都退休了。我把他们通通请来，一个搞建筑，两个搞结构，都在帮我们打工。现在有一个定居在珠海，另外两个已经到加拿大去了。为了加强领导，我就请朱志仁[27]老师去主持珠海的工作，后来我就把我们系里几个88级（毕业）学生留下几个人，带到那边去干一段，那时候生意还比较好。

刘 那您是两边跑？

丨巫　我经常是礼拜五去（珠海），礼拜一我必须回来参加学校召开的系主任会，还不能不参加，所以礼拜五我就去，在那里抓紧干活，和他们一起做设计，搞方案，搞完到了礼拜天晚上，我就坐船到深圳，然后坐晚上的火车回来。那时候从珠海坐船（去深圳）比较方便，不像现在有高速公路。我有好多个周末都是这样过的，礼拜五去，礼拜天晚上又得回来。[28]

刘　那时候年轻老师是不是也去了很多?

丨巫　是啊，徐峰、袁朝晖，还有陈莫[29]都是刚刚留校的青年教师及研究生，我把他们带出去了。[30]

前面说了我为什么流浪到湖南，那么改革开放后没有走，是什么原因呢？有很多原因，（20世纪）80年代初我带81级学生去深圳机械部总院深圳分院实习的时候，深圳大学正在建校，当时李承祚[31]教授是清华大学来深圳帮助建校的，我就去找他，说我到你们这来行不行。他问了情况，就说："好，你现在就不要回去了，到我这来。"那时候我还是讲师，他是老教授，要人帮他画图，我说"不行，我要先把这帮学生带回去呀。"因为那时候去深圳要申请边防证，很不容易。我说你给我发商调函吧，正正规规地调过来。我回来后3个月去问组织部，他们说没有（收到）商调函；过了半年再问也没有，过了8个月再问，还是没有。我说不可能啊，别人说发了。原来的确是发了商调函，但是不能走，因为那时候（湖南大学建筑学教研组）只剩下几个人，又要重开建筑学专业，这边不肯放啊!

刘　当时好像好多年轻老师也跑掉了，就像闵晓谷。

丨巫　闵晓谷是我派去珠海分院担任主任建筑师时跑了，在珠海还跑了两个，还有个姓陈的本科毕业生，后来专门搞高尔夫去了。此外还有我花2万元在华南理工大学代培养的罗小宁也跑到深圳去了。

刘　我们那一届都开不出设计初步课。[32]

丨巫　你们上不了课的原因呢，是我从中央工艺美院要了四个毕业生，除了上设计初步课，还上室内设计课，但四个人先后都跑了！[33]

有个王伟跑到深圳，我在深圳碰到他，问他到深圳干嘛？他到深圳就找了个装修公司，这个公司说欢迎你来，给你一张桌子，一台电话，你就去搞，搞到项目向我交多少钱就完了，就这样。我问他：你这样都能成吗？他说就是到处去找项目来做，有一次要做一个卫生间，他不知道马桶是怎么搞的，不知道给排水怎么接，赶紧去买一本书回来看。另外，现在湖大环境馆前面不是还留了一个手掌（雕塑）吗，那是赖力做的。他是最早从中央工艺美院来的毕业生，在这没待多久就走了，雕塑做完竖在那里，我说这是干什么呀，他说这是一双万能的手："我有一双万能的手，样样事情都会做。"（苦笑）所以说实话，那时候好困难，像魏春雨愿意留下来的，我觉得还是很难得，不容易。

刘　那时候他还住在四舍，条件很差，我去过宿舍，就一间房，连厨房都没有。

丨巫　所以，我靠他们几个留下来的人：唐国安、王小凡、曹麻茹，还有杨建觉、魏春雨[34]等，这几个是我们当时比较早留下的骨干。杨建觉还不错，很早成功地在一次全国设计竞赛中得了一等奖，很快升了副教授，把他送到美国去交流，到奥本大学建筑系的伦德尔教授那里交换，后来他去加拿大读博士去了，我们也同意了，那时要读个博士回来多好。曹麻茹、王小凡、唐国安都是从工民建转过来的，转过来以后，后两年主要是在这边强化建筑学，后来就把他们留下来。为了加强他们的设计能力，我把他们通通派到深圳去，在机械部设计总院深圳分院干了半年到一年，再回来。这样他们就提高了实际设计能力，能够更好适应教学工作的需要，也在改革开放的前沿接触到一些国外的人文气息，促进我们的改革。

刘 改革开放之后湖南跟广东的差距就扩大了，广东很多赚钱的机会，很多实践创作的机会。

| 巫 差得太远了。

刘 那怎么办呢，这也是很现实的问题。

| 巫 是啊，当时我们系里办公室就只有几个人，但是蛮团结的。大家回忆起那段历史（氛围）蛮好的，过年过节，现在都是说去哪玩，那时候就只能是在中楼的办公室里包饺子，拿个锅煮，大家一块吃，真的很高兴，就这样过年。我们到珠海去赚到钱，买了两辆汽车，建筑系是学校最早买汽车的（二级单位），一辆放在珠海，一辆放在这（长沙）。有次过年从珠海开汽车运了一大车那种提子（葡萄），现在到处都是，那时候根本买不到，也没见过，带回来以后大家分了，高兴得不得了。

那个年代就是这样过来的，真的是什么人都见过。我在珠海的时候做了一个工业厂房，做好以后拿去规划局审批，规划局的总工是从甘肃调回去的，他就跟我说，这个地方怎么怎么样，要改做玻璃幕墙，我想工业厂房做玻璃幕墙干嘛，下回去他又很多意见。你猜我怎么处理的？我把小陈带去了，她是我们的研究生，又会讲话。再去，他就没像上次那样了，就说："巫先生，你回去修改一下就行了，下次你就不用来，让陈小姐送来就行了。"我说好，好，好（笑）。还有次见副市长，甲方老板出钱买了很多东西，去找这个副市长，（项目）要过关，我跟他一起去的。一进门，右手边一间房间全是放这些东西，都堆满了。晚上去见副市长还要排队，所以什么事我都见过，想起来就很好笑。这还是小项目，还不是大（投资）项目，也有雁过拔毛的，没有搞干净的，那时大概就是这样。

刘 那个时候办学，困难在人、钱、房子。

| 巫 开始是没钱也没房子，我们通过那几年创收，到了 1994 年底或 1995 年初，大概收入 1 千万元左右。

刘 都是珠海设计分院的创收？

| 巫 珠海、武汉还有在长沙及江西也做了很多，这些通通加起来大概 1000 万元，其中要上缴学校 20%，交过去我又（向学校）要回来了一些；再就是个人的提成，所有参加的人员提成 30% 给个人；剩下的也就是 500 万左右，全部用在学科建设里了。在中楼东端加建 1100 平方米，解决系办公、教研室办公、资料室、电脑房等，就花了 100 多万，然后添置计算机，把被拆掉的实验室恢复过来[35]。另外就是购买资料，还有支付外聘教师费用、资助科研及学术活动、外聘专家来系作交流等。这些钱投进去，当时我还有点着急，要想通过评估不容易。我到重建工，看他们有 100 台电脑，装了一间大教室。我说我们几十台总得要有，一个班的计算机总要（配齐）吧，所以搞回来的钱就赶快去买了一批"486""586"[36]电脑。此外，除了设施、装备之外，必须要重视教师队伍的稳定及教学能力的提高，给那些上课为主的教师提高课时补贴，同时加强考核，促进教学质量的提高。

刘 记得教 CAD 的彭成生老师还是从土木系调过来的。

| 巫 当时他们几个人是土木系计算机研究所的，研究计算机画图，他们想到我这来，我就收了。后来朱志仁老师不想干了，我就把他派到珠海去，在珠海主持设计院工作，剩下两个人就到系里教计算机绘图。我把有点经验的老师派到深圳去参加设计工作或校外班的教学，让他们实践一下，既可以教学又可以设计；年轻一点的，我让他们到珠海工作一段，后来从 1991 年起改为五年制，到了 1993 年、1994 年，招的

学生越来越多了，我就得把他们叫回来教学，慢慢就把珠海的设计院交给王建平去搞了，小梁也在那里工作过一段时间啊。

刘 （20世纪）90年代初，系里从长沙各设计院聘请了一批有经验的中年建筑师过来吧？

| 巫 我请了很多人，蔡道馨和柳展辉两个都是我把他们调来的。

刘 还有张庆余[37]和一个姓谭的老师，瘦瘦的，话不多。

| 巫 张庆余是从一机部八院调过来的，后来调走了。另一个应该是谭正炎[38]，他是兼职的。此外，1991年，我随翁校长访问了美国的几所大学，与奥本大学签订了交流备忘录，聘用了该校的伦德尔[39]教授，另一位是纽约皇后学院的帕西瓦[40]教授，两人都是工作半年。

中楼扩建部分
刘晖摄

刘 帕西瓦教授上过我们的建筑史课。

| 巫 我聘用他们，是想看看他们怎么上课，教什么内容，怎样带研究生，看看国际上的教学是什么样，我也没去留过学。通过聘用外国的教授，相当于把国外的东西吸收进来了。除了与美国的学校建立交流关系，还与日本鹿儿岛大学的土田充义[41]教授建立交流关系，达成互派研究生及共同设立“中日民居研究”课题。派柳肃老师具体参与研究，从而进一步扩大我系的国际交流。

此外，我们在科研及学术研究方面也积极推进。首先，完成了《湖南传统建筑》的调研及出版。又组织完成建工出版社委托的《中国建筑艺术全集》的“祠堂•会馆篇”及“书院建筑篇”。在此基础上结合杨慎初教授多年修建岳麓书院的实践，提出“书院建筑”的研究。同时，许多老师通过在深圳、珠海开放前沿的工程实践，面对海外吹来的西洋建筑文化、商业建筑文风及当时活跃在学术界的后现代主义与现代主义的纷争。我们将这些现象归为建筑文化问题。因此我与杨慎初教授以《南方建筑》主编郑振弘及《华中建筑》主编高介华，共同发起“建筑与文化”的研究，并于1991年由我系主办在湖南大学召开全国性的“建筑与文化学术研讨会”得到全国许多学者的支持，促进了这一领域的学术研究的发展。学术会议两年一次，在全国各地召开。1996年由我系主办，在我校召开的“建筑与文化国际学术讨论会”，不仅吸引了中国学者，也吸引了一大批国际学者，包括美国及欧洲、东南亚的学者，盛况空前。至2010年召开了12次，取得丰硕成果。

| 巫 那时候，我要管理的事情太多了，所以就忘了回老家深圳，但也无法去掉“乡愁”。本来准备要回广东老家去。一是去深圳，后来没去成；另一次是广州城建学院（现在合并到广州大学）要我。因为魏春雨那班有个女同学的爸爸在广州城建学院当建筑系主任，他要退休了，要我去接他的班当系主任。我当时是打算去的，但是问题又来了。那时候我刚升了教授，两年内不能走，又拖了我两年，两年后人家那里也不可能等你，所以又没有去成。本来我60岁要退休了，别人都拿了条子（指退休批文）都退了，结果我拿了条子后又说不能退，为什么呢？因为建筑系那时没有正教授了。

刘 青黄不接。1995年不能让您退休是不是还因为我们面临第一次专业评估，1996年是第一次参加评估，中楼加建的房子还刚刚盖好，我们正在做毕业设计。

|巫 就是为了评估才盖的，要不然评估说你没有办公场地，什么场地都没有。评估第一看有什么样教学计划，第二看有多少教师，第三看有没有专用场地，然后有多少资料，教学质量如何，这些是要一条条对照评估的。

前面提到的温福钰，改革开放以后，我想把他调回来，他也愿意，学校也同意，结果他爱人没法安排，学校不同意把他爱人调进来。后来他就到长沙市规划院去了。那时候太困难了，下面的小年轻上不来，上面老的不断退休。1995年陈文琪老师退休了，张举毅、闵玉林、黄善言都退了，只剩下我（一个教授）。那时一天到晚我就催魏春雨、王小凡他们快点把教授升上来。不能够只想到把荷包装得满满的，快点把教授升上来，要不然我脱不了身。评估那年，我把温福钰和陈大卫[42]两人聘为（客座）教授，学校批准了，担任一定教学工作，指导研究生，正式发工资的，每月500块钱。那时候500块钱还不算太少，要不然很难通过，所以那一年通过评估也真的不容易。[43]一通过评估，我就松了一口气啦。从1988年到1998年的十年间，陈文琪、王小凡、柳展辉、蔡道馨等先后担任副系主任，我们共同奋斗迎来建筑专业中兴的黎明。就这样我又干了5年，到65岁才退休。退休的时候，本来可以回广东老家去，但也没有去成，这里脱不了身，因为还要带研究生。

刘 为什么当时想到要办规划专业？

|巫 那是1991年、1992年。当时因为我经常到益阳（城建专科学校）去上课，它有规划专业，我们缺少这个专业。那时我还到华南理工去问过，看到几个学校都有规划专业了，规划专业与建筑专业有许多内涵相互补充、相互促进，不办不行。这个时候建筑学专业基本巩固了，我们已经初步具备了评估的条件了，闵老师在这里的时候，我们就已经拿到建筑设计的硕士点了，后来我们又拿到建筑史、建筑技术的硕士点，办学内涵更加丰富。

刘 就是1991年、1992年想办这个规划专业，所以那时引进了周安伟、许乙青、邱灿红[44]他们是吗？

|巫 是。还有肖艳阳。邱灿红是本系82级毕业生，后来是郑建华的研究生，转为专事城市规划，还到同济去进修过。

他乡和故乡

|巫 本来就想撑到评估通过就走，溜掉算了，可最后还是没有走掉。这跟我个人性格也有关，我退休时可以去东莞，东莞有个大老板，既搞设计，又搞施工，他给我开价30万元年薪，那时候还可以啊。（我）并不是什么地方有利（可图）就马上去，不是这样的。

湖南大学原来有二百多个广东人呢。广东人在湖南没人关心，一搞改革开放，绝大部分都走掉了，剩下的是什么人呢，环工系的汤广发、机械系的温松明[45]和我，三个都是客家人。凤凰卫视做过一个节目，讲广东的三个民系：客家人、潮汕人，还有广府人就是珠江三角洲一带讲广州话的。我们客家人是北方来的，讲客家话，受中原传统文化的影响比较深，所以不像其他两个民系。潮州人会做生意，广州人比较开放，什么都敢干，而且还会玩。凤凰卫视节目里说如果这三个民系的人得了100万元会怎么做：客家人到镇上买个房子，显示自己有钱有面子，剩下的钱就锁在柜子里留着，给小孩上学，培养下一代；

潮州人拿到钱干什么呢，几个人凑到一块去做生意；广府人拿一点钱做生意，剩下的去旅游，去玩。所以留下来的这几个多是客家人，其他广东人大部分都回去了。

刘 您后来还回过宝安吗？

| 巫 2017 年回去坪山小学百周年庆，之前还回去过好几次，还去香港转了转。

刘 东江纵队游击队在东莞大岭山的那些旧址，都已经是全国重点文物保护单位了。

| 巫 你们到我老家那里做过旅游规划没？

刘 坪山没去过，去过凤岗。

| 巫 坪山纳入大湾区规划里面了，我老家在坪山一个山窝窝里头，就是现在比亚迪那个地方。我在老家还有宅基地的证，上面写了有多少平方米，我问过村书记，我要在这里盖个房子可不可以，村书记说不可以，因为你不在这里（住），我说我退了休可以回来嘛（笑）。

刘 退了休回去当乡贤。您来湖南已经有 65 年，看着湖大建筑学科这么多年的发展，总的感受怎么样？

| 巫 怎么说呢，有很多坎坷，什么事我们都见过，好事也见过，坏事也见过！但是就个人来讲，能做些事，心里也没有多少遗憾了，我是共产党员，我们是在实践"不忘初心"的愿望。我有时候想，要是早回深圳去，能比现在多不少钱，我同学副教授退休金都 11000 元了，我不足 9000 元。后来想想，我也没有别的要求，除了吃饭、买药，没别的花销，也就够了。但是看到建筑系变成了内涵丰富的建筑学院，学校也发展了，城市也发展了，这伟大的民族复兴中有一部分我参与了，亲力亲为，很高兴。尤其看见我教过的学生，很多人做出很好的成绩我由衷高兴。

1　近代粤港澳之间一直保持着频密的交往，很多人像巫先生的父亲一样赴港谋生，遇有战乱则退回广东乡下。香港为广东人提供了接触世界的窗口，侨汇也是困难时期广东的重要经济来源。巫先生的父亲即使冒着生命危险，也要去香港打工，才能维系一家人的温饱。即使在 20 世纪 50 年代，来自香港的汇款仍使巫先生在内地求学时保持不错的经济状况。

2　海员工人团体。1935 年 6 月成立于香港。原为轮船海员互助相济、开展文艺活动的群众组织，后在中国共产党的领导下，范围扩大，逐渐成为团结广大海员从事进步爱国运动的工人团体。

3　曾生（1910—1995），原名曾振华，深圳坪山的客家人，中山大学毕业，历任东江纵队司令员、两广纵队司令员，解放后曾任广东省副省长兼广州市市长、交通部部长。

4　解放初，由于结束了长期的战乱和动荡，很多香港同胞发自内心的期盼回内地参加祖国的建设。与香港高昂的学费相比，内地免费上大学也为学业优秀的香港中下阶层子弟接受高等教育、实现阶层跃迁提供了可能。

5　夏昌世（1905—1996），广东新会人。早年留学德国，回国后历任执业建筑师，同济大学、中央大学、重庆大学、中山大学、华南工学院建筑系教授。

6　龙庆忠（1903—1996），字非了，江西永新人。早年留学日本，回国后在河南、重庆执业，历任重庆大学、中央大学、中山大学、华南工学院建筑系教授。

7　陈伯齐（1903—1973），广东台山人。早年留学德国，回国后历任重庆大学、同济大学、中山大学、华南工学院建筑系教授。

8 湖南克强学院建立于1947年2月1日，是一所以农科为主的学校。湖南省政府以“集中人力物力和纪念黄兴（克强）先生的革命功勋”的名义，决定将省立农、工、商三所专科学校合并组建湖南克强学院。曾约农为首任院长，先后继任者有廖训槼、程潜（兼）、汪士楷等。

9 刘敦桢（1897—1968），湖南新宁人。1921年毕业于日本东京高等工业学校（今东京工业大学）建筑科，回国创办华海建筑师事务所。后任苏州工业专门学校、湖南大学、中央大学教授。长期从事建筑史研究。1932年任中国营造学社文献部主任，1953年创办中国建筑研究室。1955年当选中国科学院学部委员。有《刘敦桢文集》（四卷）、《刘敦桢全集》（十卷）出版。

10 柳士英（1893—1973），江苏苏州人。中国现代建筑师、建筑教育家。1911年参加辛亥革命，二次革命失败后随兄逃亡日本。1914年考入东京高等工业学校建筑科，1920年回国从事建筑设计，1923年参加苏州工业专门学校创办建筑科。1928年首任苏州市公务局长，1934年受聘湖南大学土木系教授，并先后兼任长沙楚怡工业学校、长沙高等工业学校、长沙公输学校教授，长沙迪新土木建筑公司总建筑师，湖南克强学院建筑系主任、教授。1949年后任湖南大学土木系主任，创办建筑学专业，1952年受命筹建中南土木建筑学院，一年后任中南土木建筑学院院长，1958年后任湖南工学院院长，湖南大学副校长。1962年担任研究生导师。历任湖南省人民代表、省政协委员、第四届全国政协委员。1951年筹建湖南省土木建筑学会，首任理事长（摘自：《柳士英先生生平简介》）。

11 根据《华南建筑八十年》记载：在1952年的院系调整之后，根据《1953年全国高等工业学校专业调整方案》的要求，华南工学院的专业又进行了局部调整，把湖南大学的工业与民用建筑结构（即工民结专业，本科34人）和建筑设计专修科（80人）调入华南工学院建筑系。

12 20世纪50年代，专业办学地点服从调配，毕业生更是服从组织分配，从华南工学院毕业分配回湖南的还包括原长沙市规划设计院的李能总建筑师等人。

13 “三条腿走路”就是在五年制的工业与民用建筑结构专业之下，分方向培养建筑设计、结构设计和施工三个专业的人才。

14 黄善言和温福钰、杨慎初、樊哲晟、周行、曾理、魏永辉、闵玉林、陈文琪、张举毅、彭明霞、杨新民、郑建华、王绍俊、黄江夏、周志宏、叶椿华、陈和流、林金山都是湖南大学教授，20世纪50—80年代期间曾在土木系、建筑系任教。

15 随意新办和停办专业也是“大跃进”的躁动对建筑学科教育的影响。

16 机械部历史上多次合并重组，湖南大学长期归属管理民用机械的第一机械工业部，该部后来曾有机械工业部、国家机械工业委员会、机械电子工业部等不同名称，本文中按照“湖大人”的习惯，一律称“机械部”。

17 作为一个经济不甚发达，工业基础薄弱，又缺乏国家投资大型项目的内陆省份，湖南对工科大学的渴望和捉襟见肘的财力都是显而易见的。条块分割的计划经济体制下，把以省名命名的大学交给机械部，“不求所有，但求所在”，也是现实条件下的无奈之举。此举对湖南大学毕业生的影响一直持续到20世纪90年代后。湖大毕业生理论上是在机械部系统内分配，分到湖南省的并不多。如果毕业生不在机械部系统就业，还要交数千元的“出系统费”。虽有部分用人单位愿意替学生支付这笔费用，但仍提高了湖大毕业生留湘就业的门槛。

18 “大跃进”时期建造的拱形大跨度多功能大厅，“四无”一说是“无墙、无柱、无梁、无楼板”，也有说是没用钢筋、水泥、木材和贵重金属，而用竹筋、菱苦土等材料替代。

19 柳肃和汤羽扬教授都是湖南大学岳麓书院研究生毕业，师从杨慎初先生从事建筑历史理论研究，后留校任教。

20 湖南大学在十多年里保留如此庞大的建筑学教研室和教师队伍，如果说不是为了有朝一日复办建筑学，很难有其他解释。巫先生当时作为年轻教师，并不参与决策，而柳士英、杨慎初等先生又都已离世，希望今后由其他途径可以证实这个判断。

21 和很多院校相似的是，湖南大学的建筑学也脱胎于土木系，因此很多老先生是学土木（结构、构造）的。

22 20世纪50年代院系调整的是非功过不是本次访谈的重点，但不可否认的是，大批沿海地区的高级知识分子由此来到湖南长沙，之后很多人在此扎根数十年。20世纪80年代初湖南大学能够较快复办建筑学专业，组建建筑系，很大程度也是依靠这批“火种”。

23 王绍俊、谭子厚、李继生、赖维铁等原是土木系和建筑系教师，后被学校调派筹办工业设计系。

24 “文革”后，一方面是人才断层，另一方面废除职务终身制，建立退休制度，导致一批像闵老师这样年龄刚过60岁，在后继乏人时“被退休”。

25 沈蒲生、陈行之是湖南大学土木系教授，系负责人，王建平是湖南大学土木系毕业的博士。

26 珠海艺纂工程设计有限公司是与湖南大学设计院珠海分院有密切合作关系的一家设计机构。

27 朱志仁、彭成生原是湖南大学土木系从事计算机辅助设计研究的教师，调来建筑系后，朱志仁被派往设计院珠海分院从事设计工作，彭成生在建筑系讲授计算机辅助设计。

28 20世纪80年代高等教育投入不足，办学经费紧张，教师待遇问题突出。面向市场，下海挣钱几乎是唯一的自救手段。但随之而来的问题就是如何平衡创收与教学，如何稳定教师队伍。

29 徐峰、袁朝晖、陈莫都是20世纪80年代建筑学专业恢复之后的本科生，后继续就读研究生，毕业后留校任教。

30 每个人都面临选择。恢复建筑学招生后，刚刚留校的年轻教师设计经验不多。组织他们去广东从事生产实践不失为提高业务能力同时增收的举措，期间也有教师就此留在广东。

31 李承祚，深圳大学教授，20世纪80年代曾任深圳大学建筑系主任。

32 采访者所在的建筑学1991级入学后，第一学期应该开设的设计基础课，因为师资不足无法开课，五年级的建筑物理的部分内容也因为缺老师而改为自学。

33 湘粤两省毗邻，去深圳、珠海创业，对系主任和年轻教师同样极具吸引力。

34 魏春雨、唐国安、王小凡、曹麻茹、杨建觉、闵晓谷等都是20世纪80年代的建筑系研究生，先后留校任教。

35 建筑系从土木系分出来之后，一直没有独立的系馆，教学用房分散，实验室在土木系的南楼，专业教室和行政办公都在教学中楼地下室，美术教室在教学北楼。20世纪90年代初，为了通过建筑学专业评估，建筑系自筹资金在中楼旁边扩建1100平方米，才终于有了系馆。

36 电脑CPU处理器的型号，那时经常用“486”“ 586”指代装有该芯片的电脑。

37 蔡道馨、柳展辉、张庆余是20世纪80—90年代从设计院调来湖南大学任教的教授。

38 谭正炎，建筑师，曾任湖南省建筑科学研究院院长、湖南大学建筑系客座教授、湖南省建筑师学会副会长。

39 伦德尔，美国奥本大学教授，20世纪90年代初来湖南大学任教，讲授建筑设计等课程。

40 布莱恩·帕西瓦（Brain Percival），纽约城市大学皇后学院教授，曾于1988年和1993年来到湖南大学建筑系任教，讲授世界建筑史等课程。

41 土田充义，日本鹿儿岛大学工学部教授，曾于20世纪90年代与湖南大学开展多项国际合作研究。

42 陈大卫，建筑师，建筑教育家。历任湖南省建筑学校校长、湖南省建筑设计院院长、湖南大学建筑系客座教授、湖南省建筑师学会首届会长。

43 长沙有很多部委下辖的大型专业设计院，从执业建筑师中聘请专职和兼职设计教师，把他们丰富的工程设计经验直接传授给学生，是当年解决教师青黄不接的途径。现在对教师学历的门槛要求提高后，反而很难请到职业建筑师授课。

44 周安伟、许乙青、邱灿红、肖艳阳都是20世纪90年代初湖南大学创办城市规划专业时留校或引进的青年教师。

45 汤广发和温松明都是湖南大学的广东籍教授。

黄汇先生忆 20 世纪五六十年代清华大学建筑系教学情况[1]

受访者简介

黄汇

女，1938 年 5 月出生于上海。1955—1961 年就读于清华大学建筑系。1961—1978 年就职于新疆维吾尔自治区勘察设计院。1978 年至今就职于北京市建筑设计研究院。其间，1984—1987 年于北京住宅建设总公司设计所兼任总建筑师，1995—2008 年于北京金田建筑设计有限公司（中外合作）任总建筑师。中国建筑学会建筑师学会教育建筑专业学术委员会委员及人居环境专业学术委员会第三、四届主任委员，第五届名誉主任委员；全国工程建设标准设计专家委员会建筑专业第四届委员，第五、六届资深委员；教育部全国教育建筑专家委员会专家；联合国工业发展组织国际太阳能技术促进转让中心高级专家；北京市第十届人民代表大会代表。屡获部级或市级政府颁发的优秀规划、优秀设计、科技进步及建筑艺术奖。获国务院对发展我国工程技术事业有突出贡献的政府特殊津贴（终身）。

采访者： 刘亦师（清华大学建筑学院）、王睿智（清华大学建筑学院）
文稿整理： 王睿智
访谈时间： 2020 年 11 月 18 日下午
访谈地点： 北京市建筑设计研究院有限公司
整理情况： 2020 年 11 月 19 日整理，2020 年 12 月 10 日定稿
审阅情况： 经受访者审阅
访谈背景： 2021 年是清华大学成立 110 周年。清华大学于 2018 年动员校内各院系所编写院史。笔者担任建筑学院院史的编写工作（1946—1976）。2020 年 11 月，针对编写工作中的若干问题，尤其是梁思成先生与建筑系同学的师生关系、清华大学建筑系的教学特征等问题，对老校友黄汇、马国馨、费麟等进行补充访谈或笔谈。本文是对黄汇先生的访谈，共 3 小时。黄先生讲述了自己在清华建筑系期间及参加工作后亲历的事件，以及几十年来对清华大学建筑教育的思考和感受，是研究清华大学建筑教育发展历史的宝贵史料，也丰富了我们对清华建筑教育特征的认识。关于后文提到的梁思成先生的谐趣园水彩画一事：1955 年夏季梁思成先生在颐和园内休养，在谐趣园水彩写生时邂逅到此游玩的清华大学建筑系 1955 级新生（“建一班”）。之后梁先生与该班同学交往颇多，并在该班毕业时（1961 年夏）将谐趣园的那张水彩写生赠予即将远赴新疆的毕业生代表黄汇，并题款留念：“六载师生谊，巧从此画始。昔日双辫垂，转瞬一匠师。胜蓝青出蓝，苗壮老农喜。惜别语万千：莫负吾党企！一九六一年七月。”

2020年11月18日，访谈过程中的黄汇先生与采访者刘亦师

黄　汇　以下简称黄
刘亦师　以下简称刘

刘　黄先生好！2021年是清华大学110年校庆，学校布置给每个院系所任务，希望每个院系所把他们成立以来的发展历史整理出来。建筑学院是1946年成立的，因此我们现在集中力量在整理1946—1976年的建筑学院（系）的发展历史。

　　| **黄**　我们是1955年入学。

刘　我知道，您是建一班，就是1961年毕业。我们写院史分了几个段：1946—1949年，这一段是解放以前的；然后是1949—1951年，是营建学系那一段；1952年开始学苏联了，一直到1957年，这是中间一段，清华大学里搞全面的教学改革；从1958年“教育大跃进”一直到1966年是一段；1966—1976年又是一段。分成这么几段来写。我们之前也去访谈过高冀生[2]老师。

　　| **黄**　高冀生是我们班长。

刘　我在资料室看到建一班的校友文集了，里面有一些回忆文章。建一班的文集不是很厚。苏则民和魏大中[3]也是您这一班的是吧？

　　| **黄**　对，他们都是好学生。

刘　我读了各种资料，感觉梁先生指导你们班相对来说比较多、交往更加密切，所以今天我想请您回忆一下，一个是当时教学的情况，再一个就是建筑系的那些老先生，包括梁先生具体是怎么开展教学的。

　　| **黄**　我们和梁先生的认识和熟悉起来是很意外的，不是因为我们功课好，其实是因为我们爱玩儿，然后就认识了他。梁先生跟学生关系都特别好，尤其跟我们班的关系。经常是他主动提出来，只要下礼拜有空没事儿，他会说“我下礼拜又没事儿，我给你们再来一段”。就是给我们班安排一节课，他来给

我们讲，给我们吃点“偏食”。他对我们班是有点儿偏爱，只要有空就主动给我们上课。此外，他老带我们“玩”儿，我们跟他熟，跟他是一种“玩”的关系。

刘 一般“玩”什么呢?

| 黄 他要逛哪儿去了，就带着我们。比如说故宫的乾隆花园准备修缮一下、改造什么的，希望他给提点意见。那好，他就带着我们去逛乾隆花园。反正他跟我们上课和带我们出去考察一点都不严肃，是寓学于乐的那种。举例来说，他上课也给我们讲意识形态和那个时代和功能等各方面的关系。他怎么讲?他提前来到教室，“给我根粉笔”，他就开始在黑板上画，画了一排大美人啊，是从古到今的大美人。你看我这上面文章中有这一段：“一天，要讲形式与内容的关系。他提前来教室，在黑板上自左向右一口气画了一连串不同时代、身着不同服装的妇女。正当同学们对他绘画的功夫赞叹不已时，他开讲了：‘大家看，这是妇女服装形式随时代变化而变化的洋片。在妇女大门不出二门不迈的时代，可以裙袍拖地。民国时期，有了职业妇女，要上班，要上街，人力车是主要交通工具，穿旗袍很合宜。可现在，妇女要劳动、骑自行车，动作幅度很大，再穿那苗条合身的长旗袍就会出笑话了。’先生用图画、比喻、趣谈生动而轻松地让我们信服了在功能、行为、观念、形象之间存在着‘必然’，存在着辩证关系。一节课继一节课地传授给我们一种看问题的思想方法。他的课真有趣味，有诱惑力。”[4] 梁先生这样来讲形式和时代的关系，我们就觉得豁然开朗。他讲课的风格就是这样。

刘 在您这建一班的时候，梁先生上什么课?

| 黄 他没有专门的课。他就是想起来给讲点儿什么就开始讲了，“我又想起来给你们讲点什么，下礼拜我有时间什么时候”，临时通知我们，给我们讲。

刘 这个讲东西是在系里[5]安排一个地方，还是去他家里呢?

| 黄 没有，就安排一个教室，他就来了，所以说我们吃“偏食”。我们在颐和园玩，碰见他在那画画。我写了那篇文章[6]，就是这么个关系。

刘 最后这幅画怎么送给您的呢?

| 黄 当时我是我们班的文艺干事，进校后一开学就带着大伙儿上谐趣园去玩。我以前在北京读中学待过一段时间，对北京比较熟悉，所以我得张罗大家。玩到谐趣园的时候，我说大伙儿快来，当时是扯着嗓子喊的，“这儿有个小老头儿，水彩画画特别好，快点”。然后梁先生一下就把我给记住了。他说我可能闹腾了，然后以后他老自命为“小老头儿”，并且说“是你们给我起的叫小老头儿”。后来等开学一看，我的天，他原来是系主任梁思成先生！不过我们也不害怕，因为他对我们都挺好的。梁先生就因为这件事儿，就把我们给记住了。他经常叫我去，“你张罗你们班同学上午谁有空上我这儿来一趟”。我问：“什么事儿？”他说：“好事，我这儿有好事儿。”然后我们就上他家去了，都是爱闹腾的几个同学。到了他家里才知道是什么好事儿，“昨天我上人民大会堂开会了啊，买了一堆好吃的零食，你们来扫荡”。他拿出来糖果，我们就给他“扫荡”了。就这样子，还有的时候是让我们去帮他干点活儿什么的。

刘 具体干什么活儿呢，描图还是别的什么活?

| 黄 不是，一般是帮他打扫卫生，什么书架上头，他不敢让保姆上去，怕保姆摔着。“你们腿脚利索啊，上去给我擦那个书架！”他那书架都顶着天花板，有时候让我们上去把凡是跟什么有关系的书

都给拿下来，就是这样。然后每年冬天让我们去给他家玻璃窗户加玻璃。窗户加玻璃，我们现在不熟悉这种事儿了。但那时候是木头窗户，它是单层玻璃。梁先生设计了一个做法，然后我们就给他做成双层玻璃，然后到春天再给它拿下来。

刘 那个时候我的理解是来了“反复古主义”，在批判大屋顶，就是您进入清华大学建筑系那一阵。

| 黄 他挨批判了，但他没什么事儿。

刘 是不是实际上他整个人的精神状态并没有太消沉？

| 黄 其实他当时也挺忙的，有时候还出国。政府和学校让他做不少事情，但是他不像挨批判之前那么忙，要参加那么多的会，比较清闲一些。

刘 没参加太多会，但实际上还是有一些职务。他在颐和园待了多久呢？

| 黄 不知道，反正是开学的时候就看到他了。他回学校来了，然后他对我们说“系里的事儿我也不怎么管，但你们班的事儿我可以管一管”。这就是那时候学生跟老师之间的关系，我觉得比现在好。现在下课就没事了，我们那时候不是。我们那时候王乃壮[7]老师教我们水彩，他经常说“我这个星期日要上北海，有人想玩去吗？”还说“门票归我买啊，但不能我画画你们就在旁边玩，你们也得画！这些是不算作业成绩的”。当时我们跟老师之间（关系）很融洽。我们跟教建筑物理的林贤光[8]很熟，我们班去玩什么都“带着”他。

刘 林贤光是老师辈的吧？

| 黄 因为他是老师，可是我们带着他到处去玩。“林先生，我们下礼拜上哪玩去，去不去？”“行，带我去吧！”就这样我们有什么活动也带着他。老师跟同学，尤其年轻的老师们，我们那时候就是交流很密切的。实际上那时候就怕关肇邺[9]，关先生挺厉害的。他比较正经，我们不敢跟他闹。

刘 我觉得关先生现在每次说话都能把大家逗乐，不是那么严肃。

| 黄 那时候挺严肃的。

刘 汪坦[10]先生是不是也教过您这一班？

| 黄 汪坦先生是特别和蔼，我从来没听他说过厉害话，也没有看见他绷过脸。反正他对我们就是像大人对孩子的那种样子，实际上他也是我的长辈。因为他的爸爸跟我外公是朋友，两个人都在苏州，几乎每天都得见一面。所以汪坦先生对我比较好，经常问我“听说你昨天又没去上晚自习”。我说“那球赛的票不容易弄”。他说“你看看你怎么老这样？”让我下次要准时去晚自习。

刘 当时还有哪些老师教过您这一班？汪国瑜[11]先生教过吗？

| 黄 汪先生教过。王炜钰[12]先生也教过我们，她是脾气最好的老师。还有张守仪[13]先生，她教了我们好几年，教住宅方面的课。此外，吴良镛[14]先生也教过我们，是城市规划方面的一些课。

刘 清华建筑系的学制比其他的学校，比如南京工学院、同济大学等要多一年，对清华建筑教育的整体情况请您谈一下自己的感受。

| 黄 各个学校情况都不太一样。可是呢，那时候课可能都是一样的。

刘 课是中央统一制定的教学计划，后来各校有所改动。我们清华现在从四年制改回到五年制。原来是有一部分是4+2，六年，就您那个时候的六年制，相当于现在的硕士教育了。

丨黄 我们那时候六年制，其他学校的建筑学专业都是五年。我们六年里头有一年是劳动，包括各种实习、实践加一块正好是一年。

刘 说到这里，有个事想跟向您请教一下。清华当时的建筑学专业是六年，其他学校都是五年。当时也有一些人，比如钱伟长[15]就说在学校里边很难培养出面面俱到的、合格的工程师，因为很难把什么课都教给他，而是应该让他毕业以后，参加工作以后，看缺什么再去补什么，在大学里边是打基础。所以现在反思蒋南翔[16]的教育思想，也有一部分人从这上面去说，是不是当时学习时间太长或者学习的内容过于繁重琐屑？

丨黄 我觉得做某一个大工程，比如说国家剧院，这里面用很多人来干活，分工非常细。有可能你只知道其中一件或者一部分事，但我们当时在清华学习时是从设计到竣工验收的整个过程全部都学。那时候课程很严格，四年级之前上的课，基本上只有和建筑设计有关系的那些。虽然课程设计只有那几个小时，但其他的课都是相关专业的专业课程。比如测量学一年、施工学两年、结构学四年半，从材料力学、结构静力学到钢筋混凝土、钢结构、木结构全学，所以等到了设计院，上工地现场设计的时候，就派我们去，什么专业的图都得你画。但我也不发愁，你要配筋就给你配筋，管径多少都能算出来。还有其他专业的课，比如采暖学两年、通风学一年、给排水学两年、强电学两年、弱电学一年，这些课都是每星期两节，每学期都考试。我们最怕的就是外系的老师考试，你知道吗？而且还是先笔试，然后再面试。尤其那结构老师，特别厉害。可是呢，我们就什么专业都知道一些。我们这一辈人面对21世纪的设计是会比现在的年轻的学生更适应，要容易一些，因为21世纪建筑设计的特点就是集成协同设计一体。所以作为一个建筑师，你得从最原始的策划、一直到各专业的，都要全面负责。这就是建筑师负责制，你必须得全面负责，一直管到概算、预算、施工所有的事。对于我们来说，所有的事都在我脑袋里。但是对于现在的大学生来说，他们只学过画画，是非常用功的，可是对建筑工程是不清楚的，因为他们都是从这本书看到那本书，根本不知道是怎么回事儿，接触实际以后就有很大的困难。因为我算是教育部的建筑教育专家组的成员之一，在这几年开会的时候，我提过好几次，教育部现在接受了这个意见，说从今年开始他们要逐步地变成全专业的协同，要转向融合式教学。

我最后毕业的评语上写我不关心政治。我属于最不关心政治，但也不是逍遥，我还挺热闹，但是我不参加什么大斗争、革命的这种。可是我养成一个习惯，就是看中央文件，瞄准方向，如果你的方向不对了，你白费劲，最后你一事无成。你必须得看准方向，否则会做错事儿，所以我们都养成了非常认真地学中央文件，学时事、学政治（的习惯）。现在的年轻人就从手机上学，可是这手机上能报道的东西往往是经过录用人员的手，不是你想看的。《人民日报》每天16版，给你录上去的东西不一定是你想看的，而你想看的东西也不一定看得成。我告诉你到今天，我为什么能帮着编写标准，本来我们院是八十岁以上的人都不要了，都出名了，我连食堂吃饭都不敢进去，可是后来又把我“废品回收”了。现在国家要改变标准了，没办法了，现在的年轻人编不成。因为我直到今天，（还在坚持）每天看《人民日报》《中国建设报》，这两份报纸我是一定看的。还有《新京报》或者是《北京晚报》，反正北京的我也看一下。现在我做学校的标准，所以一直看《中国教育报》。学校里面中小学校的建设标准，我算是评审。北京市的标准，还有就是《中小学校设计规范》，要局部修编，然后再全面修改。因为现在没法全面修编，新的教改的课程还没都出来。所以说弄不了，我每天这几份报绝对要看，于是我心里特别踏实，我知道自己方向没走错，重要的事情我都知道。

刘 我们现在拿报纸给我们家小朋友画画，要拿报纸垫，怕他把桌子给搞脏了嘛，现在都没有纸版的报，几乎不看报纸。

|黄 正好他们刚才跟我说事情，我还没上楼，所以还抱着呢。我有至少一柜子这种资料，剪报国务院的。我就发现北京市教委没认真执行，我跟他们闹腾，我说你们就想把北京的小规模学校、乡村的小规模学校都撤销，兼村定点，我说这上头中央国务院的文件说得很明确，什么情况下可以兼，什么情况下就不能。那么设成什么样我给你编。对不对，我不要钱我也给你编，对中共中央的意见要明确。

刘 学习方法也很重要啊，您这种学习方法也很专业，很有启发意义。

|黄 我一直是这样子。因为搞教育，我还有两大本案例的剪报集子。报纸上宣传某个小学怎么怎么着了，我觉得挺好，就把它剪下来，一百多个案例。我要是需要调查，只需要在那儿翻一翻，然后看哪一个好我才去，不一定所有都去。

刘 一以贯之是很不容易。这是从毕业以后，还是在校读书的时候养成的习惯？

|黄 读书的时候就是看报纸，你知道吗？那时候也没有手机，就去看报纸，在图书馆，有时候在院子里就有贴纸，贴在那个布告栏里。可是工作了以后我就一直坚持抄下来，那时候没那么好的条件，现在有这条件了我就不用抄了，我个人定的是《教育报》《建设报》。每天都扛回去，然后晚上我就干这个家庭作业，看完了报以后，哪个有用我就开始攒起来，所以至少家里有一柜子，这儿也有一柜子，也算是有一点儿自己的文艺活动。

刘 请您再谈一谈建筑系的实习和实践活动情况。

|黄 我觉得清华一方面重视体育绝对不仅仅是培养什么体育尖子，而是培养人的品质。这也体现在劳动和社会实践上。现在清华的学生，劳动时间太少。我算了我们当时的情况，我们六年里头比现在的学生多一年，但是我们六年里头当工人劳动的时间正好是一年。每年暑假之前，有三个月当工人。说实在，那时候我觉悟没那么高，根本不是因为想当工人，就觉得应该好好劳动。我那时候是因为什么？我小时候是在苏州长大，苏州有很多小时候的发小，到了暑假都回去，我们就有一个非常轻松快乐的暑假。可是如果我暑假前的劳动课程没及格，暑假就回不去，还得在这儿劳动，等开学前再考一次。比如我们一年级结束、要升入二年级的那一阵儿，都去地质学院，现在叫地质大学，参与盖主楼的工程。我当瓦工，然后考试内容就是瓦工的三级工的“应知应会”，得能说出来，然后砌墙，由师傅来评分。你的速度可以跟不上三级工的速度，但是砌筑的方法必须正确，手的架势、姿势必须是正确的。然后，砌出来的成果他拿吊锤儿、靠尺给测，如果平整度符合标准，就及格了，就可以放暑假了。做不到这一点，就要接着干，到开学前再考一次。如果还不及格，积分册上就标注的是实习不及格。

等到四年级时，暑假之前三个月就不是当工人了，而是当工长助手。那时候我们在武汉，工长实习我们住在青山镇，青山镇到工地要翻过两个荒山头。我们那个队是负责二号平炉和所有的地下管线，那时候叫“地下管沟”，现在就叫“管廊”。我们队长姓任，人特别好。武汉夏天热到 42℃，工人三班倒，工长是两班倒，任队长让我上比较凉快的那个班，就是晚上 12 点上班，中午 12 点下班。

刘 就您一个人吗？一个人一个班。一个班级里大家都去了很多地方，还是说大家去的不是不同的？

| 黄 当时有好多施工队，我们班每个人都在一个队里做工长实习。我定班了以后，我帮任队长这个生产队翻译一下图纸，因为那时候都是苏联图纸。我们是读俄文的，就帮他翻一下图纸，结果他对我特别好。可是呢，别人都是上 8 小时班，我是上 12 小时啊，所以那个时间他们是白天，我就是半夜上班，需要一个人上班，那时候挺害怕的。他还跟我说拿着棍子，不要害怕。他对我比较满意。我下班以后比较晚，到了食堂好菜都没有了，他还老给我买饭。我们在工地实习，虽然这一年各个季节并没有都轮上，可是我知道工地里是什么样，工地的行话我能听得懂。而且这个房子怎样从地底下一直升到上头，所有的事情都搞明白了。所以我对施工图一点儿都不害怕，而且也知道，我那图上必须得有什么，如果没有就没法施工；什么东西是多余的？什么东西是必须有的？然后应该特别注意的是什么？哪个地方最容易出毛病，都会都心里有数。所以把设计图变成施工图，跟各个专业打交道，我也一点都不发愁。

刘 我请高冀生先生给我们做报告的时候，他提到梁先生赠送给您的那幅在谐趣园的水彩画及其题款[17]。画我见过，但是那个题款我一直都没注意过，从这题款我看得出来，梁先生对同学、对学生非常关心爱护，同时也鼓励他们担负起国家民族的责任。

梁思成先生赠送黄江的谐趣园水彩画作（1955 年画、1961 年题款）

丨黄 对这个国家，梁先生认为是有自己的责任，他认为为国家做一些事儿是很正常的。我们清华出去的那些同学，都受到他这点影响。所以我们那代人都是有理想、有追求，都想做一个有担当的人。我只要在这个社会上待着，我就不能当个废物，我得使劲得拼命。如果到最后我觉得我拼命了，我就给社会做了好多好事，不需要别人的夸奖和赞同。我觉得就像农民丰收一样，他看见那个麦穗丰收的时候谁在夸奖他呀？没有，就他自己在那夸奖麦子穗是不是？我们班到现在一直以能为社会做事骄傲。比如说我昨天收到我们班微信群的消息，高冀生是群主，他说他最高兴的一件事是已经健康地为祖国工作了59年了。然后我就给他回一个，说自己也工作59年了。清华毕业出来的人，在一些事情上与其他学校是有点不太一样，比如说调动工作什么的，我们这些人是不管什么咱都干。

刘 这一点是不是跟清华这六年的教育有关系？这种在学校的经历浸透到一代人的共同意识里面去了。

丨黄 清华当时非常重视，按现在的话说就是思政教育。当时我们的哲学课谁给上？校长蒋南翔。蒋南翔在阶梯教室讲课，我们每星期都要去上，听蒋南翔的政治课，他给我们讲一分为二、辩证法。所以我们的哲学思想，虽然不是高深得不得了，但我们现在看很多问题就比较辩证。比如说有些事儿好多人都抱怨说，“你看咱们什么都没摊上，咱们这一代人最倒霉了，咱们就待在夹缝里头什么都没有”。所以你看我们班没有一个大师、没有一个院士，觉得什么都很委屈。要我说，得一分为二看，话说回来，我们的承受力比现在的年轻人要强，什么苦都吃过，什么累都受过，什么都能坚持下来。

刘 您提到蒋南翔，在他的领导下清华的教育实践是不是那个时代的特色？

丨黄 清华有一个传统，叫作“无体育不清华”对吧？清华对体育和文艺非常重视。现在提倡德、智、体、美、劳全面发展，我现在回忆清华教育有一点非常突出，就是德、智、体、美、劳五育俱全。清华提倡全面教育，不但有体育代表队，还有文工团，其中舞蹈队和体操队，里面很多人出来以后都很有出息。因为经过这几年的锻炼，思维方式不再那么狭隘、那么固化。而且有一个特点，不管是体育队还是体操队，没有一个运动员没输过，但不怕输，就怕输了以后趴下。任何一个运动员都受过挫折，他不是一生出来就是冠军，而且每一次比赛不管赢得多漂亮，当了冠军回来一定还会反省自己还有什么地方要提高。

梁先生教我的道理，体育队的经历同样也教会了我：每一次拿了冠军以后，仍然要想想还有什么要提高。如果跟一帮远不如自己的人比赛，当了冠军也没什么可高兴的。可是认识到还有什么不足，然后改进，就能再提高一点，战胜自己。每个人想到的最关心的一件事情是战胜自己而不是战胜别人。梁先生曾对我说，“你不要飘飘然，得了奖你就飘飘然，人家夸你，你就飘飘然，以后做完任何一个工程你都要回去看看。特别是得了奖的工程，你一定要回去看看有什么还可以改进的，甚至于有没有错误。在这个基础上你才能进步，要不然你就到此为止，完了就完了”。

刘 梁先生说这个话，就是清华校训，叫自强不息，不停地奋进前行。

丨黄 对，所以我们就觉得战胜自己，这比什么都重要。我对清华体育队也非常有感触。我们班一共不到90个人，包括我在内有14个运动员。我们不但有校代表队的，还有市代表队的，还有国家代表队的。第一届全运会的垒球冠军有两个在我们班，其中一个是全国最佳投手。我是北京市赛艇代表队的，是第一代的赛艇运动员。那时中国第一次有了赛艇，我觉得好玩。本来我是跳高的，可是我游泳比较好，然后我就从田径队跳槽了。折腾了一阵子，就让我去。一开始我作为高校代表队成员在市运动会上得了一个冠军、两个亚军，结果我就被提拔到市代表队。等到全运会的时候，我们就有一个集训，是一年的脱产集训，这一年正好是最困难的那一年。可是我们因为吃运动员伙食，所以是不限量的，而且还有牛奶喝，有鸡蛋吃。可是我也尝到过挨饿什么滋味儿。我们运动员允许每个礼拜回家的时候，星期日回家可以退两斤粮票。当时我在北京没有家，可是我假装有家，我就申请退那两斤粮票，给班上最苦的那些男同学。有的男同学一顿饭能吃 8 个馒头，结果他的定量才 24 斤，那太苦了，也没什么菜。我一个月可以省出 8 斤来。可后来不行，我发现饿一天我的体育成绩下降了。结果我就给他们 7 斤，我留 1 斤。留 1 斤干什么呢？买白薯。1 斤粮票可以买 8 斤白薯，我吃这 8 斤白薯可以坚持度过 4 个星期天。

刘 看得出来您那个时候同学之间感情是非常亲密的。

|黄 那个时候我觉得这个团队、同学之间，互相帮助和合作精神非常重要。我跳高的时候还感觉不到这种关系，但是当我到了赛艇队的时候，非常体会到，个人突出一点用都没有。比如说我跟赛艇队友之间，如果我的爆发力等各方面都比较好，但是我跟她划一条双人艇时我不能逞能，我得想法让她使出最大的劲儿来，我绝对不能使比她大的劲儿，因为我只要比她劲儿大，这船就跑歪了，就什么都没有？我就知道了，要把一件事情做好，一定得是合作。

我们当时训练时真是玩儿命练。每个星期跑一次万米，从学校出发跑到体育学院，再跑到颐和园，然后再从颐和园跑回来到明斋就正好是 1 万米。这路上一点不能偷懒。然后无论是在水上还是在陆地上，你每个星期在训练的时候必定至少有一次，你觉得你活着回不去了，觉得马上就快承受不了了，可是非常坚定的一个信心就是我只要冲过去，我下礼拜的成绩一定会提高。这是规律。我觉得在清华时候锻炼出来的那种坚持的劲儿，到现在我工作快 60 年了吧，遇到什么困难我都没觉得熬不过去。

刘 所以这也跟学校的教育有非常大的关系。

|黄 我在参与设计中就想：为什么某个问题没解决？因为它比较困难。现在我遇到了这个困难，如果我现在放弃了就没有了；我如果不放弃，咬着牙再拼一下就成了。真是这样。做北潞春[18]项目的时候，我以前最不喜欢的是化学课，可是环保跟化学脱不开关系是不是？我从来没想过放弃，而是想人家能学会，我凭什么学不会？一咬牙可能就过去了。有那种拼搏的精神，这是在清华进行体育锻炼造成的。如果我在这个坎儿上过不去，我就想这一定是个关键的坎儿，既然是个关键的坎儿，我只要攻下来不就行了吗。所以我们就把坎儿都给攻下来了，所以我们就建成了全国第一个绿色生态小区。

我其实不算好学生，但成绩单上也没有几个 3 分，不是因为好学，而是如果有哪一门成绩不及格（2 分）或者 3 分比较多，就不能在体育代表队待了。当时清华是以学为主的，如果光是体育好，功课老不及格是不行的，代表队就待不下去。所以为了防止不及格，还能在代表队待着，我必须及格。

刘 当年在清华时候，发给您的成绩单您还保存着吗？

|黄 有个记分册，不知道扔哪儿了。

刘 我看过您写的跟梁先生，最后您去新疆之前，梁先生跟您说要保持能够说真话的品质？

|黄 对，我觉得这就是梁先生特别的地方。别的人也可能都会劝我，你别这样说之类的，可是梁先生他说，“你应该这样说，一个人保持一辈子说真话是很不容易的”。

刘 梁先生当时一直精神状态还是比较积极的？

|黄 他一直是比较积极的。他说："要有一个人一辈子没倒过霉，这人一定无所事事。只要你做了一些事，总有人赞成、有人反对。当反对的人有力量的时候，你就倒霉了。"他说："这是很正常的事情，谁能够一辈子做的事情，所有的人都说好？不可能。"

刘 这是梁先生跟同学们一块儿交流的时候说的吗？

|黄 反正他经常跟我们"胡说八道"，还会说"哎呀，我说的话你们别往书上写，别给我添乱"。梁先生跟我们不像一般那种老师对学生的关系。他正经地、像一个老师的样子来跟我说话的，总共就一次半。半次是什么呢？当时我带着班里的同学不上晚自习，出去看球赛，我们年级主任知道后批评我。我说，"先生您自己看看，跟我一块出去玩儿去的，不是 4 分就是 5 分，都没有不及格"。于是我们就辩论起来。后来年级主任上梁先生那儿告状，然后梁先生就把我给叫过来，绷着脸训了我一顿。可是训完了以后，他又说，"我刚才是代表清华大学建筑系主任跟你谈话，我说的事儿，你必须要做到：第一，给老师赔礼道歉，跟老师顶嘴是不应该的；第二，承认自己不上晚自习是错误的，以后一定要坚持上晚自习，不要带头不上晚自习还带着一帮人进城"。然后又说，"好，从现在开始，是'小老头儿'跟你说话，我告诉你，玩儿是对的，只不过上晚自习的时候别玩儿，平常玩儿是对的。一个建筑系的学生不玩儿，天天光抱着一本书能做好设计？没看过演出你能做好那礼堂吗！你体育不好，你做跑道绝对做不好。玩是对的，不过像你那样疯玩不行"。梁先生严肃地跟我谈话，这是半次。我说半次，是因为那天晚上等于前半截是骂我，后半截他又鼓励我以后还可以玩。

还有一次就是毕业的时候。临毕业，他说："你要走了，我没办法。我本来想把你留下搞古建，因为搞古建的人需要会写文章，应该有一种分析能力。我瞧你这点儿聪明劲儿吧，还行，文章写得也还行，所以想让你接着搞古建。可是你在系里已经表了态了，要到最艰苦的地方去盖房子、搞设计。我系主任扯你后腿不行，所以我送你走。然后现在跟你谈一次话。这一番话本来可以以后说的，但是现在因为你快走了，所以我必须得跟你说，你得记一辈子。"然后他就跟我说了一大堆，要我一定要坚持说真话，但是不能自满。他说我常常因为夸奖就得意忘形，"你的缺点就这个，别人一夸你就飘起来了，那不行"。我真的是记一辈子。他只有这次说话是从头到尾非常严肃的。所以我要回忆梁先生跟我的关系，最严肃的就是这一次谈话和那半次谈话，平常都非常随意，我们还经常打赌、开玩笑。

刘 您当时毕业后要去新疆是您自己自愿要求去的，还是分配去的？

|黄 我也没那么说非要怎么样。学校就说现在咱们要毕业分配了，大家都填一下志愿，学校就公布哪儿还需要多少人，哪儿需要多少了，然后希望大家能自愿报名，去边远的、困难的地方。当时，有的同学家里头比如说有父母是身体不好，或者什么的，反正也有些人有家庭负担的或者什么的，他们就不太容易去。我心想我们家谁也不指着我活着，就说去边疆，我就写了个边疆。后来系里给退回来说，哪能这么写，边疆大着呢，你得说你去哪个省。当时新疆要人最多，然后我说行，我就去新疆吧，而且我觉得新疆好像还挺好玩的吧。

刘 您毕业之后还见过梁先生么？

|黄 新疆维吾尔自治区成立十周年[19]，中央曾经组织代表团去新疆慰问，他就是副团长，在乌鲁木齐我们见过一次。挺逗的，他就去了，去了然后他就上我们院去了，"哎，你怎么还不结婚呢？"我说"行，你的意见我得赶紧结婚是吧？"他说"对"。那行，那就结婚。我们的总工程师就从他的房间里头腾出一间来给我，然后我就结婚了。当时梁先生还没走。

刘 这是几月份？

| 黄 想不起来了，反正就是“十一”前后。

刘 梁先生跟学生很亲密无间。这是您和梁先生最后一次见面么？

| 黄 是的。因为我在新疆，他在北京。“文革”期间我曾来北京，当时梁先生还没去世。我想到学校里面去看他，但没进去。

刘 我听您说的，包括听其他老先生跟我说的，我的感受是梁先生当时其实是很积极进取的精神状况。

| 黄 对，他一直是这样。所以受他的影响，我养成一个很有意思的习惯，就是我们如果做了一个方案，都是找一个喜欢自己的领导给看看是吧？我不是，我专门找讨厌我的人，他越不喜欢我，我越要让他看。如果有人能够站在对立的角度来看我的东西，就能发现我的不对。我去改，这个方案不就好了吗？改正缺点改正错误就是进步的前提。所以这一点我觉得这个大学没白上。

除此以外，我觉得清华的建筑教育有一个很重要的内容，就是树立一个服务的观念。梁先生也常说，“你们不要以为上了清华大学你们将来就是学者了，就是什么了不起的人物，不是，咱们搞建筑设计的，必须是服务于别人”。所以我觉得建筑系树立了一个服务行业的概念。

刘 梁先生当时就是这么说的么？

| 黄 梁先生就说：“你要想做一个大饭店，比如设计厨房，你要是不了解中餐跟西餐有什么区别、炊事员在哪儿做饭，你怎么可能把它设计好？你的设计不过是服务于使用的人，让他们能用得好，你去做设计，必须要站在对方的立场上去，所以要学会调查研究。”梁先生从一年级起就逼着我们做调研，所以后来在做住宅的时候调研做得那么细，是因为我在学校时就养成了做调研的习惯。当时梁先生在二校门，碰到我，他问我：“放暑假了是吧？”我说：“明天放暑假。”“放暑假你干嘛？”我说：“当然回苏州啦，我的小朋友都在苏州啊，我们可以使劲地玩、使劲地吃。”梁先生说：“那我给你留个家庭作业！”我说：“我们家没图板，我要痛痛快快地玩一个暑假啊。”他说：“这个不妨碍你玩。作业就是交两个朋友，这两个朋友的经济条件等各方都不如你们家。”然后让我把这两个朋友家的情况给写一下。这容易啊，我们家前门在西花桥巷，后门在白塔子巷，然后我就和前门那个扫街的阿姨和后门扫街的阿姨搭话，表面上是我还装着帮辅导她们家孩子的暑假作业什么的，她们还觉得我不错，实际上我也就在这个过程中完成了梁先生布置的作业。

梁先生一般不太夸奖我，怕我飘飘然，所以他老是夸别人的作业，从来不夸我。但那一次交“暑假作业”的时候，他点头说“这个作业做得还不错，可以，玩儿去吧！”所以，从一开始他就训练我，告诉我交朋友是了解用户需要。很多事情是在学校培养出来的。后来我就养成了一个非常认真地调研的习惯。设计北京四中[20]，当时有一个很重要的要求，就是“保持先进，20 年不落后”。可是我心想他们就是什么英国学校怎么着，美国学校怎么着，如何保证 20 年不落后，怎么保证设计的先进，这都需要调研。我就认真细致地去北京四中调研了很多次，最后完成了北京四中的设计。

刘 可能老师也有言传身教的作用，梁先生他们这一批老先生对您的职业道路产生了很多影响。耽误您一下午的时间，非常感谢。

1　本研究受国家自然科学基金“机构史视角下的北京现代建筑历史研究”（项目编号：51778318）资助。

2　高冀生（1937— ），1955 年进入清华大学建筑系学习（建一班），1961 年毕业后留校工作。1984—1991 年任清华大学建筑设计院院长。

3　苏则民和魏大中亦为 1955 年入学的建一班同学，1961 年毕业后二人留校继续研究生的学习。苏则民师从吴良镛，毕业后到南京工作，曾任南京规划局局长。魏大中毕业后留校任教，1974 年调入北京市建筑设计研究院。

4　清华大学建筑学院编《梁思成先生百岁诞辰纪念文集》，黄汇《 思念我们的老伙伴》，北京：清华大学出版社，2001 年，104-107 页。

5　当时建筑系系馆在清华学堂。

6　指黄汇《 思念我们的老伙伴》一文。

7　王乃壮（1929— ），1953 年毕业于中央美术学院。后任清华大学美术学院教师、教授。

8　林贤光，1953 年从天津大学建筑系毕业到清华大学建筑系任教，主要从事建筑物理方面的教学和研究，1992 年退休。

9　关肇邺（1929— ），中国工程院院士，1952 年毕业于清华大学建筑系，并留校任教至今。

10　汪坦（1916—2001），1941 年毕业于中央大学建筑工程系，1948 年赴美国留学，曾师从建筑大师赖特（F.L.Wright）。1950 年回国从事社会主义建设，1957 年到清华大学建筑系任教，并担任建筑系副主任。汪先生致力于引介西方现代建筑理论，并在 20 世纪 80 年代开辟了中国近代建筑史的研究领域，培养了一批专业人才。

11　汪国瑜（1919—2010），清华大学建筑系教授。早年毕业于重庆大学建筑系，1947 年受聘进入梁思成先生创办的建筑工程系，是该系创建时最早的几位教师之一。1980 年末参与创办北方工业大学建筑系。

12　王炜钰（1923— ），1945 年毕业于北平大学建筑工程系并留校工作，1952 年院系调整进入清华大学建筑系，致力于建筑室内设计，参与过毛主席纪念堂、人民大会堂内部改造、清华大学中央主楼内部改造等重要工程。

13　张守仪（1922— ），早年毕业于中央大学建筑工程系（与吴良镛先生同班），后赴美国留学。1947 年回国进入北平大学建筑工程系任教，1952 年院系调整进入清华大学建筑系，长年从事住宅和居住区设计的研究和教学。

14　吴良镛（1922— ），中国科学院院士，中国工程院院士，建筑学家、城乡规划学家、清华大学教授。

15　钱伟长（1912—2010），著名力学专家、教育家，1935 年清华大学物理系毕业，1949—1957 年任清华大学副教务长。

16　蒋南翔（1913—1988），教育家，1952 年底至 1966 年担任清华大学校长期间响应中央的教育方针，在清华提出不少创造性的新政策和新举措，如学习苏联“劳卫制”，并制定了严格的五年制教学计划（建筑学为六年制），并提出“双肩挑”“两种人会师”等，强调多育并举，鼓励学生参加体育和文娱团体。1958 年后又提出“真刀真枪做毕业设计”等政策，对新中国时期的清华大学教育发展作出重要贡献。

17　梁思成先生赠画时还亲笔在画上题字，显示了他对同学们的关爱和厚望。据黄汇先生回忆还曾看到梁先生为题词预先写的手稿。

18　1995 年，全方位环保的居住小区规划设计科研的实施工作起步。北潞春小区位于房山区的良乡卫星城。在开发商接受的情况下，把已基本完成规划工作的北潞春小区作为科研载体，对规划成果动了大手术，开始进行绿色生态居住小区建设的应用实践。20 世纪末，北潞春绿色生态小区建成后，经国家检测部门测定，各项环保指标都达标。居民满意，口碑甚好。引自：黄汇《营造一个绿色生态家园——可持续发展的北潞春小区规划与设计之探索》，《北京规划建设》，2000 年，第 6 期，59-62 页。

19　指 1965 年。

20　黄汇《北京四中设计》，《建筑学报》,1986 年，第 2 期，45-50 页

黄锡璆先生谈赴比利时鲁汶大学留学经历与北京小汤山医院设计

受访者简介

黄锡璆

男，汉族，1941 年出生于印度尼西亚，广东省梅县人，一级注册建筑师、研究员级高级工程师。1957 年归国，1959 年考入南京工学院（今东南大学）建筑系获建筑学学士学位，1984 年 2 月至 1988 年 2 月于比利时鲁汶大学应用科学工程学院建筑系人居研究中心，获建筑学（医院建筑规划设计）博士学位。1964 年毕业分配至机械工业部第一设计院，今中国中元国际工程有限公司工作至今，现为顾问首席总建筑师、一级注册建筑师、研究员级高级工程师。曾任世界银行中国卫生项目卫Ⅲ、卫Ⅳ、卫Ⅷ及世界银行灾后恢复重建项目专家，北京建筑大学等三家大学校外硕士研究生导师。现为中国建筑学会医疗建筑分会顾问（2020），第八届国家卫生健康标准委员会医疗卫生建筑装备标准专业委员会顾问（2019 年），国际建筑师协会 UIA 公共卫生建筑学组 PHG 中国成员。主持编制我国首部《传染病医院建筑设计规范》《精神卫生防治机构建筑设计规范》。主编《应急医疗设施工程设计指南》《中国医院建设指南》(第三版)、《建筑设计资料集》(第六分册医疗建筑分篇)等。1995 年被评为全国先进工作者，1997 年当选为中共十五大代表。2000 年被评为全国设计大师，2008 年评为国机集团高层次科技专家。2012 年荣获“第六届梁思成建筑奖”。2013 年中央企业抗击非典先进个人。2020 年全国抗击新冠肺炎疫情先进个人、全国优秀共产党员称号。同年评为“央企楷模”。

采访者： 戴路（天津大学建筑学院）、李怡（天津大学建筑学院）

访谈时间： 2020 年 12 月 24 日

访谈地点： 北京市海淀区西三环北路 5 号中国中元国际工程有限公司

整理情况： 2020 年 12 月 25 日整理，2020 年 12 月 31 日定稿

审阅情况： 经黄锡璆先生审阅，2021 年 1 月 26 日定稿

访谈背景： 为了解改革开放初期到发达国家留学，接受先进建筑教育的建筑师经历，对黄锡璆先生进行采访，回顾当时留学于比利时鲁汶大学的经历，以及回国后在医疗建筑设计方面所完成的探索与实践，一窥中国医院建筑现代化发展进程与重大突发公共卫生事件下建筑师贡献出的力量。

1984年黄锡璆在比利时鲁汶大学留学时在住处前留影
中国中元国际工程有限公司提供

黄锡璆疫情期间工作照
中国中元国际工程有限公司提供

黄锡璆　以下简称黄
戴　路　以下简称戴

戴 黄博士您好！您曾去比利时鲁汶大学学习，能分享一下您当时是如何被选上的，评选条件有哪些吗？

丨黄 改革开放后，国家开始选派留学生，由各部委选送再经国家教委组织全国统考。机械工业部各单位初选考试含力学、数学及外语，以外语水平为主，并考核专著论文等。我在设计单位从事具体工程设计，没有论文，78年考试落选。1984年春，我考取公派赴比利时鲁汶大学[1]进修两年资格。

能获得公派留学的机会，我挺幸运，也是鲁汶大学应用科学工程学院建筑系里的人居研究中心的第一位中国留学生，全比利时的留学生也就五六十个人，大部分都是公派的。1949年后，只有解放初期派了一批人到苏联和东欧留学，后来就没有了。“文革”时期，国家外派留学生计划一度中断，由于我本人出生海外，在强调家庭出身的年代，外派出国留学是根本不可能的事，所以我觉得能够得到组织信任，机会难得，一定要倍加珍惜。

当时获取外派资格后，要自己联系国外接受单位选择研究方向，我多次到北京图书馆及北京语言学院出国培训部资料室查询联系，推荐信除了由单位总建筑师高锡钧[2]出具外，幸运地得到了母校童寯[3]、刘光华[4]两位先生的举荐。

戴 在出国前，您的英语学习是如何完成的？

丨黄 我出生在印度尼西亚，就读于华侨学校，小学、初中、高中（包括回国后两年高中）都学英语。上大学时工学院里除个别专业可选修英语、德语外，其他专业一律学俄语。当时大学图书馆资料室也订了一些英文刊物，我自己有兴趣也抽空学习，英语一直没丢。工作后也抽空学，买一些商务印书馆发行的活页文选、精读文选，加上以前有些基础。录取外派留学，还在机械工业部合肥工业大学培训点、北京语言学院外派人员语言强化培训班，分别强化培训了三四个月。为了强化听力，我还向单位借了录音机，从学校借了磁带多听。那时市面上根本买不到，语言学院更是把外语录音带当宝贝，每次只能借两盘，还不准转录。

戴 我们了解到，您在鲁汶大学学习期间师从戴尔路教授，回国后还有联系吗？

| 黄 我在鲁汶大学建筑系人居研究中心，以医院规划设计为专题，师从戴尔路教授。戴尔路教授（Prof.Jan Delrue）[5]时任比利时鲁汶天主教大学应用科学工程学院副院长，兼建筑系系主任。在我出国之前，当时建设部设计管理司张钦楠司长曾带队去比利时考察，访问过该校。我在出国时曾得到他的指点，而教授的中国朋友将他的名字译成“戴尔路”，还有人给他刻过图章。戴尔路教授很热心，从比利时对外合作发展部申请了一笔资金，赞助我国的考察团和学生留学访问，推动中国建筑发展。戴尔路教授来过中国多次，对中国很友好，高兴时会哼几句当时咱们的流行歌曲：“大海啊大海，是我成长的地方……”我留学期间，建设部曾派出两批考察团赴比考察，每批10多人，因为具有专业英文能力，我就配合随团翻译做讲座专业翻译，并陪他们参观医院。

（20世纪）90年代末期，比利时对外合作发展部提供了一笔数额较大的资金，戴尔路教授认为咱们国家位于沿海地区或发达城市的学校交流机会更多，所以由他最后选定了资助哈尔滨工业大学、西安建筑科技大学、重庆大学和华南理工大学四校四位教授赴比进行短期考察，选八位年轻教师进行为时三个月的短期研修。在他们研修的最后一个月，我也被邀请去往，但那时出国程序较为复杂，一直拿不到签证，只赶上了最后的三周。此后戴尔路教授多次来到中国，几所学校都热情接待，邀请他为学生做学术报告。

戴 您当时是如何确定以医院建筑作为研究方向的？在鲁汶大学读博有何要求？

| 黄 回忆当年研究方向一开始并不明确，（20世纪）60年代参加工作时强调祖国需要就是我们的第一志愿，只要是建筑设计，不管什么类型，我们都认真干。在设计院，工业、民用项目都设计，出国公派学习时要选专题。为此我曾请示组织，询问专业学习方向如何定，组织上让我自己选。我觉得无论环境如何变化，医院始终是老百姓所需求的。其他的建筑类型会因社会环境、经济条件的不一样而呈现出不同的变化。发出联系函后联系上我要留学的比利时鲁汶大学的戴尔路教授，他从事医疗建筑的研究和实践，于是我师从他，走上了医疗建筑设计之路。

当时，我最初的学习安排只是进修2年，即使考试通过也只能授以硕士学位，但在后来的学习中，我萌生了继续攻读博士学位的想法。所以我自己一边下功夫学习，一边在念了1年后向导师提出申请，并向他解释，国内因“文革”，大学不授学位，而再读硕士对已工作多年的我意义不大。多次沟通后得到理解与支持，他建议我写申请函给应用科学工程学院学术委员会，将第一年进修课程的学习成绩转换博士资格考试学分，完成开题报告后转为博士研究生，继续3年研究。再后来，使馆与我的导师还相继帮我解决了学习资金问题，就这样我从2年的进修转成了4年攻读博士学位的学习。

戴 您觉得鲁汶大学或欧洲院校当时建筑教学的先进之处有哪些？

| 黄 鲁汶大学是比利时建校较早的大学，神学院及医学院享有盛名。工学院成立较晚，但凭借地域文化教育背景及欧共体[6]（现欧盟）总部所在地理优势，在图书资料收集、人才聚集交流、教学开放程度都有其优点。图书馆资料室是开架的，还可以在欧共体内馆际借阅。学校还组织我们参观医院医疗设备、建材制造企业等，开阔学生视野，选修课目如公共卫生是在医学院，人类学是由社会学系的教授开的课，教授们上课时也会开列多本参考书目，鼓励自修阅读。这些提倡多学科、学科互涉及辩证分析独立思考的做法很有帮助。

戴 去到比利时后您最大的感触是什么？在国外留学您学到了哪些新的知识，体验到哪些未曾拥有过的经历？

丨黄 我赴比利时留学的时候，正值国家实行改革开放政策。有一段时间，国内信息相对闭塞，科学技术受苏联体系影响较大。一到比利时，鲁汶大学建筑系、图书馆资料室采取开架阅览，看到许多新的英文文献书籍，犹如走进知识的广阔海洋，觉得机会难得，要多汲取营养。在留学期间，选修科目包括公共卫生、人类学、建筑设计方法、建筑经济学，这些都是以前未曾学习过的科目。

戴尔路教授曾主持的一次中欧医院设计论坛，请到了专家约翰·威克斯（John Weeks）[7]，他在英国、中国香港、新加坡等地都曾设计过医院建筑。在讲座中他提出，医院设计中需要将各个部门连接，类比于城市中的主干道，进而提炼出医疗主街（Hospital Street）[8] 的概念。实际上，我国在许多医院工程中采用连廊联系的做法，很多即是主街概念的反映。

我们目前的建设量很大，但是系统研究，包括回馈不够，需要加强。我从国外留学回来想一边做科研一边做设计，但是现在还是工程实践做得多。我觉得目前国内医院工程的精细化程度还可以提升。我们现在的环境不错，给设计师这么大实践的空间，想做医院项目有的是，但是要真正做好还是要花很大力气。

第二次世界大战后，欧洲经济比我们发展快，在医院方面做了很多开发研究工作。国家投资研究医疗体制，开发设计方法，对模数化、体系化、标准化等方面做了些探讨。对医院的营养厨房、手术室布置等，有许多研究报告可供参考。从“Best Buy”（百思买式）[9] 到“Nucleus”（分子核式）[10] 的医院模式确定，对每个单元都有很仔细的研究。最终形成的分子核式是将医院每个单元形成模块并以医院主街联系，可将各个模块像积木一样组合插建，并在发展端预留好开放空间，这样就可以根据需要持续增加。因为医院是比较特殊的建筑类型，不像剧院或体育馆，起初设计为容纳 900 座，之后就无法再扩充至 1200 座。但医院却常常是刚开始设计时能容纳 200 张床，过两年就需要 400 张床、600 张床……所以这种模块化的模式就更适合医院建筑。

当时英国计划要组建上百家医院，根据不同地区需要以分子模式兴建。从 1948 年，英国开始建立国民医疗服务体系（National Health Service，NHS）[11]，我们曾在 1997 年也想引进，但当时香港要回归，英方提出需要付 48 万英镑，价格实在不合理。另外考虑到我们尽管土地面积大，但是城镇人口密度也大，土地依旧紧张。我们曾到山西与当地卫生厅同志考察了不少县城，想做试点，但同英国那种分子核式所要求的铺开、摊开的条件并不相符，该模式能用到的机会也比较少。

现在中央政策也提出，“中国人要把饭碗端在自己手里”，耕地不能被随便占用。所以我们需要探寻医院规划设计的合理路径，推进医院模块化、标准化、体系化，使建设科学合理，流程紧凑，绿色环保。但当时英国医院体系中单体数据库的研究还是很先进的，例如规范科室布局流程、建立每个功能房间形成数据库；诊室里水电插座洗手盆灯光配置，包括平面图、剖面图，下面列有一个设备表。他们开发了很多，这些称之为数据页（Data Sheet）。这对建筑师有一个好处就是，即使没有接触过，一看就知道基本要求是怎么回事。国外这种基础性研究、系统性研究很多，而国内相对较少，主要靠建筑师个人的经验积累[12]。

戴 如您所说，我国人口基数大，土地面积紧张，所以现在很多医疗建筑都是高层，您如何看待这种建设方式？

丨黄 高层医院可能存在很大的风险，当发生火灾等灾害时，病人逃生会很困难。再如这次新冠肺炎疫情暴发，高层医院中空调系统等都不好安排。但如果是多层、中高层的多栋建筑，通过设置合理流线，在安全上能有更多保障。除了高度不断向上，建筑体量也在不断扩大，但必须注意到的是，医疗建筑有

国际交流活动
中国中元国际工程有限公司提供

海外项目考察
中国中元国际工程有限公司提供

它特殊的要求，需要严格控制建筑流线长度。国内现在医院设计竞标偏重出彩，追求大手笔，有的大堂空间尺度超大，这其实会造成极大的浪费。如医院里面若设置巨大的厅，为维持洁净，耗能量会更高。

戴 在留学期间，您也曾去过欧洲多国参观医疗建筑，您觉得这些发达国家的医疗建筑对您回国后的设计实践有何参考价值和指导意义?

| **黄** 在比利时留学四年，我除了到英国、德国、荷兰及比利时考察医院建筑外，很少去欧洲其他国家游览，能有机会集中精力研究探索医疗设施的规划与设计是难得的机遇。归国后参加国际建筑师公共卫生联盟组织、国际建筑师协会（UIA-PHG）[13] 的许多例会，又参加中日韩医疗设施东亚交流项目，与国外多个学校、设计机构交流，扩大交流面，展开多层次学术交流。

国内外医院规划设计概念有共同点，但也有差异，需要分析比较，不能照搬照抄，因此国外和国内的医院很多还是不一样。比如美国医院常用大进深，也就是所说的“黑房间”。当然这样设计的话流线会很短，但内部 24 小时一年 365 天都要开空调。美洲在两次世界大战中都没有受到太大的损失，能源较为充裕，因此美国、加拿大等国医院建筑的能耗，每平方米要比欧洲医院的能耗高得多，他们认为空气都需要空调过滤才洁净。对于一些医疗检查部门，同样需要为人造环境保证条件，比如 CT 诊疗室、核磁共振室等有仪器操控的特殊房间。仪器对于工作温度、湿度都是有要求的，否则根据数据呈现出的图像就会不清晰。另外，ICU[14]、CCU[15] 这些特殊病房、新生儿所在的 NICU[16] 病房等都需要合宜的人造环境。对于手术室，还需要保证生物洁净，减少病毒和灰尘损害病人健康。这些区域国内外医院都无差别，但一般病房、办公室、诊室就会依季节调控。

美国等发达国家医院设计专家曾认为，人工通风采光在全封闭条件下效率会更高，流程更短。但他们也承认，若能有外窗，病人、医务人员的心理感受会更好。在我们国家，能源大量进口，医院要节约成本，一般春秋两季不开空调。所以我们设计医院用大进深较少，除了手术室、放射科。像病房、检查科室、门诊科室就不会做大进深，大进深不仅能耗大，病人不舒服，大夫也不舒服[17]。我是赞成采用半集中式形态，设内院，避免大进深的方案。

戴 在留学之前，您完成的建筑设计实践中是否包含医疗建筑？您作为国内首位医疗建筑博士，但回国之后事业一开始并不顺利，您当时是如何看待的呢?

2003 年 4 月 26 日，黄锡璆和设计团队成员及施工方
在讨论小汤山医院建设方案
中国中元国际工程有限公司提供

| 黄 我本科毕业后统一被分配至机械工业部第一设计院，主要从事工业建筑设计，医院设计只承担过“三线”[18]工厂小型医院及深圳开发区早期的一家医院项目。我国的医疗建筑设计相对封闭和落后，直到（20 世纪）80 年代改革开放之后，经历了“走出去，请进来”向世界先进医院建设理念学习的过程，缩短了我们跟国外医院建设水平的距离。最近几年，国内还提出建设健康城市、宜居社区的理念，大健康概念对医疗建筑设计起到了重要的推动作用。这几年的快速发展使我们跟国外医院建设的水平缩短了距离。当然从整体水平来看，因为我国人口众多，医院建设起步较晚缺口也比较大，所以跟国外的医院建设的水平还是有一定的差距。记得在改革开放初期，最先起步的是银行、宾馆等类型的公共建筑，而医疗建筑因为当时政府的投入还很有限，所以建设的档次相差就比较多了。那时候说起北京建国饭店、长城饭店，大家都知道是很高档的建筑。宾馆的建设资金来源包括国家投资、外资、合资等多种形式。而医院属于公立事业，投入相对比较少，医院建设也相应受到政府财政计划的限制。

因此留学回国后，我虽已 47 岁，但依旧信心满满，希望尽快将在国外的所学所见运用到祖国的医疗建筑事业中。但我的想法并不被理解与接受，提交给医院的设计方案，常常得不到院方或卫生部门的采纳，甚至受到质疑。“你一个机械行业设计院出身的设计师能做好医院项目吗？”身边的朋友也劝我顾及自己的博士名声和单位效益，不要再做医院设计。但中国快速发展的经济必将推动民生改善，因此我一直坚信，中国医院建设将有更广阔的前景。

既然大城市找不到业务，那就到偏远地区找；大项目承接不下来，就做小项目；项目无法实现全部设想，就一点一点地体现。我们中元设计团队先后完成金华、九江、宝鸡、淄博等地的医院方案投标和工程设计，大多是一万多平方米。项目虽小，却获得初步的成功。如金华中医院，规模虽小，但已经开始应用总体规划的概念，被誉为“南国江城第一院”，获机械工业部优秀工程设计奖。渐渐地，我们从经验不足到积累丰厚，从人单势弱壮大成人才梯队。

戴 在 2003 年非典疫情暴发之时，您与其他设计人员第一时间完成了小汤山医院设计的方案，该方案也在 2020 年年初新冠肺炎疫情暴发之时被再次应用，赢得了宝贵的救治时间，我们向您致敬！那么当时设计小汤山医院的经验对于本次火神山、雷神山医院设计的指导作用都体现在哪些方面？

| 黄 2003 年非典疫情暴发，当时疫情紧张，为了缓解城区医院救治压力，急需建设应急设施。北京规划局直接将设计任务下达。那是 17 年前的项目。那时候我们压力很大，因为当时没有人知道这

小汤山医院外部
中国中元国际工程有限公司提供

小汤山医院病房走廊
中国中元国际工程有限公司提供

种病毒到底如何传染，传染病专家也都还没搞清楚。只通过接触传染、飞沫传染？有没有气溶胶和粪口传染呢？当时都不明确。经过讨论我们就按照最严格的标准来设计，将病人通道和医务人员通道严格分开，医务人员进入污染的区域就都需要强制经过卫生通过穿戴防护装备才行。还采用机械通风组织气流从比较清洁的中间走道进入到缓冲间，再进到病人的病房并经外廊向外排出。那时在技术细节上存在很多争论，如所使用的卫生洁具，到底用蹲便器还是坐便器？如果用蹲便，医务人员清洁工作量会少一点，但是病人身体状况可能不允许其蹲下。那时候也讨论过使用一次性马桶坐垫，但病人使用不一定规范。当时蹲便器坐便器皆有，时间紧急不容犹疑，当时都是在探索，7 天 7 夜建成及时收治病人，有效缓解城市医院收治压力。

17 年之后湖北武汉突然暴发新冠肺炎疫情，我们应武汉市城乡建设局的要求，提供了当年的图纸，与火神山医院设计单位武汉中信设计院建立热线平台提供技术支援，之前我也向组织递交了请战书，单位里建筑、结构、水、暖、电、通风等专业人员组成团队，结合当地情况提出具体建议。当地设计单位、建设单位昼夜奋战，快速建设了火神山、雷神山医院，为缓解新冠肺炎疫情起了很大作用。武汉应急项目与 17 年前小汤山医院都是标准化、模数化快速建造的产物，但也遵循 17 年前生物安全，结构安全，消防安全等要素。但事隔 17 年，情况有很大不同。

设计小汤山医院的时候，因为任务紧迫，设计施工安装同步交叉进行，有许多可以改善提高的地方，医疗技术部门的检查位置不太理想，其最好设在建筑的中间部位，这样 6 排病房的病人去做检查，流线都比较适中。但是指挥部当时已经把变压器安装在了安置 CT 的理想位置，再搬动是不可能的，现场定位只能设置在西南角上，输送病人到医技室做检查需要用电瓶车。因为工期很紧张，也来不及建顶棚，只能经过露天道路。我们曾建议能不能让中间的连接体断开，设过街楼通道，让电瓶车可以穿过，直接到达医技部门。武汉天热雨水多，病人通道最好像月台一样加上顶棚，可遮蔽日晒雨淋。

医院的 CT 诊疗室，为防射线墙体要用铅板，但由于当时材料供应短缺，小汤山医院 CT 室的铅板防护高度只能达到 1.8 米。不过设施仅一层，操作时不会有人在屋顶上活动。CT 设备有控制柜、机组，需要用电缆沟连接，需设电缆地沟，但当时没有技术资料。于是临时决定用 500（毫米）厚的快硬混凝土，将控制机房整片浇筑，电缆也只能铺在地板上，再用塑胶地面铺盖，虽然稍微不平整但还能用。

还有就是污水处理池，浇筑钢筋混凝土处理池肯定来不及，所以小汤山医院利用原有游泳池（后改钓鱼池），在上面加了盖子、设隔断和装置作为污水处理站。以上这些我们都在第一时间就告诉武汉兄

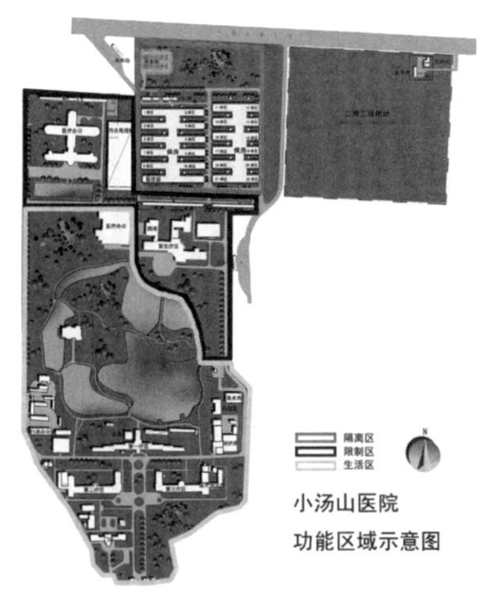

小汤山医院功能区域示意图
中国中元国际工程有限公司提供

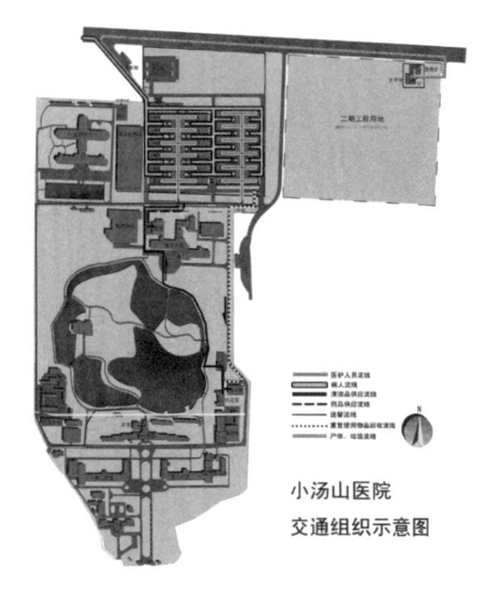

小汤山医院交通组织示意图
中国中元国际工程有限公司提供

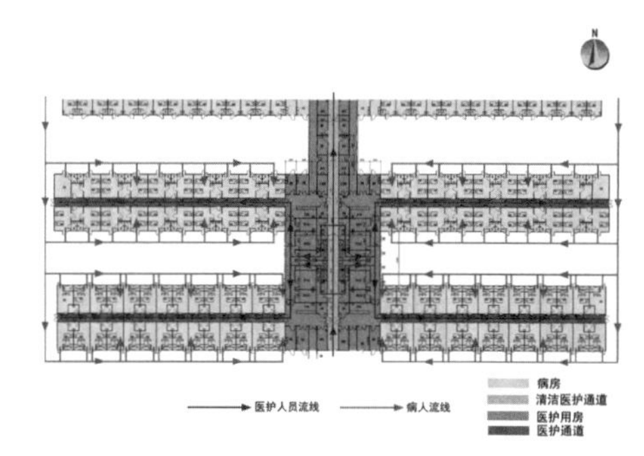

小汤山医院平面局部流线图
中国中元国际工程有限公司提供

弟单位提醒需要妥善完成污水处理，不然到最后就来不及了。另外，在设计小汤山医院时，我们希望各排病房间距最好能有 18 米，但是因为地段比较窄，只能做到 12 米。这次武汉应急设施也是受地块限制，但病房间距扩为 15 米。我还建议输送病人时，最好配置带有有机玻璃罩子的推床，以阻挡病人咳嗽产生的飞沫。 我们把自己所知道的、所经历过的、小汤山医院设计中不够完善的地方都告诉他们。我想武汉一线压力大肯定很紧急，与我们当年一样。我们团队一直跟他们保持热线联系，我自己也手写了三次建议发给他们。

现在跟 17 年前相比，我国在建造技术、医疗装备、人工智能技术等方面已经有了很大的进步。当时小汤山医院的建设是由 6 家公司共同承建，各公司根据各自条件采用 6 种不同规格的型材进行组装。而火神山、雷神山医院则是用集装箱拼装，由那么多台施工机械共同作业，在“云监工”下建设高效完成。另外现在又有 5G，建立了完善的电子病历，实现远程会诊。对于治疗所使用的机器和交通工具，如体外呼吸机、负压急救车，都是 17 年前没有的。

戴 两次重大医疗卫生事件相隔近 17 年，您认为在这段时间的发展过程中，我国医疗建筑的进步和不足体现在哪些方面?

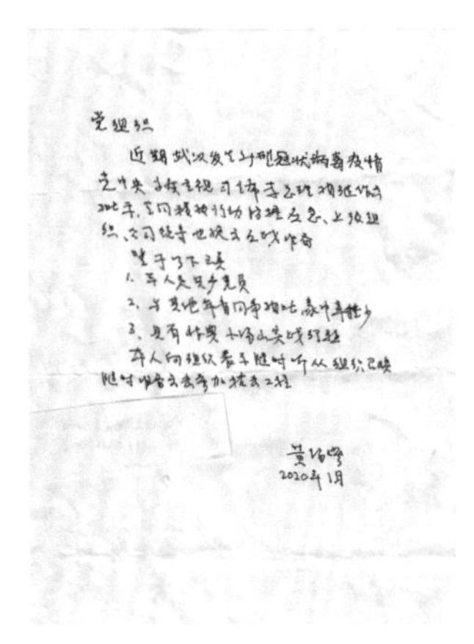

党组织：

近期武汉发生新型冠状病毒疫情，党中央[illegible]

[illegible]

[illegible]

[illegible]

1. 本人是共产党员

2. [illegible]

3. [illegible]

本人向组织表示随时听从组织召唤，随时准备去武汉参加抗疫工作

黄锡璆

2020年1月

援助武汉请战书
中国中元国际工程有限公司提供

2020 年 1 月 23 日中元国际工程有限公司召开紧急会议
中国中元国际工程有限公司提供

| 黄 国内的设计机构虽多，但是其主要精力是承担项目设计，对医疗建筑设计没有形成一套系统化的理论研究。国外有一些机构，如英国伦敦南岸大学有家医疗建筑研究所（Medical Architecture Research Unit，MARU）[19]，这里培育出很多著名的医疗建筑设计专家，日本东京大学的长泽泰[20]就是那边毕业的。MARU 与 NHS 合作在 20 世纪的一段时期进行了许多研究，他们一个部门、一个部门地做调研，积累了很多有价值的研究报告，比如手术室、医院的厨房等。而且这些调研资料不定期修订，并汇编成册，每隔几年就会更新，以保证他们编辑和整理的资料仍然是最新和最前沿的。近二十年来，国内的相关研究机构大大增加，但大学里的建筑学院研究才刚刚起步，仍然没有开设系统的课程；医学院校也仅仅专注于医学研究领域，只在讲到诸如重症监护 ICU 等个别部门会提出相应的建筑要求，除此以外很少提及医院建筑。所以有些建筑师对医疗建筑的大轮廓可能还掌握一点，欠缺细部的知识。

国外以及近年我国的研究都认为，医院的节能是很重要的。在所有公共建筑里面，医院是能耗最高的，甚至比宾馆还高。开始我还不理解，早在比利时念书的时候我在一本英文杂志里看到过类似的研究。1989 年我在《世界建筑》杂志发表的文章《医院建筑的形态》提出，医院是高能耗建筑。我把宾馆与医院相比较，建筑在空间组成上有点类似：一个主要是客房，一个主要是病房。但是旅馆里住的是健康人群，白天他们去进行商务活动、旅游等，所以白天空调可以关掉。相反医院里住的是病人，整天都待在病房，只有在出院前几天才可以到户外活动。病人中不乏体弱的老人，还有住在烧伤病房，或者做骨髓移植的特护病人，他们甚至需要对空气过滤以保障洁净度。因此医院的能耗是相当大的。医院里还有一些手术室需要设垂直层流过滤，建筑就要安装低效、中效、高效的过滤器，空气过滤设施能耗也大。医院有些制药科室里面有些制剂、配剂也需要生物洁净，还有那些诸如 CT 核磁共振的检查设备，用电也是很大的。所以，医院能耗高是很自然的。现在欧洲多国和美国的建筑学会都在为医院建设部门编制绿色医院建筑的评价标准，我国也编制出版了相关标准。

如同其他公共建筑一样，绿色医院建筑设计需要从整体布局开始着手。首先要选择正确的朝向，并尽可能用自然通风与自然采光；其次我们鼓励用可再生能源，避免使用石油及其衍生产品等常规的不可再生能源；同时还应减少空调的使用。我们做了一些尝试，比如在广东韶关粤北人民医院的设计中，公共大堂就不设计空调。在福建医科大学附属二院东海分院，在入口大堂医疗主街采用半开敞设计，也不设空调。之前，我们到新加坡去参观时发现，虽然新加坡比我国人均 GDP 高很多，但当地好多新建的医院里的公共大堂没有空调。我认为韶关地区，包括泉州地区，常年温度适宜，只有在春节前后，气温在 6℃～7℃时可能会感觉比较冷，当地人认为这个温度持续时间比较短暂。设计时有争论，如果采用中央空调要把建筑封起来。所以我们组织海外考察实地调研并用电脑做了模拟，模拟其风环境和温度环境，作为依据采用了半开敞的方案。当地有些人一开始也不接受，但后来建成后改变了看法觉得还挺好，视野开阔，环境优美。几年来接待多批国内外考察团获好评，院方表示对这个设计很满意，是一座典型的节能、节电、环境友好的医院。所以我认为不能千篇一律，要根据我们各气候区的条件，采用适宜的节能手段。现在提倡绿色发展、可持续发展，使用清洁能源，实现“零排放”，因此我们在设计的时候也是要在保证人的安全和舒适度的前提下，不要浪费建筑空间，尽量限制空调设备的使用。

福建医科大学附属二院东海分院，建筑内景
中国中元国际工程有限公司提供

讲脱贫攻坚、改善农村乡镇医疗条件，我曾经随卫生部、卫健委、世界银行项目组去过很多偏远地区山村，（20 世纪）八九十年代许多地区医疗条件真的很差。记得我看过一个乡村医生在当地乡镇卫生院给病人做胃切除手术，手术床就是木匠用几块木板自己打的。天气寒冷，在手术床旁边点个火盆，就这样开展手术。在江西某县医院，产房的产床都是锈迹斑斑的，X 光机坏了也没有人给修，甚至 X 光房间都不设铅板防护门，医患会受到辐射。另外还有饮水卫生、厕所清洁等问题，很多农村的条件都是很糟糕的。以前年轻的时候，搞“大三线”建设，我们出差到四川，都亲身经历过。这些都是多年前的情况，如今已有很大变化，但一想到这些，就更觉得应该减少资源浪费，把钱花到真正需要的地方。

戴 您觉得医院设计中对于人文关怀方面哪些是欠缺的？国外在这方面有哪些值得我们学习？

| 黄 人文关怀是现代医院的一个重要课题。这不仅体现在对病人的关怀，还要考虑对医务人员的关怀。国家培养医务工作者需要花很大的精力，投入很多社会资源。在我们国家，不管医生护士，按人均比例来看，都还是稀缺的，他们的工作非常辛苦。因此，如果能够为医生病患提供更好的环境，让室

福建医科大学附属二院东海分院，住院楼外景
中国中元国际工程有限公司提供

福建医科大学附属二院东海分院，医疗主街
中国中元国际工程有限公司提供

内环境更温馨，室外景观更优美，将能够给予他们更多心理安慰，也利于患者康复。相关研究表明，在良好的环境中，患者住院时间会缩短，按呼叫铃的次数也会更少。过去在设计医院的时候，常常只关注有无床位，对环境方面的关注比较少。但改革开放后不同了，例如中日友好医院院区中引进了苏州园林，就能够为医生病患提供更好的疗养环境，也能增添康复信心。

以人为本实际上是一个综合的要求。除了建筑空间的手段之外，还有其他的很多手段来实现。比如色彩的应用，手术室室内经常选用绿色、蓝色这种缓和红色血晕的颜色，产房则是采用粉色、紫色这种温馨的颜色。儿童到医院容易产生焦虑情感，就在墙面布置一些卡通图案，使用丰富色彩，在等候区摆放一些大型玩偶，等等。国外专家还提出，新生儿应更多与母亲接触，早些将其放在母亲怀里，以母乳喂养，这些都能够提高婴儿的免疫力，也有利于其心理的健康成长。所以医院中的 NICU 室，便提供更多的母婴空间。另外，在国外的儿科医院中，会有一些空间供给孩子们学习。比如小孩子摔伤了，需要很长的时间进行恢复，无法去学校会缺课，住在医院里也会感到很枯燥。那么医院就提供可供孩子们学习的空间。随着生活品质的不断提高，医疗服务水平也在不断增长，我们作为设计师也更需要在这些方面多一点关注。

戴 您认为现代医院设计的要点包括哪些?

| 黄 第一，现代医院应该是智慧医院，要符合现代医疗服务模式。医疗技术在不断发展，我们现在使用 IT 技术、人工智能技术、3D 打印技术，用机器人做手术，机器人阅片等，可以深度学习，将几万个病例图像储存记忆形成诊断能力，机器不会像人一样会感到疲惫。还可以开展远程会诊，建构完善医疗体系，按照人口疾病图谱变化，用大数据规划医疗建筑布点。我认为医院并不应该单纯追求规模，更应当合理分散设置在靠近服务人群的不同区域，让人们就近看病。

第二，要保障人文关怀。

第三，要实现可持续发展，这两点我们刚才探讨过。

第四，要建设安全医院。医院建筑比较特殊，在发生公共突发事件的时候，医院要即时响应。不管是地震，或者是这次的新冠肺炎疫情，突然暴发大量伤者、患者会瞬时涌现。形成救治压力是医疗体系医院的热点关切，在医院中生物安全、消防安全、结构安全，环境安全都很重要。医院设计要做到无障碍，病人在院里摔倒造成二次伤害的事例比比皆是，会增加更多医疗费用。

第五，医院的精益，在建设医院的过程中，要以较少的投入换得较高的产出，这是从物流学、经济学的概念引出来的。我自己总结就是：病人在医院看病，要让他们少走冤枉路，让大夫护士在工作的时候少做无用功。医院设计从大的流程到具体工位设计都需到位，以医院中家具的摆布为例，如医生所用洗手盆的位置——因为医生经常需要洗手，如果摆放位置不合适，离得很远，不能立刻转过身就可以洗手，将为医生带来很大的不便。医院中医生工位、诊疗流程的设计都很重要。通过设计，我们应该深入了解到医院在具体功能的条件下到底应该如何发挥建筑角色，包括如何配置应急设施，在类似这次新冠肺炎疫情暴发的时候，实施早发现，早诊断、早治疗，早阻断蔓延。快速反应，保障人民健康。

做医疗建筑同样也需要“跨界”，它同公共建筑设计、医药管理、卫生经济等方面都有密切联系，与城镇规划、城镇卫生体系规划实现有机结合。城市防灾也是一个重要的课题。唐山大地震、非典疫情，大家曾关注到城市防灾的问题，但很快就又放下了。建筑美学不是建筑设计的唯一要求，做建筑设计的核心问题还是要讨论其功能作用。尤其是医疗建筑，最重要的还是要关注到病人就医方便、医务人员工作顺手的问题。目前我国最尖端科技发明的应用，一是在军事，二是生命科学。许多高端仪器设备价格高昂，例如质子中离子加速器等占地面积很大，对建筑空间的要求也高运行费用也高，那么就要求有相对应的建筑空间与之相匹配相适应。因此，作为建筑师，我们最起码需要了解新设备、新装备的新要求，了解它的基本原理，操作方式，通过不断学习、拓宽视野才能跟得上时代，做出好建筑。

戴 现在进入您的医疗设计团队的都是年轻人，但医院设计十分复杂，在学校课程设计中又缺少接触这一类项目的机会，您觉得未来想要到设计院的学生们应该在哪方面加强呢？

| 黄 刚刚毕业的孩子们对建筑设计之中的内涵并不清楚，接触的实际项目也少，这是可以理解的。所以有些人“玩造型”可以，但是对于相关的很多建筑设计知识都是很欠缺的。比如构造，雨水充沛地区的屋面该如何排水等。这在医院建筑等实际工程中体现得很明显，很多人在大学阶段的课程设计中，就没有做过医院，需要到设计院工作后，继续学习，自己也要十分努力，才能想清楚该如何做。在大学打好基础，参加工作后在实践中继续学习很重要，要向书本文献资料学习、从实践中学习，在设计讨论中向对方学习。国营建筑设计院人员流动比较频繁，一些学生毕业后想要去地产单位，认为比较轻松，收入也不低。人各有志，可以挑选职业方向，但我认为要鼓励年轻人热爱设计，国家需要一代代一批批建筑设计师共同建设我们的家园。

戴 其实这些在本科的构造课是讲过的，但是学生们没有真正理解，也没有真正在现场有直观的认知。以前我们上学的时候还有施工图实习，会到现场去看这到底是怎么做的，屋顶的排水油毡是怎么铺的，但在教学环节中却有些缺乏。学知识还是需要下功夫钻研，学习您认真奉献的精神。您曾经在鲁汶大学留学，又到世界多国考察访问，那您在交流合作的过程中有怎样的体会？

| 黄 同境外交流有很多好处，能够增进互相间的了解，大家可以交流对医疗建筑的新想法，有针对性地对各国特点进行探讨，在此过程中也能够让更多外国人看到中国的发展，改变偏见。2008 年 UIA-PHG 会议在我国举办。开会的时候外国参会人员都想参观鸟巢奥运场馆，但因为奥运临近，只能在外面远望。还安排他们到颐和园、北大第一医院、北京友谊医院新区参观、举办 2 天学术交流。记得到友谊医院的车程是走三环路，路上能看到很多高层建筑，他们私下议论，“这是不是故意安排的？故意给我们看城市好的一面”。我就解释道，“我们国家这几年发展很快，这些都是中国城市普通的街景”。联想到 1982 年我第一次去到深圳搞建设，当年最高的建筑就是火车站附近五层楼的华侨招待所，真是今非昔比变化巨大。

戴 现在建筑师建筑学者去海外的留学机会越来越多，您对此有何看法又有何建议？

| 黄 改革开放后留学人数不断增加，这是好事，出国学习能扩大视野，进一步夯实基础。无论公派还是自费外出学习，增长才干，目的是为国家为社会服务，实现人生价值，我想这也是绝大多数留学生的愿望。

1 比利时鲁汶大学，全称比利时天主教鲁汶大学（Catholic University of Leuven），是比利时久负盛名的世界百强名校，欧洲十大名校之一，世界顶尖研究型公立大学。该校于1425年在教宗马丁五世的授权下建立，距今已有近六个世纪的历史，是现存世界上最古老的天主教大学。

2 高锡钧，江苏无锡人。1947年考入上海之江大学建筑系，后并入同济大学。毕业后分配至机械工业部第一设计院工作至退休，曾任单位总建筑师，曾参加我国援助巴基斯坦塔克希拉重型机器厂设计并驻现场配合。主持山西大学、山西矿业学院多项工程设计，2013年离世。

3 童寯(1900—1983),建筑学家,建筑教育家。1925年升入大学科,获得留美资格,就读于费城宾夕法尼亚大学建筑系，1928年获得建筑学硕士学位。从欧洲回国即受聘于东北大学建筑系，先后任教授、系主任。1949年，中华人民共和国成立后，专职任教于南京大学建筑系。1952年，于南京工学院（现东南大学）建筑系任教授。曾任南京工学院建筑研究所（现东南大学建筑研究所）副所长和江苏省第五届人大代表。数十年不间断地进行东西方近现代建筑历史理论研究，对继承和发扬我国建筑文化和借鉴西方建筑理论和技术有重大贡献。早在20世纪30年代初，进行江南古典园林研究，是我国近代造园理论研究的开拓者。

4 刘光华（1918—2018），江苏南京人。建筑学者，建筑教育家。1940年于原中央大学（现东南大学）建筑系毕业，获工学学士学位。1943年参加第一届自费留学生考试，录取后赴美留学，1946年毕业于哥伦比亚大学建筑研究院，获建筑学硕士学位。1947年起历任中央大学、南京大学、南京工学院建筑系教授、建筑设计教研组主任、建筑系学术委员会主任等职。曾兼任南京市政委员会委员、顾问、江苏省建筑学会理事、名誉理事长。主持和参与多项城市规划设计和建筑设计项目。1983年应美国鲍尔州立大学（Ball State University）建筑与规划学院之聘，担任访问教授。

5 戴尔路教授（Prof.Jan Delrue），建筑师、土木工程师，在国际上担任医疗卫生设施顾问。致力于卫生行业，拥有四十余年的医院设计经验。在1962年10月至2004年7月任教于比利时鲁汶大学。

6 欧共体，即欧洲共同体，是包括欧洲煤钢联营、欧洲原子能联营和欧洲经济共同体（共同市场），其中以欧洲经济共同体最为重要。1950年5月，法国外长罗贝尔·舒曼建议把法国和西德的煤钢生产置于一个"超国家"机构领导之下。1951年4月18日，法国、联邦德国、意大利、荷兰、比利时和卢森堡六国根据“舒曼计划”在巴黎签订《欧洲煤钢联营条约》，决定建立煤钢的共同市场。1952年7月25日该条约生效。1957年3月25日，六国又在罗马签订了建立欧洲经济共同体条约和建立欧洲原子能共同体条约（统称罗马条约）。条约于1958年1月1日生效。2009年12月生效的《里斯本条约》废止了“欧洲共同体”，其地位和职权由欧盟承接。

7 约翰·威克斯（John Weeks，1921—2005），英国建筑师，1961—1972年任伦敦大学学院高级讲师。

8 医疗主街，联系门诊大厅、出入院大厅等，各科室也沿主街分布。患者在这条街上就能够完成所有的诊疗流程。

9 Best Buy，常被译为“百思买”，这一概念来自消费领域，原意为最划算的买卖。该医院模式提倡在整体医院设计与建设中取得最大限度的经济性，同时保证可接受的医疗服务水准，以及在投资与运营费用之间取得适宜的平衡。英国中央政府于1967年开始，采用此模式建设投资小规模（550床左右）的地区综合医院，以服务社区15万～20万人口的医疗需求。这一模式的推广口号为“用原来建一家医院的资金建两家医院”。

10 Nucleus，分子核式，由英国卫生部建筑师霍华德·古德曼（Howard Goodman）与其团队研究设计提出。意指分期进行医院建设，首期设置一定床位的核心医院，在资金许可、需求增长时，可以再继续扩建。该模式主要由多个平面为十字形的，约1000平方米的模块组合而来，模块可以上下叠加，所有部门功能都在模块中进行标准化设计。

11 国民医疗服务体系（National Health Service，NHS），是英国以下四大公营医疗系统的统称：英格兰国民医疗服务体系（National Health Service）、北爱尔兰医疗与社会服务局（Health and Social Care in Northern Ireland，HSCNI）、苏格兰国民医疗服务体系（NHS Scotland）、威尔士国民医疗服务体系（NHS Wales）。国民医疗服务体系的经费主要来自全国中央税收，用以向公众提供一系列的医疗保健服务，合法居于英国的人士可以免费享用当中大部分的服务。国民医疗服务体系旗下四大系统各自独立运作，并拥有各自的管理层、规例和法定权力，互不从属。国民医疗服务体系最初经过1946年、1947年和1948年的多项立法工作，最终由当时的工党政府在1948年设立。

12 周小捷、陈英《仁者爱人，以人为本——黄锡璆谈医疗建筑》，《建筑知识》，2013年，第33期，28-29页，36页。

13 国际建筑师公共卫生联盟组织国际建筑师协会（UIA-PHG）。UIA为International Union of Architects的缩写；PHG为Public health group的缩写。其成立于1955年，是国际建筑师联合会的工作机构之一。

14 ICU，重症加强护理病房（Intensive Care Unit）。

15 CCU，冠心病监护病房（Coronary heart disease Care Unit），专门为重症冠心病而设，是专科 ICU 中的一种。

16 NICU，新生儿重症监护病房（A Neonatal Intensive Care Unit）。

17 周小捷、陈英《仁者爱人，以人为本——黄锡璆谈医疗建筑》，《建筑知识》，2013 年，第 33 期，28-29 页，36 页。

18 三线建设是指，自 1964 年起我国政府在中西部地区的 13 个省、自治区进行的一场以战备为指导思想的大规模国防、科技、工业和交通基本设施建设。三线建设是中国经济史上，一次极大规模的工业迁移过程，同时三线建设也为中国中西部地区工业化作出极大贡献。一线地区指位于沿边沿海的前线地区；二线地区指一线地区与京广铁路之间的安徽、江西及河北、河南、湖北、湖南四省的东半部；三线地区指长城以南 、广东韶关以北、京广铁路以西、甘肃乌鞘岭以东的广大地区。

19 英国医疗建筑研究所（Medical Architecture Research Unit，MARU），成立于 1964 年，位于伦敦南岸大学内，是一所与英国医疗建筑发展紧密结合，集教学、理论研究与实践于一体的医疗建筑研究机构。

20 长泽泰，东京大学工学院大学共生工程学研究中心主任，东京大学名誉教授、工学院大学特任教授、名誉教授。工学博士、一级建筑师、室内装饰设计师。1968 年东京大学建筑学科毕业，1977—1978 年于北伦敦工科大学医疗设施研究部门学习。2019 年 4 月开始就任工学院大学综合研究所、共生工学（Geron 技术）研究中心主任。任国际医院设备联盟会长，日本医疗福利建筑协会会长，日本医疗福利设备协会副会长，日本医疗经营顾问协会副会长，国际建筑师联盟公共卫生部会理事，日本医疗·医院管理学会理事，医疗医院管理研究协会理事。著有《医疗建筑》《建筑地理学》《建筑计划》等。

地方记忆与社区营造

- 1949 年后上海第一幢现代化智能型办公楼——联谊大厦口述记录（姜海纳 等）
- 厦门市园林植物园建设史——陈榕生先生访谈（陈芬芳、任尧）
- 从法国总会、58 号工程到花园饭店——华东院工程师丁文达、程超然访谈（吴英华）
- 华东院计算机站及其高层建筑结构计算程序的发展与应用（孙佳爽、吴英华、忻运、姜海纳）
- 徐飞鹏教授谈青岛俾斯麦兵营建筑历史及调研体会（王雅坤）
- 马来西亚华人建筑文化遗产保护——与建筑师陈耀威访谈记录（涂小锵、关晓曦）
- 邓刚先生谈创办水石设计的经历和发展回顾（陈平）
- 上海一处老旧社区中花园洋房室内公共空间改造项目访谈（刘涟）

1949 年后上海第一幢现代化智能型办公楼
——联谊大厦口述记录

受访者
简介

张乾源（1930.5—2013.2）

男，浙江省鄞县人。1947—1951 年就读于之江大学建筑工程系。1951—1952 年中央贸易部华东基本建设处设计科任职，1953 年进入华东院[1]工作至 1981 年退休。华东院副总建筑师，高级工程师。曾参与上海中苏友好大厦电影馆、上海龙柏饭店、衡山饭店改建工程的设计，任联谊大厦项目兼任设计总负责人。曾获国家科技进步、上海市优秀设计、建设部科技进步奖三等奖等。

沈久忍

男，1952 年 7 月生。1977 年毕业于华南理工大学建筑系建筑学专业，1981 年 6 月进入华东院工作至 2016 年退休。华东院技术管理与发展中心副主任，中国建筑学会工业建筑分会常务理事。先后参加上海商务中心华东师范大学图书馆逸夫楼、华亭宾馆、远洋大厦、东上海花园、紫竹科学园区等设计。参加联谊大厦项目扩初设计，并完成扩初建筑图纸的部分设计和绘图。曾获上海市优秀设计二等奖、上海市优秀工程住宅小区一等奖等。

胡其昌（1926.1—2019.8）

男，1946—1950 年就读于光华大学土木系。1950—1951 年上海市市营建筑工程公司就职，1951—1953 年群安建筑师事务所任职，1953 年进入华东院工作至 1987 年退休。华东院结构专业高级工程师，院结构技术负责人、主任工程师。曾任马里、苏丹、越南等国家工程项目的设计代表，主持华亭宾馆、上海联谊大厦、上海影城银星假日大酒店、西郊宾馆、建国宾馆、深圳上海大厦等高层建筑的结构设计。曾获全国优秀工程银质奖、国家科技进步奖等。

宗有嘉

男，1939 年 11 月生，江苏南京人。1958—1963 年就读于同济大学数理系工程力学专业。1963 年进入华东院至 2001 年退休。华东院副院长、海南分院副院长、电算应用技术室主任兼党支部书记，高级工程师。领导并组织 CAD 软件的二次开发，曾主持完成上海外滩—南京路、杭州西湖景观（参有蒙太奇技术）、上海新客站三部建筑动画片（与日本大阪大学合作）。任联谊大厦项目结构扩初设计结构工种负责人，联谊大厦扩初阶段主楼电算部分，扩初结构图的设计、绘图。曾获第一届全国科技大会的表扬奖，组织并主审校完成《高层建筑结构电算实例汇编》。

高超

男，1961 年 7 月生，广东番禺人。1979—1983 年就读于上海城建学院工民建系。1983 年 7 月进入华东院工作至今。华东院党委副书记、副院长，教授级高级工程师。曾设计上海浦东国际机场航站楼、南通中华园饭店、舟山万吨冷库、上海马戏城等。任联谊大厦项目结构施工图设计、绘图并驻工地现场配合施工。曾获上海市优秀工程设计一、三等奖，上海市科学技术二等奖，以及全国五一劳动奖章。

杨莲成

男，1933 年 12 月生，上海人。1951 年 5 月，上海市营建筑工程公司设计组任职。1959—1961 年，上海业余土木建筑学院工民建肄业，1963—1966 年，就读于同济大学工民建函授本科（五年制）。1952 年 5 月进入华东院工作至 1994 年 1 月退休。华东院结构专业副主任工程师，高级工程师。长期研究并发明各类无牛腿装配式结构，设计上海民航售票处、虹桥机场候机楼、马里电影院、上海联谊大厦等项目，任联谊大厦项目施工图结构工种负责人。曾获上海市优秀设计二、三等奖，建设部科技进步三等奖（第二完成人）。

王国俭

男，1951 年 12 月生，浙江鄞县人。1974—1977 年就读于复旦大学数学系计算数学专业。1968—1970 年上海市第八建筑公司工作，1971—1974 年空军第九航空学校修理厂任无线电员，1974 年 3 月进入华东院工作至 2012 年退休。华东院副总工程师，教授级高工。1989 年 1 月—1990 年 7 月，赴比利时鲁汶大学工学院建筑系进修，学习医院建筑设计技术并结合中国医院建筑设计特点，研究开发“医院建筑设计 CAD 软件”，为联谊大厦项目提供结构计算程序支持。参与国家标准《建筑信息模型分类与编码标准》编制，《土木建筑工程信息技术》杂志编辑部副主编。曾获国家工程设计计算机优秀软件二等奖，华夏建设科学技术奖一、二等奖，上海市科技进步三等奖。

郭美琳

女，1932 年 8 月生，浙江温州人。1951—1952 年上海市人民法院书记员。1952—1956 年同济大学工民建专业学习。1956 年 9 月进入华东院工作至 1987 年 10 月退休。华东院结构专业工程师，高级工程师。参与赞比亚党部大楼、太湖疗养院办公楼、疗养楼等项目的结构设计，任联谊大厦结构施工图设计、绘图、校对。参加编制《CG424 及抗补预应力三铰拱屋架及抗补图》图集，获评全国优秀建筑标准设计三等奖。

寿家兴

男，1941 年 5 月生，辽宁沈阳人。1960—1965 年就读于同济大学工业企业电气自动化专业（五年制）。1965 年 10 月进入华东院工作至 2003 年 3 月退休。华东院主任工程师，教授级高工。参与大量工业及民用项目的电力、照明设计，任联谊大厦电气专业工种负责人及主要设计、绘图。主编《防雷接地安装》获上海市工程建设优秀标准设计一等奖。曾获上海市优秀设计二、三等奖，电气专业二等奖，建设部三等奖。

潘德琦

男，1934 年 11 月生于上海。1953—1957 年就读于同济大学卫生工程系给排水专业。1957—1965 年福建省建设厅规划处工作。1965 年 1 月进入华东院工作至 1999 年 11 月退休。上海现代建筑设计集团顾问总工程师、华东院副总工程师，教授级高工。1997 年，被聘为上海市建设系统专业技术学科带头人。曾任中国土木工程学会建筑给排水学会、上海消防协会常务理事，上海市给排水情报网理事，全国建筑水处理研究会、上海建筑学会给排水学会副主任。《新沪住 5 型住宅通用图》获上海市优秀设计二等奖、优秀建筑标准设计一等奖，《上海市民用建筑水灭火系统设计规范》获上海市科技三等奖，减压阀的开发应用研究获上海市科技三等奖、国家科委科技成果重点推广项目，推广 UPVC 排水雨水管课题获国家建材行业科技二等奖。

孙传芬

女，1934 年 4 月生，四川成都人。1953—1955 年就读于重庆大学电机系电话电报通讯专业，1955 年 8 月并入北京邮电学院。1957 年 9 月进入华东院工作至 1989 年 7 月退休。华东院弱电专业副主任工程师。完成大量国防、民用和工业的弱电通讯设计，虹桥机场候机楼、上海铁路新客站主站屋、华东电力调度大楼、瑞金医院、花园饭店等重点项目弱电专业负责人。任联谊大厦项目弱电工种负责人，弱电专业组长，施工图设计、绘图。曾获上海科技进步奖一等奖。

林在豪

男，1935 年 7 月生，浙江省鄞县人。1957—1958 年同济大学供热与供煤气专业旁听，1962—1966 年同济大学供热与采暖通风函授本科毕业。1953 年 2 月进入华东院工作至 1999 年 12 月退休。华东院动力主任工程师、动力组组长，教授级高级工程师。任联谊大厦项目动力专业技术审核。曾获全国科技大会重要研究成果奖，全国优秀建筑标准设计三等奖，市优秀设计二等奖，市科技进步奖多项。主编上海市标准《城市煤气管道工程技术规程》《民用建筑锅炉设置规定》。

采访者： 姜海纳（华建集团华东建筑设计研究总院）等[2]
文稿整理： 姜海纳
访谈时间： 2009 年 11 月 16 日—2020 年 6 月 8 日，期间进行了 13 次访谈
访谈地点： 上海市汉口路 151 号 2 楼会议室，受访者家中，电话采访
整理情况： 整理时间基本与访谈时间同步
审阅情况： 未经受访者审核
访谈背景： 联谊大厦是中华人民共和国成立以后，上海第一幢现代化智能型大厦，系中外合资的商务办公楼。大厦位于上海市延安东路与四川中路交汇处。其建筑造型是上海高层建筑采用 4 片整个玻璃幕墙作为外立面维护墙体的全新尝试。大厦一层为商场，二层为餐厅，三层以上为办公用房，办公室为无柱大空间；设有现代化通信设施；设备用房包括水泵房、锅炉房、冷冻机房和污水处理等，均设在地下室，变电所设在二层裙房。占地面积 2400 平方米，建筑面积 27774 平方米，容积率 11.57；总建筑高度 109.03 米（室内外高差 1.52 米，屋顶最高标高 107.51 米）；大厦外形 54.7 米 ×27 米，开间 9 米 ×3 米，结构采用外框内筒（稀柱框筒结构 + 密肋楼板 + 单向宽扁梁）。建设单位为上海锦江（集团）联营公司，上海第二建筑工程公司（土建总承包）、上海市基础工程公司分包（打桩工程）、上海工业设备安装公司（安装工程）联合施工，1982 年底完成扩初设计，1984 年 12 月竣工（结构封顶），1985 年 4 月完成全部装饰工程。1986 年，获上海市科技进步三等奖、上海市市优秀设计二等奖、建设部三等奖。

张乾源	以下简称源	杨莲成	以下简称成	潘德琦	以下简称琦
沈久忍	以下简称忍	寿家兴	以下简称兴	林在豪	以下简称豪
胡其昌	以下简称昌	王国俭	以下简称俭	姜海纳	以下简称纳
宗有嘉	以下简称嘉	郭美琳	以下简称琳	余君望	以下简称望
高　超	以下简称超	孙传芬	以下简称芬		

上海市引进外资的试点项目

纳 联谊大厦是上海市引进外资[3]的项目?

| 源 联谊大厦是引进外资建造的高级外商办公楼，走的是“外商投资、中国设计、中国备料施工和管理”的路子。经过与香港新鸿基集团的冯景禧等人激烈地谈判，最后谈成中方以土地作为投资，香港方面负责整个大楼和现代化设备工程的费用。当时外方出资 8000 万港币，双方合作建造一座 30 层（地上 29 层，地下 1 层）的现代化智慧办公大楼，总计建筑面积约 3 万平方米。位置选在延安东路和四川中路交叉口的一块基地上，靠近外滩。项目经国家经济贸易委员会和上海市批准的，设计以及公用设备选用全部由华东院承担。

| 忍 20 世纪 80 年代初期，华东院承接联谊大厦项目的原因：第一，设计总负责人张乾源各方面认识的人很多，荣毅仁也和他认识；第二，改革开放以后，中央派荣毅仁负责吸引外资支援国内基本建设，这是上海市第一个引进外资的项目，做试点。联谊大厦项目由香港新鸿基公司冯景禧[4]先生投资，冯先生想在南京路做一个地产项目，以纪念他曾经在这里的工作和生活经历。上海市规划局讲南京路不允许建超高层，一马路（南京路）、二马路（九江路）、三马路（汉口路）……一直找不到地方，因为都是保护建筑，没人敢拆，最后退到了五马路就是今天的延安路。这里曾经有黄浦区的一个唧水站[5]，边上是上海市汽车服务公司和一个商业仓库，在这里造建筑对周边影响不大。这就是今天的联谊大厦所在的延安东路和四川中路转角的位置。本来联谊大厦基地面积很小，覆盖率完全达不到规范标准，考虑到这是第一个引进的外资项目，上海市规划局特批了。市政管线方面，当时延安路正好在改建，规划局要把延安路拓宽成一条城市主干道，所以大厦建设中也没碰到什么问题。联谊大厦建成后，香港投资方认为达到他们的标准了。当时在上海还是很轰动的，办公出租十分火爆。

张乾源（右）和香港新鸿基集团董事长冯景禧（左）在一起
引自：张乾源著《建筑综合论》

纳 您还保留了扩初时期的文本？

丨忍 是，我一直珍藏着，这份联谊大厦的扩初文本估计别人也不会有了。我当时还是小青年，院里的副总建筑师张乾源来我们室里，叫我参加联谊大厦设计小组，我至今记得张乾源叫我跟他一块到锦江饭店一个小礼堂参加关于联谊大厦的会议。我从方案一直做到初步设计完成。联谊大厦初步设计的文本也是华东院编制的第一本精装图册，这个本子怎么装订我还研究了半天，封皮上的字是张乾源请书法家写的，非常有纪念意义！

书法家撰写的联谊大厦扩初文本封面

施工图的建筑图纸应该是我们小组的黄根妹等人做的。结构设计也好，杨莲成负责做结构设计也很简洁明了。当时结构专业里杨莲成、郭美琳、宗有嘉、史炳寿[6]都做过设计。

纳 大厦设计既简洁大气又现代高端，代表了当时的我们最高的设计水平？

丨忍 是的，在建筑造型处理上采取简洁而现代的手法。刘乾亨[7]当时是四室一组的副组长，建筑设计主要是他，他做完这个项目就退休了。刘工的设计风格比较简洁实用，没什么花哨的地方。我当时是隶属于四室二组，刘秋霞[8]任组长的小组里，二组还有凌本立[9]、张耀曽[10]、方菊丽[11]、王意孝、史雅谷、卢文玢、黄根妹、丁晓明等，设计实力很强。室里调我参加联谊大厦设计，建筑方案和扩初阶段主要是刘乾亨、王意孝和我三个人设计的，张培杰是组长负责审图。刘工叫我画图，12 张（建筑专业的）图纸都是我用鸭嘴笔画出来的。先用铅笔画草图，画完以后用鸭嘴笔一点点蘸墨水描出粗细。字还要写得好看，设总张乾源要求还是蛮高的。我们做了很长时间的初步设计，反复修改，一边画一边改。平、立、剖面图图纸我不知道画了多少遍，所以我对这个项目来龙去脉非常熟悉。完成了联谊大厦扩初设计以后，室里又调我去做华亭宾馆了。

联谊大厦二层酒吧

联谊大厦二层宴会厅

上海第一栋玻璃幕墙高层办公楼

纳 这是上海第一栋玻璃幕墙[12]办公楼设计?

|源 联谊大厦的幕墙设计尽量采用暗褐色的玻璃和框架，将此作为外滩建筑群的陪衬，与外滩气氛一致。幕墙的框架采用最为经济合理的截面，整幢建筑物使用二十多年，直至2009年都无任何裂缝，体现了完善的设计品质。这里还要特别提出，在20世纪80年代，一般玻璃幕墙都是全封闭的，但当时联谊大厦的设计师在结合实际情况之后，在每层窗底部开了一排小窗作为通风换气之用，此法大大减少了空调的能耗，又有新鲜空气的流通。同时，联谊大厦也是上海第一幢将所有污水都处理的现代化智能大楼，达到环保标准。

|忍 这是我们第一次做玻璃幕墙设计，你看图纸上这一片玻璃幕墙全部挂在梁和柱子的外面。别看图纸上线条简单，但我们从来没做过，真的不知道怎么做！此前的设计基本上都是排窗。

当时玻璃幕墙设计有两大难点：一是玻璃怎么组成幕墙，幕墙怎么挂？我们当时从来没有设计过玻璃幕墙。这时香港投资方要求设总张乾源到香港考察怎么将玻璃作为高层建筑外围护结构的具体做法。二是我们当时更担心安全性问题，玻璃窗装在结构主体外面，掉下来怎么办？还有隔热、保温性能都不行，怎么办？张乾源去香港考察后，施工图难点问题解决了。我们初步设计做的时候全部都是梁柱平。柱子跟梁一定的模数位置留下预埋件，今后将玻璃幕墙固定焊上。这些方法都是从考察香港学习过来的。后来这部分玻璃幕墙也是香港厂家做的。我们当时只有华东机械厂是专门做门窗。

纳 大厦的外围护结构采用的玻璃幕墙设计，当时有哪些考虑?

|昌 幕墙在当时是第一例使用，上海之前没有别的案例。材料是进口的，幕墙玻璃要抗风，也要抗压。对于防火当时还没有现成的规范，抗震也没有规范，基本没有考虑。[13]

纳 为了玻璃幕墙技术，我们还特意去香港考察了?

|源 也不仅仅为玻璃幕墙去考察，还有其他任务。由项目兴建处组织我们赴香港共同参加铝合金玻璃幕墙构件气密性和水密性实验，配合香港大学对正压、负压、风荷载作用下强度、变形实验等测试鉴定工作。在香港时，我们还对联谊大厦内部装饰设计工作加以改进，收集和整理了一份室内装饰设计的经验，拍了室内装饰幻灯片和照片。我们完全服从上海实业公司的领导和安排，工作认真负责，遵守外事纪律，相互团结完成工作。[14]

纳 玻璃幕墙的擦窗机设计是结构专业要解决的?

|成 对的，结构专业去港考察，任务之一就是弄懂玻璃幕墙的设计及其配套的擦窗机的安装。那时香港的高层建筑的窗框上带有清洗墙面的擦窗机吊篮的滑轨，清洗者不用蜘蛛人，而屋面上沿周边要安装钢轨，以利于带有伸臂的擦窗机环行，并配备不用时的停靠站。而联谊大厦的屋面上设备众多，铺设轨道几近无望，结构设计面临取消擦窗机的可能。港商直接来沪和我共议解决办法，我们设法在女儿墙边设高架支座，使轨道让开屋面冷却塔等设备，港方很感激。日前，我回访过联谊大厦的物业管理李经理，他说顺利使用十多年后，因设备锈蚀严重才停止使用。[15]

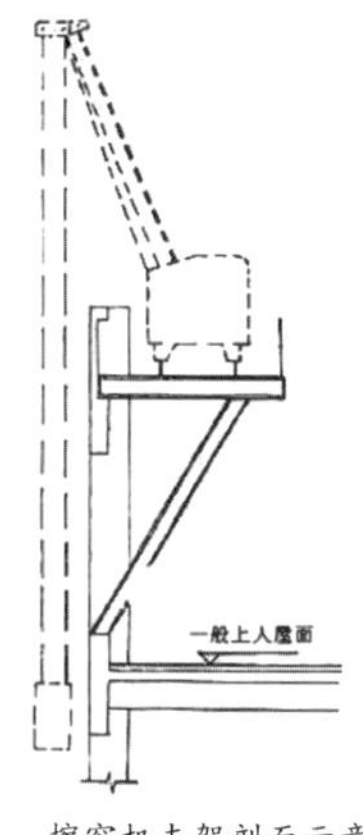

擦窗机支架剖面示意

引自：《上海八十年代高层建筑结构设计》

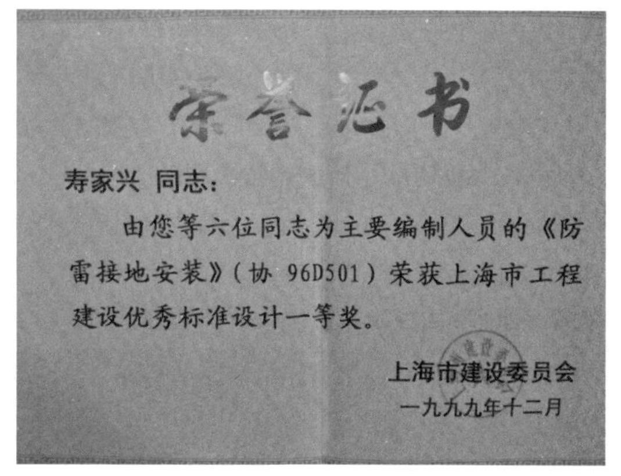

荣誉证书

寿家兴 同志：

由您等六位同志为主要编制人员的《防雷接地安装》（协 96D501）荣获上海市工程建设优秀标准设计一等奖。

上海市建设委员会

一九九九年十二月

《防雷接地安装》图集获奖证书

| 超 当时听也没听说过（擦窗机），设计人员去香港看了之后才知道擦窗机怎么运作。进口的玻璃幕墙，擦窗机以竖梃做轨道，擦窗机可以在轨道上行走。当时设计得比较小心，现在看来玻璃幕墙高度不高，但是仍然要做轨道式的擦窗机，这样的高度其实不需要做轨道式的。我们为擦窗机设计了屋顶钢平台，擦窗机轨道就固定在钢平台上，就像火车可扳的轨道那样，最后擦窗机要隐藏在微波机房下面。

纳 联谊大厦的玻璃幕墙的防雷设计也是我们积累起来的经验?

| 兴 防雷设计我们做过，但是玻璃幕墙的防雷设计没有做过。把幕墙焊接的节点留好，把（每个）铝合金框都留一个接点，每个地方都接牢，然后和桩基上的钢管桩全部结成一体，从屋顶一直到接地。这对施工要求很严格，因为在施工的过程中设计师是看不到的。

等我们做好（联谊大厦）之后，国内多少设计院都是来问我们（取经）。再比如联谊大厦的玻璃幕墙的防雷是怎么做的？（他们）完全不知道。我们后来还根据联谊大厦项目经验出了一本《玻璃幕墙的防雷设计》（1992 年）图集，都是我们自己画的节点。后来在温伯银[16]的提示下，由我牵头，6 个人一起编了这本图集。这本《防雷接地安装》图集，后来得到上海市工程建设优秀标准设计一等奖。[17]

纳 那么从这个项目以后，是不是玻璃幕墙慢慢就可以国产化了呢?

| 忍 技术上有突破，我做的第二个项目是 20 世纪 90 年代的上海贸易信息中心[18]，全部采用玻璃幕墙，生产厂家都是国内的。设计联谊大厦以后，施工图设计也不觉得难了，玻璃机械厂已经跟我们很熟。计划经济的时候，我们要玻璃机械厂的人配块玻璃窗都很难，那时候是我们求他们。等到做上海贸易信息中心设计的时候，已经开始搞市场经济，是他们主动跑过来找我，因为经过联谊大厦项目设计我有经验了。开始采用国产耀华玻璃生产的灰色镀膜反射玻璃——单层 10 毫米厚的半钢化玻璃幕墙。

中国智慧、上海速度

纳 联谊大厦体现了“多快好省”的特点?

| 源 是的。第一，设计周期短。整个大厦扩初设计及施工图设计实际时间仅为一个月及三个月，在中央领导邓小平主任（中央顾问委员会主任）视察上海时明确，“联谊”必须在 1985 年前完成，并成

为上海两幢高层建筑之一[19]。设计人员在听到上级决定后，当即将绘图桌搬到现场，使设计进度大大提前，结构施工工期也缩短为 9 个月，装饰工期为 5 个月。整个工程从打第一根桩到全部建成，仅用了 14 个月，创造了 3 天建造 1 层的上海速度。在（25 年后的）2009 年 8 月这个速度依旧是第一。第二，投产早、多创外汇。联谊大厦于 1985 年 5 月正式开业，为国家多创了外汇收入，光提前 22 个月开业这一点，就多创外汇共 500 万美金。而其工程造价只有 500 美元 / 平方米，相比北京中信大楼的造价 800 美元 / 平方米，真正做到了又好、又快、又省。第三，设计经济合理，博得国外专家同行的赞扬。大厦建筑平面紧凑合理，深得著名建筑师王董的好评。戴尔・开勒（Delle Keuer）等专家以及日本著名建筑公司大林组株式会社的同行们均认为结构技术先进，造价节省，肯定我们运用的新规范和方法。据说海外杂志称“联谊”为“我国自行设计的现代化大楼”争了光，他们对我们能自行设计感到惊奇，赞叹不已。第四，影响深远，意义重大。联谊大厦受到（当时）中央和市府领导——李先念主席、赵紫阳总理、王兆国书记、张劲夫国务委员以及外经部郑拓树部长等人的好评。他们认为：利用外商资金，国内（时称）自行设计，自行管理，自行施工，适合国情节约和争创了外汇，培养了技术力量，满足了进度，适应外商对办公楼的使用要求和使用习惯。这条路走对了。[20]

纳 结构设计体现了经济性？

| 忍 是，当时上海最高的建筑是南京路上 24 层的国际饭店，而联谊大厦是近百米的高层，可以说突破了上海高度。华东院结构设计是蛮厉害的，柱距尺寸上与结构计算有关，当时考虑的出发点是从抗震的角度，实际上结构算下来最大跨度是 9 米，所以建筑都是按照 9 米的间距在设计。我印象中还有一个非常重要的部分就是电梯井核心筒的设计。结构是框架核心筒结构，主梁必须撑在核心筒上，而且主梁在一个跨度里面有密肋楼盖来降低高度，提高室内的空间。全部梁要对着核心筒，所以整个建筑是抗震的，非常合理。

| 昌 大厦的使用面积非常的宝贵，因此做 L 形的角柱尽可能地少占用室内的使用面积，凹角内布置竖向的落水管。

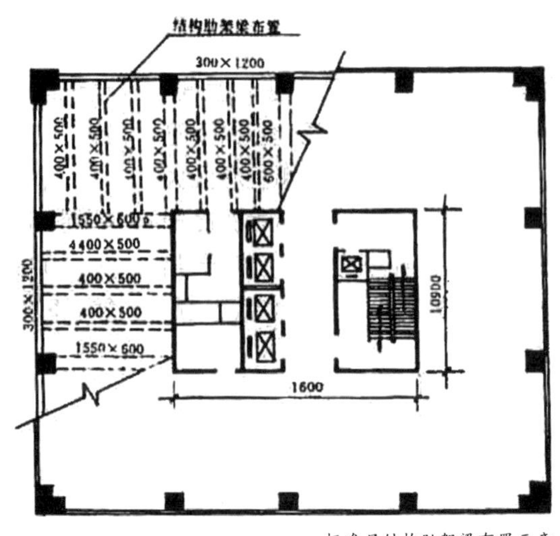

标准层结构肋架梁布置示意

引自：《上海八十年代高层建筑结构设计》

丨嘉 我印象最深的就是办公空间的无柱设计是为了有更大的使用空间。

丨超 梁板式的结构设计采用宽扁梁，而且是单向的，这些都是为了节省层高、增加使用空间。毕竟（当时的）办公标准层层高和现在的标准不能比。[21]

纳 层高被严格控制是经济性的考虑？

丨忍 是的。为保证办公层净高，逼得我们的结构设计尽量选择稀柱、现浇密肋楼盖，以减少占用空间。设备专业也必须把有效高度让给出租的办公空间，暖通风管和设备管线高度要求必须在走道和竖井里解决，办公空间全部采用侧面送风，空调风管只能在走廊里走，所以走道净空只有 2 米多一点，室内净高基本上都保持在 2.5 米。做到这样已经非常不容易了，投资少，出租面积大，最后柱网间距达到 9 米，撑足地皮。容积率很高，当然这是项目地块特殊性决定的。最终标准办公层达到 1500 平方米。地下室 1 层，裙房有 3 层（含夹层 1 层），标准办公 25 层，共计 30 层（屋顶机房算 1 层）。

联谊大厦在外滩沿线的视觉高度控制范围内，当时上海市规划局规定外滩区域建筑高度不能超过 100 米。建筑高度指建筑立面从室外地坪到女儿墙顶必须小于 100 米，联谊大厦设计从地面到女儿墙的高度是 99.51 米，符合规划局要求。[22] 实际算上屋顶机房顶的总建筑物高度已经达到 109 米。

纳 报道中称联谊大厦是“上海速度”，这体现了设计师们的智慧。

丨忍 建筑平面紧凑合理。运用“无柱空间”设计手法——主楼为现浇钢筋混凝土框筒结构，周边为稀柱框架，使近 3 万平方米的大厦仅用 14 根柱及内筒组成，这在上海是首次尝试，也是加快施工的关键之一，同时满足了楼层整租和分租的不同出租要求。实践证明，无柱空间深受外商欢迎。采用半地下室可以有采光，地下室安置为空调机房和锅炉房，电梯间采用新式的剪刀式防火楼梯，为项目节省大量面积。

丨昌 施工中比较重要的是混凝土的连续浇筑，工程要求天时地利人和，这样的做法可以减少混凝土之间开裂，减少渗水的现象，对现场施工质量和混凝土材料搅拌维护等施工质量和施工管理都有很高的要求。[23]

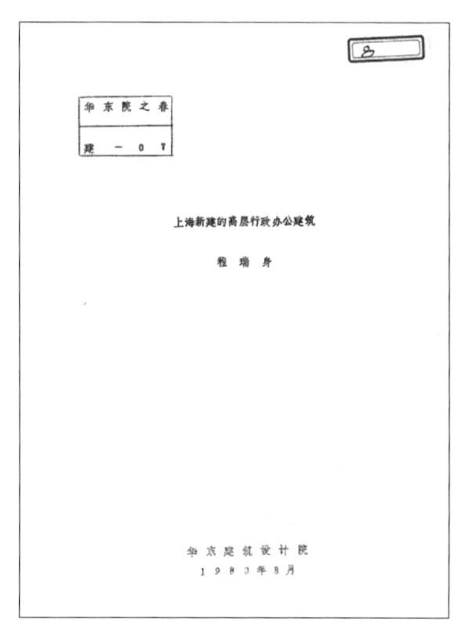

华东院之春

建－07

上海新建的高层行政办公建筑

程瑞身

华东建筑设计院

1983年8月

表1　上海新建（包括在建）的高层办公楼建筑

序	名称	性质	层数		高度		空调	结构			面积（m²）	
			地上	地下	层高	总高		材料	体型	体系	总面积	标准层面积
1	联谊大厦	单一性	30	1	3.35	107	集中	RC	矩形	框架筒体	28000	986
2	瑞金大厦	综合性	29	1		107	集中	S RC	矩形	框架筒体		
3	上海联合大厦	单一性	36	1	3.40	130.05	集中	RC	六边形	框架筒体	55177	1019
4	上海沪办大厦	综合性	21	1	3.00	71.20	集中	RC	矩形	框架剪力墙	69000	778
5	上海办公大厦	单一性	37	2	3.25	140	集中	RC	六边形	框架筒体	32400	750
6	上海电讯大楼	专业性	24	3	5.2	131	集中	RC	矩形	框架筒体	48000	18000
7	华东电管局大楼	专业性	30	1	3.60	100	集中	RC	方形	框架筒体	23000	750
8	上海钢馆办公楼	单一性	24	1		102		RC	矩形	框架筒体		

注：1. S— 钢结构；RC— 钢筋混凝土结构。
2. 因资料来源不同，面积高度可能有出入。

“华东院之春 建 -07——上海新建的高层行政办公建筑”内部资料
华东院原主任建筑师程瑞身提供

丨成 项目能这么快速建成，首先要感谢初步设计阶段设计师的深谋远虑，大方向正确。我是动了很多脑筋的，高层建筑用塔吊是再平常不过的工具，一般修筑外围轨道即可，但联谊大厦的工地不同寻常，无法环形开通，结构施工队建议利用办公楼的电梯井筒搞爬升式塔吊，我们一拍即合。此外，土建施工队拟在标准层启动 3 套周转模板来赶工，可是剪刀式楼梯是绊脚石，我提出楼梯滞后现浇，即在楼梯井筒内预留洞口，后期将梯段平台梁支在预留洞内，施工队举双手赞同。标准层扶摇直上，创造了三天上一层的上海速度。

望 您认为高层建筑的结构设计主要考虑的是什么？

丨昌 当时大楼建设最主要考虑的一个是建筑本身的沉降，一个是建造的时候不能影响到周围的建筑物。因为联谊大厦这个项目是在市中心，四周都是老建筑，在老房子当中要建造这样一个高层，项目的地基、基坑维护非常的重要。最终建筑造完之后，建筑本身不偏不斜，也确实没有对周围的环境造成影响。

纳 为将对场地周边建筑、环境影响减少到最小而采用钢管桩？

丨成 因基地两侧是陈旧的老房子、另两侧的管线纵横交叉，都经不起打挤土桩的振动及土的侧移。用混凝土灌注桩则因土质差，易坍方，进度也难控制。最后一条出路，上海宝钢正在试用日本钢管桩且有成功经验，而当时宝钢的总工程师王复明又是华东院调去的，是我的启蒙恩师。我便向他请教，他将适合上海地基的钢管桩资料倾囊相助。我们终于选定高级民用建筑的钢管桩基。开始试打桩顺利，正式打桩时传来打不下去的噩耗，怎么可能呢？我和打桩队交涉无果，起草了申请，惊动了华东院时任副院长的杨僧来[24]，他立即签发申请文件，更换了打桩机，终见成效。打桩机振动很小，挤土几乎没有，为项目如期建成争取到了宝贵的时间。[25]

纳 当时的钢材资源匮乏吧？

丨成 是，毕竟联谊大厦地块很小，钢管桩数量不多，钢材用量有限。对周边环境的噪声（影响）也小，桩基承载效果也好，所以权衡利弊还是采用钢管桩。基坑维护也是采用的钢板。

纳 主楼和裙房为何采用无沉降缝设计？

丨成 施工图重点解决高层主楼与裙房之间是否设沉降缝的问题。上海是软土地基，3 层楼房一般做天然地基即可，而 30 层的主楼则非桩基不行，即使二者都使用桩基沉降也会有较大差异，设计上非得

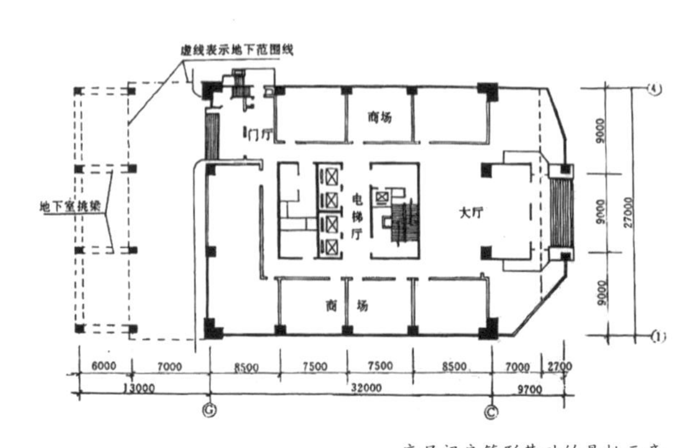

底层裙房箱形基础的悬挑示意
引自：《上海八十年代高层建筑结构设计》

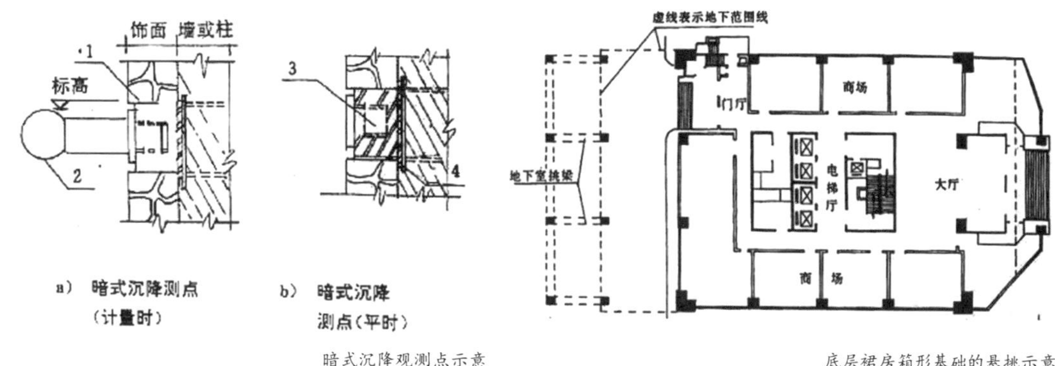

暗式沉降观测点示意
引自：《上海八十年代高层建筑结构设计》

底层裙房箱形基础的悬挑示意
引自：《上海八十年代高层建筑结构设计》

设沉降缝不可。但设缝后地面高差咋办？沉降缝处玻璃幕墙外墙面缝怎么处理？大堂内双柱的留缝将使各工种设计更加复杂化？全空调要求的良好密闭性和屋面防水、平顶协调又如何解决？……一句话，不准设缝！最后结构拍板，利用作锅炉房、污水处理等设备层的联合箱形基础，裙房下也适当布置桩位，保证箱形基础支持在同一土层上，减少裙房箱形基础的悬挑性，加强二者共同沉降的协调性。[26] 已故的结构工程师史炳寿根据柱位和桩位独立承担了全部地下室箱形基础的设计，也是功不可没。

纳 听说联谊大厦首次采用了“暗式沉降观测点”的做法？

| 成 以前的沉降观测点就是钢筋弯一弯，钢筋上面搞一个点点头，走路绊脚还不算（也不美观），民用建筑里面搞这个东西不大像话。所以我搞了一个暗式沉降观测点。它精确、美观、隐蔽、观测期早，可从首层起逐层提供长期可靠的沉降记录。后来这种做法就在行业里普及了。

另外，有关沉降观测情况，大厦物业管理为了电梯仅测了一次，情况很好。实际上暗式沉降观测的观测杆是在我院测量组做的，坚持观测嘛，拿数据来说话，以证实设计成功与否。[27]

纳 联谊大厦设计需要大量现场设计吗？

| 琳 是的。我是全过程参与，直到施工图完成。当时联谊大厦项目被安排在四室杨莲成小组设计。我是 1956 年从同济大学毕业进入华东院第一设计室（老一室），后来进入四室。当时四室的主任工程师是胡其昌，小组长是杨莲成。杨莲成主要负责设计，我是在他的小组里参加的这个项目，他对联谊大厦肯定比我还清楚。那时候叫我做现场，我经常到施工现场爬到楼上检查做得好不好，施工质量有没有问题。

| 超 为加快进度，各专业好多同志都去现场设计。我是 1983 年 9 月进院工作的，我们四所一共有三个小组：一个是做联谊大厦的杨莲成小组，一个是大汪总（汪大绥）做华亭宾馆的小组，还有一个小组组长是江欢成。当时我进入团队不久，就开始做现场设计，现场办公地点就在联谊大厦工地的对面，这老房子（现在）还在，施工是二建，业主属于锦江集团。1984 年开始我在联谊大厦现场设计了一年，直至项目建成。联谊大厦各专业工种负责人基本都是组长：建筑专业刘乾亨、结构专业杨莲成、暖通专业孙悟寿、强电专业寿家兴、弱电专业孙传芬等，可见这个项目在当时的重要性。

| 琦 因华亭宾馆项目开始了，我当时没有做联谊大厦的设计。联谊大厦给排水工种负责人是副组长姜达君，我是审核人。联谊大厦任务急需要现场设计，院里派张正明[28]、张惠萍[29]两位现场设计，我们在院里定方案，他们在现场设计，积累了经验，出色地完成了任务。

| 成 当年为了透风，建筑屋顶四周女儿墙设计有百叶，我认为百叶正放，从高层的地面看是一览无遗，所以建议设总张乾源改为反装，他欣然同意。这是临出施工图前的修改，我至今记忆犹新。

纳 设备工种如何提高建造速度？

| 兴 联谊大厦施工创造出上海最快的速度，实现当年打桩、年底主楼结构封顶。我是联谊大厦强电工种负责人，在边设计边施工的前提下，白天要参加进口设备技术谈判以及与各工种之间协调配合，几乎每晚都要加班至深夜。按照常规设计，电机设备的管线能用暗敷方式的总是采用暗管敷设，且地下室又有 60 厘米厚的混凝土垫层可以利用。但是考虑到暖通、水、动力工种资料不全或暂时无法提齐（未来）可能变动，为了不影响基础浇筑，抢施工进度，便决定在地下室隔墙处预留洞口，其余部位采用托盘及线槽方法敷设，这样保证了土建施工的进度。设备安装在结构施工全部完工后，才绘制出来设计图纸及施工敷设。完工后证明这种方式完全正确，且达到地下室设备机房室内整齐，方便施工时更改、补加线路。[30]

当国门徐徐打开……

纳 联谊大厦设计的时候如何考虑消防设计的？

| 成 地块很小，地下室的对外出口设在进门的两侧，直接作为消防通道。消防通道至今使用频繁，也很方便，业主和消防部门反馈都很满意。

| 兴 当时没有专门的消防规范，做了这个项目以后才有规范的。当时都没有做过高层建筑的消防系统，消防系统设计跟我合作的只有吕燕生[31]。就靠香港投资方提供的消防疏散要求结合厂家的产品设备参数做设计，当时记录有笔记。

消防系统都是最后做的，有两线制、多线制之分。我们这个消防系统用的多线制。两线制最好，好处是都共用两根线，就是系统越做越简单了。当时没有桥架，线路通过母线槽来解决。母线槽就像干线，再往外分支线，和桥架其实有相似的地方。

| 琦 当时没有高层建筑的消防设计规范，我们参考了国外规范并与业主及消防部门协调。第一次在高层办公大楼里设置喷淋系统，在办公室、走道等公共场所均布置了进口的喷头，起到了灭火作用。在不能用水灭火的场合，第一次采用气体灭火装置。[32]

联谊大厦项目地皮紧张，但是不好拆周围房子。上海整个外滩地区的（雨水下水）泵站就在项目旁边，连接黄浦江。联谊大厦设计要生活水泵房、消防水泵房，又要消防水池[33]。在避难层（技术层）和屋顶做水箱，这样就分两路，消防分区里供水高压太高，分一区、二区。虽然联谊大厦场地局促，但是没有做消防水双环网[34]，在地下一层设计了生活及消防合建的水池。

当时做设计非常难，一没钱，二没地。要用一块面积，甲方舍不得，逼着我们创新。当时也是因为联谊大厦采用的水泵太大，建筑内放不下，了解到有国外进口的、双出口的消防泵，双口双压，可以省两个泵，还可以同时供上区和下区。那时候国内还没有，但是后来也没用这种进口的消防泵。

纳 您和团队一起去香港考察的？

丨兴 对，当时是上海市机关事务管理局李健处长带队，徐昇元协办，华东院由结构工种负责人杨莲成带队，还有建筑专业的王意孝、暖通专业的孙悟寿、给排水的姜达君、强电的我、动力的宋德和[35]，好像还有一个预算的人，我想不起来了。团队一出去，市府秘书长就说我俩（寿家兴和宋德和）是小朋友，去的基本上都是各工种的负责人。

纳 这次的收获和体会是什么？

丨兴 收获很大，真是开阔了眼界！例如母线槽竖向一段的供电量能够供应多少层为宜？知识和经验都是学习来的，因为以前设计里没有这样的先例。刚刚改革开放，香港作为一个跟外部世界连接的跳板，那时候的设备都需要到香港和国外采购。法国的电器品牌——施耐德就是通过香港出口产品到中国来的。大部分咱们做不了的都得进口，像变压器、冷冻机组、消防报警喷淋系统等。

我们在香港了解国外设备的性能，回来后结合国情来做设计。比如当时我根据各工种提供电力设备的用电量，如电梯、楼层办公照明、办公用电的估算、装修用电的估算等，联谊大厦选用两台 800kVA 的变压器，还有两台 1500kVA 的变压器，与主楼连为一体的过街连廊架空层上放置变电所，连廊下面是场地的车行通道。我们采用阻燃的变压器叫六氟化硫（SF6）气体绝缘变压器，所以变电所才能和大楼设计在一起。这种变压器当时国内没有生产厂家，都要进口。变电所第一次上楼，虽然仅是二层，但是也要考虑检修、更换等需求，预先在楼板上留洞，变压器可拆下的最大部件作为留洞大小的依据。[36]

联谊大厦的冷冻机放在地下室，要考虑未来冷冻机组可拆卸部件怎么往上提。后来我们做陆家嘴的工商银行和浦发银行。36 层的建筑，变压器上到三十多层，为了要更接近空调机组这一用电大户，一旦出故障，还要考虑运下来的可能。

纳 开关柜有国产的吗？

丨兴 当时都是进口的，现在有国产的了。那时低压、高压柜都是进口的，柜子里的开关也是进口的。当时进度要求没办法，精度要求也高，国产满足不了要求。

纳 听说大厦经历了一场突如其来的考验？

丨兴 是，大厦 8 层失火，火灾报警系统与水喷淋系统发挥作用将火扑灭了。这证明设计是很成功的，报纸都登了。[37]

纳 对开敞式办公的灵活空间布置，关于电灯和插座的用量计算，设计是怎么考虑的？

丨兴 当时内地没有规范，要问香港人，多少平方米要多少人使用？预留多少插座？办公照度按照多少勒克斯考虑？我是拍脑袋估算容量，尽量多预留备用。后来大厦下边开了好多用餐点，当时任务书里没提过，设计只按办公室用电考虑，按照插座的容量估算。现在看来这个容量还是充足的。[38]

联谊大厦的配电干线系统图，是请同事虞秀华[39]帮我用电脑画的；而变电所平面图，请姜新华帮我用电脑绘图。那时候正是图板和计算机绘图的转换时期，我还不会用电脑绘图。我自己绘制的联谊大厦电气图纸也一直保留至今，图上仿宋字一笔一画，一丝不苟、工工整整的绘图、写仿宋字已经成为我的习惯。

纳 当时和弱电以及其他专业有怎样的配合?

丨兴 我记得当时的电话线和插座线路要在地面面层的线槽里做埋线，我和弱电专业工种负责人孙传芬孙工一起配合。在大厦已经建成之后，相关部门提出要追加屋顶的微波通讯机房，我又为弱电的微波通讯机房补充设计配电。联谊大厦设计的楼层敷线，电气要有专门的配电间装设柜子及竖向母线槽，供电缆线和备用弱电消防线路使用，那时还没有强制规范要将强弱电及消防线路分装的要求。

办公空间是出租给不同的用户使用，应有分户计量表的设计。强电竖井位置是结构杨莲成杨工的设计，竖井分设核心筒两侧，位置方便，上下贯通，考虑周到。杨工对我们设备工种的需求极力配合。我至今回想这段和杨工共事的经历，仍然很开心。

设备专业里，暖通的风管最大，我们强电和弱电都要有先考虑暖通专业。另外，联谊大厦是全空调系统，这是按照外商办公楼的标准要求的，在当时(这个)规格还是很高的，对暖通专业也提出更高的要求。有张当时我和暖通专业的朱工(朱培良)、孙工(孙悟寿)以及业主方派来的电气专业工程师曹士海在联谊大厦打桩工地上的合照，照片是朱工提供给我的。她(朱培良)刚开始也参加联谊大厦项目，做了一段时间之后调去华东师大了。我上次问她联谊大厦的事情，她提到暖通专业的孙悟寿和给排水专业的姜达君，并提供了这张照片和一张手绘计算图。

纳 为何要追加屋顶微波通讯机房?

丨芬 联谊大厦是当年改革开放后上海建设的第一个涉外高层办公楼，为通信设施更可靠增设无线传输系统。有些系统的安装要通信系统自己施工，我们只要设计与留点位即可。除了协调以上各方面需求外，那时候的电话线不是想安就能安的[40]，设计要协助项目各方面达成需求。[41]

纳 那么当时的施工水平怎么样呢?

丨兴 我认为起初的施工队还是很认真的，施工水平、技术上面肯定是越来越好，但是我觉得那时候的工人更认真。

联谊大厦打桩现场照片，左起：孙悟寿、曹士海(业主方派来电气专业配合)、朱培良、寿家兴
朱培良提供

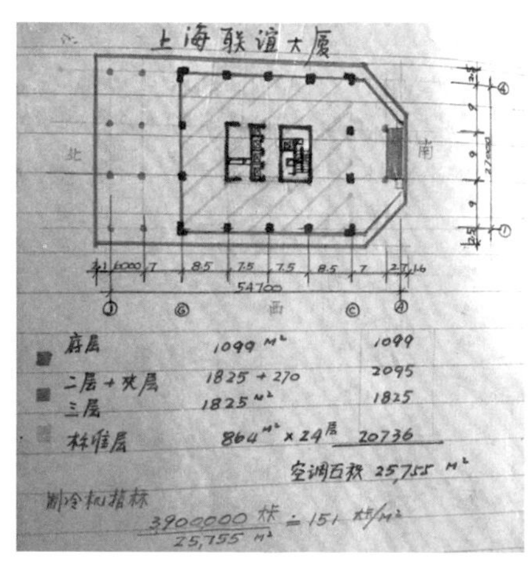

扩初阶段暖通计算手绘
朱培良提供

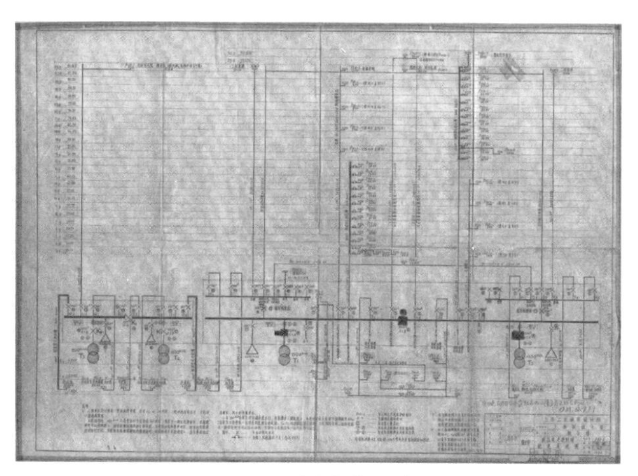

联谊大厦低压电力照明及配电系统施工图
寿家兴提供

纳 联谊大厦里做了特殊的饮用水处理吗？

丨琦 联谊大厦为出租写字楼，在每层楼面的茶水间内设净水器供饮用，从而节约生活用水集中处理的投资。当时市黄浦江水质污染较严重，联谊大厦首先在大楼地下室设污水处理设备。地下室用地紧，层高低，经多方案比较最终采用全套进口的污水处理设备。污水和废水合流处理合格后，排入市政下水道。[42]

丨超 当时没听说有饮用水处理。但是，联谊大厦引进污水处理设备，这在当时十分先进。污水处理站设在联谊大厦的一层地下室内，单独的一个房间，在这里把污水发酵之后压干再取出处理，设备是全进口的，很先进。现在还有没有保留就不知道了。

纳 联谊大厦的动力设计有什么经验分享吗？

丨豪 锅炉房放在大楼大堂的半地下室，锅炉是美国进口的，采用暖通要求，供应45℃～55℃热水介质的锅炉。由于地下室面积狭小，只设了一台锅炉。运行了一段时间，供应商找过来说锅炉漏水了。最后是什么问题呢？是一个烧油的热水锅炉，循环水在循环，正常送出去应是60℃热水，回来应该是50℃。但这个系统运行有问题，回来的水温度低于50℃了，油烧完了后就会产生水蒸气，水蒸气碰到温

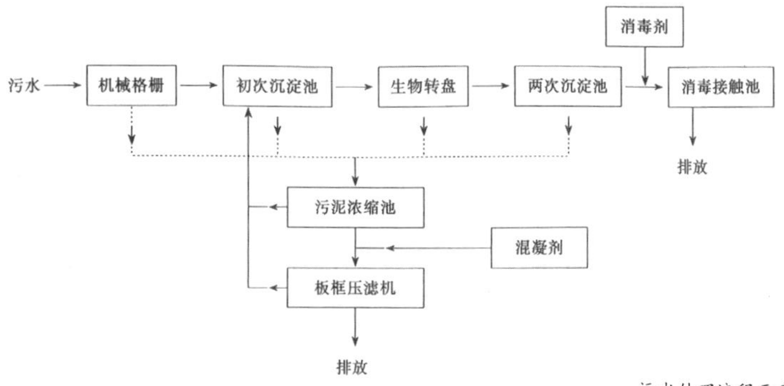

污水处理流程示意

度低的炉膛，会有凝结水从炉膛泄出来。检修主要集中在怎样处理提高回水温度环节，炉膛表面温度稍微提高就好了。

现在热源供应不一定用锅炉房了，有的使用热泵。现在的热源主要有三种：一是用锅炉烧，二是用太阳能、地热能，三是用电动热泵。

纳 热泵和锅炉有什么区别呢？

丨豪 区别是能源。锅炉一定要用一次能源，煤、油、气这三种。热泵是用电动机通过介质将低位能（温度）转移到高位能（温端）。低位能可以是空气，也可以是污水处理的废水等，供应给热泵。联谊大厦现在是不是还用这个锅炉房系统我不知道，好长时间没去了，估计也改造过了。

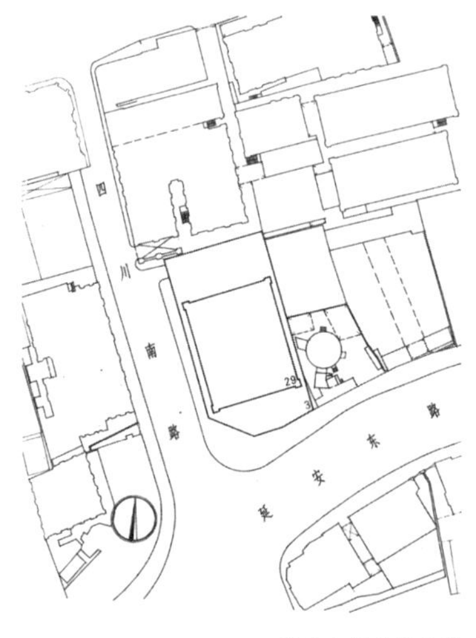

联系大厦总平面图

联谊大厦建成照片
方维仁摄

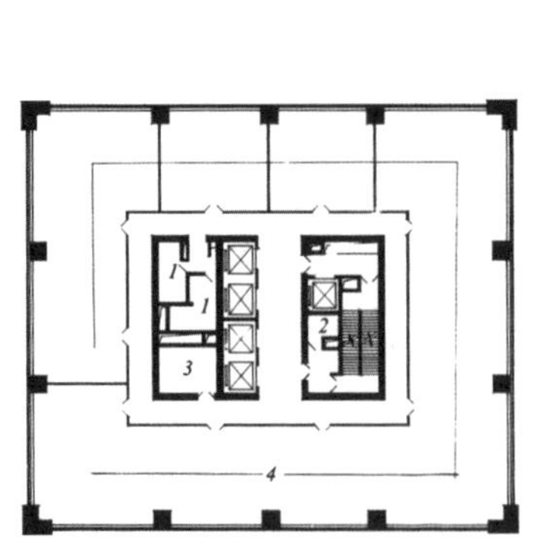

1. 厕所 2. 配电间 3. 空调机房 4. 办公室
联谊大厦标准层平面图

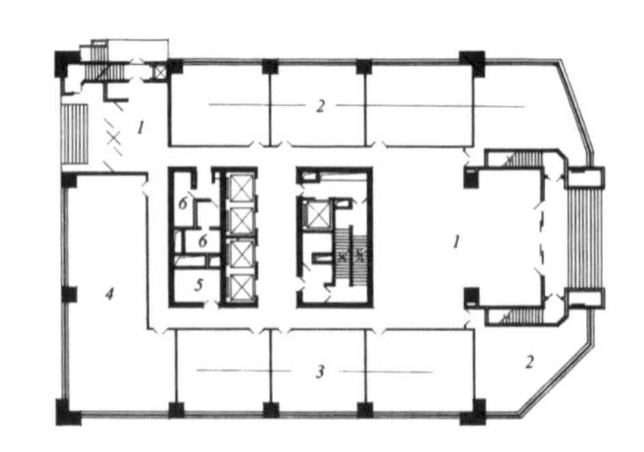

1. 门厅 2. 办公室 3. 商场 4. 餐厅 5. 空调机房 6. 厕所
联谊大厦一层平面图

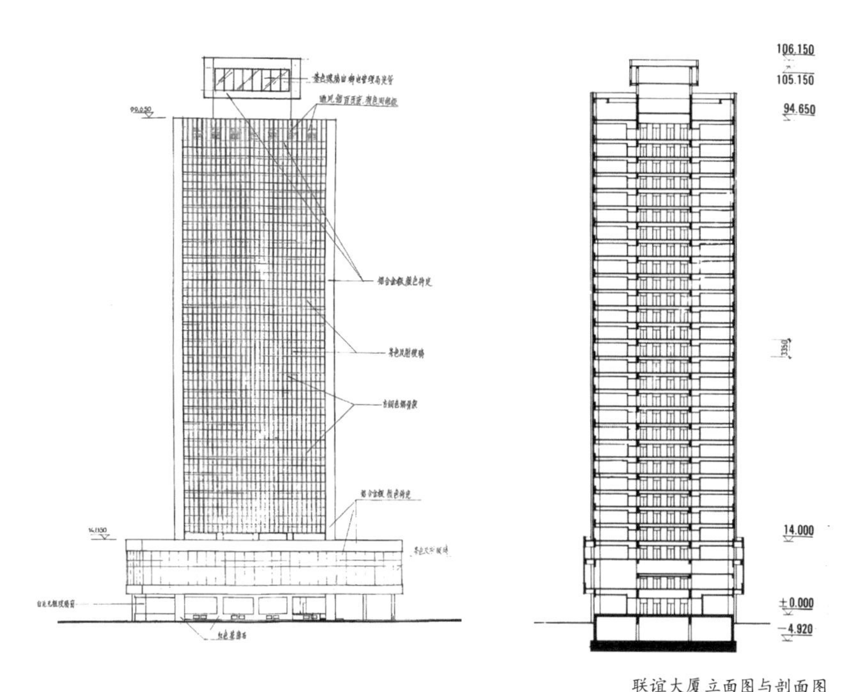

联谊大厦立面图与剖面图

1　华东院在不同时期经历了名称的变更，为便于理解，在文中一律采用简称“华东院”。

2　本文口述记录采访人主要为来自华建集团华东总院《A+》编辑部的编辑包括姜海纳、吴英华、孙佳爽、钱程、忻运、张应静，《时代建筑》编辑部执行主编徐洁、许萍等，以及同济大学建筑与城规学院彭怒教授及其博士生余君望、硕士毕业生曹晓真。

3　外资是指来自国外的资金或资本，引进外资即利用来源于国外的资金或资本进行经济建设和从事对外经济活动。利用形式可分为两大类：间接利用外资和直接利用外资。我国利用外资的发展历程：改革开放30年来，中国利用外资大体经历了三个发展时期。第一个发展时期：1979—1991年。这一时期，不论是间接利用外资还是直接利用外资都处在发展初期。自1979年7月第五届全国人民代表大会第二次全体会议通过并颁布了《中华人民共和国中外合资经营企业法》以后，相继制定并颁布了很多法律和法规，利用外资有了很大进展，外资企业从无到有，特别是间接利用外资比较突出。1979—1991年实际利用外资总额799.1亿美元：对外借款527.4亿美元，外商直接投资233.5亿美元，外商其他投资38.2亿美元。第二个发展时期：1992—1999年。1992年初，邓小平同志南方谈话发表后，对外开放出现崭新的局面，全国上下掀起了吸收外商投资的热潮，利用外资工作向纵深发展。1992—1999年实际利用外资总额3799.4亿美元，对外贷款846亿美元，外商直接投资2825.8亿美元，外商其他投资127.7亿美元。第三个发展时期：2000年至今。这一时期利用外资的形式逐步多样化，并且规模不断扩大，质量和水平不断提高，尤其是2001年12月11日我国正式加入世界贸易组织后，我国对外开放的程度进一步提高，利用外资有了前所未有的发展。2000—2007年实际利用外资总额826.58亿美元，外商直接投资7666.65亿美元，外商其他投资515.09亿美元。

4　冯景禧，1923年出生于广州商人家庭，父亲做些小本生意，日子并不宽裕，生母早逝，与继母关系不好。16岁那年，不得不离开了学校，到香港卑利船厂当学徒。20世纪50年代后期，冯景禧瞄准香港房地产业。与李兆基、郭得胜三人联合创办新鸿基地产。1972年新鸿基上市之后，三人和平分手。郭得胜留守新鸿基、李兆基创办恒基兆业，冯景禧离开地产行业，创办新鸿基证券。后来被人誉为“证券交易大王”。新鸿基地产如今是香港四大地产公司之首。

5　唧水站，黄浦区市政的污水泵站，现已迁走。

6 史炳寿（1933.6—2006.4），1953年9月进入华东院工作，1995年8月退休。华东院结构高级工程师，生产组组长。

7 刘乾亨（1925.7—2001）。1952年8月进入华东院工作至1987年8月退休。1943—1944年就读于上海圣约翰大学，1944年9月—1945年1月，就读于上海东华大学，1945年1月—1946年7月，就读于杭州之江大学建筑系。1946年9月—1949年1月，就读并毕业于苏州东吴文理学院社会系。1951年10月—1952年8月，进入中国联营顾问建筑师事务所工作。华东院建筑师。

8 刘秋霞，1930年11月生。1952年9月毕业于之江大学建筑系并进入华东院工作，1988年1月退休。教授级高级建筑师，华东院顾问主任建筑师，院副主任建筑师，四室二组组长。

9 凌本立，1938年1月生，1962年10月进入华东院工作，2001年1月退休。华东院总建筑师。

10 张耀曾，1934年出生。1956年南京工学院（现东南大学）建筑系毕业。1957—1959年在华东院工作，1959—1963年苏联留学并获副博士学位，1963年进入上海同济大学任教，1978年8月，再次进入华东院工作，1996年11月退休。华东院顾问总建筑师，华东院副总建筑师兼浦东分院总建筑师。

11 方菊丽，1933年12月生。1956年7月同济大学建筑学本科毕业，1956年9月进入华东院，1989年2月退休。上海现代集团室顾问总建筑师、华东院副主任建筑师。

12 联谊大厦施工图设计说明：二层及三层，外墙面采用玻璃幕墙，幕墙框架为古铜色铝合金属，玻璃为茶色反射玻璃。四层及二十八层，同上。所有玻璃幕墙由上海实业公司和香港运东铝制工业公司承包。

13 据资料记载，1985年3月8—18日，由联谊大厦兴建处组织赴香港参加该工程铝合金玻璃幕墙结构安装气密性试验、水密性试验，正压、负压，风荷载作用下的强度、变形试验等测试鉴定工作，胡其昌等人学习考察香港地区建筑内外装饰选用的材料和设计处理手法。在港期间，活动由上海实业公司领导和安排。这次时间较短，通过学习丰富了专业方面的知识，也较好地完成了预定任务。

14 据资料记载，张乾源访问香港考察时间为：1985年3月8—18日。

15 据《上海八十年代高层建筑结构设计》（上海科学普及出版社，1994年）180页记载："大屋面上擦窗机技术谈判迟迟未决，而屋面结构施工在即，设计采用了高支架钢结构形式，避开了屋面结构，解决了先行施工结构封顶，而后安装钢支架的关键，使结构封顶得以如期完成。"

16 温伯银，生于1938年11月。1962年10月，进入华东院工作，2000年12月1日退休。华东院电气资深总工程师。

17 据资料中记载："该大厦出租率甚高，开业5年，早已回收全部投资。1987年3月，寿家兴因为联谊大厦项目获得上海市科技进步奖三等奖。"

18 项目地点：上海曲阳路800号。

19 另一栋高层项目为华亭宾馆。

20 此问题的回答源于张乾源个人资料中的记录。

21 据《上海八十年代高层建筑结构施工》（上海科学普及出版社，1993年）177页记载："除4个L形角柱截面2米×2米不变外，其余混凝土柱及板墙截面随着高度上升而逐渐收小。每层楼面外圈设窗裙梁，梁高1.2米、宽0.3米。混凝土强度22层楼面以下均为C28，以上为C23。"

22 地下室层高4.9米，一层层高4.8米，二层层高5.7米，三层层高3.5米，标准层层高3.35米，女儿墙高度1米，室内室外高差1.52米。开间：高层纵向为8.5米、7.5米、7.5米、8.5米，裙房9.7米；横向为三跨9.0米。

23 据资料记载，联谊大厦的基础施工采用大开挖、井点降水、钢板桩围护。底板混凝土采用连续浇捣，较早地使用了泵送商品混凝土与悬挑脚手。另根据《上海八十年代高层建筑结构施工》182-183页，185页记载："该工程每层梁、墙、柱、板的混凝土采用一次连续浇捣，以减少混凝土供应次数，减少工序环节，加快施工速度。标准层每层混凝土量约400立方米，按每台固定泵20立方米/小时实际泵送量计算，两台泵同时工作11～12小时。由于工程地处闹市受交通条件的限制，每次浇捣混凝土只能安排在晚上7时至次晨7时进行。""该工程能以高速优质达标，除了依靠技术进步外，推行现代化施工管理起到很大作用。特别在标准层施工中采用网络计划，在指导施工、安排计划、调整生产节奏等方面都显示其优越性。网络计划不仅考虑了各工序的主次矛盾关系，也综合考虑了机械、设备、材料的关联关系，使各工种、各工序以及各协作配合单位都能实施紧密的交叉流水搭接。标准层网络是以小时来安排的，并对每道工序制订了相应的调整措施。在施工管理上，采取包干责任到人，实行‘六定四包’即定人、定位、定量、定质、定时间、定奖金、包工期、包安全、包用工、包文明生产，这些都起到了积极效果。”

24 杨僧来（1927—1984），江苏泰兴人。1950年上海交通大学土木工程系本科毕业。毕业后分配到齐齐哈尔铁路分局公务科工作。1951年10月调入上海市营建筑工程公司。1952年5月，进入刚刚成立的华东院。1954年1月，服从工作需要调往华东军区工程兵司令部（原南京军区）工作，并因工作成绩优异于1958年和1959年分别记三等功、二等功。1963年10月调回华东院，负责多项工业项目、保密工程、民用建筑等，两次评为先进生产者，其总结的工程设计经验——群桩和地基研究、大梁开洞后应力分析和实验等多篇论文在刊物上选登。他亲自编写电算程序，用于复杂结构技术计算等。原院副院长兼结构副总工程师。

25 《上海八十年代高层建筑结构设计》169页记载了对桩的选择：“联谊大厦东邻黄浦区污水泵站，北贴5层旧式砖木仓库，西、南两侧为四川中路和延安东路主干道，如选用钢筋混凝土打入桩，则既无预制场地又有近3000立方米的混凝土打入土中，势必影响四邻及地下各类管线，尤其是东邻较近的 ϕ11米埋深7米的泵房将会受到严重威胁，因而选择了挤土影响较少的 ϕ609×11毫米的钢管桩，经测定钢管内土芯高度达2/3全高，整个场地排土量极小，场地周围地面隆起及侧移仅为20～30毫米，加上有钢板桩的隔离保护，保证了地下管线及泵站的正常使用。”《上海八十年代高层建筑》（上海科学技术文献出版社，1991年）121页记载：“联谊大厦工程基桩采用 ϕ609×11毫米钢管桩，数量为223根，桩长55～60米，单桩承载力为240吨。地下室基础为钢筋混凝土箱型基础，埋深为4.92米，底板厚度为1.6米，混凝土强度等级为C28。上部结构为外框内筒全现浇结构。”

26 据《上海八十年代高层建筑结构设计》180页中记载：“由于基地限制及建筑上功能要求，半地下室均为设备用房，而3层以下的主楼和裙房则统作公共房，两者的面积均大于主楼标准层。根据上海软土地区以往对一般建筑的规定，当在体形荷载相差颇为显著时，通常采用设置沉降缝或简支插入跨（跷跷板）等处理手段。该工程上述两法均无从采用，因为如设断缝则将形成：①半地下室要分三个区段、两条缝，既要设双墙又要加止水带，一则减少使用面积，而要增加渗漏水机会，三则箱基刚度严重削弱。②一、二层大厅是介于主楼和裙房之间，并相互借助而成的大空间，设缝则造成视觉上的空间分割感，且缝的装饰也难以处理。③完全断开，地面必然会产生高差，不但有碍观瞻而且使用上带来不便。④通缝的设置还不利于整片幕墙的立面布置，建筑上会产生分割、离散的印象。⑤全空调的外商办公楼采用断缝不仅涉及整体美观，还将影响到空调的密闭性和结露的可能。⑥设了沉降缝之后如能同时满足抗震缝的要求也是一个相当棘手的问题。综上所述，只有不设缝才能避免以上弱点，于是该工程尝试将主裙房两者作为一个联合箱形桩基承台来着手设计。”

27 据《上海八十年代高层建筑结构设计》181页中记载：“该工程根据高级民用建筑有较高的装饰和美观要求，并要较长期且隐蔽的保存测点的需要，推出了一种‘暗示沉降观测点’，从结构开工直至装修完成后均可长期观测，既隐蔽又不易人为损坏。活动测杆可由专门的人员保管，精度满足测量要求，不失为一种较实用的新颖沉降观测点。后在上海被广泛采用，甚至有远道从西安专程来沪了解该‘暗示沉降观测点’的，该测点也曾酌情修改用于‘衡山宾馆’加层工程中，使用效果同样良好。”

28 张正明，1954年8月生。1971年参加工作，1975年1月进入华东院工作，退休时间不详。华东院给排水专业高级工程师。

29 张惠萍，女，1954年7月生。1977年1月进入华东院工作，2008年12月退休。华东院给排水专业工程师。

30 据《上海八十年代高层建筑结构设计》173页中记载：“地下室出图时，大部分进口设备均未定货，该工程在设备系统不变的前提下，结构设计大胆根据管道走向，在墙梁上统一预留多个椭圆孔，使地下室可以提前施工好几个月。”

31 吕燕生，联谊大厦强电专业消防系统的主要设计人。

32 据《上海八十年代高层建筑设备设计与安装》（上海科学普及出版社，1994年）一书里记载：“室内设有消防栓消防系统和自动喷水灭火系统，并在某些不宜用水扑灭火灾的场所设置卤代固定灭火装置。”

33 据《上海八十年代高层建筑设备设计与安装》一书里记载：“消防用水由2条地下 Φ200 专用管引入，进入地下室蓄水池，蓄水池容量180立方米，分成两格。”

34 消防水双环网，在华亭宾馆项目中首次采用环形供水管网设计，是取消消防水池做法的尝试。因华亭宾馆地下室面积很小，按照当时规范要做几千吨的消防水池却没有场地，设计内部采用专用环形消防水管，由城市管网两路供水，消防泵直接从城市自来水管网里面抽取，优点是管网压力可借用，消防水泵压力保证至少1公斤压力即可，从而取消消防水池的做法，这样既节省了场地又节省投资，也为规范补充提供了依据，后经几次修订一直沿用至今。

35 宋德和，联谊大厦动力专业工种负责人。

36 据资料记载："变电所上楼。上海解放后新工程中，尚无变电所上楼的实例，供电部门也不同意。在进行大量交流之后，寿家兴专门向供电局介绍了考察中看到的情况，介绍无油变压器及开关设备。在解决了设备吊装及消防等问题之后，终于同意变电所在车道上部，与主楼连接的架空二层处（设置），并经探谈判引进全套变配电设备。采用真空断短路器（VCB）手车式高压开关柜，六氟化硫（SF6）气体绝缘变压器，紧密式母线槽做低压母排及主要配电子线，采用了氧化镁绝缘铜芯耐火电缆等。这些新设备的采用既引进了国外先进可靠的技术，又为以后诸多的引进设备及国内自己的产品更新换代起了带头作用。"

37 联谊大厦建成不久，相关火灾的信息："1986 年冬，时任新华社社长的穆青，在一天夜里给公安部打来电话，意思是该年 12 月下旬，位于上海市南京路的联谊大厦发生了一起火灾。但由于大厦安装有自动报警与自动灭火系统，初起之火很快被控制了，未造成太大的损失。穆社长建议公安部派员就此事实地调查一下，以便通过新闻媒体宣传推广。"来源：https://sh.focus.cn/zixun/564db21f8b752534.html。

38 据资料记载："有关地面线槽及敷设问题，上海也无先例。寿家兴上北京调研取经得到一小段实物，回到上海罗氏厂家开发改进产品并与施工单位及厂家研究施工方法。终于在工程中初次采用解决了强弱电共同预留电源的问题，为整座大厦办公室灵活用电带来可能。在办公室照度设计上，国内无规范可查。按照 500 勒克斯标准进行照度计算及设计，最后按照 20 瓦 / 平方米指标选用进口三管嵌装有机罩荧光灯灯具。竣工后进行实测与回放，照度均在 500 勒克斯以上，外商反映与国外办公楼比较差不多少。"

39 虞秀华，女，1953 年 11 月生。2008 年 11 月退休。华东院电气工程师。

40 1980 年 1 月，为筹集市话建设资金，市话局开始对新装电话用户收取初装费。收费标准大中型工厂企业每号线 1000 元、小型工厂企业 500 元、机关团体与公费宿舍等 200 元；私人住宅用户收 60 元保证金、拆机时退还。此后初装费逐步上调，至 1995 年，私人住宅电话初装费为 4000 元。而随着电信基础设施建设的大量投入以及新技术的不断运营，具有显著时代特征的"初装费"开始进入下降通道。2001 年 7 月 1 日信息产业部和财政部联合发文决定取消电话初装费从电话初装费开始降价到取消仅用 5 年不到的时间，这是电信业深化改革、适应电信市场需求变化、迎接信息时代的必然结果。……1995 年 11 月 25 日零点，上海电话网 8 位拨号工程割接一次成功，上海成为内地第一个实行统一的等位的电话 8 位号码制的城市。

41 《上海八十年代高层建筑设备设计与安装》138 页记载："通信系统：联谊大厦设置一套 50 敏电话小交换机供大厦管理部门使用，各层办公用房通信线路均直接介入市话网，中继电缆接入与楼内线路网均由市电话局设计施工……在二夹层设总配电室，配线架容量为 3400 对，总配线室至各层均由垂直管道相通。各层分设电话分线箱。大厦各办公层均为大空间。为适应通信线路接出灵活、方便，采用地面线槽的敷线方式……监视电视系统：监视电视系统监控中心与消防报警监控中心合设于二层，在监控室设 12 英寸监视器 8 台，20 英寸监视器 1 台，录像机 2 台，控制设备 1 套。在电梯轿厢，各主要出入口等处，共设黑白摄像机 15 台。设备选用松下与索尼电器公司的产品。"

42 《上海八十年代高层建筑设备设计与安装》136 页记载："初次沉淀池、二次沉淀池和污泥浓缩池均设有压缩空气运送污泥及页面浮渣收集器。生物转盘直径 φ2400，电动机驱动，盘片材料为硬质聚丙烯。污水处理站设置在半地下室内，占地 100 平方米左右，层高 4.9 米。"

厦门市园林植物园建设史——陈榕生先生访谈

受访者简介

陈榕生

男，1933年出生于福建福州。1953年毕业于福州协和学校园艺系，1958年前在农业部东北区国营农场管理局从事土地整理工作，1958年调厦门后又转调园林部门工作，1960年开始着手创建厦门市园林植物园。对草药、蔬菜、果蔬、水生植物等有较深的研究，《中国花经》《农业百科全书·观赏园艺卷》编委，主编《福建花卉》和家庭园艺丛书等。主持的“99昆明世界园艺博览会福建生态园”获组委员大奖。退休后，受聘为厦门市园林植物园荣誉主任。2013年，获得中国植物园终生成就奖。2018年，获得第一届福建省风景园林学会终身成就奖。

采访者： 陈芬芳（华侨大学建筑学院）、任尧（华侨大学建筑学院）

文稿整理： 任尧

访谈时间： 2019年7—9月，2020年9月

访谈地点： 福建省厦门市园林植物园办公楼

整理情况： 初整理于2019年9月，2020年10月重新整理，2020年12月定稿

审阅情况： 未经受访者审阅，感谢厦门市园林植物园蔡邦平主任对访谈内容的补充，以及对访谈稿的审阅及建议

访谈背景： 厦门市园林植物园是我国城建系统[1]的第四座植物园，也是福建省第一座植物园。作为全国唯一一个位于城市中心的植物园，是厦门市最大的“绿肺”“鼓浪屿—万石山”国家级风景名胜区的重要组成部分。厦门市园林植物园至今保留着厦门地区传统八景中的部分景点[2]。厦门市园林植物园在建园初期，孙筱祥[3]曾参与到规划当中，其建园思想对以后植物园的发展起到很大的推动作用。目前，对厦门市园林植物园的研究仅仅停留在研究当前现状的层面，几乎没有系统地梳理和研究其建设历史。陈榕生先生是现在唯一一位经历厦门市园林植物园建设全过程的核心人物，植物园今日之国内外重要地位，与其辛勤工作密不可分。访谈从植物园水系和道路规划、绿化建设和植物引种驯化等方面入手，结合现场调研，对陈榕生先生进行访谈，了解建园60年来植物园不同时期的建设情况，以期还原厦门市园林植物园60年建园历史。

2019 年 7 月与陈榕生先生合影
左起：王光明、陈榕生、陈芬芳、任尧

陈榕生 以下简称榕
陈芬芳 以下简称芳
任 尧 以下简称任

植物园原始地形地貌与水库建设

芳 陈先生您好，我们是华侨大学建筑系的师生，这次访谈主要是为了深入了解 60 年来植物园的建设和发展史。现在植物园绿树成荫，植物品类丰富，这些植物在建园之前已存在吗？建园前万石山的原始地貌和水资源是什么样的？

| 榕 我来的时候（1958 年，下同）整个山光秃秃的，水非常多，都是泉水，从地里面涌出来。山上种的果树花木，都是不需要人工灌溉的。

20 世纪 30 年代的万石岩
引自：《画说厦门：回眸城市童年》，
福州：福建美术出版社，2009 年，261 页

今万石岩
任尧摄

芳 万石水库是植物园重要景区，以水库为主景的“万石涵翠”[4]是厦门二十景之一，还有很多景区也是围绕在水库周边。那么，水库是什么时候建成的？水库建设是植物园规划建设的一部分吗？水库建设时您是否也参与了？

丨榕 我没有参与过水库的建设。水库是1952年由市政部门组织建设的，是市政工程。我来植物园参加工作的时候，水库已经建成了。当时中山公园、筼筜湖和海是连在一起的。潮水一涨，中山公园里的水也涨。这层关系是非常好的，这样一来中山公园里面的水系也变成咸水，蚊子在咸水中是无法生存的，所以那时候中山公园附近是没有蚊虫的。之后为了反冲[5]中山公园才建了这个水库。以前有一个说法，万石水库是为了厦门人吃水，这些都是谣传。当时的厦门市建设局负责这件事，为了中山公园补水才做了这个水库。

任 万石水库和中山公园的水系是怎样连接的？设暗管吗？

丨榕 现在万石水库东边大坝的位置原来有一条埋在地下的管子，现在痕迹还在，管子就架在墩子上面。

芳 除了万石山水库，比较高的地方还有一个西山水库，西山水库什么时候开始建设？

丨榕 西山水库以前没有，把水磨坑溪截流之后形成了这个水库。西山水库的建设比万石水库更晚。万石水库大概是1952年，西山水库大概是1956年，都是市政工程。

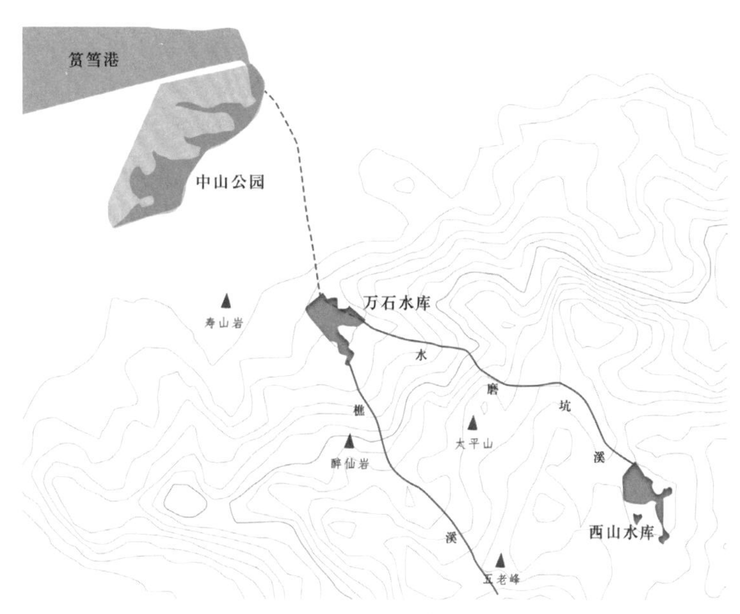

20世纪50年代万石水库和中山公园的位置关系图
任尧绘

植物园成立初期孙筱祥的规划设想

芳 植物园什么年代开始成立？成立的文件是什么部门颁布的？

|榕 1960年开始做的厦门树木园，与福州树木园按照同一个文件同时进行的。文件应该是林业厅，具体一点是林业厅林科所颁布的。

任 我国的植物园有的是属于林业系统，有的是属于城建系统，厦门市植物园从刚开始建设就是隶属城建系统的吗？同期建设的福州树木园隶属什么系统，与厦门市园林植物园什么区别？

|榕 是，当时所有的市政园林都是归城建局管，但是（福建省）林业厅一直扶持（厦门市园林植物园的建设）。城建局没有林业厅那么有钱。林业厅有钱，而且还有热心人，以前林科所有一位江苏人，很热心，一边建福州树木园，一边帮助我建厦门市植物园。福州树木园属于林业系统，厦门市植物园（隶属）城建系统，一个是研究森林，另一个是城市建设。厦门市植物园的建设我一直坚持走植物园的方向，但是福州那边就要走公园的方向，植物园的方向要好很多。厦门市植物园有一段时间叫厦门植物公园，我一直反对做成公园的，目的就是为了保持自身的特色。植物园有一定的研究价值，（但是）公园是向群众开放的，公共性和娱乐性更强。

芳 也就是说厦门园林植物园从开始建园的时候定位就是植物园？

|榕 是的。日本占领期间（1938—1945年）植被受到大肆破坏，所有的树木被砍掉或是烧毁，导致当时厦门所有的山地全是荒山和野灌木。1958年，厦门成立园林管理处，当时园林管理处的主任非常有事业心，每一年都会育一百多万苗，把厦门周边所有的山全都绿化起来。当时的林业部部长是梁希[6]，是名学者，名头是他的，但是权力全在副部长罗玉川[7]手上。罗玉川来视察厦门的时候（1961年），看到厦门建设得非常好，绿化也特别好，还送给厦门市政府一面锦旗。我曾经和罗玉川谈起要做厦门植物园的事，他表示这个想法特别好，会找人帮助我。之后（1962年）他在北京林学院（即北京林业大学林学院）请了五位老师来给我们做规划，分别是李驹[8]、陈俊愉[9]、孙筱祥、陈有民[10]、周家琪[11]。这几个都是大专家，此后也都有很高的成就。来厦门最多的就是孙筱祥，差不多有半年以上。孙先生来这边这么久没有怎么画过图，更多的是表达想法。那半年时间，我从头跟到尾。厦门市植物园几乎所有的植被种植、设计、规划、管理都是我（后来）一手操办的，规划基本上是我和厦门市设计院一起设计，但是这些（植物规划以及万石水库周边的园区规划）基本上是按照孙先生的想法做的。

芳 当时对整个园区的规划设计（孙先生）提出过哪些设想？

|榕 具体的规划细节孙先生没讲太多，但是他强调过厦门属于南亚热带，南亚热带的植物有五大特色：棕榈植物多，竹类植物多，藤本植物多，大花乔木多，大型草本多。厦门市植物园里的植物就差不多以这五类植物为主，但在实施方面并不完善，比方说竹类植物现在都没有规整起来[12]。有些想法是我在园区内转的时候遵循孙先生的思路摸索出来的，比方说松杉园。

芳 孙先生当时是怎么跟您解释他的想法的？

|榕 就是经常聊天。他画过两个透视图，现在已经找不到了。其中一个就是在棕榈岛做一个锁云沟，是国画风格的；另外一个就是标本楼（的效果图），这是北京林学院的一位老师设计的，泉州人，之后去了香港。

任 孙筱祥先生参与规划的时候有没有留下图纸一类的东西？

丨榕 他什么都没有留下来，我们甚至没有可以提供给他的东西，地图都没有，更别说地形图和规划图了。就是走走看看，看哪里适合做什么就做什么。

水系的梳理和闸坝的建设

芳 水磨坑溪和樵溪[13]是建园之前就已经存在的两条自然水系，水库建设后，结合景观建设，截流做了一些景观节点，下面想和您了解一下，这两条水系的梳理和闸坝建设方面的历史。从水磨坑溪开始，它的源头在哪里？

丨榕 源头就是现在的西山水库[14]，最早的时候水磨坑溪只是一股泉水。

芳 和樵溪比，现在水磨坑溪的水量挺大，与建坝有关系吗？

丨榕 在水磨坑溪上游我修建了两个小闸坝，这些闸坝很关键，可以一步步把水拦住。但是话又说回来，建这些构筑物对生态其实是很大的破坏，的确是这样的。我刚来植物园的时候，园区内到处都是水，工人们施工根本不用挑水，只要想办法拦水。现在这个现象已经完全看不到了，几乎所有水系的运作都得靠机器，靠抽水机，这其实是非常不好的一种现象。原来这里所有植被的灌溉都是靠溪水，现在都是靠机器浇水。我一直强调这里的规划，最重要的两个事没有做，一个是水，一个是电。以前市政府资金匮乏，现在资金问题解决了，上级又不太重视这些问题了。我一直在跟市领导提一些关于有没有办法引进源水的问题。现在基本上是靠天吃饭，有时可以用自来水补充一点点，比方说大旱的时候。主要是因为植物太多了，灌溉的问题还是要靠自来水补充。

芳 太平岩寺附近的水闸以前就有了吗？是什么原因造成在太平岩寺附近设置那么多水闸呢？

丨榕 这些闸是开始管理植物园的时候建的。至于为什么建这么多，主要还是因为这个片区很缺水，建了闸就能储水。为了尽可能多地储水，整个片区内只要是有储水的条件，都会设闸（储水）。中岩寺[15]、蔷薇园和“太平石笑”[16]这三个片区附近的水坑都是一样的原理形成的，中岩寺的水坑大概是1980年形成的。“文革”时期，寺庙里的僧人都被红卫兵赶走了，菩萨雕像也被砸毁，整个片区被破坏得很厉害。之后这些地区的管理权就从僧侣转接到我们这里，这才把这些水坑的问题解决了。

芳 小桃源的水闸也是同期做的吗？水塘中景通桥的形态很漂亮，以前景通桥就在那个位置吗？

丨榕 也是（20世纪）80年代左右形成的。小桃源的水塘其实不是天然的，也是（把水磨坑溪）拦闸之后形成的。以前那个位置有一条小溪，有一部分水是从万石莲寺的楼梯流下来的，现在都没有了。万石莲寺山门进去的地藏王殿，沿着楼梯可以朝下走，到一个平台，从那个平台的位置还可以继续往下，原来那个地方是有铺装的，不知道现在那边怎么样了。景通桥以前是没有的，但是它旁边的石头都是天然的，不是人工故意放在那个位置。其实景通桥是顺着势去修的，修得还蛮巧的，我们搞园艺的，会故意折一下或者怎么样。

芳 小桃源的闸坝如果稍微营造一下，是不是也可以形成很不错的小景观？

丨榕 旁边太陡了，太深了，没有余地做这些小景观。

小桃源航拍图
王光明摄

松杉园航拍图
王光明摄

比如说松杉园的这个水池，它的形成是毫无道理的。为什么这么说呢？在一般水库的设计中，一定要在最窄的地方做堤坝，这样做是最经济的，也是最牢固的。但是松杉园片区的地形很特殊，外部很宽，开口很大，出口却很窄，这就导致松杉园的做法刚好和一般做法相反。松杉园反反复复做了好几年，原因在于这里是裸子植物区，比如水松、水杉、落叶松、落叶杉，等等，裸子植物有许多种类是必须要在水边生长的，还有一些裸子植物的根是伸到水里面去的，所以为了维持这些植物生长的生态环境，才坚持做了这个松杉园来满足其生存条件。

芳 松杉园的水是从哪里来的？因为之前在松杉园有看到一个小瀑布，这个瀑布是人工的还是天然的？有没有活水的源头？

| 榕 这是抽水机抽上来的，没有活水源，就是靠自来水。松杉园水池底部是钢筋混凝土的。本来是土夯的，但是很容易漏水，最后做了三四次才建成了。我们其实不喜欢按照这种方法建，这也没办法，建起来之后问题才解决。

芳 另外一条水系——樵溪的源头在哪里？

| 榕 樵溪的源头就在“高读琴洞”[17]。原来“高读琴洞”的水量很大，水声叮咚叮咚响很好听，比寄畅园的八音涧效果更好。颐和园里的谐趣园就是写仿寄畅园的。现在的谐趣园，整个水池周边都围合起来了，破坏得很严重，已经面目全非了，这也没办法，现在人太多了。

任 百花厅那么大一片水池是怎样形成的？

| 榕 就是樵溪截流形成的，樵溪的水量并不大，从我来的时候水量就不大，一直就那么小，但是它一直没有断过。

樵溪水库现在没有了，原来的位置就在现在的雨林世界。雨林世界的门口原来有眼水，50 米深的一眼水，现在水眼被填死了，之前那个位置有一个水池。百花厅边上的荫棚（在百花厅东南侧）原来是用来洗衣服的，以前没有洗衣店，衣服收过来就会雇老太婆在那里洗，洗完之后就在附近的石头上晒。洗衣服的多了，水质变得很差，附近的臭味很浓，我们就把那个地方改造成荫棚，这是我最满意的地方。那个地方一共不到两亩地，做出了三个空间，曾经风靡一时。

植物园核心区水系关系图
任尧绘

芳 万石水库的水源就是水磨坑溪和樵溪吗？

丨榕 是的。当时水系规划做得很细致，在水磨坑溪边上建了两个闸，需要供水时就把闸打开，水就从太平岩寺流下来；不需要时就闸死，水就流到北边去了，这些闸是很灵活的。当时南洋杉草坪底下还有一条很大的涵洞，人是可以走进去的。它是干什么用的呢？需要供水的时候就把闸关掉，樵溪的水就流到万石水库来。因为之前樵溪和水磨坑溪的水流不到万石水库来，所以才做了这两个小工程。这个做法考虑得很好，这样就把地图上看得见的，哪怕是流向外面的水引导过来。

道路系统规划与建设

芳 植物园规划建设前，水库区域周边的道路是什么样的？现在园内道路什么时候开始规划建设？

丨榕 我也是听别人讲的，原来的路比（万石）水库的高度还要低。从最低的地方一直沿着水岸线走，走到万石莲寺，原来的路很容易被水淹掉。（万石）水库边上的路都是后期重新修的，大概在1960年建的。

芳 按时间算，万石水库建完就开始修路，哪些路是最早开始修的？锁云路[18]什么年代修建的？早期规划设计的时候有考虑过园区内桥的建设吗？

丨榕 环着（万石）水库，从（现在）棕榈植物区（的位置），到（现在）新碑林（的位置），这条是最早的。锁云路的修建更迟。桥的建设没有考虑过，哪里需要就把桥建到哪里，建到哪里桥就架到哪里。

任　原来的万石山，山石多，那么这种地形下，路怎么修？围绕万石水库的路（重新修的时候）全部抬高了吗？

｜榕　道路修建时主要是依山就势，稍微有点空间的地方就往上修。万石水库那边的路有的地方抬高，有的地方是降低的，那个时候没多少规划要求，都是按照实际的情况去做，现在规矩变多了。（这些工程）都是市政做的，那时候跟市政是兄弟单位，他们做我们不用出钱的，包括后面那栋楼也是市政做的。

20世纪50年代道路建设示意

植物园各景区建设时间

芳　前面谈到了植物园的山体、水系和道路系统建设，下面想向您了解一下植物园各个景区的建设顺序，植物园占地面积很大，早期的植物园范围就是这么大吗？办公区域在什么位置呢？大门位置在哪里？现西大门广场什么时候建的？

20世纪60—80年代道路建设示意

｜榕　早期的范围就是现在万石水库的周边。当时天界寺不归我们管，樵溪和琴洞也没怎么规划过，新碑林（植物园内一景点）那边是我们规划的。大概从（万石水库）大坝这块区域，一直到万石莲寺，就是早期的植物园范围。早期没有办公地点，就是拿个皮包过来。直到1985年左右建了现在的这个办公楼。最早的时候就在中山公园办公，当时中山公园和植物园的管理并没有分开，两者算一个单位。

原来的大门就在现在的铁路公园（厦门市铁路文化公园）边上，形式是两个墩，外面是两堵围墙。原大门的方位和位置与现在西大门不一致，当时是离（鹰厦）铁路很近，是（较现在的位置）往外的，现在是收进来的。修建（钟鼓山）隧道也影响了这个大门的位置。原来的那个围墙是环抱式的矮墙，后来建隧道就把围墙拆了，大门又往后退了，门口这个广场就出来了。

20世纪90年代至今道路建设示意

注：图中灰色细线为植物园范围，黑色粗线为车行道路，黑色虚线为登山路

任尧绘

芳　最早园区的建设是从哪一部分开始的？

｜榕　最早的应该是竹类（植物区），大概是1967—1968年。棕榈植物区的建设时间稍微靠后，大概是1968—1969年。接着是从（现在的）百花厅和其周边区域开始，南洋杉草坪（植物园内一景点）“文革”前期被破坏了，大概是1972年又重新恢复起来。裸子植物区（即松杉园）相对更早。这些都是逐渐做起来的，不是一下子就做出这几个区域来。百花厅那片区域，本来做的是一个月季园，种了很多月季，有好几百种，还是挺出名的。

芳 现在“万石涵翠”的适然亭、澄心亭、天趣桥和春秋桥是什么时候建起来的，这些对于整个“万石涵翠”的景观是很重要的组成部分。

| 榕 （20世纪）六七十年代的时候还没有，这些大概是80年代建好的。仰止亭（“万石涵翠”景区中的另外一座亭子）和天趣桥边上那些高起来的石头是一直就在那，大概是1980年左右搬过去的。

芳 藤本植物区的建设时间呢？

| 榕 藤本植物区也是一点点搞起来的。大概是从2000年开始建，一直到现在还没完全建成，2000年前后先开始修路，2002年建第一期的花架，2004年种第一批苗，那时候欣欣向荣；2006—2007年算是最好的时期了，之后开始走下坡路，藤本植物上面的树长势太猛了，还有灯光这些一系列的因素，导致这个区域出现了很多问题；第二、三期（的建设）大概在2010年左右，最近维修过一次。

芳 七八十年代有规划图纸吗？

| 榕 那个时候我不太画图，靠“想法”建起来的，基本上没有图纸。以前我们团队里有个木工很有本事，他会画图。松杉园的延年亭，我讲了大概的想法之后，他就会去画技术图。还有棕榈岛的亭子，都是这个样子（建起来的），我讲概念他画图，画完之后就开始实施。材料都来自山上的树，建完之后感觉还不错。最后按照这个思路把材料换成钢筋混凝土，一般都会先确定的比例和尺度。

任 办公楼是什么时候建的？开始建的时候功能是什么？

| 榕 这个楼以前就是标本楼，放植物标本。因为先前植物园刚开始建的时候，想做标本楼这个想法其实是有点超前的，（植物园）自身并没有多少植被标本，而且园区内保存的东西在“文革”的时候就烧掉了。

任 现在的重心好像都往西山（西山景区）[19]那边挪了，驯化区[20]也搬去那边了。

| 榕 对，是的。

任 西山景区现在建的怎么样了？

| 榕 现在其实还没怎么建，很多地方还是杂草丛生的。

关于植物引种驯化

芳 园区的绿化是什么时候开始起来的？

| 榕 1958年，最早种的是台湾相思树。“飞机播种”也是谣传，都是一点点育苗，一点点种的。我们来了之后就把相思树换成了纤维树种[21]，种上了我们培育的树种，比如说棕榈。相思树、木麻黄、马尾松这三种基本上都是重新种的，整个园林（之后）连续十年的种植，树种就是这几种。那个时候所

有厦门人，不管男女老幼都上山种树，有的老太婆从家里背土上去的，这是真正的发动群众。之后就是一个景区接一个景区建起来的基础植被。

芳　作为专题植物园，你们在植物引种、栽培方面应该有很多的成果，下面想和您了解一下关于植物引种驯化的内容。建园之前万石山的植物主要哪些？看到一些榕树，这些是以前的吗？

丨榕　以前(20世纪60年代之前)有很多很大的榕树，现在都没有了，很多大榕树都倒了。“万笏朝天”[22]那里以前有一棵非常大的马尾松，不知道是什么时候没有了。

芳　百花厅以前是月季园，能和您了解一下当时月季的引种和栽培情况吗？

丨榕　百花厅也是很早就开始做。最初，百花厅的位置是月季园，专门种月季的。那时植物园的月季很出名的。为什么说很有名呢？当时有外汇资助，一位华侨来给植物园捐钱，我们把这些钱存在香港

植物园建设示意图
任尧绘

的银行。之后植物园列出月季名单，从荷兰引进月季品种，因为荷兰那边的品种很新。上海和杭州的植物园一听说这边有了新品种，抢着要育这边的新种，所以一下子就出名了。到现在每年上海和杭州方面都要来技术人员。新品种肯定是等厦门市植物园这边繁殖出一定量之后再分享出去，之后他们就用他们自己的技术嫁接、繁殖。（20 世纪）60 年代开始建月季园，到 80 年代才把百花厅建起来，百花厅建起来之后就把月季园去掉了。

芳 当时这种繁殖工作是有专门的技术人员和研究人员吗？

丨**榕** 有啊。当时技术人员主要是我一个人，这些方面的工作大概干了二十几年，从来没有周末。园林处的研究人员也就只有三四个人。60 年代中期的时候，月季园有五百多个月季品种。

芳 这么多的品种，您是从哪里引种的？

丨**榕** 比方说，上海和杭州方面到厦门来要新品种的话，就需要带他们的一些品种过来交换，我再把新的品种交换出去。这个行业内，有“品种交换”的说法，世界范围内都通用的。国际上对品种行业有规定，各个植物园互换品种名单，把想要的品种在名单上勾选出来。对方如果有，就会交换给我们。但是有的不友好的植物园，好的品种就不会给出去。苏联是属于友好型的，要什么基本上都会给的。但是苏联的东西，我们交换的很少，那边温室的东西，我们可以要，但是室外的植物在这边根本存活不了。

芳 引种是引种子还是引苗？怎么运过来呢？

丨**榕** 分植物。比方说，月季是引苗，从荷兰运过来。欧洲人运东西很有考究，特别认真规范，一个是包装得非常好，里面还会附上反馈单，填写完整再寄还给他。这跟欧洲那边久远的园艺发展史是有很大关系。那张表格写得很详细——植物运过来的情况怎么样，有没有干枯之类的问题——表要填满再回寄给他。因为我们经常向他们买东西，所以就老老实实地填，我们也清楚，这样对双方都是有好处的。从英国邱园[23]寄过来的种苗，也是这样，很严谨，很考究。

芳 双方有没有品种的交换呢？

丨**榕** 那边如果有要求的话，我们就会寄给他们，也是有交换名录的。

芳 我们这边有哪些他们比较想要的稀罕的种子？

丨**榕** 有。比方说像杉木。但是杉木我们不会作为交换品种。国家有规定，要寄的话是需要把种子蒸熟之后再寄过去。但是现在没必要了，世界上很多国家都有种这些植物。过去比较狭隘，哪些能给、哪些不能给都是有明文规定的。

芳 棕榈植物的情况是怎样的？

丨**榕** 棕榈园大概从 60 年代末开始，跟株类植物一样断断续续拖了很长的一段时间建成。过去不像现在，现在要建一个东西从开始设计到投标，这一系列工作确定之后，品种购买的工作就能一下子完成。以前没地方买，像棕榈这些植物，都是一点一点从别的地方先引种进来，再育种，育好之后再一起种下去。以前没办法像现在这样一下子种几十个品种。以前国门没有完全打开。

芳 种植时，植物配置有经过设计吗？

丨榕 肯定是有的。高低错落，层次感肯定是需要设计的。外面这株这么大的伊拉克蜜枣，是我当时来的时候种的[24]，大概是1958年。现在植物园内这么大的树，基本都是那时候种下去的。这跟职业病也有关系，也正是因为这样，自己手头才有资本跟他们交换，这样一来引种就变成很方便的事。所以说，我们这个小小的城市，没钱也能种出这么多东西。植物园现在有八九千种植物。

芳 那您在引进植物的时候，也是蛮随机的吗？还是说先有引种规划？

丨榕 在这种热带海岛季风气候区，（结合孙先生提出的建议）有五类植物是优势：棕榈类、竹类、大花乔木类、大型草本类和藤本类。这几类就是我们要发展的重点。总的来说就是调研再加上一些资料，慢慢就积累起来了。

任 现在植物园跟国内外的一些其他的植物园有没有什么交流合作？

丨榕 一般就一年开一次年会，不管什么城建的、林业（系统）的都会一起去。现在跟深圳仙湖植物园的关系还不错，它以前是城建（系统）的，现在归到科学院（系统）了。

1 我国的植物园根据其所属系统的不同，可以分为科学院系统植物园、城建系统植物园、林业系统植物园、教育系统植物园、医疗系统植物园、农业系统植物园、民办植物园和其他。参见：谭淑燕《我国城建系统植物园的科学特色及发展研究》，北京林业大学，2007年。

2 厦门地区的传统“八景”共有二十四处，分别为大八景，小八景和景外景三种，每种共有八处，其中有六处位于厦门市园林植物园内。这六处中，万笏朝天，中岩玉笏，天界晓钟和太平石笑为小八景，紫云得路和高读琴洞为景外景。

3 孙筱祥（1921—2018），浙江萧山人。1946年浙江大学园艺系毕业，主修造园学，获农学士学位。1954—1955年在南京东南大学建筑系进修建筑设计。曾师从徐悲鸿教授学西画。荣获2014国际风景园林师联合会（IFLA）杰弗里·杰里科爵士金质奖，是中国首位获此殊荣的风景园林师。

4 考虑到城市的发展变迁，城市风貌逐渐发生变化，旧景的消失与新景的兴起，1997年厦门市开展对新景的命名与评选活动，最终于2000年厦门市重新评选出“厦门二十景”，今植物园范围内的“厦门二十景”只剩3处。“万石涵翠”的位置即万石水库。

5 反冲，指防止山洪冲击中山公园及周围城区。

6 梁希（1883—1958），原名曦，字索五，后改名为希，字叔五（或叔伍），笔名凡僧、一丁、阿五等。浙江省吴兴县人。著名林学家。1913—1916年在日本东京帝国大学农学部林科学习，1923年赴德国塔朗脱高等林业学校（现为德累斯顿大学林学系）研究林产制造化学，1927年回国。第一任中国林业部部长（1949—1958）、研究员。1955年选聘为中国科学院院士。

7 罗玉川（1909—1989），河北满城人。1949年后历任农业部副部长、党组书记，中共平原省委副书记，平原省人民政府副主席，林业部副部长（1952—1956、1959—1966），农林部副部长兼国家林业总局局长，林业部部长（1979—1980）、顾问。

8 李驹（1900—1982），生于上海。园林学家、园艺教育家、花卉专家，为我国规划设计了多处著名园林、景区，是我国近代公园建设的先驱之一。长期从事植物拉丁学名的搜集、整理和编译工作，著有《苗圃学》等。曾任多所大学园艺系、园林系系主任，是中国园艺学会成立发起人之一。

9 陈俊愉（1917—2012），生于天津，安徽安庆人。园林及花卉专家，中国园林植物与观赏园艺学科的开创者和带头人，中国工程院院士，北京林业大学园林学院教授、博士生导师及名花研究室主任。创立花卉品种二元分类法，对中国野生花卉种质资源有深入的分析研究，创导花卉抗性育种新方向并选育梅花、地被菊、月季、金花茶等新品种，系统研究了中国梅花。

10 陈有民（1926—2018），生于辽宁辽阳。园林教育家，园林学家。主编全国通用的《园林树木学》，主持园林绿化树种区划科研等工作，为促进园林建设事业发展作出贡献。

11 周家琪（1919—1982），山东潍县人。园林植物学家。1944 年毕业于金陵大学园艺系，后留校任教。1949 年后，历任山东大学、山东农学院讲师，北京林学院讲师、副教授，中国第一个以近代科学方法调查研究牡丹生产经验与品种分类的园艺学家，观赏植物二元分类法创始人之一。长期执教，为中国观赏园艺事业培养了一代专门人才。曾主持牡丹、芍药花型演进及其分类的研究，阐明了牡丹、芍药品种生物学特性的自然发展规律，提出了花型自然演进的分类方案。发表有《牡丹、芍药花型分类的探讨》等论文。主编有《鄢陵园林植物栽培》《北京黄土岗花卉栽培》等。

12 厦门市园林植物园的竹类植物是沿着园区内主要道路种植的，没有区域的概念，如果按早晚来说的话，也是比较早开始的，大概 20 世纪 60 年代就开始种了。

13 厦门市植物园内两条主要的溪流，是园内最重要的自然源水。

14 在植物园内，距离万石水库东南方向 1.3 公里左右，储水量 8.9 万立方米。

15 中岩寺，在厦门园林植物园内，又称“云中岩”。因处万石莲寺与太平岩之间，得名。传说始建于明代，岁月不可考。

16 厦门小八景之一，在植物园内。“在福建厦门市东郊狮山主峰，……过石刻，即太平石笑名胜所在，由四块巨石相迭而成，上两石一端贴合，一端张开，宛如开口在笑，颇为形肖。石上镌石笑两字。”参见：国家文物事业管理局《中国名胜词典》，上海：上海辞书出版社，1981 年。

17 厦门景外景之一，在植物园内。“高读岩在紫云岩之高处，为延平郡王所建，作为读书之处，乃称高读岩。岩内有琴洞，其字是郑尹杨所题，笔力雄劲，历今犹存，洞中可容数人。一脉清泉，久旱不涸，中一石形琴，阶阶湍流，如奏其声。”参见：吴雅纯《厦门大观》，厦门：新绿书店，1947 年。

18 锁云路，植物园内主要的车行道路之一，另外一条为万石路，二者共同串联万石水库周边的景点和专类园。

19 厦门市植物园景区分为万石景区、紫云景区和西山景区。

20 指引种驯化区，植物园原来的引种驯化区在荫棚和百花厅片区。

21 纤维树种，指冷杉属、云杉属、松属、水杉、杨属、桉树、臭椿、桦木、鸭脚木、水青树、枫杨等。

22 厦门小八景之一，在植物园内。“万石岩，……山间怪石参差，峰顶万石挤立，恍若朝天玉笏，故有‘万笏朝天’胜景之称，列为厦门小八景之一。”参见：厦门市佛教协会《厦门佛教志》，厦门：厦门大学出版社，2006 年。

23 邱园，英国皇家植物园，世界著名的植物园之一，植物分类学研究中心，是联合国认定的世界文化遗产。始建于 1759 年，经过 200 多年的发展，已扩建成为占地 120 公顷的规模宏大的皇家植物园。

24 以前陈榕生就职于农业部，与苏联专家在东北地区管理国营牧场规划。1958 年苏联专家从东北撤走，两三千高校毕业生顺应东北大开发的大势，对东北大片土地进行测量，开展从规划设计到农业地块分析一系列工作。20 世纪 50 年代末，中国与伊拉克交往密切，国内大买大卖伊拉克蜜枣，陈榕生在上海得到伊拉克蜜枣的种子，带到厦门，种到今日办公楼前。

从法国总会、58号工程到花园饭店
——华东院工程师丁文达、程超然访谈

受访者简介

丁文达

1939年6月生，江苏江阴人。1959—1964年就读于同济大学建筑机电系工业企业电气化自动化专业，1964年9月进入华东院[1]工作，1999年6月退休。华东院电气专业副主任工程师。20世纪60—70年代，他先后承担了江西小三线“9333”厂、上海市58号工程改建、“414”工程、“708”工程等保密工程的电气设计工作，均为独自设计、出图并指导施工。此后陆续负责了赞比亚党部大楼、上海龙柏饭店、上海西郊宾馆、上海展览馆中央大厅改建工程、上海锦江乐园、印尼雅加达电视塔、浦东国际机场一号航站楼等项目的电气设计。曾获上海市优秀设计一等奖、上海市科技进步二等奖。

程超然

1936年7月生，广东中山人。1958—1963年就读于同济大学建筑工程系施工组织与经济专业，1963年进入冶金工业部武汉钢铁设计院工作，1975年调入华东院，1996年退休。华东院结构专业主任工程师。曾经参与湖北黄石钢铁厂35T炼钢平炉、上海虹桥机场57M大机库、武汉钢铁厂2800轧板车间、上海植物园植物楼、赞比亚党部大楼会议中心、上海铁路新客站等项目的结构设计，并承担上海花园饭店法国总会建筑的改建加固设计与施工监理工作。

采访者： 吴英华（华建集团华东建筑设计研究总院）
访谈时间： 2020年6月11日
访谈地点： 上海市受访者家中
整理情况： 2020年8月31日整理，2020年12月3日定稿
审阅情况： 经程超然、丁文达审阅
访谈背景： 上海锦江花园饭店是由上海市锦江联营公司和日本野村中国株式会社投资建造的豪华型五星级宾馆，由日本株式会社大林组东京本社（以下简称“大林组”）和华东院合作设计，包含新建的主楼、裙房、汽车库，以及改建的法国总会建筑四个部分。整个设计以大林组为主，华东院主要承担该项目的技术和施工咨询、法国总会建筑的加固改建，以及多层汽车库的设计工作。设计合理利用始建于20世纪20年代的法国总会建筑，将其改造为花园饭店裙房的主要部分，包括饭店入口、大堂、中庭、大小宴会厅及商店、酒廊等。改造后，原建筑外貌及内部彩色玻璃天棚、弹簧地板舞厅和大扶梯保存完好，既保持了原有的法国古典建筑风貌，又与新建的饭店主楼浑然一体。

花园饭店全景
引自：《花园饭店（上海）纪念图册》[2]

丁文达　以下简称丁
程超然　以下简称程
吴英华　以下简称吴

吴 之前我联系您的时候，您提到花园饭店是一个很有讲头的建筑？

丨丁　这个建筑历史比较久了。最早叫法国总会[3]，是一个很高级的俱乐部，就是现在花园饭店南面的那一排房子，旁边的两层辅楼是后造的，还有一个（露天）游泳池。20 世纪 50 年代改为供中央领导在沪居住的招待所，位于茂名南路 58 号，叫 58 号工程。当年毛主席来上海就住在这里，房子很高大，有一些比较高级的活动场所，包括会议厅、跳舞厅、保龄球馆。

“414”工程[4]，就是西郊宾馆的前身，1960 年由我们华东院按照 58 号工程的模式设计。这个项目也是保密工程，电气部分由我一人负责。整个建筑分为甲、乙、丙三部。甲部是毛主席跟江青住在里面，毛主席住西边，江青住东边，江青身体不好，东边有日光室等一系列设施。主建筑的房间都在中间，外面是走廊，主要是为了隔声、安全。里面绿化非常好，在当时全上海所有的公园里算是顶尖的。“414”工程建好以后，毛主席就搬到那边去住，58 号工程改由周总理在上海的时候住，接待外宾很方便，过马路就是锦江饭店。当时很多外宾都住在锦江饭店的高层，现在很多名人也住那边。

后来 58 号工程主楼的屋顶因为地下挖了人防工程整体倾斜，出现了漏水等问题。1964 年我从同济大学毕业以后进入华东院，1965 年开始参与 58 号工程的加固改建工作。那个时候我很年轻，进院才一年多，主任工程师叫田志轩，几个工程配合下来，觉得我这个人比较可靠，挑选我加入 58 号工程。这是保密工程，不好跟院里其他人讲。

吴 20世纪60年代58号工程的修缮改建工程，华东院主要做了哪些工作？

丨丁 58号工程的总负责人叫魏志达[5]，周礼庠[6]负责结构，当时把整个屋顶都敲掉重新做了。法国总会顶上原来有个好大的亭子[7]，考虑亭子的荷载让建筑主体更容易倾斜，后来把它拆掉了。下面的房子一点都没有动，还是保持原样。

吴 室外部分主要是屋顶的翻修重建，那室内部分呢？

丨丁 舞厅、保龄球房的样子、设施一点没动。室内有很多精美的绘画、雕塑，有部分裸女雕塑当年经历了一些风波才保存下来[8]；房子的彩色玻璃窗不是一整块，而是拼花图案，都是嵌缝的，只有徐家汇一个教堂里的师傅会做。舞厅的弹簧地板，走起来会唰啦唰啦响，跳踢踏舞效果特别好。主人有主人的通道，陪舞有陪舞的走道，进出流线设计得都很好。这些都保留下来，然后在长乐路那个地方加建了一个部队住的宿舍。这是北京“8341”部队[9]住的，中央领导来的时候，部队也调到上海（做保卫工作）。

吴 那电气改造部分您主要做了哪些工作？

丨丁 58号工程是我进华东院后，工作时间最长、花费精力最多的项目。作为政治任务，我觉得是组织对自己的信任，确实是全身心地投入工作。这个房子是20世纪20年代后期建造的，好多线路都老化了。原来这个地方的电压是110伏的，是法国标准。1965年，我配合主楼翻建的土建工程，调换了线路，绘制竣工图，把电压改成220伏，系统、线路都重新改造了。当时留存的原始设计图纸我看到过，是白线蓝底，国内的手绘蓝图是蓝线白底，正好反过来。但是这批图纸只有建筑和结构专业的，其他设备图纸一概没有。于是我一个个配电箱进行检查，把每个回路都摸清楚以后，重新绘制了一份完整的电气图纸。1970年9月到1973年7月，陆续做了58号工程2号楼扩建的电力、照明设计，主楼加装温度自动控制装置[10]，还进行了总配电改造、主楼主干线改造、总体路灯等。

吴 院内存档的花园饭店设计图纸上写着您是这个项目电气专业的组长，能谈谈您参与花园饭店项目的情况吗？从58号工程到花园饭店，建筑有哪些变动？

1985年的法国总会建筑（时为锦江俱乐部1号楼）
引自：《花园饭店（上海）纪念图册》

1985年的法国总会建筑（时为锦江俱乐部门口）
引自：《花园饭店（上海）纪念图册》

花园饭店庭院中仿法国总会顶部原有拱亭形制建造的圆拱亭
引自：《回眸文化遗产——从法国俱乐部到花园饭店》

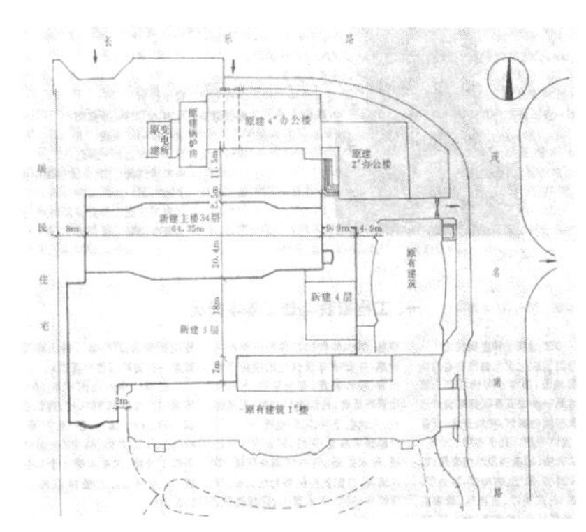

花园饭店既有建筑和新建部分示意
引自：《上海八十年代高层建筑设备设计与安装》

装饰有裸女雕塑的花园饭店进厅
引自：《上海八十年代高层建筑》

花园饭店百花厅的彩色玻璃天窗
引自：《花园饭店（上海）纪念图册》

丁　改革开放以后，市里决定改造58号工程，引进投资兴建花园饭店，由日本大林组设计，华东院做项目咨询。1982年赞比亚党部大楼项目开工，我就去非洲工作了，正好错过花园饭店项目。不然这个项目（电气部分）肯定是我负责，我对里边再熟悉不过了。后来我进花园饭店看过几次，它前面有一个大的花园一直到淮海路，原先的辅楼跟游泳池全部拆掉，沿长乐路的房子全部保留，旁边加建了一个高层建筑。

吴　华东院是在什么情形下承接了法国总会的结构加固改建工作？

程　在花园饭店的设计方案中，原法国总会进行加固改建以后成为饭店裙房（即花园饭店1号楼），是举办接待、宴会、商务活动等配套服务的主要场所。这幢老房子当时已有60多年的历史，属于市级重点保护性建筑。1926年建造时，建筑施工偷工减料严重，原始图纸几乎全部散失，房屋结构老化、沉降开裂都非常严重。业主方日本野村证券集团对加固要求又很高，明确提出承租期间30年内不得再有重大加固施工活动。而部分结构因为使用功能的改变，还得在现有荷载下改建。负责花园饭店设计的日本大林组做过3次实地勘察后正式提出报告，建议拆除重建。但是上海市政府坚持要求保留，大林组觉得风险过大、难度太高，最终决定放弃任务。1987年2月，花园饭店业主方正式委托华东院负责加固改建设计。

法国总会建筑南立面（加固改建前）
引自：《花园饭店（上海）纪念图册》

法国总会建筑南立面（加固改建后）
引自：《花园饭店（上海）纪念图册》

吴 日本大林组做了3次勘察，还是认为加固改建工程风险大、难度高，最后放弃任务。华东院为什么敢于接下来？

｜程 把法国总会的老建筑完全推倒重来，对我们来说是无法接受的。首先，别看只是2层建筑，它是近代优秀保护建筑，有很高的建筑价值。其设计有着典型的19世纪末20世纪上半叶欧洲古典主义风格，特点是运用古罗马建筑的古典巨柱，强调轴线对称、注重比例，并且常用穹顶来统领整幢建筑，给人以主次有序、完整统一的壮美感，法国卢浮宫和凡尔赛宫就是典型例子。其次，这是毛泽东、周恩来等中央领导住过的地方，还曾经接待过英国蒙哥马利元帅[11]等贵宾的来访，有着重大的历史意义。从上海市政府到锦江集团都坚持对老房子进行加固和修复，最后这个光荣又艰巨的任务就交到了华东院手里。华东院接下来，不仅是因为我们院一贯敢挑重担，也是因为20世纪50年代起法国总会建筑的一些维护、改造工程都是华东院在承担，对这幢老建筑方方面面的情况都非常熟悉。我本人也非常荣幸能接过华东院前辈设计师的传承，担任这次加固改建工程的主要设计人和施工现场（监理）配合工程师。

吴 根据资料记载，陈宗樑[12]是花园饭店的结构技术咨询总顾问。

｜程 陈宗樑当时是华东院的结构总工程师，现在已经去世了。法国总会与新建主楼要一起构成花园饭店的整体，但法国总会本身损伤较为严重，如何处理是花园饭店设计的一大关键。陈总提了一些重要

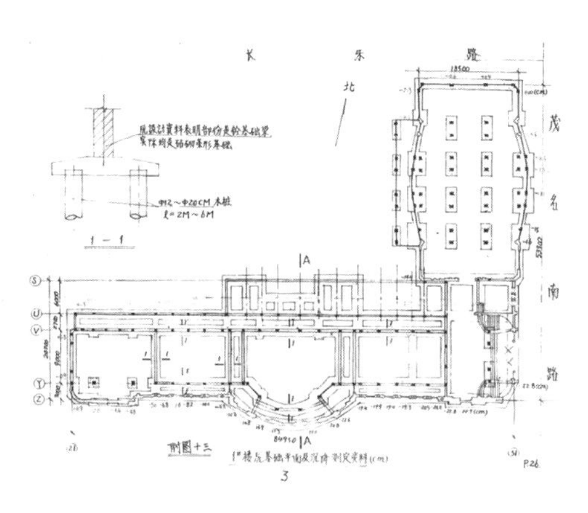

法国总会建筑加固改建图纸：
1 号楼原基础平面及沉降测定资料
程超然提供

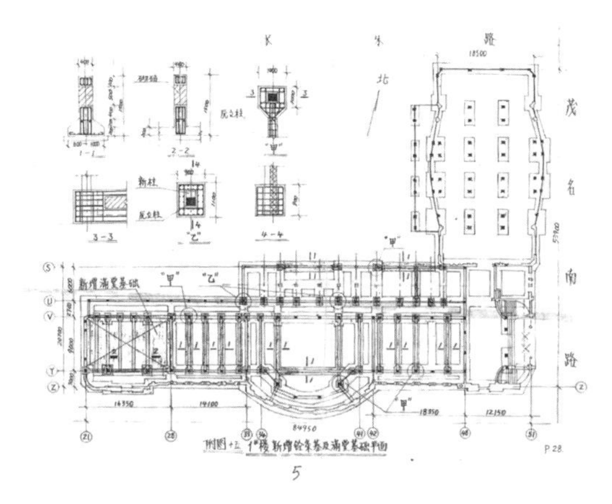

法国总会建筑加固改建图纸：
1 号楼新增砼条基及满堂基础平面图
程超然提供

的指导性意见[13]，针对法国总会，他建议采取增强基础刚度和整体比、适当替换和改建、增大竖向构件的抗侧刚度等一系列措施，最终比较好地解决了问题。

吴 法国总会进行加固改建的难点在哪里？华东院主要做了哪些结构加固措施？

| 程 法国总会是 2 层砖混结构建筑，房屋已经严重开裂，沉降倾斜。最主要原因，据我看有以下几点：1926 年建造时，房屋就存在严重偷工减料的情况。根据保存下来的两三张原始蓝图记载，基础梁应该配有钢筋，实际勘测时发现都是砖块砌筑，部分混凝土柱内还凿出木块和砖屑。20 世纪 50 年代起，这里成了中央首长包括毛主席巡视上海时的住处，在南面花园地下建有高等级的地下人防设施，据说必要时可以作战时指挥部。这样大面积的土体开挖，使整个房屋朝向南面倾斜，东西端沉降差 22 厘米，已经达到 4% 坡度，9 米主梁有不少从根部断裂。虽然华东院 1965 年前后曾经对建筑进行一次结构加固，对部分屋面翻新，把南面门厅屋面上的法式拱亭拆除卸荷，但以上情况并没有得到根本改善，建筑仍属于危房。

1987—1989 年，上海建筑科学研究所运用先进检测手段提供了混凝土标号、碳化程度、钢筋截面等结构内在情况调研资料，我们和上海勘测设计研究院、日方业主、大林组、施工单位密切配合，准确、安全、有效、妥善地对法国总会进行加固和改建。为了保证 30 年不会有大的结构加固活动，保证使用安全，我们采取了多种针对性措施：整个房屋根据计算，在原先的 7 根混凝土基础梁之外又加了 15 根混凝土基础梁拉结；密肋楼面除局部拆除重做外，大部分梁板都用钢筋混凝土加固；建筑主立面尽量不动，北面有条 6 米长的过廊全部拆除重建；东面咖啡馆原是保龄球馆，房子沉降开裂，楼上又是宴会厅，用了型钢和高强螺栓加固；大宴会厅屋面是铆接钢屋架，吊顶经过多次修整，粉刷后又有白蚁侵蚀，用了钢木结构加固；三层的咖啡室屋面和四层的小音乐演奏厅也都进行了加固。

吴 建筑功能的改变是这次加固改建很重要的一点，这在结构方面有哪些体现？

| 程 花园饭店底层大堂原先是分割成小间的宴会包间、会议室和来往通道。由于原结构都是砖墙承重，要打通左面 2 道、右面一道共 3 道隔墙。经过检查发现，这里的 3 道墙直至屋面都没有大梁，基本

上是砖墙承重，只有二楼上部是支座在砖墩上的混凝土拱圈。因此，拆除砖墙难度很大，关键是必须将屋面、楼面有效充分卸荷。提出多种方案讨论后，最后把这段的整座楼面、屋面用满堂脚手架托起，逐层浇筑大梁后达到所需强度，再逐步卸荷。施工时严格检查每道工序，严密监视观测，终于顺利、安全、可靠地完成了改建工作。现在一进底层大堂，迎面就是服务总台，很宽敞。

花园饭店东面二楼的大宴会厅是上海有名的弹簧舞厅，也是法国总会的标志性设施。舞厅两侧楼梯上去的夹层据说是乐队演奏之地。椭圆形木地板舞池，低于舞池边缘踏步 15 厘米左右，木地板和格栅底下的钢管在翩翩起舞时略有滚动，大大增加了舞蹈的乐趣。现在改为大宴会厅，弹簧地板的设计不再合适。于是我们把地面撬开，用木块把钢管垫死固定，用格栅和木地板把地面铺平。这样既符合大宴会厅的使用要求，又为将来复原弹簧舞厅留下了可能性。

吴 您对加固改建工程怎么评价？

｜程 当时没有粘钢、碳纤维这样的加固手段，结构加固工艺比较复杂。如果算经济账，加固的造价整个算下来比拆除重建估计要多好几倍。工期前后花了 2 年时间，如果重建的话同等工作量只要花七八个月。但法国总会是有着重要历史意义的保护建筑，它的价值不能只用金钱来简单衡量。加固改建完毕后，房屋局部和整体刚度已大大提高，房屋沉降得到了有力的控制，保留了法国总会原有的建筑风貌，得到日方业主和有关部门的好评。2020 年 7 月，我曾到花园饭店回访，据饭店工程部反映，自开业使用 30 年来 1 号楼加固部分基本上没有太大问题和变化。

1 即现在的华建集团华东建筑设计研究总院，历史最早可追溯到 1952 年 5 月成立的华东建筑工业部建筑设计公司，其间名称多次变更，包括建筑工程部华东工业建筑设计院、上海工业建筑设计院、华东建筑设计院等，为行文方便，下文统一简称华东院。

2 这是一本花园饭店制作并赠送的工程纪念图册，没有正式出版，由华东院工程师王长山保存并提供，在此深表感谢。

3 法国总会建筑由赖安洋行两位年轻的法国建筑师设计，钢筋混凝土结构，建于 1926—1927 年。法国文艺复兴风格，底层为仿粗石拱券门窗，二层两侧为爱奥尼式柱廊，室内装饰为装饰艺术派。1949 年之前是法国总会所在地，后用途几经变迁，又叫“58 号工程”、锦江俱乐部，20 世纪 80 年代改造为花园饭店裙房的主要部分。为方便行文，下文统称“法国总会”。

4 “414”工程是西郊宾馆的前身，建于 1960 年，由华东院和园林设计院负责设计，选址在原上海建筑富商姚锡舟先生儿子姚乃炽的别墅（俗称姚氏住宅，由协泰洋行汪敏信设计），并在此基础上扩大面积，兴建了一、二、三号楼。建成后作为中共上海市委办公厅“414”内部招待所，专门用来接待党和国家领导人。

5 魏志达（1922.11—2006.10），浙江嵊县人。1938—1941 年就读于浙江省立宁波高级工业职业学校土木工程科，1946—1950 年就读于之江大学建筑工程系。1941 年 7 月参加工作，先后就职于浙江温岭水利工程处、温岭县政府建设科、南京大中华工程公司、上海市工务局建筑公司、上海市营造建筑工程公司。1952 年 6 月进入华东院工作，1988 年 7 月退休。华东院副总工程师、顾问总建筑师。曾任上海市工程学会副理事长，中国工程学会常务理事。先后负责上海 58 号工程、“414”工程、杭州刘庄工程、长沙“201”工程、韶山滴水洞工程、上海虹桥机场改建工程、上海西郊宾馆、上海铁路新客站等项目的设计，还参与过毛主席纪念堂的选址及设计。获上海优秀设计一等奖、上海科技进步一等奖、国家科技进步三等奖。

6 周礼庠（1919.2—2017.8），江苏嘉定县人。1938—1942 年就读于雷士德工学院土木工程系，1947—1948 年就读于美国纽约大学研究院土木工程系，获硕士学位。1942 年 9 月参加工作，先后就职于上海工部局工业社会处、协泰建筑师事务所。1954 年 6 月进入华东院工作，1988 年 1 月退休。华东院结构专业副总工程师、顾问总工程师。在华东院工作期间，他先后承担了南京下关码头、西安交大教学楼工程、“436”厂金工车间等大中型工程设计，并指导设计了金山石化总厂腈纶厂、贝宁体育中心、赞比亚党部大楼、华亭宾馆、上海色织四厂等大型工程。作为院CAD领导小组成员，他为推动华东院CAD的发展应用作出重要贡献。荣获国家、部（市）级获优秀设计奖、科技进步奖近十项，本人先后被评为上海市工业运输业劳动模范、上海市建设功臣、上海市先进生产者、全国先进生产者。

7　据李兴龙《回眸文化遗产——从法国俱乐部到花园饭店》记载，现在花园饭店庭院中的圆拱形亭子是模仿屋顶原有的亭子建造的。

8　1959年，中共中央八届七中全会在上海召开，法国总会也被列为会议场所之一。布置会场时，有关方面认为裸女雕像不符合当时的价值取向和审美情趣，下令将浮雕全部毁掉。时任锦江饭店经理的任百尊毕业于复旦大学土木工程系，冒着风险组织人用木板把雕塑封住并进行外观粉刷，保护了这批艺术佳作。

9　“8341”部队即中国人民解放军中共中央警卫团的代号。

10　根据资料记载，丁文达和上海市委招待处的老师傅一起设计安装了冷气和暖气的温度自动控制装置，精度在正负0.5℃以内，多年来一直运行正常。

11　蒙哥马利元帅（1887—1976），分别在1960年与1961年两次访问中国，1960年5月27日毛泽东在上海会见蒙哥马利元帅。

12　陈宗樑（1936.10—2019.7），浙江富阳人。1957—1962年就读于浙江大学土木系工业民用建筑专业。1962年10月进入华东院工作，2000年11月退休。华东院原总工程师。他主管和参与了苏州南林饭店新楼、上海新苑饭店、华东电业管理大楼、海仑宾馆、上海广播电视新闻大楼、浦东金桥大厦、上海大剧院、苏州国贸大厦、花园饭店、上海环球金融中心等重大项目的结构设计。曾获上海市优秀设计奖、上海市科技进步奖等多项部市级奖项，并参编“上海市建筑抗震设计规程”、《中国土木工程大辞典（结构篇）》。据资料记载，他在花园饭店项目中担任技术咨询总顾问。

13　据资料记载，陈宗樑认为花园饭店设计建造涉及三个关键技术：环境保护（要求）很高；原法国总会为近代优秀保护建筑，与新建宾馆需构成整体，且损伤较为严重；高层整体滑模施工。

参考文献

[1]　李兴龙 . 回眸文化遗产——从法国俱乐部到花园饭店 [J]. 家具与室内装饰，2003（7）：22-27.

[2]　上海市建设委员会 . 上海八十年代高层建筑 [M]. 上海：上海科学技术文献出版社，1991.

[3]　上海市建设委员会科学技术委员会 . 上海八十年代高层建筑设备设计与安装 [M]. 上海：上海科学普及出版社，1994：35-48.

华东院计算机站及其高层建筑结构计算程序的发展与应用

受访者简介

王国俭

男，1951 年 12 月生，浙江鄞县人。1974—1977 年就读于复旦大学数学系计算数学专业。1968—1970 年于上海市第八建筑公司工作，1971—1974 年于空军第九航空学校修理厂任无线电员，1974 年 3 月进入华东院至 2012 年退休。华东院副总工程师，教授级高工。1989 年 1 月—1990 年 7 月赴比利时鲁汶大学工学院建筑系进修，学习医院建筑设计技术并结合中国医院建筑设计特点，研究开发“医院建筑设计 CAD 软件”，并为华东院各类高层建筑项目提供结构计算程序支持。参与国家标准《建筑信息模型分类与编码标准》编制，《土木建筑工程信息技术》杂志编辑部副主编。曾获国家工程设计计算机优秀软件二等奖，华夏建设科学技术奖一、二等奖，上海市科技进步三等奖。

汪大绥

1941 年 2 月生，江西乐平人。1959—1964 年就读于同济大学城市建设工程专业，1964 年 9 月进入江苏省连云港市建筑设计院工作，1979 年 12 月进入华东院并工作至今。全国工程设计大师，华东院顾问、资深总工程师，曾任同济大学兼职教授、博士生导师，住建部超限高层建筑审查专家委员会委员。获众多部级、市级奖项，被评为国家人事部“有突出贡献的中青年专家”、上海市建设功臣、全国劳动模范，2016 年获高层建筑和城市人居委员会（CTBUH）与中国建筑学会高层建筑人居环境学术委员会联合颁发的“中国高层建筑杰出贡献奖”。主要设计项目包括科摩罗人民大厦、华亭宾馆、光明大厦、宁波国际大厦、久事大厦、东方明珠广播电视塔、上海浦东国际机场、中央电视台新台址大厦、天津津塔、武汉绿地中心等。主编或参编《高层建筑混凝土结构技术规程》《组合结构设计规范》《钢结构设计标准》等多项规范。

周志刚

1936 年 9 月生于上海。1963 年毕业于同济大学工程力学系。1963—1988 年在华东院从事结构设计工作，任结构副组长，工程师；1988 年后在光华勘察设计院工作，任副总工程师，高级工程师。1996 年 9 月退休。曾任长宁区建设委员会重大项目审批专家组成员，1993—1998 年上海市招投标专家组成员。曾在陕西鼓风机厂、上海鼓风机厂、金山石化总厂腈纶厂项目现场设计中全面负责设计组织工作。完成上海科技大学电子物理楼、清江百货大楼、海运局综合楼、龙吴路仓库、上海工程技术大学多幢科研楼和教学楼、新世界商场、虹桥宾馆、银河宾馆等项目结构设计。

采访者： 孙佳爽（华建集团华东建筑设计研究总院）、吴英华（华建集团华东建筑设计研究总院）、忻运（华建集团华东建筑设计研究总院）、姜海纳（华建集团华东建筑设计研究总院）

文稿整理： 孙佳爽

访谈时间： 2020 年 7 月 21 日，8 月 5 日，9 月 18 日、21 日，2021 年 2 月 25 日

访谈地点： 上海市汉口路 151 号 2 楼会议室、办公室，电话采访

整理情况： 2020 年 7 月—2021 年 2 月

审阅情况： 经由受访者本人审阅并确认

访谈背景： 上海作为我国高层建筑发展的中心城市之一，在改革开放的四十多年时间里，大量高层及超高层建筑的建造带动了建筑行业包括材料技术、设备制造技术等的发展。高层建筑发展首要技术难题就是结构体系的创新。当下关于高层结构体系发展的学术文献，多是结构形式的创新设计和单体案例的介绍，结构计算方式的革新、结构计算程序的兴起等计算机辅助工程技术（Computer Aided Engineering， CAE）的开创作为高层建筑及其结构形式创新的重要支撑依据，却是空缺的。此次访谈关注 20 世纪 80 年代华东院结构计算发展历程，采访了华东院计算机站软件组组长王国俭，收集代表性的高层建筑案例，并采访相关项目的结构工种负责人和设计人员。

王国俭 以下简称王　　孙佳爽 以下简称孙
汪大绥 以下简称汪　　吴英华 以下简称吴
周志刚 以下简称周　　忻　运 以下简称忻

从“手算”到“机算”的第一步

孙 20世纪70年代的建筑结构计算以手算为主，那么从手算向机算转变的过程是怎样的？可否为我们介绍一下结构计算软件最初的雏形，以及华东院在此过程中承担了哪些角色、做了怎样的决策？

丨王 20世纪70年代末至80年代初，国内结构设计逐渐由“手算”向“电算”转变。1974年，华东院引进了在当时属于国内领先水平的国产图强16计算机（TQ-16）[1]，并设置计算机机房。1976年1月，正式成立计算机组，最初成员仅有5人[2]，其中的朱民声[3]是清华大学土木专业本科毕业，并且在美国密歇根大学获得研究生学位；洪肖秋是同济大学结构专业毕业的研究生。院里把这些从海外和高校毕业的人才招到计算机组，是因为在机构成立的初期就考虑到新兴的计算机软件学科需要具有较高英文和力学理论基础的人才。

当时全国的大型设计单位都有各自研发的框架结构分析、协同设计等同类型结构计算程序，并没有互相交流。可是无从确定不同程序计算出的结构位移、配筋、内力等结果是否正确并符合规范，一定要通过国家平台评审，达到质量控制的目的。因此，1979年建设部设计局牵头组织、研发建筑结构计算程序库SPS（程序库）[4]，发布统一的考题，每个单位使用各自开发的程序计算出结果，测试通过后即可入“库”，说明此程序获得了使用许可。华东院就由副总工程师周礼庠[5]领导参与程序库的开发，并作为该程序库的“库”长单位，与北京院、广东院、中南院[6]等大型设计院共同开发程序库的系列软件[7]，这就是最初的“计算机组”和“程序库”。

忻 电算具体指什么？

丨周 华东院很早就有计算机站，20世纪80年代初成立了计算中心，当年引进了很多计算机专业人才，包括王国俭和他的爱人。王国俭很厉害，他编写的空间薄壁杆系计算程序获得中国建筑科学研究院及建设部批准使用，在这之前华东院虽然有电算站，但没有程序。这个程序当时是很实用的，能用于超高层和高层建筑的结构计算。只要将各种会对结构内力造成影响的信息数据都输入程序，就能输出结构内力和配筋。

孙 那么程序库中最初用于结构计算的程序是什么呢，可否详细介绍一下？

丨王 华东院开发的第一个结构计算程序是平面框架计算程序SPS-101，由华东院委托复旦大学数学系计算数学专业的李为鉴教授和力学专业马文华教授帮忙编写[8]，他们一个解决数学推导方法，一个解释力学理论，是我在复旦大学读书时的老师，现在都已经过世了。当时凭借程序的成功开发，还在全国

荣誉证书

上海华东建筑设计院

荣获一九八八年度全国工程设计计算机

优秀软件三等奖，特发此证

软件名称：平面框架通用程序

“平面框架通用程序”获奖荣誉证书
王国俭提供

《杆件结构计算原理及应用程序》
（上海科学技术出版社，1982年）
李为鉴、马文华、周纯铮等编著

第一次出版了《杆件结构计算原理及应用程序》一书，把程序的编码都公开出来，好多人在这基础上学习和开发出自己的程序，对有限元分析程序有很大的促进作用。可以说，华东院的CAE软件开发在（20世纪）80年代初走在全国前列。

院内结构工程师多用该程序对多层建筑上部结构进行计算。计算时通常将框架体系结构简化为平面框架结构，水平荷载按每榀框架受荷面积进行分配，将每层的水平荷载与垂直荷载作用下进行逐层计算后，得出力和弯矩作为结构设计依据加配筋。虽然，此阶段的TQ-16计算机需通过纸带打孔的方式输入数据，但得益于“库”中程序，结构计算已得到相对“解放”。

出现了适用于高层建筑的结构计算软件

孙 进入20世纪80年代，高层建筑不断涌现，高层结构设计与计算的工作量增多，为结构设计人员带来了更大的挑战，计算机辅助程序有哪些更适应版本出现吗？

| 王 由于高层建筑的水平荷载分为风力荷载和地震荷载两种，平面框架计算程序无法胜任高层建筑的结构计算。1982年，华东院开发的SPS-304高层建筑三维空间协同工作通用程序（空间协同程序，SPS-304是其在国家建筑工程结构标准程序库的编号），将一栋平面近似矩形的高层建筑按平面框架形式分为横向平面和纵向平面。该程序通过“楼板无限刚”的假定[9]，把每榀平面框架的刚度叠加到每个楼层里计算出地震力，再将风力分配到每层平面的剪力墙抗侧力结构，以此逻辑开发的空间协同程序可适用于采用矩形横纵框架的高层建筑。

孙 您说空间协同程序是适用于矩形平面的高层建筑，那随着高层建筑平面形式的复杂化，如S形、V形等平面形式的出现，该程序是否无法发挥效用？

| 王 对的，复杂化的建筑平面形式使得建筑结构不再能清晰地区分横向平面和纵向平面。同样是在1982年，朱民生将一篇国外研究高层建筑核心筒计算问题的文章翻译过来，交给我的前任软件组组长周纯铮，他根据这篇文章中薄壁柱的概念开发出了“高层建筑空间薄壁杆系结构计算程序”（简称“空间薄壁杆系计算程序”）[10]。由华东院在国内最早自主开发的空间薄壁杆系计算程序，是全国第一个使用TQ-16计算机的ALGOL语言[11]解决高层建筑结构三维计算的程序，第一个应用的项目是100米的上海电信大楼[12]。

荣誉证书

上海华东建筑设计院

荣获一九八八年度全国工程设计计算机

优秀软件三等奖，特发此证

软件名称：高层建筑三维协同程序

一九八九年二月 日

“高层建筑三维协同程序”获奖荣誉证书
王国俭提供

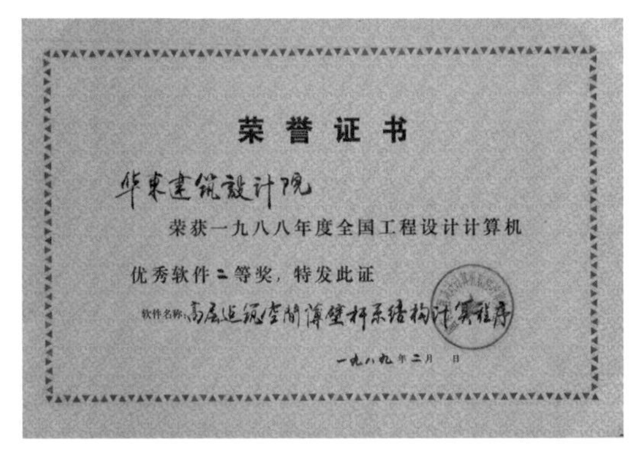
荣誉证书

华东建筑设计院

荣获一九八八年度全国工程设计计算机

优秀软件二等奖，特发此证

软件名称：高层建筑空间薄壁杆系结构计算程序

一九八九年二月 日

“高层建筑空间薄壁杆系结构计算程序”获奖荣誉证书
王国俭提供

吴 华亭宾馆的结构总体分析是建立在电子计算机辅助计算基础上的，请您详细讲一讲。

| 王 华亭宾馆体形比较复杂，平面呈 S 形，由伸缩缝分为 3 段，建筑北侧尾端还有阶梯状的 7 级退台设计，这些都对结构扭矩计算产生了不利影响，增加了结构分析计算的难度。建筑两端的弧形体块用空间薄壁杆系计算程序计算，由我来配合；中间的体块是直线带圆弧，采用三维协同空间分析程序（SPS-304）来计算，由盛佐人[13]、黄志康[14]配合。华亭宾馆这个工程蛮重要的，是上海新建的首批高档宾馆之一，能否完成结构分析也是对我院技术力量的检验。院里的设计人员都在现场集中办公，我们电算人员经常要去现场和结构人员整理数据，再将计算结果和他们一同分析。

吴 这么复杂的结构受力当时是如何分析的?

| 汪 华亭宾馆主楼的结构分析采用了华东院自行开发的 SPS-304 软件和空间薄壁杆系计算程序。SPS 是当时建工部的结构分析软件库，支撑软件库的 TQ-16 计算机等其他计算机都是中国自主制造的。华亭宾馆的大跨度转换结构，也是用华东院自行开发的空间薄壁杆系计算程序进行计算的。这样一个大型复杂高层建筑的设计，在国内引起了广泛的兴趣。华亭宾馆建成后，恰逢第九届全国高层建筑会议在成都举行，我受邀参会并在会上做了题为“华亭宾馆结构设计”的报告[15]。

上海电信大楼
陆杰摄

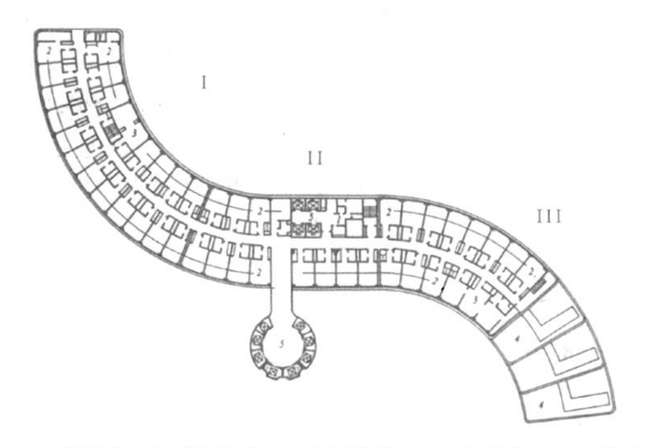

1. 服务台 2. 单间客房 3. 套间客房 4. 室外平台 5. 电梯厅

华亭宾馆主楼标准层平面

引自：《上海八十年代高层建筑》，上海科学技术文献出版社，1991 年，20 页

华亭宾馆建成照片

吴 请问华亭宾馆的结构设计有什么特点？

| 汪 华亭宾馆主楼采用剪力墙为主的框架 - 剪力墙结构体系，利用技术层做转换，解决了建筑上层标准客房和下部大空间转换的难题。横向（径向）每隔 22.5° 设置一道剪力墙，纵向（圆弧方向）设置两道剪力墙，纵向外侧设计两榀框架。主楼下部 5 层为公用部分和技术层，要求纵向外框架有一半左右的柱子不能落到基础，因此在技术层设置了转换梁[16]进行荷载传递。转换梁充分利用技术层的层高，梁全高为 5.85 米，是多跨连续深梁。在平面上，梁沿建筑外墙纵向设置，因此平面呈圆弧形，利用上下两层楼板中附加的水平钢筋平衡圆弧在重力荷载下产生的扭矩。下柱伸至深梁面，上柱落至深梁底，以增强整体性。根据有限元分析得到的应力分布进行配筋。在地震作用时，S 形平面两端的相位差会加强扭转效应，为此设置了两道抗震缝，将结构分为 3 段，使每段的两向刚度较为接近，减少扭转的影响。

硬件需升级、软件需改版

孙 1982 年以后，华东院负责了上海联谊大厦、华亭宾馆[17]、虹桥宾馆[18]等诸多高层建筑项目，都是使用空间薄壁杆系计算程序来辅助结构计算的吗？

| 王 是的，但是由于系统硬件 TQ-16 计算机容量小、速度慢，且需用通过纸带打孔的方式输入数据，导致大型复杂工程无法进行计算分析，因此需租用北京国家兵器工业部计算中心的一台大型西门子 7760 计算机[19]进行结构计算，这时数据输入的方式从纸带打孔变为纸卡打孔，每条 FORTRAN 语句就是一张纸卡，按语句逻辑将纸卡排序，在上机时拿着像抽屉一样的几个箱子装着卡片，送到读卡机上读取数据。

当时我在院里计算机站担任软件组组长，负责空间薄壁杆系计算程序适用于大型计算机的开发。由于大型机运行的软件编译程序与 TQ-16 所用的语言不同，我参考当时由北京大学力学系引进的先进方法有限元通用分析软件[20]SAP5[21]的模块式编程，开始采用 FORTRAN 语言在西门子 7760 计算机上进行改版，并用大量考题对其进行测试[22]。

此阶段的项目，比如电信大楼、联谊大厦、华亭宾馆和华东电力调度大楼等大项目都是到北京去做的计算。白天我们到计算机房里去算，打出来一大堆纸，然后晚上要核实数据和图形。住地下室，大热天很辛苦，结构总工程师陈宗樑[23]买西瓜给我吃，项目工程师们每天都在期盼快点算出来好早点回家。

孙 此阶段国内结构计算程序的开发水平是否达到国际标准?

| 王 可以说，当时中国的有限元分析软件是不落后于国际水平的，我们和国外同步开发了很多结构分析软件。与此同时，结构专业给我们编软件的人提出了不少很新、很好的要求，例如希望把各种力整理好，输出水平力和位移、把钢筋配出来等。这些建议帮助我们在编写程序时逐步将力学分析程序变为工程软件，便于后续的结构设计需求。

孙 华东院的项目在什么时候不再去北京租用设备进行结构电算？请您介绍当时引进硬件的过程。

| 王 1983年4月，华东院计算机站成立。1985年初，华东院由建设部推荐通过国家计委（发改委前身）自国外统一引进超级小型机 VAX-11/780 系统[24]，并在站内设立了电算组。同年5月，VAX-11/780 在院内机房安装、调试、投入运行。[25]此前空间薄壁杆系计算程序适应大型计算机的开发工作，为此次引进超级小型计算机的决策做了重要的技术准备，程序由建设部设计司组织中国建筑科学研究院鉴定并批准投入使用。这之后，我们就不用再去北京做计算，而是全国各地都到华东院来做计算了。

这是空间薄壁杆系计算程序结合工程实践的深化开发，参考结构专业设计人员的建议，根据结构设计图纸，将水平力、位移等数据通过超级小型机配备的独立显示器终端和键盘直接输入程序里，俗称“填表”。至此，淘汰了 TQ-16 的纸带打孔和大型计算机纸卡打孔的输入方式。分析结果则由数字转为图形的形式输出到纸张中，设计人员再根据配筋率数据配置钢筋。这样一来，空间薄壁杆系计算程序，从力学分析的计算软件逐渐变成可直接导出 DWG 文件格式图形的结构设计软件，具有后期 PKPM、盈建科（YJK）等结构工程设计软件的雏形。

虹桥宾馆全景

引自：《上海八十年代高层建筑》，上海科学技术文献出版社，1991年，附页彩图

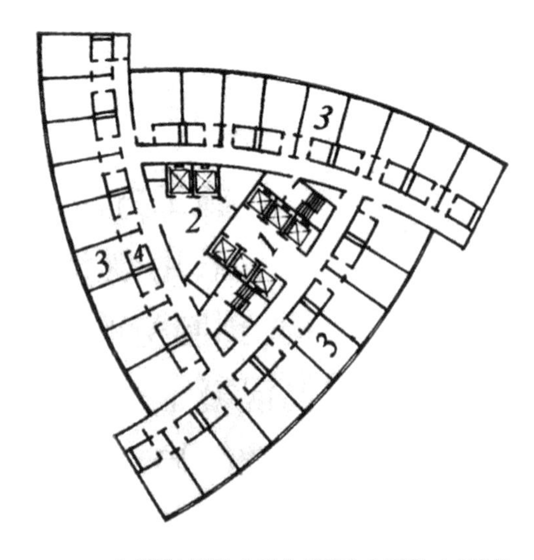

1. 客用电梯厅 2. 服务电梯厅 3. 客房 4. 卫生间

虹桥宾馆标准层平面

引自：《上海八十年代高层建筑》，上海科学技术文献出版社，1991年，53页

孙 此次引进设备之后，华东院又借助空间薄壁杆系计算程序做了哪些具有代表性的高层建筑呢？

《高层建筑设计算例》（上海翻译出版社，1989 年）
华东建筑设计院编著

| 王 20 世纪 80 年代中后期，华东院在计算机结构计算方面迈出了更大的步伐，全国各地很多设计院都要到华东院的计算中心来算结构，在计算机组、计算机站、计算机所都工作过的陈鼎木[26]工程师，经常通宵协助各地的结构工程师使用该程序，帮助他们把不同结构构件分辨为各类数据。《高层建筑设计算例》一书是陈工花费 20 年心血总结而成，他在临终之前托付儿子把工作资料交到我手上。据书中统计，华东院计算中心帮助全国 20 多个省市计算分析了几百栋高层、超高层建筑。此时期，由华东院负责设计的上海建国宾馆[27]、蓝天宾馆[28]等平面形式非矩形的高层建筑均采用空间薄壁杆系计算程序完成结构分析和计算。

此外，1986 年，我跟着时任城乡建设环境保护部设计局局长的张钦楠[29]、华东院总工程师周礼庠三人一同去日本考察华东院与日本大阪大学为期三年的建筑景观动画片制作合作项目，考察的日本建筑设计事务所应用美国泰克尼科（Techtronics）品牌的 CAD 图形工作站来做三维软件模型，因此我们也产生了引进图形工作站的想法。回国后，华东院被建设部作为 CAD 发展的重点单位，由上海市建委批准给院里 100 万美金，引进了 9 台美国泰克尼科的 CAD 图形工作站，其中 5 台购买了美国版权的软件，4 台安装了我们与日本大阪大学合作研制的建筑景观动画片图形显示软件。引进图形工作站后，华东院领导把当时建筑、结构、机电各专业的年轻人带到计算机站学习，从事本专业的 CAD 建模和绘图。此时期的上海建国宾馆等项目的设计人员便得以通过引进的图形工作站中的道格斯（DOGS）软件来做计算机图纸和模型，硬件与软件的匹配才能把模型建立出来，这也是华东院关于三维软件发展的开端和过程。

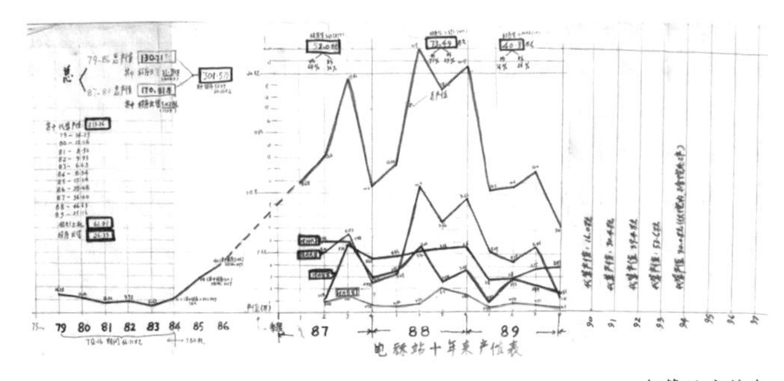

电算站产值表
陈鼎木整理、王国俭保管并提供

获奖程序项目

次序	程序名	获奖类型
1	高层建筑空间薄壁杆系结构计算程序	荣获88年度全国工程设计计算机优秀软件二等奖
2	高层建筑三维协同程序	荣获88年度全国工程设计计算机优秀软件三等奖
3	平面框架通用程序	荣获88年度全国工程设计计算机优秀软件三等奖
4	空间钢桁网架计算软件包	荣获88年度全国工程设计计算机优秀软件三等奖
5	建筑工程设计软件包	荣获87年部科技进步二等奖
6	SPS-101A钢砼多层框架通用程序（80 版）	荣获84年建设部设计局优秀软件一等奖
7	SPS-304高层建筑三维空间协同工作通用程序（80 版）	荣获84年建设部设计局优秀软件二等奖
8	SPS-402空间网架通用程序（80 版）	荣获84年建设部设计局优秀软件二等奖
9	SPS-202单层工业厂房钢砼排架通用程序（80 版）	荣获84年建设部设计局优秀软件三等奖
10	SPS-502格式弹性地基梁通用程序（80 版）	荣获84年建设部设计局优秀软件三等奖
11	SPS-605基础沉降通用程序（80 版）	荣获84年建设部设计局优秀软件三等奖
12	SPSW-2TQ-16机程序库软件系统（80 版）	荣获84年建设部设计局优秀软件三等奖

获奖程序项目列表
陈鼎木交予王国俭保管、提供

1986年日本考察，左起：王国俭、张钦楠、
筱田刚史教授、教授学生、周礼庠
王国俭提供

学习本专业CAD建模和绘图的年轻人
王国俭提供

CAD图形工作站
王国俭提供

学习使用CAD图形工作站的年轻人
王国俭提供

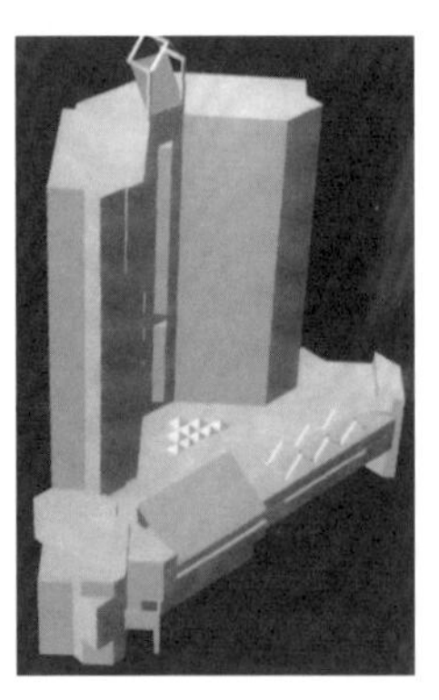

华东院电算室运用CAD图形工作站
DOGS软件制作的建国宾馆计算机模型
上海建国宾馆设计总负责人傅海聪提供

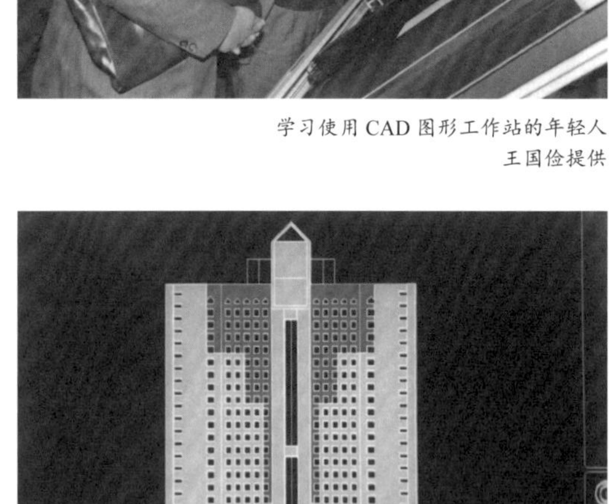

华东院电算室运用CAD图形工作站
DOGS软件制作的建国宾馆立面图
上海建国宾馆设计总负责人傅海聪提供

不曾停下脚步

吴　20 世纪 90 年代是建筑行业进入全面运用计算机技术和信息化管理的高速发展阶段，后来我们为什么没有把自己研发的这些结构分析软件发展下去？

丨王　有三方面原因：第一，当时设计院结构分析软件蓬勃发展，是因为我们能把诸多国家结构规范要求整合在软件设计里面，而国外软件做不到。但设计院开发的结构分析软件要发展成商品软件必须投入大量人力与资金，设计院缺乏这样的条件。第二，中国建筑科学研究院以结构规范编制单位的优势建立了自己的结构分析软件 PKPM，其他设计院没有这方面有利条件，在竞争中处于劣势，现在 PKPM、YJK 等国产结构计算设计软件不但可解决符合中国规范的结构计算，而且能满足结构工程师出图的需求。第三，结构趋向复杂，需要考虑的因素增加，例如非线性计算、减震计算、弹塑性动力时程、流体动力学、几何大变形等问题。要解决上述问题，国外通用仿真软件具有得天独厚优势，已覆盖了国产软件能力的不足。

这也是在 20 世纪 90 年代华东院以及现代集团（现华建集团）先后引进 ETABS、SAP2000、ANSYS、ABAQUS、CDSTAR、FLUENT 等国外软件的原因，华东院计算机站也因业务内容的扩大与复杂化，变更为计算机所、技术中心等机构。目前现状是国产与国外软件融合应用：国外软件解决我们复杂结构精细化计算问题，并把结构方案调整到位；再通过模型数据转换至国产软件 PKPM 或 YJK 进行国家规范验证计算，并自动出图满足结构工程师实际需求。

孙　目前国家力推工程行业与信息化技术的融合，从您的经验角度，能否谈一下未来工程软件的主要发展方向有哪些，以及华东院乃至我国的自主可控工程软件应当如何发展？

丨王　最近几十年信息化技术得到前所未有的发展，这一变化对工程软件带来广泛而深远的影响。从整体上看，随着 BIM 技术逐步发展成熟，全三维的有限元仿真等工程软件将在工程中起到更加关键的作用；另一方面，结合云计算和工程数据管理技术，未来的结构计算能够实现高度复杂结构，特别是与智能建造结合，加速实现高性能建筑的结构分析。基于结构模型的数据能够以规范化的方式交付至建造阶段，并通过机器化生产和安装完成以前主要依靠人工的过程。这就要求结构工程师比以往更加重视模型和仿真，同时，工程软件公司也必须深入到复杂结构设计和构件制造中，两者紧密配合推动智能建造的快速发展。

从自主可控的方面，我认为一方面需要循序渐进，从小的切入点开始落地并不断完善产品；另一方面，从宏观角度，必须将工程软件的关键技术障碍进行深入理解、消化，面向未来智能建造的行业需求，有重点地进行突破。例如，未来三维仿真工程软件中，几何内核、仿真算法都是绕不开的关键技术，这需要有一个长期的积累过程。作为设计院而言，比较重要的是在使用现有国内外工程软件的基础上，紧跟潮流，明确未来结构工程和结构计算的发展大趋势，与相关的工程软件企业开展长期合作。应该看到，支持本土工程软件企业，其实也是变相地抑制国际巨头的垄断地位，对于设计院自身的成本控制有着不可忽视的作用。

附

华东院电算机构、硬件、软件的演变与发展

时间	机构名称	硬件设施	应用软件
1974 年	计算机机房成立	TQ-16（国产）	建筑工程结构标准程序库（SPS） “库”长单位（参与开发）
1976 年 1 月	计算机组成立		
1979 年			ALGOL 语言下的平面框架计算 （复旦大学数学系协助开发）
1982 年			ALGOL 语言下的高层建筑三维空间协同工作通用程序（SPS-304）（自主开发）
			ALGOL 语言下的高层建筑空间薄壁杆系结构计算程序（自主开发）
		大型西门子 7760 计算机（在北京国家兵器工业部计算中心租用）	以 FORTRAN 语言及模块化结构编程方法重新开发的高层建筑空间薄壁杆系结构计算程序（自主开发）
1983 年 4 月	计算机站，成员已经增加至 20 多人		
1985 年 5 月		超级小型机系统：VAX-11/780（国外引进）	以 FORTRAN 语言及模块化结构编程方法重新开发的高层建筑空间薄壁杆系结构计算程序（自主开发）
1986 年		APOLLO 与 TEK 图形工作站（国外引进）	GDS、DOGS、CALMA 三套 CAD 软件系统（国外引进）

注：表格由孙佳爽制作。

1 1973 年 3 月，上海无线电十三厂吸收 X-2 型计算机和 709 型计算机的部分指令系统和设计思想，自行设计、生产出图强 16（TQ-16）中型通用数字集成电路计算机。每秒运算速度（加减法）10 万次，内存 32768 单元；字长 48 位，有效数字覆盖 10—19 到 10+19 的十进制数。

2 据《悠远的回声：汉口路壹伍壹号》（同济大学出版社，2016 年）102 页中对华东院原副院长、计算机站主任宗有嘉采访的记载：“计算机组最初成员有刘建民、朱民声、洪肖秋、盛佐人、钱立奇。”

3 朱民声（1914.3—2006.12），江苏常州人。1929 年 8 月—1934 年 7 月，清华大学土木系毕业并留校任助教至 1935 年 7 月。1935 年 9 月—1937 年 7 月，美国密歇根大学工学研究院获土木工程硕士学位。1937 年 9 月—1942 年 7 月，重庆大学土木工程系教授、重庆兴业建筑师事务所任总工程师。1954 年 2 月—1955 年 6 月，同济大学兼任教授。1956 年 12 月—1985 年 12 月，任华东院主任工程师，并于 1978 年 5 月开始管理院电子计算组工作。1979—1984 年期间，他负责领导和完成全国建筑工程电子计算机标准程序库，使得中国建筑工程设计进入电子计算机时代，奠定了现代中国建筑结构计算机分析与设计的基础。曾任中国土木工程学会计算机应用学会副理事长、中国土木工程学会计算机应用学会名誉理事等职。1988 年中国土木工程学会授予他第 22 名荣誉会员称号，以表彰和认同他对中国土木工程科学技术的发展所作出的特殊贡献。

4　SPS 为 Software Package Structure（结构软件包）的简称，部分文献中出现的 SPSW-2 是指配合结构程序库（SPS）在 TQ-16 计算机使用的程序系统。

5　周礼庠（1919.2—2017.8），1954 年 6 月进入华东院工作，1988 年 1 月退休。华东院副总工程师、顾问总工程师。1978—1985 年任中国建筑学会建筑结构分会第一届委员会委员，1985—1996 年先后任上海市建设和管理委员会科学技术委员会第一、二、三届副主任。在华东院任总工程师期间推动了华东院建筑结构计算与分析软件的开发，参与了中日“计算机生成城市景观动画片”合作项目，组织引进了建筑 CAD 技术，推动组建了华东院计算机站。

6　共同开发程序的单位全称为北京市建筑设计研究院、广东省建筑设计院、中南建筑设计院、华东建筑设计研究总院等设计单位。

7　据张桦、高承勇、张鹏等著《建筑设计行业信息化：历程、现状、未来》（中国建筑工业出版社，2012 年）125 页：“1979 年，华东院参与开发 SPSW-2 TQ-16 机程序库软件系统（国家建设部建筑结构计算程序库）……该‘库’曾制定了鉴审定软件的工作条例，审议软件的发展规划，鉴审定了大量的结构应用程序和它们的升级版本，对推广结构应用程序的开发和推广起到了非常积极的作用。”

8　据《悠远的回声：汉口路壹伍壹号》103 页中对宗有嘉采访的记载：“当时在计算机硬、软件的基础上与复旦大学数学系计算数学专业教授一起合作，先后开发了框架、排架、网架、高层框剪协同等结构方面的计算软件。”

9　王国俭解释：“楼板无限刚的假定，使得水平荷载作用在楼面的一个节点上。反之，水平荷载将作用到柱、梁等各个构件上，每个点上都需进行力的分配，为计算带来麻烦。此假定，可将风力、地震力作用到楼板上，通过楼板将力分配到平面框架上根据刚度来分，将节点的自由度由 6 个浓聚为 3 个，大大提高方程的计算效率。”

10　据张桦《建筑设计行业信息化：历程、现状、未来》125 页：“华东院是最早自主开发‘高层建筑空间薄壁杆件结构计算程序’的单位，在全国第一个使用 TQ-16 计算机来解决高层建筑结构计算问题。第一个项目为电信大楼，其后联谊大厦、华亭宾馆、东方明珠等项目都引用此软件进行了结构分析计算。”

11　Algorithmic Language 的缩写，指令式编程语言，发展于 20 世纪 50 年代中期，与同时期的 FORTRAN、LISP 及 COBOL 并列为四大最有影响力的高阶语言，对许多编程语言产生了重大影响，计算机协会采用此语言作为描述算法的标准语法超过 30 年。

12　上海电信大楼项目于 1976 年初启动。1981 年 1 月，国家建委批准本工程初步设计，并按批准的会审纪要进行施工图设计。1982 年 9 月 27 日，经国家经委批准开工建设，1988 年 11 月，上海电信大楼建成投入使用。主楼地上 24 层、地下 3 层，采用框架—剪力墙筒中筒结构，外筒使用密柱，内筒短边设两部消防电梯且筒中设有卫生间、控制设备和电梯等配套设施。项目是当时中国最大的长途通信枢纽，亦是具备完整的通信手段，可以完成陆（电缆）、海（海缆）、空（卫星）全部通信的现代化的通信枢纽。据电信大楼结构工种负责人胡精发所写的《上海电信大楼主楼结构设计简介》（《建筑结构学报》，1985 年）：“由于筒中筒结构体系的内力分析在当时比较困难，为此上海市建筑科学研究所和华东院合作进行了以上海电信大楼筒中筒结构为背景的框架筒模型、筒中筒模型及电信大楼的模型实验研究。而筒中筒的结构计算分析则采用华东院计算机站的空间薄壁杆系计算程序，其抗地震计算按振型组合方法进行，为反应顶部鞭梢效应，程序考虑了 6 个振型。计算结果与电信大楼的 1/50 比例模型试验研究结果相符。”

13　盛佐人（1933.6—2018.5），1958 年 8 月参加工作，1973 年 12 月调入华东院，1993 年 8 月退休。华东院电算组高级工程师。

14　黄志康（1948.8—2013.5），1969 年 1 月参加工作，1975 年 8 月调入华东院，2008 年 8 月退休。华东院电算专业工程师。

15　据资料记载，汪大绥撰写的《复杂体型高层建筑的结构分析——华亭宾馆结构设计》一文，在第九届全国高层建筑会议上宣读并收入论文集，并在《建筑结构学报》1986 年第 6 期摘要发表。

16　据沈恭主编《上海八十年代高层建筑结构设计》（上海科学普及出版社，1994 年）18 页：“华亭宾馆主楼结构的一个特点是设有转换梁。转换梁设在技术层，梁高 5.85 米，跨度 9.07 米，系多跨连续深梁，各跨的跨中作用着由上部柱子传来的 500 吨左右的集中力，加之梁在水平面呈弧形，并开了较大洞口，受力相当复杂。”

17　华亭宾馆项目于 1983 年 8 月开工，1985 年 5 月结构封顶。项目位于上海市中心城区西南部，是上海体育馆和游泳馆的重要配套组成部分。建筑主楼 28 层、裙房 4 层，是 20 世纪 80 年代上海新建的首批高档酒店之一。香港王董建筑师事务所受邀完成前期概念设计，华东院在此基础上完成方案调整、扩初设计、施工设计。主楼平面呈 S 形，造型独特，而且在设计建造过程中大量引进和应用先进技术及设备，成为当时体现上海国际化城市特质的标志性建筑。宾馆落成后深受好评，先后荣获 1988 年国家质量银质奖、首届鲁班奖、上海市优秀设计一等奖、上海十佳建筑等奖项。

18 虹桥宾馆项目始于1982年，1986年12月结构封顶。项目位于上海市区西部、虹桥经济技术开发区内，与其姐妹楼银河宾馆坐落于一个梯形地块内。结构选用外框内筒板柱结构，地上31层，地下2层。设计中，三角形与弧面曲线两种元素首次在高层建筑中得以良好结合，三个弧形立面似螺旋形上升，高低错落的造型代表了我国早期不借助境外力量投资、设计并建造而成的高级旅游宾馆，并于1991年获建筑工程鲁班奖。

19 1987年9月14日晚，中国兵器工业计算机应用技术研究所用一台西门子7760大型计算机试发出中国第一封电子邮件："Across the Great Wall we can reach every corner in the world."（越过长城，走向世界）。

20 有限元分析是基于结构力学分析迅速发展起来的一种现代计算方法，是20世纪50年代首先在连续体力学领域——飞机结构静、动态特性分析中应用的一种有效的数值分析方法，随后很快广泛应用于求解热传导、电磁场、流体力学等连续性问题。

21 SAP5是线弹性结构静动力分析有限元程序。该程序是美国加利福尼亚大学伯克利分校土木工程教授威尔逊（Wilson）和他的博士研究生巴斯（Bathe）等编制。

22 据王国俭、周纯铮《高层建筑空间杆系-薄壁结构静、动力分析程序》，1981年中国土木工程学会计算机应用学会成立大会暨第一次学术交流会："高层建筑空间杆系-薄壁结构静、动力分析程序由FORTRAN IV语言在西门子7760计算机上编制，应用此程序可以对高层建筑中的筒中筒结构、密柱抗侧力结构、刚架或薄壁柱结构等进行空间计算，也可以对需要按空间计算的煤矿竖井结构进行分析。"

23 陈宗樑（1936.10—2019.7），1962年10月加入华东院，2000年11月退休。华东院总工程师。主管和参与设计了苏州南林饭店新楼、上海新苑饭店、华东电业管理大楼、海仑宾馆、上海广播电视新闻大楼、浦东金桥大厦、上海大剧院、苏州国贸大厦、花园饭店、上海环球金融中心等重大项目。

24 VAX（Virtual Address eXtension）计算机，一种可以支持机器语言和虚拟地址的32位小型计算机，由美国数字设备公司（DEC）生产。第一款商业型VAX-11/780于1977年10月25日面世。VAX超级小型机曾经在20世纪80年代初风靡一时。

25 据张桦《建筑设计行业信息化：历程、现状、未来》124页："1985年，华东院引进VAX-11/780系统，成立了计算机站，1985年5月引进了VAX-11/850小型机系统，广大设计人员和计算机技术人员对计算机有了新的认识。计算机终端的概念使广大设计人员和计算机技术人员对计算机有了新的认识，系统管理、软件编制、上机算题都可以在终端解决。"

26 陈鼎木（1936.8—2010.9），1962年10月分配至华东院，1997年退休。华东院电算所应用组组长、高级工程师。据华东院资料《1988年度上海市建设工会职工技协积极分子登记表》，"陈鼎木同志为了满足用户的要求，经常加班至深夜，有的用户在节假日前来算题，他就想方设法地让用户在节假日前算好题带着结果回去，有时就帮助用户打包运往东站托运。在算题中，有的用户修改较多，他就不厌其烦地一遍又一遍地复算，因而他加班是常事，元旦前一连十几天地加班至深夜10点以后，有时还通宵加班。由于他的优质服务，许多用户千里迢迢来找他算题（当然亦有硬件优质的因素），有的用户当地亦有软件，但宁可到我院来算，用户说主要原因就是'你们陈工服务态度太好了！'"

27 上海建国宾馆项目于1985年启动，1990年竣工。华东院承接该四星级涉外宾馆的原创设计任务，建设单位为上海新亚集团联营公司、上海市投资信托公司。项目位于上海市西南部的城市副中心徐家汇，漕溪北路南丹路交叉口。建筑设计从基地历史文脉出发，吸取各式文化元素，与马路对面的天主教堂呼应，极具现代气息。建国宾馆工程于1993年3月荣获1992年度上海市优秀设计二等奖。

28 蓝天宾馆曾位于上海市杨浦区五角场的四平路与宁国北路（现称黄兴路）路口，初建于20世纪70年代，建设单位为空军政治学院。由于原蓝天宾馆的客房数较少、与公用设施的比例不合理，无法达到经济效益的平衡。20世纪80年代中期，华东院负责原蓝天宾馆的扩建设计。2005年6月，蓝天宾馆被定向爆破，地块现为悠迈生活广场（UMAX）。

29 张钦楠，1931年生于上海，1951年毕业于美国麻省理工学院土木工程系。1952—1980年先后在上海（华东院）、西安（中国建筑西北设计研究院）及重庆（建筑工程部第一综合设计院）等单位从事建筑与工程设计和设计管理工作，历任技术员、室主任、副院长。1980—1988年在国家建工总局、城乡建设环境保护部历任技术处处长、设计局局长。1988—1994年在中国建筑学会担任秘书长、副理事长。1994—1999年担任国际建筑师协会国际建筑师职业实践委员会联合书记。1988—2000年先后担任中国建筑学会秘书长、副理事长。推动了我国建筑结构计算与分析软件的开发，先后组织国内重点高校、大型建筑设计研究院技术骨干赴欧、美、日、澳等国学习进修，为我国培养了一批建筑设计领域的信息技术领军人才。翻译《现代建筑：一部批判的历史》《人文主义建筑学：情趣史的研究》《20世纪建筑学的演变：一个概要陈述》等，著有《建筑设计方法学》《槛外人言：学习建筑理论的一些浅识》《阅读城市》《阅读建筑》《中国古代建筑师》《特色取胜》等。

徐飞鹏教授谈青岛俾斯麦兵营建筑历史及调研体会

受访者简介

徐飞鹏

男，1959 年 4 月出生于青岛。1978—1982 年山东冶金工业学院土木工程专业毕业（现青岛理工大学）并留校任教，1984—1986 年在西安冶金建筑工程学院建筑学专业学习，1991—1992 年北京科技大学外语系德语专业学习，1993—1998 年任建筑系副主任，1998—2012 年任青岛理工大学建筑学院院长，现已退休。青岛理工大学建筑与城乡规划学院教授，国家一级注册建筑师，青岛理工大学建筑设计研究院总建筑师。长期从事建筑设计、历史建筑的保护和利用设计的教学与工程实践，完成青岛市中山路历史街区的保护详细规划设计、四方路历史风貌街区修建性详细规划设计、小港湾历史街区的修复更新规划与建筑设计。1988 年参与清华大学、日本东京大学联合组织的中国近代城市与建筑调查，并编写出版《中国近代建筑总览・青岛篇》，2016 年编写《中国近代建筑史》之青岛城市部分。

采访者： 王雅坤（山东科技大学土木工程与建筑学院）

访谈时间： 2020 年 12 月

访谈地点： 山东省青岛市徐飞鹏教授府上，电话采访

整理情况： 2020 年 12 月整理，2021 年 1 月 25 日定稿

审阅情况： 经受访者审阅修改

访谈背景： 青岛德国俾斯麦兵营为国家级文保单位，计营房四栋，分别于 1903 年和 1906 年建成。此外还有军人礼堂（已拆）、军械库、军官办公及宿舍等建筑物。兵营现为中国海洋大学所用，四栋营房建筑分别为水产馆 2 号、水产馆 1 号、海洋馆及地质馆，军械库现为该校档案馆。2017 年青岛市政府启动Ⅳ号营房（建筑面积 6481 平方米）和军械库（建筑面积 1983 平方米）的保护修缮工程。经市文物保护主管部门推荐，徐飞鹏教授受邀任兵营修缮施工项目的顾问，对水产馆地下、地上、阁楼层及建筑外部进行多次现场勘察。拍照记录了平日难以看到的建筑墙体、楼地面、屋面基层的材料及做法以及隐蔽工程等。这段珍贵的勘察经历对俾斯麦兵营等青岛优秀近代建筑的研究与保护具有重要意义。2020 年 12 月采访者因研究需要向徐教授请教青岛近代建筑历史，承他分享有关俾斯麦兵营营房建筑考察的心得。特整理如下以飨读者。

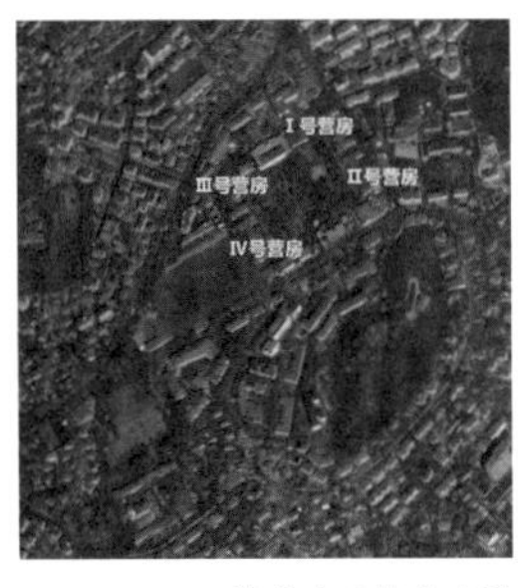

四栋营房现状分布图
笔者改绘

青岛德国俾斯麦兵营军械库
（现中国海洋大学档案馆）外观现状

青岛德国俾斯麦Ⅳ号营房
（现中国海洋大学地质馆）建筑局部

徐飞鹏　以下简称徐
王雅坤　以下简称王

王　徐教授，您好！感谢您百忙之中接受访谈，让我们更加了解青岛德占时期兵营建筑的典范——俾斯麦兵营以及近代青岛的城市建设。德人占据青岛之后，于1898年3月6日与清政府签署了《胶澳租借条约》，此后对于青岛的开发和建设就马不停蹄地张罗起来。其中很重要的一项就是建设兵营。德国人到底建了多少座兵营，最开始建设的又是那一座呢？

| 徐　德国人建设的大型兵营一共有四座，最开始建设的叫作“野战炮兵营”，此后是伊尔蒂斯兵营、俾斯麦兵营、毛奇兵营。此外，还有一些小型或临时的兵营如沙子口兵营、四方兵营、沧口兵营、胶州兵营、高密兵营等。论建筑规模与建造质量，俾斯麦兵营都是首屈一指[1]，现存俾斯麦兵营旧址就坐落于中国海洋大学内。

王　今天中国海洋大学鱼山校区曾是驻军用地，历史之悠久，可以追溯到清末建置，查阅资料知其原址之上曾建有两座清代兵营[2]，这样的情况在国内是不多见的吧。

| 徐　海洋大学原址囊括了两座清代兵营，即嵩武营（东营，德语：Ostlager）和广武营（德占后改为炮营 Artillerie Lager）。1891年胶澳设防，登州镇总兵章高元率部在大约1892年8月底来到青岛。他

早期的俾斯麦兵营全景[3]
引自：青岛市档案馆

初期的俾斯麦兵营是借用章高元的营地
引自：青岛市档案馆

第二份青岛城建总体规划图（1899 年）
笔者改绘

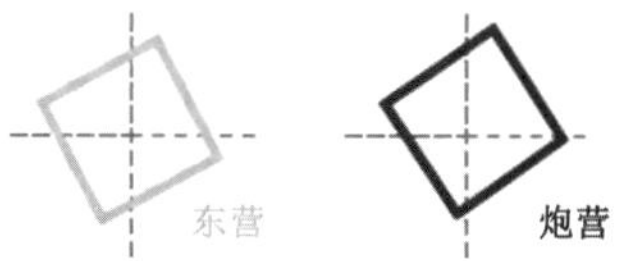
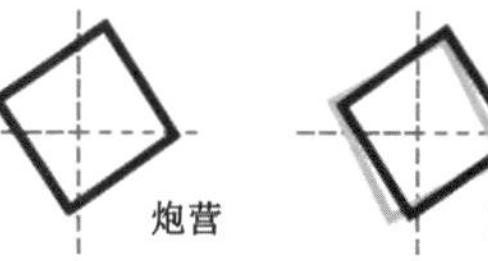

两座兵营的方位比较

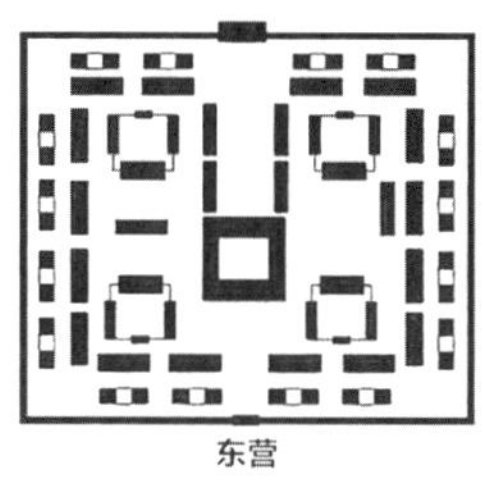

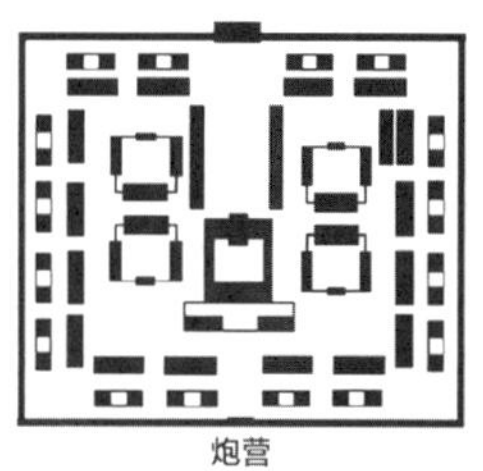

两座兵营的平面布局对比
笔者自绘

做的第一件事就是修筑营垒，以便在入冬前解决部队的住房问题。因此海大原址的营垒应修筑于此时。营垒修筑好之后，驻扎的部队为嵩武营，这是一个步兵营。根据日军中尉桥本仙作写的“旅行日记”记载，清军一营战时兵力 500 人，平时为 250 人。根据他的实地考察，认定清军驻军每营约 200 人。[1] 广武炮营顾名思义，是一座炮兵营。根据记载该营配属野战炮兵约 200 人，配属 70 毫米口径克虏伯野炮 16 门。

王　从两座兵营的方位比较图中来看，广武营的整体方位和尺寸与嵩武营基本相似，兵营的整体朝向不是正南正北，这有什么目的吗？

｜徐　嵩武营整体为方形营垒，营垒四周围有约 4 米高黏土墙，墙体呈现梯形截面，周边围墙长约 120 ～ 125 米，营垒的选址是出于防卫的需要。当时章高元的四个营沿青岛湾两翼布局，青岛湾东翼的两营分别坐落在今海洋大学校园的北端和南端周围。东侧兵营营门所在的中轴线呈东偏北约 30°，坐东朝西，面向青岛湾。兵营的整体朝向不是正南正北是受山地地形的制约。朝西的营门，面向守卫的青岛镇和老衙门，与当时的外部道路相连接，并可时刻注意海边的情况，便于观察、利于行动。除了方位，两座营房的总体布局也极为相似，只有左右跨院的位置在布局上略有差异。最早的营门应悬挂有中式营

德军占领后不久的嵩武营兵营大门 [4]
引自：青岛市档案馆

最先建造完成的 I 号、II 号营房
引自：青岛市档案馆

旗，中式的旗杆上多有刁斗[5]，德人占领后拆了原旗杆，换上了他们的旗杆，悬挂海军的军旗。此后黏土墙也被拆除，换成的木质栅栏。炮营的营门上，没有标注正式营名，只笼统写上“营门”。

王 请您再讲讲俾斯麦兵营的历史发展脉络吧。

｜徐 俾斯麦兵营建设开始于 1903 年，一期工程至 1905 年完工，首期建设的建筑包括俾斯麦兵营Ⅰ号、Ⅱ号营房及兵营礼堂。项目由总督府工程总局（Bauverwaltung）设计，施密特公司 / 广包公司（F. H. Schmidt）承建，洛塔尔·马尔克斯（Lothar Marcks）监理。因临近俾斯麦山（Bismarck-Berg，今青岛山），兵营同样以德国著名的“铁血宰相”[6]奥托·冯·俾斯麦的名字来命名[2]。除此之外，两座营房北侧的马厩在营房与礼堂建成后不久也开始建造并在建成后投入使用，营房西南侧的空地则用作操场。建筑群初步建成后，海军第三营指挥部及部分连队自伊尔蒂斯兵营迁至此处驻扎。1905 年，胶澳总督府与清政府签订《胶高撤兵善后条款》，海军第三营驻扎在胶州、高密的两个连撤回青岛。为安置自胶州撤回的第三营一连（1. Kompagnie），总督府于 1906 年开始建设俾斯麦兵营Ⅲ号营房，与之同时建设的是兵营礼堂西侧的士兵公寓及Ⅰ号营房西北侧的军官公寓（今“一多楼”[7]）。Ⅲ号营房东南侧的Ⅳ号营房在前者建成一段时间后开始建设，同时建设的是礼堂与士官公寓之间的军官公寓。所有工程最终在 1909 年结束。

俾斯麦兵营的一期工程可以说是青岛兵营建筑中的精品。Ⅰ号、Ⅱ号营房至今保留完好，就是今天中国海洋大学水产馆 2 号楼、1 号楼。这两座楼出于同一张图纸，建筑面积约 5865.17 平方米，主体建筑为两层，设有地下室及阁楼。正立面朝向西南，为横三段、纵五段式布局，中央及两端突出。中央正入口上方起四层阶梯形山花，两侧壁柱上延展出尖拱券，拱券内罩三座圆形窗，下为三联竖方窗。出入口两侧为两层建筑均设有开敞明廊，敞廊拱券以花岗岩石雕廊柱、卷叶纹柱头。建筑整体特征为 19 世纪后期德国文艺复兴式，但同时受到一些从印度和东南亚传到中国的“殖民地外廊式”（Colonial Veranda Style）建筑的影响。墙基、墙角、拱券、檐口、山花等重点细节均以花岗岩装饰，整座建筑古朴、威严而不失精美。[3] 此外，营房在设计之初，就尤其注意卫生防疫，营房的设计采用新的卫生标准，除了宿舍配有与厕所分开的盥洗间，还引入更为先进的抽水马桶[4]。

王 建筑距今已 118 年了，是我们领略早期德国建筑的重要参考。那从俾斯麦兵营的二期工程又可以看出什么来呢？

｜徐 建筑风格的流变整体趋向就是去繁从简，实用至上。这里请注意，Ⅲ号营房（海洋馆）、Ⅳ号营房（地质馆）两栋营房并不是同时建造的。两者有区别，一期建造的Ⅰ号、Ⅱ号营房奢华的装饰更像是德国沿海地区的度假旅馆，二期与之区别明显，当然奢华的装饰必然导致高昂的建设成本。始建于1906年的Ⅲ号营房外观、布局与先前建成的两座营房相似，敞廊这种形式被保留（之后很快验证并不适用，随即在Ⅳ号营房上取消），但出于经济上的原因，立面上的装饰大为减少，尤其像主入口、敞廊的廊柱，等等。1906 年从为安置自胶州撤回的第五连而建的Ⅲ号营房开始，缺少使用价值的装饰就逐渐被放弃。为了有效节约建造成本，不必要的、繁复的石材装饰是首先要做的减法。只是山花顶部的德意志帝国的鹰徽浮雕依然未减（后被拆除，现状的鹰徽浮雕为后期复建）。

Ⅳ号营房准确的建筑时间还有待考证，可以肯定的是Ⅲ号营房最终于 1909 年完工。Ⅳ号营房可以说是整座俾斯麦营房建筑中的“最简化版”。在此前营房中使用的开敞的明廊被取消了，这种根植于“殖民地建筑”风格的典型样式，经实践证明并不适合青岛的气候特点，因此在后续建筑中被弃用应是必然。

远处为俾斯麦兵营[8]
引自：青岛市档案馆

Ⅲ号营房建成后，Ⅳ号营房还未建设
引自：青岛市档案馆

俾斯麦兵营明信片
引自：青岛市档案馆

新建的营房及礼堂（现已拆）
引自：青岛市档案馆

还有一个显著的特征就是建筑立面上的装饰元素再做简化，标志性的阶梯山墙已经减少了很多装饰线条，二层上的阁楼层高加高，更趋于实用。大型的拱形窗变小，更易于保温。窗套装饰石材线条造型更为简化。1909 年俾斯麦兵营建成后，德国第三海军陆战营的四个连队集中驻扎于俾斯麦兵营。

从俾斯麦兵营的平面图上看，四座、两组“工”字形营房的中间是一个方形的操场，用于驻防部队的日常作训。操场西侧依次排开的三座附属建筑也体现出逐步转化的过程。1983 年拆除的礼堂（即士兵活动中心）与Ⅰ、Ⅱ号营房同期设计建造，为红瓦坡屋顶单层建筑，外立面装饰体现着其与兵营主楼的一致性，而山墙上“品”字形排列的哥特式圆窗和漂亮的花岗岩拱券独具特色。保存至今的士官公寓[9]与Ⅲ号营房同期建造，建筑共三层加坡屋顶阁楼，一楼外墙以花岗岩砌成，正立面（朝向东南）中央偏北的檐口处起山花，体现出某种折中、过渡的风格。而 1990 年拆除的军官公寓是一栋两层四坡顶的小型楼房，建筑规模和布局与西北靠近马厩的军官公寓相似，应出自同一图纸，建造的最晚，因此呈现出简约、实用的风格。应该是出于卫生的原因，Ⅰ号兵营北侧的马厩远离主营房。其阶梯形的山墙和红色清水砖砌筑的立面与中山路、湖南路口的弗里德里希路商业综合楼有着某些相似之处。这座曾经作为海洋大学印刷厂和汽修厂的建筑，已在 1999 年被拆除，用于房地产开发。

王 俾斯麦兵营作为国家级文保单位，地下部分从未开放，您此次受邀去到地下室现场勘查一定收获颇丰吧，可以分享一下关于现场的见闻吗？

俾斯麦兵营地下二层戎房
徐飞鹏提供

地下室发拱券素混凝土加钢丝网
徐飞鹏提供

俾斯麦兵营地下层房间拱顶
徐飞鹏提供

地下室顶棚为混凝土加钢丝网发平拱
徐飞鹏提供

丨徐 确实是很难得的机会。地下室是显著区别于其他类型建筑的建筑结构之一，不管是在结构上，还是在功能上，兵营建筑的地下室都有其为满足战时需要的设计。兵营地下层为局部设置，中间为地下2层，建筑两翼分设地下1层。从布局与采用的构筑材料可以看出，地下2层是作为地下堡垒设计的。从平面功能上来看，俾斯麦兵营Ⅳ号营房地下室共2层，地下一层为半地下，偏日常生活使用。地下二层为全地下，像是完全为战时设计的防御类工事，有贮存枪械弹药的戎房。戎房用来存储战斗物资，需要较大尺寸的开间。可能与地下室潮湿、木梁不耐腐蚀有关，戎房内并没有出现类似横梁的结构，取而代之的是砖的发券成拱以及拱下钢筋编织的钢筋网作为支撑，表面再以石灰砂浆涂抹，地下室通过这种特殊的处理方法使功能和结构相适应。

在Ⅳ号营房地下室结构中，砖的发券成拱普遍应用于地下室过廊、室内天花和门窗洞口处。在过廊和室内天花处，红砖以“人”字形竖砌，以石灰砂浆作为黏合剂，砖拱的两端由间隔1120毫米、截面90毫米的钢梁作为骨架，构成钢骨混凝土结构。

墙体与顶棚采用厚重的混凝土浇筑，顶棚起缓弧发券，顶棚底因腐蚀大面积裸露出钢筋网或双向布筋。地下窗洞内大外小，并在内侧设重型封堵设施，如何封堵及构件（设置）尚不太清楚；在对应地面进入地下的走道尽头设置射击口，并设地下撤退地道及出口。

地下室外墙勒脚处的观察与射击孔
徐飞鹏提供

地下室出口处的防卫射击孔内外
徐飞鹏提供

地下室出逃甬道
徐飞鹏提供

地下室外逃地道口
徐飞鹏提供

地下室走廊顶是砖发平券拱，工字钢作支座梁，间距 1.1 ～ 1.2 米
徐飞鹏提供

谈谈我自己的几点认知吧：一个是兵营营房地下二层的做法与同时期德兵地面与地下的碉堡（如青岛山炮台）相同，并设有约 50 米地下甬道通至室外。早年间文物局曾猜测甬道与炮台相通，但一直没得到考证，不过炮台岩土地下确有完整的驻兵用房。另外，钢筋混凝土新结构的做法在道理上还不很清晰，钢筋网的设置疑是为顶棚抹灰黏结而设置，这在当时已是地下室顶棚流行的结构做法。这种混凝土楼面的做法与 1900 年美国教会在广州的中山堂钢筋混凝土结构，时间上几乎同时。

兵营建筑在结构技术方面，楼板结构一是 1.1 米间距工字钢梁，梁间用砖发平缓的券，发现两种发券形式，立砖发券（常见），立砖 45° 方向发券；二是工字钢主梁与木梁木地板楼层结构，钢梁在砖墙处设置长方石梁垫；三是混凝土平缓券楼层结构，出现在地下室层。

工字形钢梁作为主梁是层间的主要承重构件，木质次梁搭在钢梁上，钢梁搭在两侧的承重砖墙上，将荷载传至地面。钢梁腹板内以碎砖填充，以获得平整的表面。由于钢的不亲水性，石灰砂浆作为外表面抹灰很难贴在钢梁表面，通过使用钢丝网包裹整个钢梁，将石灰砂浆涂抹到钢丝网表面，在石灰砂浆达到气硬强度之前紧紧地挂在钢丝网上，这种施工工艺在当时本土建筑中从未有过。

钢梁木梁木地板楼面，地板下填置 100 ～ 150 毫米的沙层（沙中掺有少量黄泥），推测其作用是防火，在楼层之间形成阻火带层，同时具有隔声 作用。木地板为美国红松，板条通长，板两侧端作凹凸边口。屋顶结构为木屋架结构，上铺木望板、红色陶瓦。与传统抬梁式木构屋架相比，Ⅳ 号营房的三角形木屋架更为节省木料，在构件的接合处使用五金件固定，解决了榫头接口与其他部分空隙过大、横木和楔子

房间内的钢过梁
徐飞鹏提供

地板下置沙
徐飞鹏提供

红松木地板
徐飞鹏提供

阁楼木屋架
徐飞鹏提供

固定不稳等一系列的结构问题，结构更为稳固，使墙体具有承重功能。运用“三角形稳定”原理是西方数学和力学体系在建筑中应用的实例，标志着青岛德占时期建筑技术的实质性开端。

王 墙体结构作为建筑的主要承重结构，要求有较好的抗压和抗剪属性。传统民居的层数大多为一层，功能较为简单，墙体承受的荷载也较小，墙体的大多使用毛石、土坯等砌筑。那作为兵营在墙体做法上也是更倾向于满足军事的功能需求，至于装饰效果考虑较为次要吧？

| 徐 受德国流行花岗岩装饰的影响，德占时期用产自青岛本土的花岗石进行粗切割之后再用石灰砂浆填缝作为墙基。花岗石在青岛储量虽然丰富，但是开采成本较高，因此在青岛建置之前并未出现花岗石砌基的做法。当地的施工人员也没有处理花岗石材料的经验，对其工艺掌握不成熟。当时普遍采取人工切割，从而导致用作墙基的花岗岩粗石并不规整，尺寸约 220 毫米 ×220 毫米 ×300 毫米，形状大致呈条形。不规整的墙基意外地与德国古典主义建筑三段式的立面相契合，两者相得益彰。

为了满足备战需要，在地下二层修建戎房，用于存放战斗物资。这就对地下室部分的墙身防潮有了较高的要求，因此地下二层的外墙部分均为花岗岩方整石砌筑而成，防止地面潮气通过墙身渗入地下室内部。用作墙身的花岗石与用作墙基的花岗石在尺寸和形状上较为相似。地下一层为半地下，花岗石砌筑的墙身留有窗洞，并留有采光井，仅与木质窗框接合部位由红砖砌筑，其余部位仍为花岗石垒砌。值得注意的是，在外墙的砌法上，花岗岩过渡到红砖的地方采用了我们现在墙体施工仍然使用的留槎做法，

俾斯麦兵营地下一层墙壁现状
李哲提供

俾斯麦兵营地下二层室外入口
李哲提供

保证整面墙体结构上的稳定性。花岗石作为墙身材料纵然美观、防潮，且更为坚固，但是在砌筑时需要大量人力物力，墙身全部使用花岗石砌筑成本较高。对于兵营建筑类型，在没有特殊防潮需求的位置，包括建筑的所有内墙，均使用红砖作为主要墙身材料。

王　非常感谢您向我们公开这些珍贵的建筑结构的现场资料，据我了解这个项目是保护修缮工程，那建筑装饰材料与做法方面有没有什么特别之处?

丨徐　从现场维修施工可以看出，最初的内外门窗的油漆是墨绿色调和漆。门窗材质为美国进口红松木。与同时期的建筑相比，门窗用料截面较小。门窗五金为铁质把手与插销件，顶棚装修是采用木格栅固定麦秸席，石灰砂浆抹灰、粉白的做法。钢梁，大都在钢梁外覆钢丝网抹灰、粉白；室内采用木地板、木踢脚板，墙角作木护角；木窗台，外为石制窗台。所有房间几乎都连通，以门分割。房间墙壁设烟道[5]，冬季火炉采暖。另设有通气孔，通风铁百叶；外墙则采用石勒脚、石窗台，淡黄色墙面粉刷主次入口上

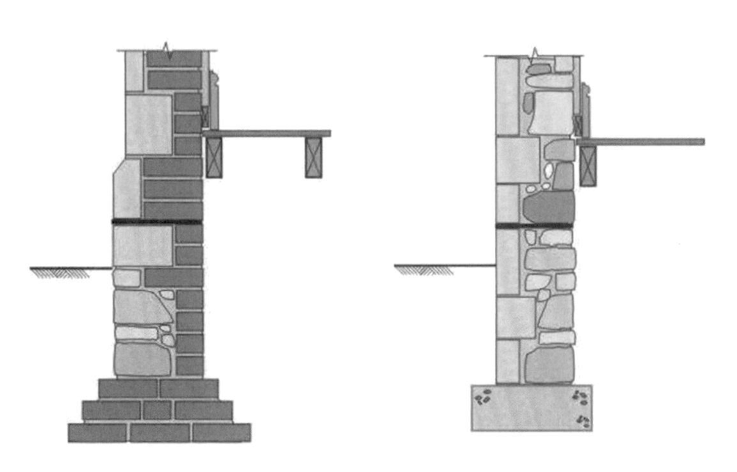

砖砌墙身与石砌墙身做法详图
西英格兰大学馆藏

俾斯麦兵营地下一层砖砌内墙
徐飞鹏提供

外窗
李哲提供

二层顶棚苇子抹灰顶棚
徐飞鹏提供

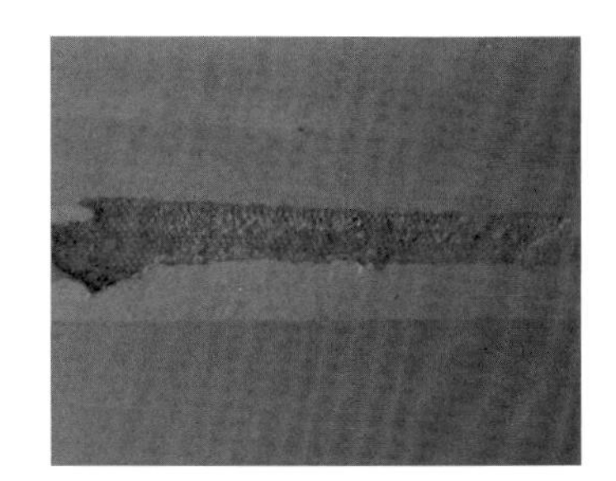

钢梁外敷钢丝网抹灰粉刷
徐飞鹏提供

屋顶烟道
李哲提供

地下室通气孔
徐飞鹏提供

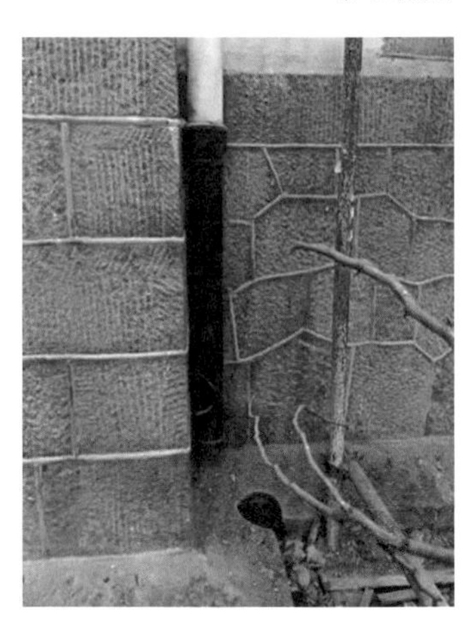

勒脚铸铁雨落水管原物，上部为镀锌铁皮管（已损毁）
徐飞鹏提供

高起山花作重点装饰。外墙采用有组织排水，地面处尚保留一节铸铁圆管。对照当时的同类建筑，除地面处的一段铸铁管外，檐沟、水斗、墙身水管都为镀锌金属管（有圆管、方管）；屋面现转为平板机瓦。屋顶瓦现已全部更换，时间不详。

王 对于像俾斯麦兵营这种优秀的历史文物保护单位，其保护与可持续发展工作是大家亟待解决的共同课题。您作为该项目的专业顾问，在历史建筑实际保护修缮施工过程中有什么建议吗？

｜徐 历史建筑保护应遵循“最低限度干预与原真性”原则，针对俾斯麦兵营Ⅳ号营房，我谈谈保护修缮施工的几点建议吧。

一是木门窗。原有木门窗的油漆为墨绿色，后维修中覆盖油漆为黄色。如若有保存完好的原色门窗或铲除表层油漆后底层的原漆保护较完好，建议择二至三个房间，采用透明胶状保护层技术保存数樘门窗的原工艺与材料，再维修时也仅为保护层的更换——（采用）可逆性的技术与材料。

二是设置双层窗保温。在外窗内侧设置双层窗保温，建议可采用现代保温性能好的材料，也可采用木质窗框料，但不必去做仿德式纹样的木制窗，新旧和谐亦可，保持文物建筑的真实性，并真假可辨。

三是墙体粉刷。建议择二至三个房间（至少）保留原有墙体顶棚面层的工艺与材料做法。采用面层砂浆注胶的施工工艺做法，增强面层砂浆的强度与寿命，保留建筑原始时期的原真面貌。对于以后使用中出现的墙体局部脱落等状况，不做复原，仅作保护性加固。譬如墙体砖缝与面层加固，打蜡。选择二至三个房间真实地保存建筑的原有材料与工艺，才是体现国宝文物的真正价值。这样具有历史感的室内环境极适于展览、办公空间，请参阅国内外优秀案例。

四是地下室防潮。地下室原有的外窗应恢复原状，保持室内的通风驱潮，保护墙体与原室内设施。尤其是地下一层，现状窗户已全部封堵，修缮设计图纸中的“保留现状”做法不妥。建议打开封堵的窗口，恢复原状，加强春夏季的通风，保护建筑的结构构件与室内装饰的寿命与耐久性。

五是烟道。原建筑每个房间都有冬季火炉采暖烟道，现状大都封堵。建议保留烟道口，外罩可闭合的通风百叶春夏潮湿季节可利用烟筒效应，加强室内换气，节约能源，亦为“最低限度干预”的做法。

六是新制作门窗。破损的木作，譬如门窗、窗台等，对于大面积损坏处的维修，新加修补的部分在样式上要采用相似形，加固的构件（如金属件）应保持整体的和谐，但是这些后加的部分都应能够辨认出；破损严重无法修复的门窗等木作，需新制作门窗，原则上应采用与旧式门窗相似的简约样式，并应易于辨认为是新制作的，并非历史原物；对于建筑外貌（立面）的木作的修缮，要根据建筑风格样式的保存与破坏程度，视具体状况而选定修复的方案。

七是屋面有组织排水。屋面采用有组织排水，由檐沟、出水口、水斗、水管及地面散水、明沟组成。现状地面处尚保留一节铸铁圆管。对照当时的同类建筑（可查勘现存的警察局、福音教堂等保护完好的建筑），除地面处的一段铸铁管外，檐沟、水斗、墙身水管都为镀锌金属管（有圆管、方管）。建议参照施工。

八是抗震加固。现状建筑按国家规范，青岛地区按七度设防要求，对地震时存在安全隐患的建筑（档案馆建筑，大空间无拉接墙体），采用钢结构加固。建议附着在顶棚、墙角柱边的拱结构型钢杆件，不要特意隐藏在墙体内，暴露在外即可。原建筑本体与后附加构件（区分）清楚，即分清原物（文物）与加固件（非文物）的关系。

九是室内的功能使用与设施。室内新置功能使用时，不允许砸拆墙体。房间需再分割时，允许采用轻质、结构自承体构件与材料构筑墙体，不允许扰动原有建筑墙体与结构。新筑墙体拆除后，即恢复原状——（采用）可逆性的设计与施工技术。建议应多采用不到顶的隔断墙或板，划分空间或区域。室内的家具陈设不应要求复古德国样式，材质样式及色调与旧的建筑室内和谐就可。

王 德占时期俾斯麦兵营曾经还有一座阵亡士兵纪念碑[10]，在第三海军军营营史中记载，共计阵亡 12 人，碑文也是特别富有哲理。

丨徐 纪念碑的具体位置，就是今天海洋大学水产馆 1 号楼与 2 号楼中间西南侧雕塑处。纪念碑的设计还是十分考究的，整体呈中轴对称，碑体采用黑色大理石。三角形的碑首有一只展翅雄鹰的浮雕。碑的正面镌刻着“为纪念在 1900—1901 年的战争中为国家牺牲的第三海军营的战友们”（Zum Gedächtniss der während der Kämpfe 1900-1901 für das Vaterland gefallen u. verstorbenen Kameraden des III Seebataillons），下方还有“Wer gestorbenist der ist nicht lot der ist nur fem Tot ist wer vergessen ist”，翻译过来就是“逝去的人，其实未死，只是远离，被遗忘的人才真正地死去”。前方踏步两侧人面狮身像雕塑格外显眼，碑的背面是阵亡官兵的姓名。

八国联军侵华战争中第三海军营阵亡官兵
引自：青岛市档案馆

第三海军营纪念碑位置的今昔对比

第三海军营纪念碑近景细部
引自：青岛市档案馆

王 谢谢徐教授您今天跟我们分享勘察俾斯麦兵营的亲身经历，我们也了解到在对文物保护修缮工作中，要始终遵循真实性原则，让历史说话，让文物说话。此次调研访谈的目的也是希望从史学的角度出发，将建筑史学与建筑技术相结合，更加重视技术的发生、发展和演变过程，把历史记录下来。非常受益，再次感谢您！

丨徐 不必客气，史料的公开、共享更有利于研究的推进！历史研究的意义不应局限于学科领域，对于德占时期建筑技术的研究，也不能仅仅局限于技术的做法和材料的使用本身。

1　建于 1903—1909 年的俾斯麦兵营，被德国学者约瑟夫・林德评论为“堪称对未来的建筑产生积极影响的典范”。

2　据《胶澳志》记载，章高元所带四营分别为骧武营、嵩武营、广武营和炮兵营。公元 1891 年 6 月，清政府令登州镇总衙门由登州（今蓬莱）移驻青岛，并在青岛口（今育才中学、市博物馆一带）建总兵衙门（今人民会堂旧址），所辖四营军队，其中骧武营在今湖北路公安局一带，嵩武营在今中国海洋大学一带，广武营在今火车站前广场一带，炮兵营在今鱼山路一带。

3　后方为Ⅰ号、Ⅱ号营房，前方为Ⅲ号、Ⅳ号营房，其中间左侧为礼堂、军官公寓及士官公寓。

4　1897 年 11 月 14 日，德军占领青岛，原嵩武营继续作为兵营使用，并改名为“东营”，营门石匾后来也以德文牌匾覆盖。图中营门上方的匾额尚未被覆盖，故推测时间为德军占领后不久。

5　古代军中用的东西，夜间用来警戒报时。

6　出自俾斯麦“当代的重大问题并非通过演说和多数派决议能够解决的，而是要用铁和血解决”。俾斯麦是德国近代史上一位举足轻重的人物，作为普鲁士德国容克资产阶级最著名的政治家和外交家，他是“从上至下”统一德国的代表人物，其一生正是德国从封建专制社会过渡到资本主义，再走向资本主义列强的重要历史时期。俾斯麦本人虽然退出了历史舞台，但他的“铁血”政策却深深地影响了以后的德国历史。德占时期以其命名的俾斯麦山（今青岛山）、俾斯麦大街（今江苏路）、俾斯麦兵营（今中国海洋大学），足以见得其丰功伟绩。

7　位于Ⅰ号营房旧址北侧，约建于 1906—1909 年间，最初为军官公寓，为一座两层坡屋顶建筑。国立山东大学时期名为“第八校舍”，为教职员宿舍。1930 年夏，近代著名诗人闻一多任国立青岛大学文学院院长兼中文系系主任，1931 年迁居至此，次年离开青岛。与此同时，数学家黄际遇自 1930 年 9 月至 1936 年 2 月任理学院院长（1935 年前兼任数学系系主任）时居住在该楼一楼。1978 年，该楼辟为闻一多故居展览室，并在楼前设立闻一多雕像，刻有其学生臧克家所撰碑文。1984 年 12 月 14 日，该建筑列入青岛市文物保护单位。

8　照片远处可见后排建在高处的Ⅰ号、Ⅱ号营房，前排相对地势较低的Ⅲ号营房，整个兵营地势北高南低，此时三座营房已完工，Ⅳ号营房还未动工，近处中式建筑为原清军兵营。

9　该建筑后来被用作大学图书馆，作家梁实秋曾在此任图书馆馆长兼外国文学系系主任，后曾为海洋大学档案馆，现为海洋大学水产学院所使用。

10　海军陆战第三营阵亡士兵纪念碑是为了纪念在八国联军侵华战争中阵亡的第三营士兵。八国联军期间，青岛的驻军也派遣部队参与了保护使馆及具体的战斗任务。后来有人提出为海军第三营的这些阵亡士兵建立纪念碑，海军第三营还专门成立了一个纪念碑筹委会。1911 年 6 月 23 日纪念碑落成。

参考文献

[1]　青岛市档案馆 . 青岛开埠十七年：《胶澳发展备忘录》全译 [M]. 北京：中国档案出版社，2007：747.

[2]　斯坦伯格 . 俾斯麦的一生——尘封信札背后的真相 [M]. 王维丹，译 . 合肥：安徽人民出版社，2014.

[3]　徐飞鹏，等. 中国近代建筑总览・青岛篇 [M]. 北京：中国建筑工业出版社，1992.

[4]　王栋 . 青岛影像 1898—1928：明信片中的城市记忆 [M]. 青岛：中国海洋大学出版社，2017.

[5]　李哲 . 青岛德租时期（1897—1914）建筑技术及其影响研究 [D]. 青岛：青岛理工大学，2018.

马来西亚华人建筑文化遗产保护——与建筑师陈耀威访谈记录 [1]

受访者简介

陈耀威

男，1960 年出生于马来西亚槟城，1987 年台湾成功大学建筑系毕业。国际古迹遗址理事会及其马来西亚理事会会员，马来西亚文化遗产部注册文化资产保存师，华侨大学兼职教授，现任陈耀威文史建筑研究室主持。著有《槟城龙山堂邱公司历史与建筑》《甲必丹郑景贵的慎之家塾与海记栈》《槟榔屿本头公巷福德正神庙》、*Penang Shophouse: A Handbook of Features and Materials* 等学术著作。曾主持修复槟城鲁班古庙、潮州会馆韩江家庙、本头公巷福德正神庙、大伯公街海珠屿大伯公庙、清和社等传统建筑与店屋。

采访者： 涂小锵（华侨大学建筑学院）、关晓曦（华侨大学建筑学院）

访谈时间： 2020 年 12 月 2 日第一次访谈，12 月 7 日进一步访谈

访谈地点： 福建省厦门市华侨大学李朝耀大楼

整理情况： 现场记录整理于 2020 年 12 月

审阅情况： 经受访者审阅

访谈背景： 多年来，在华人社会团体、学术机构、华人建筑师等专家的倡议下，华侨建筑文化遗产的价值从早期的被漠视、排斥到逐渐被社会各界认知和接受。作为槟城华人建筑师，陈耀威 1997 年成立了文史建筑研究室，研究与主持修复华人建筑，参与乔治市的申遗工作过程，同时也是“南洋民间文化”民间社团的发起人之一。本次通过对马来西亚华人建筑师陈耀威的访谈，梳理华人建筑师在海外华侨建筑保护中扮演的角色以及在实际保护修复中面临的困境，以期能对海外华侨建筑的保护有更多的借鉴意义。

陈耀威　以下简称陈
涂小锵　以下简称涂
关晓曦　以下简称关

学习工作经历

涂　陈老师您好，我们是华侨大学建筑学院的学生，我们在做海外华侨建筑保护修复的相关课题，想向您请教关于马来西亚华侨建筑保护修复的情况。我们想先了解一下您的学习和工作的经历。您是大学毕业后直接从事古建修复工作的？还是因为什么契机开始的？

丨陈　不是，我大学毕业后是在李祖原建筑师事务所做设计的，不过在台湾的时候我就对历史建筑的保护和中国传统建筑有兴趣，所以当时有接触李乾朗老师，他是我中国建筑的启蒙老师。

涂　您有在李乾朗老师工作室工作吗？

丨陈　没有，只是在那边实习，后来毕业之后多次跟着他们考察，包括到山西、陕西朝圣中国经典古建筑。这是我们第一次去考察闽粤民居时拍的合影，这些东西（幻灯片正片[2]）就是（20 世纪）90 年

1992年粤闽民居建筑考察团（后排右四陆元鼎、后排右六李乾朗、后排左三陈耀威、前排右三陆琪），陈耀威提供

代去看土楼，看中国历史建筑的时候拍的，当时泉州东塔我们可以上去拍。许多建筑现在再去看就变了好多，比如赵家堡、土楼等民居。当时多次参加了陆元鼎老师他们办的中国民居会议，同时考察传统建筑。

中国传统建筑调研照片的正片
涂小锵摄

涂 你们当时到大陆来调研方便吗？是办旅游签证吗？每次调研为期几天？

| 陈 早年从台湾到大陆还是比较方便，不过每次都得在香港转机。九几年的时候才能从马来西亚到中国来。每次来大概十多天，有一次是先到福州，一路沿线到广东，类似这样。

涂 这篇《回归岛屿，文资保存》[3]写道您是1995年末回到槟城的，刚刚回去的时候您是从事什么工作？

| 陈 刚开始想进 Arkitek LLA 事务所工作，但是当时那家事务所不需要人，就自己接一些设计案来做。

关 那您的工作室是什么时候创办的？当时工作室大概有几个人？那时你们团队里面的人都是古建专业的吗？

| 陈 刚回去就自己做一些项目，但工作室真正注册是在1997年。当时工作室只有两个人，后来工作室最多也只是三四个人。团队里面除了行政的，都是建筑系毕业的。每年都有实习生来实习一段时间，包括来自台湾的学生。

关 您什么时候开始从事华侨建筑修复工作？

| 陈 1998年我参与了槟城天公坛第一期（前殿）的修复，那是我做的第一个修缮项目。

参与华侨建筑修复工程

关 我看您工作室的资料册上写着您参加了天公坛第一期的修复，天公坛后来还进行过修复吗？您有参与吗？

| 陈 有参与，我做了第二期（大殿组群建筑）设计修复方案，但是之后因为某些事情，他们修的时候我就没有参与。

关 第二期他们有按照您的方案去修复吗？

| 陈 部分没有，建筑师和承包商改掉了我的设计方案，我不赞成，因此和他们意见不一致，就没有让我继续参与之后的修复了。

关 您当时是怎么接触到这个项目的？

| 陈 从台湾回到槟城后，我做华人建筑调查研究的时候了解到一栋建于光绪年间的水美宫要拆除重建。得知消息后，我就通过报章呼吁保护水美宫不被拆除，但是来不及了，水美宫还是被重建成钢筋

水泥琉璃瓦的宫庙。负责这个项目的是槟城当地的一位华人建筑师，从他那里知道他还负责另外一个项目就是天公坛。我们就去跟他接洽，跟他说古迹修复项目不应该这样做，他也承认说他其实不懂华人传统建筑，就让我和黄木锦[4]去跟业主交流如何保护修缮华人遗产建筑。那位建筑师就说既然你比较懂，你来做好了，这样我才开始做实际建筑修复的工作。

关 后来天公坛的项目为什么没有继续做下去呢？

丨陈 最后也是那位建筑师不要我再继续做了，因为我和他，以及负责施工的、福州的承包商王忠义[5]对某部分修缮意见不合。其实，当初王忠义也是我推荐的，因为要修复天公坛的时候，我觉得他是福州人，天公坛主殿是福州建筑，可能让福州的匠师来修会比较对味。结果修缮后，整体偏向福州风格，本来前殿前院是闽南混合福州的风格。

涂 为什么会出现闽南和福州混合的风格呢？

丨陈 天公坛最先开始是（清代）光绪年间闽南人建了前殿的部分，正殿和后殿是后来由福州的匠师建的，所以呈现出混合风格，正殿左右功德亭本来是带有当地风格的四边坡顶的形式。但是后来在第二期修缮的时候功德亭完全改成了福州钟鼓楼的样式，前殿前院入口也改成福州样式。

关 您当时和那位建筑师最大的分歧在哪呢？

丨陈 就是我不赞成把两边的功德亭改成福州钟鼓楼的样式，而应该保持它原来朴实的样子。

关 我看您还修复了很多建筑，您负责修缮的潮州会馆获得2006年联合国教科文组织亚太区文化遗产保存优秀奖，能给我们讲讲这个项目的具体情况吗？您完成这个项目花费了多长时间？

丨陈 这个要看我的记录，当时比较早，记录也没有做得很详细。文物调查从2003年8月1日做到9月1日。修复前的影像记录做了将近5个月，从2003年的8月1日一直到2004年的1月12日。修复后的影像记录也是拍了3个月。拍修缮后的影像记录就发现当时拍照的角度，修好后不好再爬上去拍了，因为前后比较要同一个角度再拍一张，就比较困难。测绘图就更久了，从2003年8月1日一直画到2005年的6月3日。

关 当时是怎么接到这项目的？

丨陈 刚开始是这样的，潮州会馆要修复，当时业主已经请建筑师出图，准备要招标了。槟城古迹信托会的主席林玉裳[6]听说后，就组织槟城古迹信托会成员去参观潮州会馆，我们和潮州会馆的主席说明这个建筑的重要性和价值，并告诉他们不能乱修。后来听说之前修天公坛的匠师王忠义也要来投标，因为担心他们不会按照建筑原有的样式修复，林玉裳就说，快请阿萧（萧文思）[7]过来。不过当时阿萧还没有公司，说用我公司的名字去竞标，因为外籍的人不能在那边直接接工程，必须本地的公司去投标。在这之后我们才进行建筑调研、修缮设计这些工作。

关 潮州会馆是萧文思他们团队修的，他不是闽南这边的匠师吗？为什么没有请潮州帮的匠师去做呢？

丨陈 对，是萧文思他们团队修的，因为没有潮州帮的匠师去槟城做工程，也考虑到萧文思团队已经修过邱公司龙山堂和马六甲的青云亭等遗产建筑。青云亭虽然是闽南这边的建筑风格，但是屋顶剪黏是潮州那边的，他们已经有一些经验了，后来也带萧文思去潮州走了一趟，考察原乡的建筑。

天公坛修缮前
陈耀威摄

天公坛修缮后
陈耀威摄

潮州会馆修缮前
陈耀威摄

潮州会馆修缮后
陈耀威摄

关 您能给我们讲一下你们做修复项目的流程是什么样的吗?

| 陈 通常情况下是先进行修复前的影像记录，然后通过地契、碑铭、书籍、旧地图、老照片等资料进行历史与建筑的相关研究，接下来就进行建筑现状测绘、建筑损坏勘察以及修缮方案设计。当然这些工作不是一项做完才进行另一项的，有些会同时进行。之后会出修缮施工图，做招标文件，招标文件出来之后会同时进行估价，然后进行遴选发包。

关 请问您说的遴选发包是什么意思?

| 陈 发包就算是招标的意思，这个项目要找人来做，就要招标。投标是站在承包商的角度讲，我们是站在业主的角度讲就是招标。马来西亚那边标书其实也应该由工料测量师（Quantity Surveyor，QS）做，但是华人传统建筑修复工程他们不懂怎么做，所以是我们做。不过招标之前要先去建筑送审，一般是审批过了之后才能招标，不过有时候他们着急的话，审批还没拿到就去发包的也有。

关 那会如何遴选呢?

| 陈 通过价格、技术等各方面的比较，然后再建议业主选哪一个，决定权当然是业主的。

关 刚刚的修缮流程里有一个“估价”，这也是工作室自己做吗？

丨陈 没有，我们会提出详细的修缮工项表和工程规范，让承包商自己报价。预算应该是刚刚说的那个叫 QS 的公司做。马来西亚那边建筑工程是业主委托建筑师设计，建筑师要统筹结构技师、水电等其他顾问做设计，做完了之后 QS 就会根据我们的图计算估价。

关 你们测绘的时候用什么工具呢？有三维激光扫描仪吗？像潮州会馆这样规模的建筑大概要测多久？测绘的时候几个人同时作业呢？

丨陈 没有扫描，都是人工的。屋顶都是要爬上去一点一点量的。潮州会馆测绘加上画图要好几个月，至少三五个月。

关 这个测稿是您画的吗？每一个转折都去量吗？这样和大尺寸能对上吗？梁架也都是要爬上去测量吗？

丨陈 对，这是我画的测稿。每个转折都是长和高这样去量的，凸出去、凹进来的部分都要量。然后再来微调，梁架也是全部要爬上去量的。之前天公坛的那个藻井我都是爬到里面去测量的。

关 在修缮的过程一般是建筑师主导，匠师会提什么建议吗？

丨陈 会的，建筑师不会真正去做，真正动手的是匠师工人，所以想象和实际情况可能会有不同。匠师会根据经验和实际施工做出一定调整。

关 有需要返工的情况吗？

丨陈 有啊，所以工匠有时候很怕我，因为我说不对的地方就要重做，他们脸都黑了。阿萧说要重做就早点跟人家讲，不然做好了又要重做让人很泄气。在修潮州会馆的时候，制作好运过来的格扇都错了，我就说这个格扇没有按照图纸的要求去做，窗棂不可能这么粗，就让他们重做了。

关 你们平时都有去工地监工吗？

丨陈 我们几乎是每天都去工地的，中国人做工没有周末休假的，礼拜天也都去。到了重要的节点的时候，要去好几次，所以我们才会有比较详细的记录。

关 你们有长期合作的匠师吗？在招标的时候会给业主推荐匠师吗？会有倾向说这是什么建筑风格就选择哪里来的匠师来修吗？

丨陈 会倾向选择原乡的匠师来修，但是中国到马来西亚做修复工程的匠师不是很多，所以并不一定可以请到原乡的匠师。我知道的在槟城那边做修缮的匠师有晋江的萧文思、南安的阿平、福州的王忠义。后来我们和萧文思有长期合作。

关 相比之下中国的匠师收费高么？

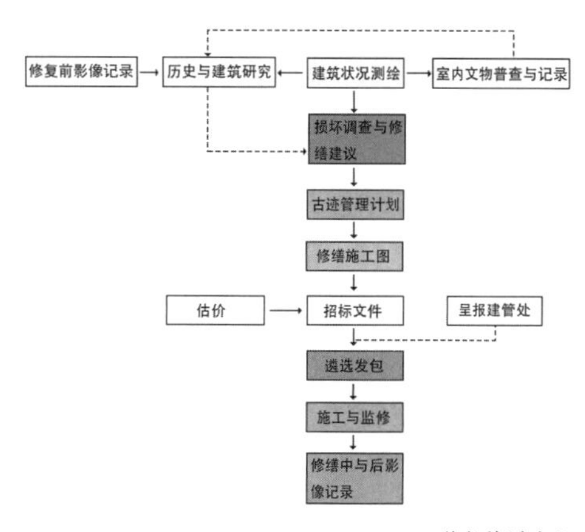

修护计划流程
关晓曦依据访谈记录绘制

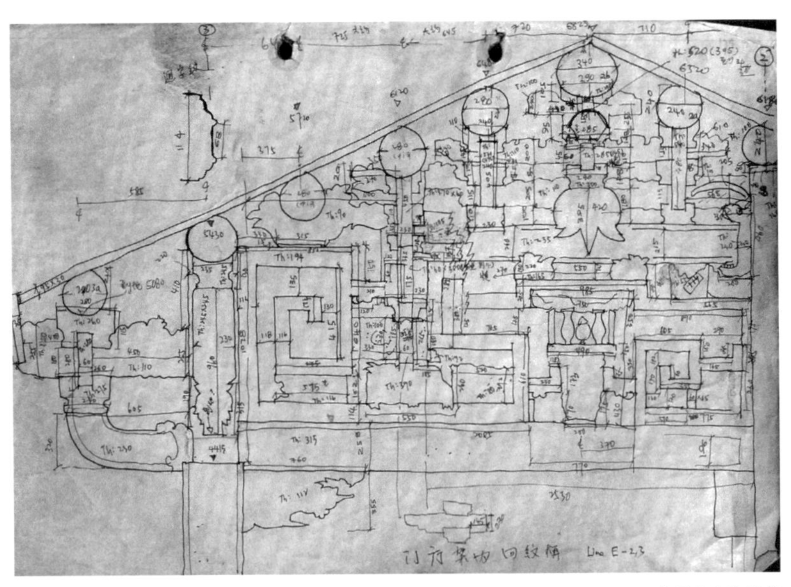

陈耀威手绘测稿
陈耀威提供

| 陈 国内匠师收费会高一些，不过早年还没有那么高，像20世纪90年代的时候，中国的钱比较薄，也就是中国的钱没有槟城那边的钱值钱，现在中国的匠师收费就比较高了。

关 会有其他族群的人来工地做一些粗工吗？

| 陈 马来人基本没有，马来人几乎不会在工地做苦工的。外籍的人会在工地做一些粗工，大多都是印度尼西亚人、孟加拉人、缅甸人或者越南人。

参与乔治市申遗

关 乔治市和马六甲古城成功申遗是马来西亚建筑遗产保护过程中一个重要节点，您作为建筑师有参与其中的工作吗？您能给我们讲讲当时申遗的情况吗？

| 陈 1989年最早提出申遗建议的是德国的一位叫亚烈士柯倪（Alex Koenig）的专家。1990年槟城GTZ-MPPP[8]拟定“乔治市再生”合作计划为乔治市申遗铺路，当时做了古迹调查，规划古迹保存区，拟定古迹保存指南。不过这些计划在某个时段全部被州政府终止了。很多时候就是这样的，政府要在保护与经济发展之间权衡，当时受到很多商家的压力。1998年，联合国亚太区域文化顾问魏理察博士（Dr. Richard Engelhardt）到访槟城，考察路线是由槟城古迹信托会安排的，那个月份正好是华人新年和印度大宝森节[9]叠合的日子。当魏理察博士在游览过程中见到华人背负大宝森节赎罪架，赎罪架（Kavadi）就是游神还愿时要背有尖刺的架子，他说“这不仅仅是文化的一个分层，更是一种文化融合”，就更加推荐应该要申遗。

关 最初的提议就是乔治市和马六甲一起申遗吗？

华人背负大宝森节赎罪架
陈耀威摄

|陈 不是，在 1989 年，马来西亚联邦政府先为马六甲历史古城申遗，但是在第一轮就被踢出去了。魏理察博士考察槟城时建议把两个地方一起“串联提名”，以增加马来西亚的成功率。在 1998 年 7 月 28 日马六甲与槟城州政府签署同意书，启动申遗[10]。当时负责申遗的单位是教育部，那时候还没有文化部，两地州政府成立了申遗工作委员会，当时我有参加这个委员会。

关 关于乔治市申遗您还做了哪些工作呢？

|陈 申遗文本里面的照片基本上是我拍的，我还负责一部分文本的书写，有关华人建筑与乔治市的发展。在申遗过程我参加了多个非政府组织（NGO）保护古迹运动。即使在入遗后，我们古迹保存工作者和非政府组织还成立了乔治市文化遗产行动小组（CHAT），自发性制作文资保护教材，到拥有大量老屋的社团宣传文资保存的知识，也尝试协助老屋租户，尤其是老行业的搬迁，以便老居民和传统行业尽可能留在老城区内。此外我们也主动召集政府部门给他们上课。

关 是你们提出来要给政府部门上课的还是他们请你们去的？

|陈 我们提出来的。因为建管部很多人都缺乏文化遗产保护相关的知识。在制定建筑文化遗产的监察作业系统时，我们也提了很多建议。当时 CHAT 还为乔治市制定世遗机构的运作体系，终于在入遗 2 年之后，州政府成立了世遗机构。世遗机构成立之后，CHAT 组织的成员被委任为顾问。

关 在槟城是什么时候大家开始有保护华侨传统建筑的意识的？

|陈 民众的话，大概在槟城古迹信托会成立的时间，也就是 1986 年开始，当时多数是受到英文教育的信托会成员会提出的遗产建筑保护理念的影响。1996 年我们成立“南洋民间文化”社团，因为我们都是受华文教育的，所以能够给华人社区灌输遗产建筑保护的相关理念。刚开始一般民众都认为那些高大上的纪念性建筑才是古迹，店屋和民居建筑都不算。

关 在申遗前后，公众对老房子、老的华侨建筑的态度是什么样的？他们有认识到这些建筑的价值吗？

|陈 一般是没有的。我一直觉得在那个时候，华文报对于教育一般民众“什么是古迹”，起了很大的作用。不然的话，他们就会认为古迹就是那些比较精致、比较重要的建筑。通过很多次媒体的宣传，还有我们在抢救这些老房子时不断地教育，慢慢地起到一定的作用，大家才开始重视的。

CHAT 小组为政府官员上文资课
陈耀威提供

陈耀威在《光明日报》上发表的文章
涂小锵摄

关 您刚才说华文报起了很大作用，能具体讲讲吗？

丨陈 当时很多报纸都比较活跃，比如《光明日报》《光华日报》《星洲日报》等，我当时经常在这些报章上发表文章。比如在《论我国华人传统建筑修护的错失》这篇文章中，我描述了一些华人建筑在修护中存在的问题，如传统技术的断层、匠师的误用、修复观念的误区等，希望能够引起更多人的重视。

关 当时这些华文报纸在对待华侨传统建筑保护这件事上有倾向性吗？

丨陈 有的，《光华日报》《光明日报》这些报社有我们“南洋民间文化”的成员在里面工作，而且这两家报纸也是槟城的地方报，对槟城古迹保护这件事更加关注。

关 申遗前，老房子面临要被拆掉的风险，入遗之后这种现象还严重吗？

丨陈 申遗前和申遗的过程中都有很多老房子被拆掉，直到入遗之后也还是有，这是经济发展使然。刚入遗的时候，一方面文化遗产保护有些混乱，另一方面大家也会觉得入遗后会被限制发展，所以很多人就抓紧时间开始乱拆。

关 这算是当时民众的心态吗，觉得会限制发展，要赶紧拆掉，可能以后管理严格后更拆不了了。

丨陈 对，整体状况就是一边在保护，一边在拆。

社团组织参与华侨建筑文化遗产保护

关 我看资料上说，在申遗后不久，政府就在保护区内批准建设几栋超高层建筑，这个您有印象吗？

丨陈 对，当时我们知道这个事情后就觉得不太对劲，当时要建好几栋建筑，都是超高层的，但这其实是违反世遗区建筑高度限制相关规定的。这个是效果图，新建建筑比大钟楼[11]还高，太夸张了。我们知道这件事后，算是我带头联合槟城爱护古迹小组等社团组织，把这件事情公布出来，当时媒体也很配合，有一个《光华日报》的记者也很支持这件事。我们把这个事情曝光出来之后，世界遗产委员会那边就开始关注了，后来世遗会那边还派人来槟城考察世遗保护区内这个高楼发展计划。

关 是几个社团先联合反对这个高楼发展计划，然后世遗会才开始关注的吗？

| 陈 对，我们曝光出来之后，世遗组织才关注到这件事。世遗区内新建建筑的高度都是有控制的。当时申遗已经成功了，但是前届政府竟然批准了这些新建项目。这个事情被曝光出来以后联合国教科文组织那边就提出了警告，如果不采取措施的话会被举黄牌，后来新政府和开发商进行谈判，修改了设计。

关 最后的结果是怎样的？政府和开发商做出妥协了吗？

| 陈 最后降低高度建的，不过有些也没有完全降到控制线以下。其实政府也是要赔偿开发商的，因为这个项目已经批了。

关 您刚刚提到曾经成立过一个叫“南洋民间文化”的社团，可以给我们讲讲相关的情况吗？

| 陈 1996 我刚从台湾回到槟城的时候和另外两位也曾留学台湾的朱自强和黄木锦成立了“南洋民间文化”社团。组织里活跃的成员大概十来个吧。当时我们办的活动有讲座、庙会、“二十四小时影像记录”等，也经常参与一些保护老建筑、老行业的活动。

关 保护老建筑、老行业的活动能给我们具体讲讲吗？

| 陈 我记得有一家老中药店叫“仁爱堂”，当时（2009 年）已经在乔治市一栋老建筑物里经营了 124 年之久。入遗之后，因为租金一直涨，屋主要把店面收回来出租他人。那时很多老行业都被迫迁走了，我们就发起拯救老行业留驻，搞签名运动，呈交备忘录给屋主。屋主是谢公司，槟城一家古老又拥有雄厚资产的宗祠组织。最后在我们的争取下留了一个小空间给仁爱堂，其余部分租给了一家公司用于经营酒店。当时不只是我们南洋民间文化，包括槟城古迹信托会，还有刚刚讲过的 CHAT 这几个古迹保护团体，我们一起把政府官员和屋主找来，协商能不能不要把仁爱堂赶走，这个是在我的办公室协商的场景。其实后来发现这件事得罪了屋主，屋主很不喜欢我们，说我们把他们当作坏人了。

关 “二十四小时影像记录”活动能给我们讲讲吗？

| 陈 就是每年年底的 31 日，举办摄影活动，让大家去记录槟城在岁末 24 小时内的人、事、物。

世遗区内的四座超高楼计划
陈耀威提供

STARMETRO, THURSDAY 17 JULY 2008 NEWS M3

Review projects in heritage enclaves

Penang should give the matter ugent attention as George Town has been recognised as a World Heritage site

By NIK KHUSAIRI IBRAHIM
north@thestar.com.my

THE authorities have been urged to review high-rise development projects in the inner city that are inconsistent with the state's conservation policy.

Penang Heritage Alert Group coordinator Tan Yeow Wooi said the state government should give the matter urgent attention as George Town had been recognised as a World Heritage site by Unesco.

He said core and buffer zones should be strictly observed, adding that proposed high-rise and high-density projects should be reviewed.

He also condemned the proposed construction of a relatively "high" hotel next to the historic Customs Department premises in Weld Quay.

"We are shocked and very concerned over the 100-room Rice Miller boutique hotel.

"It is not our intention to object to this project. We are concerned that this project is in the vicinity of an area full of historical landmarks," he said.

» The project is in the vicinity of an area full of historical landmarks«
TAN YEOW WOOI

Such a project would spoil the state capital's heritage image, added Tan.

"The integrated development project also involves construction of 100,000 sq feet commercial plaza, 160,000 sq feet retail podium, 23 small office-house-office (Soho) townhouses and a 105-unit condominium," he told pressmen near the proposed construction site yesterday.

Tan claimed that the proposed new building scaling 51.7m high would dwarf the adjacent heritage buildings, adding it would also be higher than the tower of the heritage Customs building.

"The proposed project does not comply with the maximum height limit imposed in heritage zones. It would mar the skyline of existing historic urban space, especially the Weld Quay waterfront," he added.

He also gave examples of other projects that were either approved or implemented in conservation zones. These included the Boustead Royale Bintang Hotel project behind the general post office on Lebuh Downing, the 23-storey tower hotel project by Low Yat group and the extension of Eastern & Oriental Hotel.

In an immediate response, Chief Minister Lim Guan Eng said he would ask the Penang Municipal Council president Datuk Zainal Rahim Seman to brief him on the matter.

"State executive councilor Chow Kon Yeow will brief the media after hearing Zainal's explanation," he said.

Look at this: Tan with an artist's impression of the proposed relatively 'high' hotel next to the Customs Department.

陈耀威联合媒体曝光槟城保护区内批准建设超高层建筑
陈耀威提供

同政府官员和屋主商谈
陈耀威摄

仁爱堂原貌
陈耀威摄

马年骑马寻宝活动
陈耀威摄

大家一起挑选摄影作品
陈耀威提供

关 这些活动都是公益的吗？

| 陈 这些都是公益的。我们会拉赞助，不过自己也出钱，有钱出钱，有力出力。有一些公司，还有商家会赞助这些活动。

关 这个“二十四小时摄影”是每年办一次，连续办的吗？参加的人有哪些？场地是在哪里？

| 陈 开始时每年办一次，后来有时间隔一两年。各方面的人都有，不一定是专业的摄影师，因为不是比赛，所以大家都过来一起挑选作品，之后做展览，也出版过《世纪末恋念槟城》《新世纪末日》《槟城 1231》《槟城元素》摄影集。我们也在老街区办了七八年的街头庙会活动。

关 刚才讲的这些活动的主题就是关于中国的传统文化吗？槟城那边现在有新年的气氛吗？

| 陈 对，关于华人的传统文化，就是因为新年氛围越来越淡了，所以就办了这些活动。内容有贴春联、刻印年画、年糕饼制作、舞龙舞狮等，马年的时候我们还设计活动给小朋友，让他们骑马寻宝。此外，我们也曾在庙会或其他活动中，带大家认识老街，欣赏古庙、会馆或宗祠，灌输文化遗产保存的知识。

关 了解到您为华侨建筑文化遗产的保护作了这么多贡献，特别感动，谢谢您给我们分享这么多。

1 国家自然科学基金资助项目"闽南华侨在马六甲海峡沿线聚落的历史变迁及其保护传承研究"（项目编号：52078223）；"闽南近代华侨建筑文化东南亚传播交流的跨境比较研究"（项目编号：51578251）。

2 正片是用来印制照片、幻灯片和电影拷贝的感光胶片的总称。它能把底片上的负像印制为正像，使影像的明暗或色彩与被摄体相同。黑白正片的感色性仅限于紫蓝色光、彩色正片的感色能力，比彩色反片弱，因而正片在摄影中很少使用。

3 陈耀威《回归岛屿，文资保存》，《台湾建筑学会会刊》，2015 年，第 78 期，48-55 页。

4 黄木锦，马来西亚专业注册建筑师，毕业于台湾成功大学建筑系以及英国威尔斯大学建筑学院，"南洋民间文化"的创办人之一。

5 王忠义（1952— ），祖籍福建福州长乐潭头镇菊潭村。新加坡东艺建筑设计工程公司董事长、马来西亚东艺古建筑工程公司董事长，参与修缮马来西亚的柔佛古庙、天公坛。

6 林玉裳，槟城古迹信托会主席，槟榔屿潮州会馆文化遗产委员会顾问，北马潮安同乡会顾问以及中国潮州市海联会顾问。主修压缩空气工程专业，但是积极投身于古迹保护和传统文化推广的工作中。

7 萧文思（1966— ），男，中国福建晋江东石镇萧下村人。16 岁随名师黄世清之子黄仲坡师傅学习剪黏、彩绘和园林设计。1992 年首次到马来西亚霹雳太平青厝区承建协天宫李王府牌楼，先后修复槟城龙山堂邱公司、马六甲青云亭及槟城潮州会馆等四十多座华侨建筑。修复作品"槟城邱公司龙山堂修复工程"获得 2001 年马来西亚建筑师公会古迹修复奖，"马六甲青云亭主殿修复工程"及"槟城潮州会馆韩江家庙修复工程"获得联合国教科文组织亚太区文化遗产保护奖之优秀奖，并于 2005 年在马来西亚正式成立文思古建有限公司。

8 GTZ，The German Organisation for Technical Cooperation，德国技术合作组织；MPPP，槟岛市政局。

9 大宝森节：印度教徒庆祝姆儒甘神圣神的节日，每年在泰米尔历的"泰月"（第十个月）满月时举行，时在公历的 1 月或 2 月。

10 1998 年 7 月 28—29 日在槟城召开《指定马来西亚文化与自然遗产成为世界遗产名单》会议中，马六甲与槟城州政府共同签署同意书，正式启动"马六甲海峡历史港埠"串联申遗工作。

11 大钟楼，原为马来联邦铁路局（FMSR），位于大街路（China Street）与新海墘路（Pengkalan Weld）交汇处，原址为政府的码头货仓，现为槟城海关署。20 世纪初建成后，布置有铁路局办公室，餐厅以及住宿客房。

邓刚先生谈创办水石设计的经历和发展回顾

受访者简介

邓刚

男，1969 年生，湖南长沙人。1997 年毕业于同济大学建筑城规学院，获建筑学博士学位，曾任职于上海投资咨询公司、上海市发展和改革委员会等机构。水石设计董事长、创始合伙人，教授级高工。2005 年至今，作为创始合伙人参与创立水石设计、上海红坊，长期专注于城市再生领域的研究与实践，以及设计咨询机构发展的研究与实践。2008 年荣获 “上海市长宁区十大杰出青年”称号，2019 年荣获“上海市杰出中青年建筑师”提名。曾主持和负责多项建筑工程项目和学术著作。如长春水文化生态园、昆明呈贡乌龙古渔村保护一体化设计与实践、上海城市雕塑艺术中心（红坊）等项目。项目曾获美国景观设计师协会综合设计类荣誉奖、国际风景园林师联合会亚太地区风景园林开放空间类杰出奖、中国风景园林学会科学技术奖规划设计一等奖、全国生态智慧城乡实践大赛一等奖等多项奖项。发表专著有《更新城市：价值驱动下的城市再生》《城市再生中的开发与设计》《地产模式下的精细化设计》《城市主题产业园设计与开发》等。

采访者： 陈平（上海黄浦区旧改办）
访谈时间： 2020 年 11 月 8 日
访谈地点： 上海市水石建筑规划设计股份有限公司会客室
整理情况： 2020 年 11 月 8 日访谈，12 月 27 日初稿，12 月 29 日定稿
审阅情况： 受访者已审阅
访谈背景： 2019 年 11 月 15—17 日美国路易维尔大学美术系教授赖德霖赴长沙参加湖南大学建筑学科创办 90 周年庆祝活动暨“刘敦桢柳士英与中国近代建筑教育论坛”，期间与邓刚先生相识并了解到邓先生脱离国家机关独立创业的经历，感到其经历是中国改革开放建筑业转型的代表，便约在 2020 年暑假进行深入采访。由于疫情原因，赖教授无法按计划回国，便邀在沪工作的笔者共同拟定采访提纲，由笔者负责直接采访和整理。

邓刚 以下简称邓
陈平 以下简称陈

在国家机关工作经历

陈 邓先生您好！我是曾在湖南大学建筑学院念书，现在在黄浦区旧改办就职的陈平，赖德霖教授因为疫情原因委托我进行今天的采访。希望您能谈谈创办水石设计的经历。看您的资料发现您在创业之前先在国家机关工作过5年，请问下您是因为什么原因进到政府机关单位的？

| 邓 我进政府非常偶然。1997年我博士毕业，因为是湖南大学子弟，对高校生活和发展方式非常熟悉，所以当时有意想远离学校。假如留在学校的话，我知道会像父母那样，过几年升中级职称，再过几年会升高级职称，最终目标就是教授。那时院士还很少，对我来讲，留在高校少了点挑战。

1997年之前，我和太太李岚[1]、同学孟刚[2]成立了一个设计工作室，名字叫LG2。L是我太太岚，G2是我和孟刚。博士毕业后，我的主要工作就是以工作室为载体，在同济体系范围内做设计项目，那时我属于自由人。只是这样的学习成长很慢，虽然能不断做到一些项目，但从项目及个人能力的提高来讲，帮助并不大。所以，我后来进入上海投资咨询公司，这是一家大型国企，我是当时公司唯一的博士。那时，读博士的人很少，我那届考建筑学博士的只有两个人，除了我，还有一位是现在同济大学的陈易[3]教授。由于博士少，公司领导非常重视，给了我很多机会。其中包括上海世博会选址和上海洋山深水港前期论证两个重要项目。也许由于学历较高，加上我性格比较开朗，乐于与人交流，公司总经理就任命我为这两个课题的牵头人。由此，我接触到当时的上海市发展计划委员会（现上海市发展和改革委员会）的主任以及分管投资的领导。在上海投资咨询公司，项目前期研究需要把技术、经济、市场的知识结构相结合，建筑学只是其中专业知识结构之一。上海市计委是综合经济部门，当时的委领导希望有年轻的血液加入进来。可能在两个课题中，我展现出了一定学习能力、思考与表达能力，他们觉得这个小伙子还很不错，提出希望我能到上海市计委工作。他们的态度很真诚，提出的条件也很优厚，让我担任投资处的副处长。那年我正好30岁，这样一个邀请，和我博士毕业后的想法是有契合的。作为一个新上海人我一直希望开阔自己的视野，提升综合能力，不曾想到能有比这更好和更多的锻炼机会，所以就选择进入政府工作。我在政府的5年11个月，得到了长足的发展和进步。不仅在岗位方面有从副处长到处长的提升，更多的是多元的视角和知识结构。在政府工作期间，看一个项目的前期发展不仅仅是技术的视角，更不是设计的视角，更多的是从社会经济综合的角度，同时，过程中也能学习到管理的知识和技能。

陈 既然在政府机关中能培育多元的知识结构，为什么还是会想要离开计委呢？

| 邓 很可能是因为在我的性格中有一点“叛逆”。虽然一直在高校教师家庭中长大，但是还是想做一点有挑战的事情。还有就是自己的建筑专业知识结构，在计委可发挥空间不多。另外，想做自己更感兴趣的事情。政府的岗位给我提供了足够的学习机会，得到很多锻炼，包括文字及口头表达能力，我

同时还参加了很多国际交流活动。但是，从自己的兴趣爱好和中长期的发展角度看，自我创业会更有挑战性，更能激发自己的潜力。

还有一个因素，读书期间成立的工作室还在继续发展。在（20世纪）90年代，中国正好处于比较快速的城市化发展阶段，项目机会多，研究生时期我的导师戴复东[4]先生就一直带着我们做设计。在高校，建筑学专业的学生都希望有自己的工作室，愿意接触社会。读书期间，我们就成立了设计工作室，当时以零星、社会的项目作为我们实践的机会，同时有一些收入。后来虽然我离开工作室，但工作室还在发展。1999年，水石的第一家水石景观设计公司成立并正常运营。我对设计还是蛮喜欢的，也想看看有没有机会回归到设计的方向。当时，城市更新呈现出发展态势，2005年包括上海的八号桥、田子坊、1933老场坊等改造类项目都在往前推进。我觉得城市再生可作为我未来的发展方向之一。

当我提出离职时，委领导非常重视，思考我为什么要离开，是不是发展空间不够，他们提出近期可以升为正处长。见到我持续表达离职的愿望时，他们也没有放弃，还正式发文公示我作为正处长的候选人，真的很有诚意。是什么力量让我最终坚定地离开，我感觉是“做自己想做的事情”。虽然以我的性格和能力，在政府中也能获得发展，但未来的生活方式和工作状态，哪些是我真正喜欢的和想要的，我需要明确。看到身边领导们的工作、生活和发展状态，我感觉那不是我内心想要的。也许还是有点小野心吧，我觉得还是换一个渠道发展为宜。选择是一件非常难的事，我的人生中面临过好几次选择。30岁进政府，是选择；36岁离开，也是选择。选择非常痛苦和纠结，涉及各方力量的平衡和权衡，但我觉得最终的选择还是对的。

在计委的5年11个月，我一直都认为是我个人成长最快的5年。政府的工作经历为我提供了很多重要的认知机会和方法，包括以更多元的知识结构和视角去看待事物，去理解什么叫设计，什么叫项目，什么叫项目控制，什么叫前期研究，什么叫预算控制及投资控制，挺有意思的。这些为我后来的发展奠定了重要的知识与认知基础。我在计委时对口分管过投资咨询行业，工作中涉及上海投资咨询公司的体制改革，其中的认知到今天都非常有用。我认识到企业发展中，体制和机制的作用非常巨大，这是对水石后来发展极具影响的一个方面。做好的设计和发展设计公司是两回事，不能简单地用设计思维去做设计公司，要用做企业的思维去做设计公司。企业发展中，体制与机制设计十分重要。

辞职过程

陈 您从政府机关辞职的过程是怎么样的?

| 邓 离职还是很不容易的，整整11个月，主要原因是领导的挽留。我先私下和领导提出离职，领导不同意，表示需要好好交流。于是有了前面提及的升职作为正处长候选人的插曲。离职的原因并不是在政府没发展，事实上，他们的挽留条件已经很好了。2005年3月开始，政府开始先进性教育，市长是计委的对口领导，我们的分管领导非常希望我不要在这个敏感时期离开。我能真切地感受他们挽留的诚意。

经过11个月的离职程序，最终我离开了政府，之后还有3个月的脱密期，我所在的投资处属于重要的政府管理部门，离职需要脱密期。领导也非常关照，以工作调动的方式过渡，先到上海创业投资公司担任总经理助理，3个月之后再彻底离开。应该说真正的离职经历了13个月，从元旦提出到10月份离开，之后国有公司3个月的脱密期，最后重回水石。

陈 请问一下像您这样在体制内单位辞职的人多吗?

丨邓 极少。2005 年是全社会蜂拥想进政府的阶段。从那时起，当公务员越来越难，大多要进行国家考试。到目前，公务员仍是毕业生非常愿意从事的职业。当年我进计委时的情况比较少见，一个博士毕业才两年的小青年，以工作调动的方式进来，一到岗就担任投资处的副处长。投资处当时在计委属于实权处室，按世俗的眼光看比较有权力。我当时离开政府是极为逆势的，甚至到现在很多老同事提起我时，都很难想象当时为什么会离开，条件是非常不错的，30 岁副处长，35 岁正处长。为什么还要离开，几乎没人理解。在上海市计委投资处，当了处级领导之后，以创业而离职的，我大概是第一个。

陈 国家机关离职时，家人是什么态度？

丨邓 大多是支持的。我父亲曾是湖南大学出版社社长和总编辑，也是湖大土木系的老师，他相对比较保守，倾向稳妥，觉得需要多考虑。我母亲是湖大化学化工系的教师，胆子比较大，我性格比较像她。“没事啊，自己创业，可以的！”我太太总体是认同的，觉得没问题。

创业之初

陈 您的公司为什么取名“水石”？

丨邓 早年，我们做了个名字征集，“水石”是大伙一致通过的名字。我们第一家公司是景观设计公司，一是“水”和“石”是景观中两个传统也是最经典的元素；二是和水石相关的成语很多，如滴水穿石；三是水和石刚柔并济，朴实低调，我们希望公司也能形成这样的秉性。

陈 作为前国家机关人员办理公司是否需要特殊的手续？

丨邓 1999—2005 年是很开放的，以自然人去申请成立一家设计公司，门槛很低。我原来在的计委属于综合经济管理部门，我创业的是设计公司，两者交集并不多。在国企里经过三个月的脱密期后，我作为自然人参与一家公司发展就没什么特别的约束了。

上海城市雕塑艺术中心（红坊）
引自：http://www.landscape.cn/article/66922.html

长春水文化生态园
引自：http://www.landscape.cn/article/66922.html

陈 水石建立之初有过什么样的经历？

| 邓 2006年初的水石，和1999年时不一样了。我太太是做景观设计的，本科毕业于同济大学风景园林专业，硕士是建筑学，后来在同济大学任教，并创立了水石的第一家公司——水石景观环境设计有限公司。当我回到水石后，由于我本科到硕士、博士研究学习的都是建筑学，所以在2006年的时候成立了第二家公司——水石建筑规划设计有限公司。这家公司是现在水石设计的主体。在当年水石景观公司持有了水石建筑公司百分之百的股权，2016年股改的时候，就反过来了。我们把水石由一家景观环境设计公司进行多专业整合，成立了建筑公司、规划公司、施工图公司，之后还发展了非上海区域的公司，比如第一家在重庆，后面在深圳、昆明、合肥都有分公司。水石从创业到发展是一个非常有意思的过程。

陈 水石建立之初给水石的定位是什么？

| 邓 创业之初感受颇多。民营设计公司发展中如何获得机会特别重要，关键还是看市场。我们需要拉开和国有设计院、外资公司的差异，要有自己的特色。比如大型公共建筑我们都不太涉及，这些建筑类型不是我们的体制优势。发展之初，我们选择了几个方向。第一个是城市再生，这一直是我们非常有经验和成就的领域，成功案例非常多。当年，我从政府离职后做的第一个项目就是上海城市雕塑艺术中心——红坊。很巧，我们在项目中有多元的角色，除了设计方，我们也是投资人之一。城市再生是很重要的一种项目类型，有多元的价值，包括社会价值、学术价值，也有一定的经济价值。我们做过一百多项城市再生项目，非常有社会影响力。包括2018年竣工的长春水文化生态园，获得众多的国际设计奖项，其中包括美国景观设计师协会（American Society of Landscape Architects，ASLA）荣誉奖，以及最新的中国园林协会的科技进步一等奖。

第二个是精品人居。过去20年房地产快速蓬勃发展，中国人对于居住的要求快速提升，中国在居住建筑领域较为领先。无论是规模还是技术能力，我们研发的内容非常有广度和高度。人居类型是我们的特长，估计国有设计院做不过我们。

第三个是景观设计。我们有专业的景观设计公司，景观专业是我太太的专项，我后来也投入一定精力。我们在城市公园方面实践很多，还出过专著。有一本同济大学出版社的高等教育景观学教材《城市公园设计》，就是由水石的城市公园专著改编而成，这本教材的封面图还是我的手绘稿。我完全没想到花了3天画的一张0号手绘图，最终成了高等教育景观教材的封面。

第四个是产业园。这是符合当时社会发展需求的项目类型之一。工业用地、产业用地怎么做开发，如何把产业的导入和建筑设计的产品研究结合，这方面我们实践得较多。

总之，城市更新、人居项目、产业园、景观方面，我们都有很多实践与积累，这也是我们和一般设计公司的差异所在。

此外，我们在设计机构发展方面也有较多思考，这与我在政府工作经历有关。体制机制非常重要，如何让更多有理想的人共同发展是民营设计企业面临的重要命题。越是有水平的建筑师，越有自我诉求。如何实现共同发展不是一件容易的事。我们当时判断，在未来有两类机构也许有较多的发展机会，第一类是明星事务所，第二类是综合性的设计机构。我们将自身定位为综合性的设计机构，我们无法成为大师工作室或明星事务所，因为我们不具备这样的潜力，我们就是很综合、具有多元知识结构的人。我们希望企业能向平台发展，不是公司就我一个人说了算，技术听我的，公司经营也听我的，我不希望这样。我的目标是成为一家中国有影响力的设计企业。做设计和做设计企业完全是两回事。如何做一家好的企业，过去在计委的认知和想法起到了很大的促进作用。2013年，我太太离开水石，就是想避免把水石变成一家夫妻店，希望水石是一家开放的公众公司，让大家能够加入这个平台。因此，我们不断推行合伙人制度，我们用有限责任公司、股份公司的载体去实现大家合伙人的梦想。在此过程中，我做过很多制度设计和研究，现在我可以自豪地说，水石是一家在体制机制探索方面做得比较好、有成效的设计公司。

陈 这几个专业领域是如何发展出来的？

丨邓 是以能力建设为依托，慢慢建立起来的。并不是开始主观定了这几个方向去发展，而是各种机缘巧合做了这些项目，聚集了这些能力，再以这些能力为基础发展了机构、类型。

陈 是不是可以理解为和市场相关？

丨邓 对！项目就是市场。

陈 是否和政府经历有关呢

丨邓 还是市场导向，慢慢摸索，大家共同思索得到的结果，并没有很强的计划性。我们的成长一般有些模糊的目标，但没有很强的计划，实践中顺应市场、能力建设，逐步把水石发展起来。

陈 水石什么时候有合伙人体制的？

丨邓 离开计委发展水石建筑设计公司时，关于合伙人制的想法就越来越清晰了。开始有计划地制定办法，拿股权释放给当时的骨干，我们的合伙人制度在全中国设计公司中间应该是最好的之一。从2006年开始推行合伙人制，最开始3位，之后加入了3位，2009年通过股权转让，一次性让4位骨干成为水石建筑的合伙人。2016年进行股份制改革，6位水石联合创始人拿出40%股权通过股改，分给四十多位业务骨干，让大家都成为水石的主人，成为老板。之后在新三板挂牌，正式成为一家公众公司。2019年再次定增，并于2020年初完成。目前为止，有接近100位自然人持有水石股权。现在水石设计大约有2100人，约5%的人成为水石合伙人。目前，在中国五个城市有我们的公司或者分公司，更多的城市有水石办事处。水石是设计行业中大规模，且有一定影响力的民营设计公司。我们也参与了很多社会的互动，比如说是东南大学、湖南大学等高校实习基地，我们在东南大学成立了数字研究中心，在湖南大学设立了近十年的水石奖学金。

刚开始只有我、我太太、我同学3个人，合伙人从3人、6人到后来近百人，变化很大，过程也挺波折。如何坚持最初的愿望，逐步看清楚方向，很需要韧性与努力。

陈 合伙人之间是否有具体分工？

丨邓 最初大家没有清晰的分工，什么都要干。既做设计，市场也对接，从方案到施工图，我全画过，还跑过工地。我们第一家工作室LG2在同济大学化学馆，后来初创人之一的孟刚在2005年股改就退出，回到同济大学当老师。2011年，我太太开始退出水石，2013年完全退出，目前没有在水石任职。2006年后的合伙人分工也不是完全清晰，我们称为AB角，每项事情都由两个人负责，包括项目类型，到市场、管理、技术等。每个人都不完美，我们做不到一个人把所有事情都干好。

陈 想了解下水石第一桶金的故事是怎么样的？

丨邓 从收入的角度看，设计行业永远赚不了大钱，收设计费不是件容易的事情。虽然说水石年收入已达到11亿元，税后净利润接近一个亿，听上去很庞大，但是总体来说，设计不是个赚钱的行业。

水石的发展总体是平稳的，几乎没有出现过波折，这是我们的运气，也是中国城市化发展带来的重大机遇。发展是平稳的，赚钱也是逐步的，需要大家分享。有一句话说得好，财散人聚，财聚人散。所以，第一桶金这个提法，对设计行业来说不是特别的贴切。

陈 创业初期印象最深刻的事情是什么？

丨邓 我觉得企业的发展很不容易。找市场，与人合作，都特别不容易。从无到有的过程中，公司发展多大，要哪些构架，都需要自己干出来，找到好的合作者非常不容易。初期，如何营造好的合作氛围，我们有很多失败的教训，也有一些成功的经验。初期的几位合伙人，也是公司股东，开始目标很一致，到一定时候完全不一致，有矛盾且相互不理解，要分开。水石的成长就是民营设计企业的发展缩影。通过好的体制、机制让大家聚在一起，包括分配机制、用人机制等，大家一起越走越长，是一件很难的事情，也是初期印象比较深的事情。

当前情况

陈 从 20 年的创业来看，您感受到的行业发展是如何变化的，或者说与水石相关的发展是如何变化的？

丨邓 这是个特别好的问题。当初我们为什么会成立公司，是因为我们在研究生阶段干了很多项目，甲方和我们说，我们现在没法给你现金了，你必须要有公司账户，要签合同和开发票。成立第一家公司时，根本没想到未来要发展多大的业务规模，要做多大的企业，要干到多少产值，是一个很懵懂的过程。水石的发展就是一个逐步规范的过程，当时，社会管理不规范，企业发展也不规范，支付设计费就是给现金，签个字就可以把钱拿走。后面款项数额越来越大了，甲方要求必须走账，这时候就要成立公司和进行公司化管理，包括财务管理，要缴税、要发工资，等等。最初员工不多，通过现金支付工资，后来要交社保和公积金，还要纳税，协助办理居住证等。逐步规范化发展的过程，管理门槛越来越高，约束越来越多。从企业稳步发展的角度，既有有利的一面，也有成本更高的一面。所以，现在的建筑学毕业生想自己创业做设计公司，机会大幅减少了。随着规模的发展，尤其是成为公众公司后，任何重要的事情与举动，如收购公司、出让股权、重大财务损失或收益，都要进行公告，管理也越来越规范。从设计行业的角度而言，我们是非常幸运的一代。

陈 水石和同类型的民营企业最大的不同是什么？

丨邓 首先，我相信水石的开放体制是中国民营设计公司里做得最好的之一。我们对合伙人的尊重、相对均质化的股权，相对扁平化的治理结构，在国内设计公司中具有领先性。与我们规模接近的公司，骨干一般得不到类似水石规模的股权，难以真实成为企业的主人，这方面我们做得比较好。

其次，是我们的能力。在城市再生领域我们积累较多，少有机构能和我们竞争。我们出了两本书，其中包括今年的《更新城市——价值驱动下的城市再生》。在这个领域，无论是竣工的项目、获奖数量、理论研究积累，我们都有所领先。同时，我们的人居类项目能力也很强。在居住地产领域，我们在项目研发、一体化设计中领先。近期，我们在一体化设计方面，通过多专业、全过程，提供从方案到施工图的服务。当前，在人居项目中，大部分甲方通过分解的方式把方案、施工图分开，景观、室内、建筑往往由不同的机构设计，我们水石则提供一体化设计，这具有现实价值。在景观设计方面，一般的民营公司很难和我们竞争，因为社会上多数专业的景观设计公司在专业构成上不具备建筑、规划和室内设计专业的综合性。

再次，我们在做 EPC（Engineering Procurement Construction），即设计施工一体化。我们在一些有门槛的项目，比如颜值高、有技术挑战的项目，我们在探索设计施工一体化，甚至有些项目我自己当项目总，比如长春水文化生态园项目。现在，一个云南的古村落保护与发展项目，我们正在往 EPC 方向发展。

陈 据我所知 2012 年的时候您有个采访，当时您称水石为中等规模的民营设计企业。那现在是如何自称的？

| 邓 我们是一家有一定综合能力、中大规模的民营设计公司。原来是中型，现在是中大型，规模比我们大的公司数量还挺多的。

未来期望

陈 现在从增量市场转变为存量市场，请问水石现在是怎么应对这个问题呢？

| 邓 第一，在能力建设方面，我们关注一体化设计；第二，我们对一些有门槛的项目探索设计施工一体化。另外，我一直在思考，市场在哪里，我们准备顺应市场的需求去做一些专门的服务。同时，在水石发展期间，坚持我们的价值分享和合伙人制度，希望能有更多人加入水石，成为水石的骨干。

陈 公司未来目标如何？

| 邓 在中国未来的城市化发展还持续的前提下，我们会争取成为一家具有综合能力、有行业影响力的设计机构，不断进行能力建设，为社会提供有价值的服务。

陈 会有一些数值上的设置吗？比如设计排名或者市值之类的？

| 邓 我们受邀参与过不少排名，且排名比较靠前，比如中国民营设计十强，每年都在变化，但排名并不重要。获奖也不少，获奖都是在某个时间段的小激励，重要的依然是企业的综合能力，如何给社会带来价值，如何真正地服务于客户。

2020 年 11 月 8 日，访谈结束后，邓刚先生（右）与陈平合影（左）

陈 您是湖南长沙人，长沙现在有水石分部吗？未来会考虑在长沙发展一下本土的建筑文化吗？

丨邓 目前没有。不一定，我们不希望在太多城市做分支机构，因为分支机构管理相当困难。不排除未来会在华中地区选城市做分部，但是目前还没有这样的规划。

陈 其实在上海湖南人还挺少的，广东深圳比较多。我想问一下湖南或者湖湘文化对您的创业或者人生经历有什么影响吗？

丨邓 相比于上海，湖南受广东影响比较多，很多湖南人都去了广东，我很多同学也去了广东。我觉得我很有湖南人的执着、吃苦、有韧性、肯坚持，可能这些跟湖南的地理气候、湖南人的性格和习气都有关系，包括胆子也比较大，离职就离职了，不怕。很多人不理解，觉得怎么能离职呢，我说没事儿，我能养活自己。我还是很有湖南人的内在气质的。别人问我是哪里人，我一般不说是上海人，我说我是湖南人。

陈 今天辛苦您了，讲了这么多精彩的水石故事。之后如果有特别的细节或问题，我还会向您请教的，非常感谢您！

1 李岚，上海水石设计创始合伙人，硕士，高级工程师，国家二级注册建筑师。

2 孟刚，同济大学建筑系副教授，博士，博士生导师，国家一级注册建筑师，德国斯图加特大学访问学者。

3 陈易，同济大学教授，博士，博士生导师，国家一级注册建筑师，高级建筑室内设计师。

4 戴复东（1928 — 2018），中国工程院院士、同济大学建筑与城市规划学院名誉院长、教授、博士生导师、国家一级注册建筑师。

上海一处老旧社区中花园洋房室内公共空间改造项目访谈[1]

受访者简介

浦睿洁

女，1987 年 7 月出生于江西南昌，大鱼社区营造发展中心总干事、研究官。2012 届华东师范大学社会学硕士，2018 年加入大鱼营造，正式以一名社区营造者的身份，参与上海城市更新与社区治理事业，并以社会学的角度致力于社区中公共空间的场所营建，推动社区或者街区可持续发展中的居民自治与社会力量的多元共建。大鱼营造是一个跨专业青年组成的创新型社会组织，致力于推动城市再生语境下的多方参与和社会创新。浦睿洁作为这次 A 社区 a 号花园洋房室内公共空间改造项目的负责人，在社区老洋房的改造过程中参与了前期调研、改造设计、协调沟通、活动组织的全过程。具体工作包括居民沉浸式观察调研、居民参与式设计工作坊、老洋房室内公共空间的改造设计与实施、楼道空间的整理与视觉设计的引入、居民空间使用公约的协商与制定、居民公共活动的组织与开展。同时也为居民访谈工作提供了重要的沟通帮助。

承租人争[2]

女，1951 年 6 月出生于上海，其父过去是资本家，有工厂、烟卷店、地产，1949 年后积极响应政府号召上缴了自己的企业，在工厂工作；母亲曾是家庭妇女，1949 年后到里弄生产组做缝纫工作。其本人是四方锅炉厂的职工。1976 年 5 月由于婆家房屋被封搬到 A 社区 a 号花园洋房，住在三楼东面中间一间面积 20.2 平方米的卧室内，现独居。曾担任这栋楼的楼长，人缘好，吃苦耐劳，乐于助人，负责楼内居民统一收费等事务。

承租人方及其女儿卡

方退休前是工厂职工，卡是中学教师。1995 年前后由于南市区的石库门里弄住宅动迁搬此，居住在三楼一间 22 平方米的房间内，利用坡屋顶的高度加建 10 平方米左右的阁楼，2003 年前后与对面一户分别在阳台上搭建了各家的独立卫生间。方家作为 20 世纪 90 年代通过市场交易入住老洋房的承租人代表，见证了融入老洋房中原有生活规则的过程，由卡主导的房间室内装修也意味着年轻人对于老洋房的接纳与认可。

租客陌及其老公哈

陌是 2005 届同济大学建筑与城市规划学院毕业生，约 2 年前开始改造老旧住房并作为民宿经营。夫妻俩和儿子 2019 年中秋节的时候以租客身份入住该楼，居住在二楼南面一间 30 平方米左右的房间。这间房的原承租人在房间内搭建了独立卫生间，并将南面阳光房做成了内部的独立厨房。

朱书记

A 社区居委会工作者。2007 年来到该街道，在老旧小区负责居委会工作十多年，对老旧小区的治理有丰富的经验和坚定的责任心，2019 年来到 A 社区从事居委会工作，在 a 号花园洋房改造中全程协调居民沟通工作、组织居民活动、商讨居民公约的制定，全心全力地配合并推动此次改造项目的开展。

采访者： 刘涟（同济大学）

访谈时间： 2020 年 11 月 24 日、25 日，12 月 1 日、8 日

访谈地点： 上海市 A 社区 a 号一楼居委会活动室或居住者家中

整理情况： 2020 年 12 月 5 日整理，2020 年 12 月 18 日定稿

审阅情况： 经受访者审阅

访谈背景： A 社区是一处聚集历史文化名人的历史住区，被列为上海优秀历史建筑，社区内住宅建设于 20 世纪 20—30 年代，其中包括若干幢风格各异的新式里弄住宅和四幢花园洋房。改造项目 A 社区 a 号花园洋房[3]高三层，最早是一位资本家购买居住，1949 年后收归国有。经历了公私合营、“文革”、市场经济的变革，该楼住户经历了多次变迁，现今主楼中居住有 9 户，包括原承租人 4 户和租客 5 户。其中最早为 20 世纪 50 年代入住的承租人，最晚为 2020 年入住的租客，这栋楼也是上海近代花园洋房于近现代发展中住户变迁的典型代表。2019 年 8 月，该洋房作为老旧小区住宅室内公共空间改造的试点。

在 A 社区 a 号花园洋房室内改造项目接近尾声时，笔者邀请大鱼营造老洋房项目负责人浦睿洁在两周内进行了三次访谈，访问了这次改造项目的项目起源、改造过程、改造体会以及对未来此类社区营造项目的建议，希望通过对她的访谈对未来此类社区营造项目提供一些启发，进一步思考设计师在涉及社区老洋房室内空间改造中所承担的角色与价值。在浦睿洁的帮助下，笔者陆续邀请 A 社区 a 号花园洋房的相关人员进行了访谈，受访者包括：A 社区居委会朱书记、居住在 a 号花园洋房三楼房间内的承租人争、居住在 a 号花园洋房三楼房间内的承租人方及其女儿卡、居住在 a 号花园洋房二楼房间内的租客陌及其丈夫哈。访谈内容主要围绕老洋房公共空间的使用、室内空间的历史变迁、邻里关系、老房子作为民宿经营的相关问题、对这次改造的评价、改造对于社区治理的影响、未来对老洋房的处理等问题进行展开，以此探讨居民在居住过程中的真实需求、室内公共空间改造中的问题根源、改造意义及未来的方向。

浦 睿 洁　以下简称浦　　承租人卡　以下简称卡　　朱书记　以下简称朱
承租人争　以下简称争　　租 客 陌　以下简称陌　　刘　涟　以下简称刘
承租人方　以下简称方　　租 客 哈　以下简称哈

浦睿洁：最大挑战在于引导居民在公共利益基础上形成需求共识

刘　这次社区老洋房室内改造的起因是什么？

丨浦　起源于2018年A社区中14栋历史建筑的保护性修缮工程，当时居民觉得改造只涉及面子，不涉及里子，改造对生活（质量）没有带来改善，于是提出改造室内公共空间的需求。为什么选择A社区a号，一是在遴选的时候，相对于其他楼栋，a号的公共空间依旧保留着一些邻里关系，虽然陈旧，但仍有生活气息，原住户的居住率也相对较高；二是因为街道和居委在2018年对这栋花园洋房南面废弃的院子进行了改造翻新，希望它能够承载更多的公共生活，但此次改造没有跟这栋洋房里的居民协商好，居民其实并不愿意把院子变成公共空间，所以室内改造试点放在a号也是对住在这里的居民的一种补偿。

刘　您认为这次改造具有公共参与性吗？

丨浦　首先，我们去物业调研承租人的情况，梳理空间中承租人的权益。一开始我们对承租人和租客的区别不是很敏感，认为他们都是空间的使用者，所以开会的时候同时邀请了原承租人和租客。然而在接触中发现，原承租人对于租客和承租人在老洋房里权益和责任的区别非常在意，他们会认为租客并没有什么话语权。其次，居民参与的本质也还是因为想要争取改造的资源。所以，公共参与在承租人眼里是争取资源的途径，并不是真正的公共性。

刘　你们改造前所预期的公共参与是什么样的？

丨浦　首先，面对看到的公共空间中的许多问题，希望以居民为主体进行解决与改造，这个房子不会拆迁了，以后会一直住在这里，希望大家都对这次改造上心。其次，这个改造作为试点，希望倡导居民的自主性，政府会支持一部分资金，还有一部分可能需要居民出点钱。

刘　那居民愿意配合出钱吗？

丨浦　我们一开始是跟他们说要出钱的，但是他们都说不会出钱的，说这个房子是国家的，政府既然要拿来做试点，就彻底点。如果一个房子真的实在没有钱，但居民又特别想改，那就真的是自下而上的。我们这个改造说是自下而上，但还是自上而下，政府有一笔钱，要选一个试点，所以楼里居民就来争取这笔钱。

刘 可以大概谈一谈整个改造的过程吗?

｜浦 我们2019年8月到11月都在跟居民议事，还没谈好，街道就比较急希望看到成果，所以12月就先动工了，这就带来一定问题。比如我们本来一开始计划先改造卫生间，因为卫生间公共性强，它的改造很容易有获得感,但由于卫生间要先解决水电的问题,当时还没有出解决方案,所以就先动了厨房。另外，在改造厨房时我们的设计是很强势的，还没跟居民谈得太清楚就把厨房做成可以共享的模块了，然后就发生了争执，因为里面不是有几户就可以装几个模块，涉及历史分户的问题，这种设计模块和居民历史权益不对等。

一开始这个厨房共享模块的创意提出者是何嘉（大鱼营造主任，联合发起人，建筑设计师），他希望通过产品设计改造空间，比如厨房台面上的翻盖产品[4]，通过植入共享理念，提高厨房空间的使用率，但由于模块化的盖板尺寸是统一的，不能满居民原本默认的使用边界，因而和居民的需求发生了冲突，所以我们发现老洋房改造不能这么激进，没法真正做共享生活的创新。我们也把项目外包给嘉春建设，这是一家做模块装配化的公司，我们一开始希望做模块式、可以轻便式地复制到其他老房子里的设计样板，但第一次就跟居民的实际使用空间有冲突，侵害了他们的空间权益反而加深了与居民的矛盾。

所以我们第二年就找了一个懂老洋房的施工队，他们以前做过老洋房的装修，知道老洋房的复杂，知道里面的材料，知道怎样用轻量方式处理其中的问题，尤其是老洋房的水电问题。然后我们还请了一个视觉设计公司，包括里面的视觉引导、色彩搭配、地砖设计，以及马赛克恢复。为这个事情专门成立了视觉组，其中包括大鱼自己的一位体验设计师，他又找了其他两位设计师一起来合作，一个是施工队的设计师，一个是伦敦回来的视觉艺术家，像每户门口的门牌灯就是我们艺术家画的，从窗户上吸取的装饰，还有管道刷绿色的选择，以及马赛克……所以我们2020年的设计力量和过去完全不一样。以前是共享居住（Co-living）的理念，现在则单纯地从活泼明亮的效果、从居民需求的角度出发。

刘 第一年改造的可以共享的厨房台面翻盖，是否切实使居民在使用中催生了共享的概念和行为呢?

｜浦 他们不一定真正会用，只是临时摆一摆东西。在他们印象中空间划分还是根深蒂固的，别人的地方还是不要随便动。

一楼厨房的翻盖台面

一楼厨房改造前
大鱼营造提供

一楼厨房改造后

门牌灯

楼道视觉标识

刘 在第二年中居民对于室内色彩以及地砖的设计是否有参与并提出设计意见呢?

| 浦 因为这个比较专业，居民提不出来，只要我们做出来明亮、活泼就可以。

刘 明亮、活泼这样的关键词是怎样来的呢?

| 浦 第一年设计完，居民就说空间怎么还这么旧和暗，我们总结了他们的想法。

刘 你们这次设计中的材料和工艺怎么选取的呢，有考虑老洋房室内原有的材料与工艺吗?

| 浦 这完全是施工队选的，他们按照我们经费来的，选的还挺良心。

刘 那居民在施工中对材料与工艺上有提出什么建议吗?

| 浦 其实居民也是不太懂的，他们只要最后做出来的效果好就可以。施工队说现在市面上用什么材料他们基本就用什么材料。

刘 你们这次施工经费有多少呢?

| 浦 今年改造有 30 万元，去年将近 20 万元。投入最多的地方就是去年做的一楼厨房，因为用了盖板，那个翻盖盖板需要专门研发和定制。

刘 您认为这次改造中的最大难点是什么?

| 浦 其实改造尝试下来最难的是处理邻里关系，如果他们在公共空间都没有公共生活了，怎么往公共性方向去改造以后可能都会荒废掉。公共空间里其实并没有标清楚每户所占面积多少，比如谁是 1/4，谁是 1/2，所以模块化改造就导致了矛盾，原住户会认为被分户的人在改造里是得利的，他们各有各的理。

刘 改造之后的效果和您改造前的预期有差异吗?

| 浦 有的，比如我们请了品牌方，可以免费提供设备，像在露台上装一个大水箱把热水通到卫生间里，然后卫生间刷卡洗澡，居民统一买电充卡。但没有达成，因为居民们对能否维持下去没有信心，设备坏了会有维修的问题，品牌方不负责维修，这里面谁出钱在权益上很难划分；还有买电的事情也会带来很多邻里纠纷，他们很怕邻里纠纷，对未来有恐惧。所以说居民们觉得在这种房子里面公共事务越少越好。

刘 您之前预期的希望通过改造公共空间建立公共意识的概念并改变居住行为的效果有达到吗?

| 浦 在这个楼里公共空间里的公共意识太弱了，公共空间容易被私人侵占，或者大家都希望将其划分为私人空间，我的领地我来维护，只要有一个划分模糊的地区，就会被“公地悲剧”，越来越萧条，谁都不管它，都没有公共意识。我们在厨房装了抽油烟机，建立了一个观念，即油烟是涉及公共利益的，但具体的（公共行为）需要身体的实践，通过沟通是很难的，除非说改完后居民们用了五年，他们使用习惯变了，或许才会有真正意义上的改变，可惜我们没有装上这类公共设备。

刘 在改造过程中设计师要如何引导居民建立公共意识呢?

| 浦 作为专业方，我们去引导并告知他们这里面有公共利益。比如，我们把油烟的问题跟大家说，希望大家都装，很多人说我不装，不会从他人的角度考虑问题。在这个过程中，我不断地从社会学角度

将私人利益和公共利益这种议题抛出让他们讨论，引导大家达成共识。这也是整个（改造）过程中最难的部分，比如一楼厨房抽油烟机花了一年时间才装上。

刘 所以你们的立场是希望大家一起来维护或解决公共空间中的问题，比如油烟，通过遵守某种公约或达成共识的方式，使得公共空间变得越来越好或有秩序，是吗？

| 浦 背后的出发点是这样的。

刘 如果居民没有建立公共意识的话，设计师通过设计的办法是否能解决公共空间的问题？

| 浦 肯定是要先引导再设计，只是设计师做什么（如果缺乏引导）最后可能都会难以实现。设计师只是一个有理想型，不管是建筑设计还是产品设计，都有门派，都有固有的模式。特别是室内，有些东西可以用现成的东西拼装，但是和居民的使用逻辑冲突。就比如说油烟是各自排烟还是集中排烟，各自排烟的话，大家不一定自己愿意买，集中排烟的话走谁家的电。若走一家人的电，他问其他几家来收，最后收不收得到……他们也不愿意这样，没有信心。所以他们说要各买各的，但是就是有人不愿意，房东联系不上，谁来出这个钱？

刘 您认为在老房子改造过程中，设计师除了对居民在公共意识方面建立引导作用，对居民的关系有调节吗？

公约

为了更好地使用改造后的公共空间， 现有居民自愿承担起自治和维护居住安全环境的责任，愿意共同遵守改造后的使用约定，具体约定如下：

1、尊重每家住户在厨房的使用边界，对于公共设施设备须合理使用并共同维护。

2、若经过居民协商形成新的使用边界，改造后居民须尊重新的边界共识。

3、如做饭时出现明显油烟，必须开启集中式抽油烟机，共同维护公共环境与设备的清洁。

4、集中式油烟机为公共设备，使用者须根据油烟机智能插座所记录的用电量分摊电费。

5、每次使用完厨房须打扫干净台面、地面以及水池，不影响他人使用。

公共厨房公约
大鱼营造提供

公约

为了更好地使用改造后的公共空间， 现有居民自愿承担起自治和维护居住安全环境的责任，愿意共同遵守改造后的使用约定，具体约定如下：

1、住户对于公共设施设备须合理使用并共同维护，包括淋浴间、马桶、台盆、橱柜、毛巾架、插座、开关等。

2、卫生间内淋浴间、马桶、台盆属于公共设施，使用后须自觉清理，保持设备卫生与清洁。

3、柜子、毛巾架属于公共设施，根据居民协商后的划分原则进行使用。

4、热水器属于自费共享设施，共同购买了热水器的居民，将共享热水器的使用权，并自行维护和保养。

5、洗衣机、浴霸属于私人设备。

6、卫生间干湿分离，洗完澡后须自觉清理，保持卫生间干燥整洁。

公共卫生间公约
大鱼营造提供

｜浦 这个对于设计师来说就可望不可即了，需要一些工具，比如文字或文案。怎么去叙述这件事？假如用一种很积极的方式去叙述，可能会有推进，但需要时间，就比如我们马上想尝试的原住户，每个人的故事与这个房子的关联，撇开改造、利益这些因素，通过大家一起吃饭然后再去谈，这个时候大家融洽了可能就会认为改造里面的问题都是小事。但我们一开始是先进去改造的，当时街道希望把钱用在可以看到的地方，尽快看到空间的改变，而不是把钱用在开会、组织活动等事情上。

刘 您做完这个项目之后还会有定期回访吗？

｜浦 不知道有没有这个精力，如果真想做好的话会回访的，但我们毕竟是一个机构，不是学术研究者，我们要测算项目成本。到时候看我个人有没有意愿和时间在工作之外做这个事情吧。

刘 你们认为可以通过这个试点项目去推动其他楼栋居民对公共空间自发改造的意愿吗？

｜浦 我不是很抱期望。可能要靠时间，这一代人不行，他们爱将就，内心没有改善生活的动力，他们觉得这应该是政府来做的事情。但是他们下一代可能会觉得不需要依靠政府，自己的生活自己去改善，他们没有在这个房子中生活三四十年积累的矛盾，大家更加平等，没有思维上的固执。

刘 老洋房的内部问题一直存在，对于还没有改造的一些老房子，您会建议怎么改造？

｜浦 建议先改造卫生间，因为最有公共性的就是卫生间，其次是厨房，最后是露台。其中，露台被私人侵占很严重，而且划分得非常清晰。另外，不要随便去动厨房，虽然厨房有一部分公共性的地方，但内部的"三八线"也很明显；卫生间本来就小，没有办法去分割，所以可以去改，或者可以把卫生间私人化，就很容易做出获得感。公共厨房可以有小改动，大家在这里煮饭的时候可以当个客厅，聊聊天之类。

刘 卫生间要怎么改造呢？

｜浦 进一个老房子先要看它的公共资产及产权边界，看能不能把卫生间独用化。如果能，在面积测算上大家都同意这件事就可以干，如果不行就只能更新公共卫生间的设施。

刘 你们改造中对一楼厨房改动比较大，而二楼、三楼厨房和卫生间以更换设备、清理环境为主，像二、三楼这样的更新方式，会不会引起矛盾？

｜浦 这种不会引起矛盾，因为一般而言政府的大修会这样做。我们作为社会组织来做就是想要尝试破题，只是有的尝试失败了，包括智能化设备引入、集中排烟设计、增加共享的地方、创新小设计……很多都失败了，所以后面的改造方案就变成了更新设备。

刘 您认为内部居民们对于这次改造满意吗？

｜浦 在整个改造过程中，对于部分居民是有获得感的，但有些居民还是认为政府花钱改造院子剥夺了居民的权益，所以在过程中很抵触。他认为改造过程中没有激发公共性，而且还解构和重组了原本院子背后的权利，我担心这个项目做完后居民会要求院子关门。

二楼厨房改造前
大鱼营造提供

三楼厨房改造前
大鱼营造提供

二楼卫生间改造前
大鱼营造提供

二楼厨房改造后

三楼厨房改造后

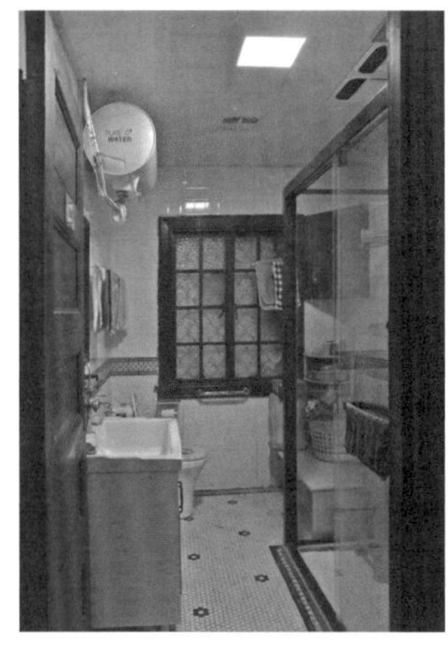

二楼卫生间改造后

三楼卫生间改造前
大鱼营造提供

三楼卫生间改造后

承租人争：环境改造促进邻里关系，组织居民活动很重要

刘 您刚住进来的时候，这里的邻里关系怎么样？

| 争 我们三楼的住户现在除了我全部换掉了，原来能住这儿的都属于比较有“层次”的，我南面是房家，对面的熊家以前是化工局党委书记。以前我们几家关系很好的，互相很关心的。当时他们都是年纪比较大的老人住，就我比较年轻，都是一起照顾的。对面熊家太太也是老干部，以前的干部都很低调的，那时候对面老先生每天在院子里做操、散步很有规律，突发心肌梗死的时候我们给他叫车送医院。

刘 现在您对面的承租人把房子出租出去对您生活有什么影响吗？

| 争 后来对面换了一家人，他们没住多久等市场开放以后就把房子挂出去卖，卖不掉就出租，还是群租，半夜很吵，一下租给外国人，一下租给中国人。好在现在租给一对小夫妻，他们很安静，疫情从外地回来也规规矩矩地隔离，不出门。

刘 你们原来公共厨房中的空间是怎么划分的？

| 争 我的煤气管道是在厨房顶头一边，对面人家是在顶头另一侧，隔壁家的煤气灶是在楼梯口，烧饭台在消防楼道里。大概 1984 年我们去我妈家里住，期间除了姐姐来住过一段时间，房子都处于空关状态 ，1995 年我再回来时室内就全变了。厨房装了门，消防楼道被隔壁家的门封了，一楼变成居委会办公室了，二楼原来的一家分成了四家，所以二楼从我住进来的两家变成了六家。院子里的一间搭建成了四间，还多了一本房产本。

刘 当时分户是怎么分的？

| 争 不知道怎么分的，照理说这么一家只能分一家。以前整栋楼院子是可以兜圈子的，（若）隔壁不封逃生楼梯，整个楼逃生是通的。以前说搭建的部分卖的时候要敲掉的，但后来不知怎么搭建的部分又继续卖给下一家了。原来院子里的汽车间有两层，现在多的部分也是搭出来的。现在院子里亭子的位置以前是有违章搭建的，搭建者最早是用来结婚的，但没法通电，天天生炉子都是烟。这些我 1995 年回来就搭好了，其他人都怕拉破脸，不阻止他们搭违章，现在已经搭好了再说也不太好了。

刘 您喜欢住老洋房吗？

| 争 我喜欢住老洋房，这里有人说话，万一有什么事情还可以互相帮忙。我现在厨房烧饭容易忘记，隔壁邻居就会提醒我；我有一次把眼药水滴错了，隔壁邻居马上帮我叫救护车。如果没有邻居我一个人怎么办，儿子又不在身边。

刘 您觉得老洋房里现在还有公共生活吗？

| 争 有的。我们这里邻居很好的，在一起就像一家人，我到你这里吃饭，你到我这里拿东西。（公共生活）应该要有的，像现在都是新房子，大家门关掉，老死不相往来，出了事没有一个人知道。

刘 您年轻的时候邻里间有现在这种公共生活吗？

| 争 那就比较少，只有烧饭、吃饭时大家碰到了就打招呼。因为那时自己家里事情太多，顾不到其他人。到老了就大家互相关心，因为小孩都不在身边，我现在有什么事情，楼下邻居都会来照顾。

刘 你们的公共生活一般是在公共空间进行的还是在各自的房间里？

| 争 一般在房间里，老年人一起说说话，一般公共空间就烧饭、用的时候去。

刘 您对这次改造有什么评价吗？

| 争 其实我们觉得院子没必要花这么多钱去装饰它，应该把有白蚂蚁的树砍掉，不要挡光线，叶子不要（荡）下来。其他的杂乱树拔掉弄成草坪还是很干净的，自行车棚做得很好，不然电动车放楼道很危险。我们觉得花园弄干净就好，要是把多次改造花园的钱用在居民家中更好。因为里面都是老年人，自己弄装修弄不动的，在外面借房子又没钱。隔壁家装修是女儿出钱，像我这样是物业来修补，修补的时候顺便请物业的粉刷工帮忙粉刷干净，自己出钱，不然修补的墙面是黑水泥的，不雅观。

刘 这次改造有没有真正改变你们的居住方式，建立共享意识或邻里关系？

| 争 有是有，现在主要是为我们搞好了环境的卫生，环境改造好确实也促进了邻里关系，在改造过程中增加了邻里沟通，碰到事情可以设身处地为他人着想，更相互包容，不再为小事争执，其中组织居民活动很重要。但我们觉得还是有缺陷，因为我们最关心的是室内白蚁蛀蚀和漏水的问题，这两项并没有解决。

刘 您儿子对这次改造有参与吗，他如何评价这次改造？

| 争 他没有空来参与的，他觉得这里改得很好。

刘 您或者您儿子未来会如何处理这套房子呢？

| 争 以后这里有事情他会回来住，没事情他就不回来。我儿子说宁愿租出去也不会把这个房子卖掉，因为我们淮海路的房子动迁后，整个家族都迁到市中心以外的郊区，市里的房子就这一处了，这里相当于是整个家族的聚集地，有事情可以联络，或者一起聚一聚。

承租人方及其女儿卡：只有居民才知道什么是最需要的

刘 您 20 世纪 90 年代为什么选择在这里买房？

| 方 当时觉得这里人少、清静，现在人多了。这里的房子当时有煤气，卫生间是三家合用，比原来的住处方便点。原来我们住的石库门里弄房子也有煤气，但没有卫生间，除了卫生间方便些，两边住的人都多，环境基本没有很大改善。

刘 你们刚入住的时候这里的公共空间是怎么使用的？

| 方 当时（使用权上）有个说明，就是卫生间的浴缸、浴盆，属于国家财产不能动。阳台两家自己使用，还有公共走廊、厨房，可以一起使用。说明会写明面积多少，卫生间（设备）属于房管所，国家所有。

刘 公共空间使用有冲突吗？

| 方 没有，我们比较谦让的，以免发生冲突。像我们洗衣机这次就搬出来放到阳台了，从大局考虑，不然又要吵，因为使用权房子房管所也没有明确说明怎么使用。我们以前的人家他们厨房的烧饭台是在

旁边走廊里的，但是在他跟我们交接的时候，隔壁一家把他之前的台子拆了，做了个门，所以我们现在台子面积就很小了。以前消防楼道是没有铁门的，后来做了铁门就没法逃生了，照道理防火通道不应该做门的，但现在也没有人管，我们也没有信心了。

刘 三楼厨房在这次改造以前是怎样的？

丨方 以前煤气灶顶在厨房两边（以及楼梯入口处），我一直用楼梯入口的煤气灶。原来烧饭台都是自己做的，木头的，像学校写字的桌子那种，各家做各家的东西，当时国家只提供煤气，自己买煤气灶和做台子。类似改造大概 5 年前也改过一次，当时要弄文明小区，政府出点钱，居民也出了点钱，基本每家 300 块左右。

丨卡 当时我们觉得政府装修很差，把地板漆成了很吓人的红色。大鱼营造这次装修很好，就像卫生间马赛克这次就还原得很干净，以前他们也做过马赛克，但总感觉擦不干净，一直是灰的。大鱼营造这次将旁边的墙也弄过了，还有里面所有装饰的东西，弄得很干净，这个就很重要。

丨浦 对于老房子和共居生活，年轻人怎么看的？

丨卡 各有利弊，新房子不来往，没有利益冲突。老房子邻里间关系处得好的话，远亲不如近邻。

丨浦 你有印象深刻的邻里往来吗？

丨卡 不大有，我们家比较少跟人家往来，就跟隔壁比较熟，楼下的我也不是很熟。

丨方 最早入住的那几位平时相处会比较融洽。

刘 你们这次在自己房间进行室内装修的原因是什么？

丨卡 我早就想动了，本来想趁外面改造帮我们一起做，但外面施工太慢了，正好我找的这个人帮我同事做过，是夫妻两人。我们自己做主要想配合自己的一套红木家具，也跟装修师傅说了，他意思是老家具现在装修用墙纸比涂料容易搭配，所以我们楼下都是用墙纸的，所有门框都是漆成白色，相对而言整体比较搭。其实我爸爸当时搬进来的时候只是粉刷了墙，没有做其他任何改造，后来历次大修的时候老窗的油漆都是房管所来漆，他漆成绿色就是绿色的，颜色一次比一次难看。包括窗的木框，最早其实接近是棕色，后来几次漆过，我感觉颜色越来越红了，包括外墙砖头，跟我们最早搬来时候的颜色都是有色差的，这没有办法，因为每次都是不同的人做。

刘 你们对老房子里面出租还有民宿经营现象怎么看？

丨方 如果对我们没什么影响，倒也无所谓，如果影响到正常生活还是不太希望。最主要有的租客会在晚上活动，凌晨两三点上来烧菜，这就影响人家了。如果是正常房子隔声好，不影响人家也还好（老房子室内隔声不行）。

刘 那你们以后对这个房子准备怎么处理呢，会置换出去吗？

丨卡 如果置换可以在市区买到新房子，那我也是愿意的；但如果置换后只能在郊区买新房，那我觉得还是在市区相对更方便一些。其实也是多方衡量过的，我住惯了这个房子再去住老公房，觉得还是不行。

丨方 而且老公房走廊走进去的感觉不太好。

刘 你们对老房子印象深刻的事情或者地方有哪些?

丨方 窗开了有点绿色就很好。

丨卡 现在院子绿化环境好了,以前杂乱,窗一开楼下就是生炉子的。我觉得政府可以改善硬件设施,但实际只有居民才知道什么是最需要的,像我们每年一到黄梅天,树里的白蚁飞进来就让人很难受,还有水杉树叶一堵,水管就漏水,墙头也会洇水,这些对于居住都是很重要的。

刘 室内有什么地方是希望政府部门改进的呢?

丨方 要是年纪大的人生病,老房子装电梯对老人方便。居民提出的意见很多,但要解决很难。

丨浦 我们做改造第一轮有搜集他们的建议,主要是厨房有油烟、卫生间昏暗、浴缸使用不便。但老洋房最重要的不是空间,更多是邻里之间的关系协调。

丨方 现在里面也是租客多,总是换人。过去我们都是老邻居,大家都很熟,现在都是新邻居,跟他们一下子变熟很难;而且现在邻居和过去邻居情况也不一样,门一关就不跟你联系,他们也不关心这里怎么改造,因为也是临时住一住。

丨浦 我们一开始想在厨卫空间做一些共享,但住这儿的人都反对,因为这里租客流动快,他们很难遵守共享规则,这样容易侵害原住户的利益,所以他们希望不要太多共享的东西,希望利益(分配)清晰一点。

刘 那你们以后会把这个房子租出去吗?

丨卡 除非我有地方住,不然我不会租。

租客陌及其老公哈:改造对今后民宿的发展也有好处

刘 你们为什么选择租在这里?住在老房子的感受是什么?

丨陌 我们自己的房子在隔壁弄堂,但是一楼比较潮,有蚊子。这里离我儿子的小学距离比较近,而且这里二楼隔壁的邻居,他的房子是我们之前帮他装修的。我们喜欢这里可以听窗外鸟叫,打开窗户,喝杯茶。

刘 你们怎么开始改造老房子来经营民宿的?像这样的老房子租出去都要改造吗?

丨陌 刚开始自己家是当仓库的,比较浪费,后来租给了一个人,那个人在上海做民宿,之后他从我的租客变成了合伙人。选择老房子是因为它一楼有公共空间、有院子,这个是其他房子没有的,一楼如果打理好的话,是对房子很好的延伸。老房子比普通房子更难租,因为卫生间合用的话很不方便,现在二三十岁的人和老年人的生活习惯不一样,如果不改造的话对很多来上海打工的人来说,很难达到他们想要的居住条件。

丨哈 我们自己可以设计房子,而且可以通过设计产生效益,提升老房子的价值。一开始我们想着民宿是老外喜欢的,最后是全国各地的年轻人过来,成为网红了。

刘 老房子的承租人把房子租给你们做民宿经营相比交给其他中介出租有什么好处？你们做这个改造需要有什么资质吗？之前有没有做过类似的改造？

丨陌 中介机构改造出来的有一个模板，装修不会花大价钱。我们民宿虽然不会用很好的东西，但会用恰到好处的东西来衬托老房子本身的气质。我们之前做餐饮设计比较多，也做家装。老洋房这边有些居民跟我们关系好，就托我们帮他们装修，弄好之后大家觉得好就传开了，所以是邻居们让我接触到老房子。我们改造的老房子有一楼、二楼、三楼的。一楼能下挖就下挖，二楼能开阳台就开阳台，三楼开房顶。下挖的话比较潮，防水要做好。

丨哈 我们会用这一个地方的老家具补到另一个地方，尽量不破坏建筑本身的构件。

刘 对住客会有筛选吗？

丨陌 如果吵的话，会提醒他们，开派对是不行的。民宿每天换客人，其实我们经营民宿是有风险的，也怕出意外。

刘 你们在选老房子做民宿的时候有什么衡量标准吗？

丨陌 我拿房的时候，先从邻居开始打交道，居民有意向的话我会去看房，我们自己有意向了，会先叫水电工去看，如果他们觉得施工上没难度，我才会拿。如果施工上有难度，我会沟通隔壁邻居，看会不会很难说话，如果完全不能沟通，那就没办法了；如果可以沟通，而且觉得我们也蛮专业的，说不定后面也想借给我们，这种情况的话会去借。

丨哈 要么是一楼的房子，要么是顶楼的房子，一楼的话改造中有下挖的增值空间，顶楼的话可以带阁楼，也会考虑房子本身的艺术价值和历史价值。

刘 你们认为老房子未来功能上可以有什么发展吗？

丨陌 我们现在手上二十多套民宿，合在一起也是一个小酒店，如果有能力的话，希望往整栋小酒店的方向发展，底层做餐饮，这是我们两个人的期望。

刘 你们认为老房子改造成民宿这个产业现在发展得如何，未来会有怎样的发展？

丨哈 现在有很多同行，但大多不能坚持。他们（把房子）拿过来花钱装修，要处理很多事情，现在坚持下来的就十来家。有些人拿了房子，装修好三四个月，没有生意就不要了，然后将房子租出去，这样的事情很多。

丨陌 如果利润不高，可以拿来长租，上海对租房的需求量是很高的。

刘 对大鱼营造这次室内公共空间改造有什么看法？对民宿业的发展有什么影响？

丨哈 老洋房公共空间的设计改造，对今后民宿的发展肯定是有好处的。因为此类公共空间的改造通过社区和居委的平台运作，从中可以协调各住户，提前听取居民的需求，由居委出面协调，让居民看到效果图设计方案后再落实，既改善了居住环境，也让百年老洋房有了新的生命力，原本的住户不住时也同时变成上海接待全国人民的一张名片。我认为花园洋房的空间人文体验是最直观了解上海前世今生的载体。所以无论从哪一方面来讲对老洋房的设计改造都是一件好事，对民宿行业来说更是一件顺风顺水的美事。

朱书记：改造让老百姓看到老房子也是有希望的

刘 从您多年的社区工作者经验来看，老旧小区的治理中最大的问题是什么？

| 朱 我认为其中主要的问题还是物业。因为房子是公房，没有业委会，居民自治程度不高，这种情况下物业往往是托底的，但它收的物业费又达不到居民（对服务的）需求，所以好多问题解决不了，最后还是要政府托底。这次借着历史风貌区的改造，把a号楼作为试点，因为历史保护建筑不大可能拆迁，所以还是借助内部微更新帮助老百姓。

刘 您如何评价这次的改造效果呢？

| 朱 硬件环境确实发生了很大变化，比如每户户门的灯设计得特别好。今天我也走访了一些居民，大家给我的信息反馈也是很满意的。我自己认为改造得还不错，但个人觉得居民自治程度还需要提高，包括施工中表现出的邻里关系，至少没有给我一种大家都是一家人的感觉，这跟设计方面没什么关系。

刘 那您觉得怎样增进自治程度？设计师可以提供什么帮助吗？

| 朱 这不是设计师可以做到的。还是居委会引导为主，发动居民自治，像举办家宴这种活动。我觉得疫情期间的自治非常高，比如有个外来人，邻居会马上敲门主动询问情况，以及疫情期间的临时公约都是居民自己想出来的，他们说外面人回来要有条件的，要有消杀、测温，当时高度自治，不用居委会说大家马上团结起来。现在疫情结束了好像大家又有点自顾自了。所以我们还是希望将来通过对这栋楼值日、卫生巡查、项目的自组织，比如以后院子里杉树的移动，希望居民可以自动组织起来各自分配任务。我希望通过这些自治项目让他们像自家人一样相处，一旦成为自家人，就什么都好办了。街道对我们的希望是：小事不出居委会；我们对他们的希望是：小事不出楼道。

刘 以后这栋楼的维护是怎么考虑的呢？

| 朱 这个我觉得蛮难回答的。我想应该请物业负责吧，维护资金的话应该让居民自己出，我想这一点他们应该愿意的。现在居民生活好了，只要环境好，这些钱应该还是愿意出的。

刘 这栋楼的改造对社区中其他楼的居民有什么影响呢？

| 朱 给他们带来了很大的希望。以前老房子环境不好，人口流动率高，尤其留不住年轻人，来这里的人要么是租户，要么就是买学区房的，还有挂在这里不住的人，其余就是老人。那么到最后里面就都是非原住户了，老房子里面就没有上海的老味道了。虽然这次改造花了很多钱，但至少让老百姓看到老房子也是有希望的，改造好后年轻人以后也会想来。有居民跟我说，你们外面做得再好看，跟我们有什么关系。所以这次改造让居民看到政府没有忘记他们，让他们有信心和希望，至少政府已经把新式里弄放在心上了。如果以后卫生间可以改成独用的，真的要好好感谢政府。

刘 您认为这栋楼的改造容易推广吗？毕竟这次改造资金不少。

| 朱 对卫生间的改造会更加实用一点，范围更广一点，获利居民更多。这里的弄长曾跟我说过，他儿子其实也愿意住这里，但这里煤卫合用住不惯所以搬出去，如果煤卫可以独用，这里交通又方便，上班也近，年轻人也愿意住的。

刘 您认为这类的老房子室内改造对政府以及全社会带来的效益是什么呢?

丨朱 对我们街道而言，这栋楼是一个样板房，给居民们一个信心；另一个就是希望这次改造受益的居民可以为以后的改造项目提供合理化的建议。对这个地区而言，社会治安会更好，毕竟居住环境好了社会就容易稳定，这是更大的意义。房子破破烂烂，矛盾就多，我想这也是街道和政府都希望看到的。

刘 在这次改造过程中也暴露了老房子中存在的出租率高、开民宿以及老龄化等问题，面对这些问题您认为应该如何怎么解决呢?

丨朱 首先，对于出租问题现在是没有办法的，国家也没出台相应政策。其次，关于老房子开民宿的问题，这是个模糊地带，现在派出所不管的，居委会又管不到这么深。这次人口普查也没法掌握民宿内的流动人口信息，我希望政府可以为民宿对口一个管理部门。最后，关于老龄化问题，刚才你今天正好看到央视来我们小区采访，关注传统小区如何关爱老人。一般有一个“老伙伴结队”，就是“小老人”关爱“老老人”，志愿者结队，每天上门或通电话确定独居老人身体状况是否还可以。现在上海肯定都是这样，老龄化程度越来越高。今年四五月份街道以我们小区作为试点安装智能水表和门磁，以门磁为例，就是开门会响，我们通过一网统管后台可以监管看到每户开门的情况，设定好一天开门次数，假如你今天一天没有开门，那么居委会干部就会上门去看看是怎么回事。

刘 您觉得这个社区为什么具有社会效应，并争取到此类改造的试点机会?

丨朱 感觉一个是2018年历史保护建筑大修，以及与2018年初开发的社区内的名人故居有关。

刘 当时历史保护大修选择在这里的原因是什么?

丨朱 我觉得可能是这里的文化底蕴，处在历史风貌保护区核心地段，无论是地段还是文化资源都有优势。

刘 您认为通过社会效应争取街道及政府资源倾向的社区发展模式对其他弄堂来说具有推广性吗?

丨朱 我觉得每个弄堂有每个弄堂的特色，就看怎么挖掘里面的特色和故事，只要有心，就可以做。这件事情主要通过居委会去做，因为居委会是最熟悉居民的，最知道里面的故事。

1 国家自然科学基金面上项目（项目编号：51878452）：基于遗产价值评估的我国近代都市住宅室内环境风貌演进的系统研究。

2 由于涉及当前住宅内部居民的隐私，因此在本文中的居民将全部以化名形式出现。

3 由于涉及当前住宅内部居民的隐私，因此在本文中以“A社区a号花园洋房”对实际改造项目的地点进行代指。

4 翻盖指的是厨房台面上的一种可以开合的翻盖，居民的煤气灶、锅等烧饭物品在翻盖下面，烧饭时将翻盖打开；当他们不烧饭时将自己的厨具收纳到翻盖下面，将翻盖合上成为一个台面可以与其他居民共享，既保持厨房整洁，也可以提高厨房空间的利用率，解决公共空间面积不够的情况。

传统匠作记述

客家传统土楼营造技艺——与漳州南靖塔下匠师张羡尧访谈记录[1]

受访者
简介

张羡尧

男，1941 年出生于福建省漳州市南靖县书洋镇塔下村和兴楼[2]，福建省第四批非物质文化遗产保护项目“客家土楼营造技艺”代表性传承人。做过木工、油漆工，擅长建造土楼、凉亭以及各式家具，从业生涯中建造过大量土楼，代表作品为南靖县塔下村坎头楼，著有《土楼旧事》。

采访者： 陈志宏（华侨大学建筑学院）、陈耀威（华侨大学建筑学院）、游灵慧（华侨大学建筑学院）

访谈时间： 2020 年 10 月 16 日、18 日

访谈地点： 福建省漳州市南靖县塔下村和兴楼

整理情况： 游灵慧于 2020 年 10 月 20 日整理，2020 年 12 月 20 日定稿。

审阅情况： 未经受访者审阅

访谈背景： 张羡尧先生是福建省南靖县书洋镇塔下村的一位大木匠师，作为非世家出身的大木匠师，他建造了多栋土楼，通过与张先生的访谈，了解客家传统土楼的营造技艺。

张羡尧 以下简称尧
陈志宏 以下简称宏
陈耀威 以下简称威

宏 张先生您好，我们是华侨大学建筑系的师生，想向您请教客家土楼的营造技艺。

｜尧 好的。

威 请问张先生您贵庚？是本村人吗？

｜尧 80 岁了，本村人，1941 年的时候就在这和兴楼生的。

威 您原来是做木匠的吗？

｜尧 一开始不是，因为我家成分被定为地主，高中毕业后不能上大学（特殊的历史环境），所以改做了木匠。我大木、小木、油漆、家具都做，还有盖房子。我在这里（南靖塔下村）做了四五栋土楼。

宏 您是在哪里找师傅学木匠的呢？

｜尧 跟我姐夫，他永定的。他到南靖来做木工，我们跟他学。本村除了我和我姐夫，还有两三个木匠师傅。

宏 要盖一个土楼的时候，大家会一起做，还是说各自做？

｜尧 不一定。比如我揽个活，我是叫我的徒弟来做；其他人揽的他自己做，合作比较少。做大的土楼也有合作，我之前和一个永定的“洋师傅”建了栋坎头楼[3]，当时是“双班斗”[4]，两组师傅做同一栋土楼。“洋”就是外地的。我们去外地，他们也叫我们“洋师傅”，在本地我就是“土师傅”。

威 永定跟南靖都是客家的，木匠手艺上有没有差别？

｜尧 没有，技术上差不多，术语也都一样。

威 你们当时在坎头楼“双班斗”是怎么分工的，一人一半？

｜尧 一人一半，我做右侧的。按照我们乡村的风俗左边是比较大，我们尊重外地洋师傅，所以让他做左边。

威 一人一半，那建筑中间的部分怎么分工？比如栏杆是怎么分呢？

｜尧 栏杆不用分，栏杆、门面和走廊都是装修时候做的，装修另外一批人做也行，我们做也行。装修没有分谁做。

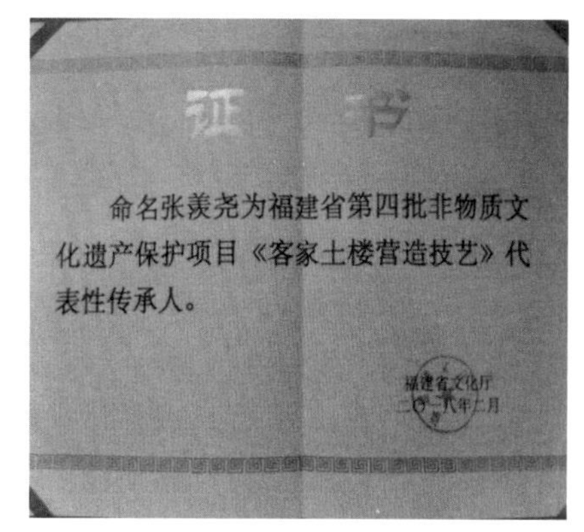

客家土楼营造技艺代表性传承人证书
陈耀威摄

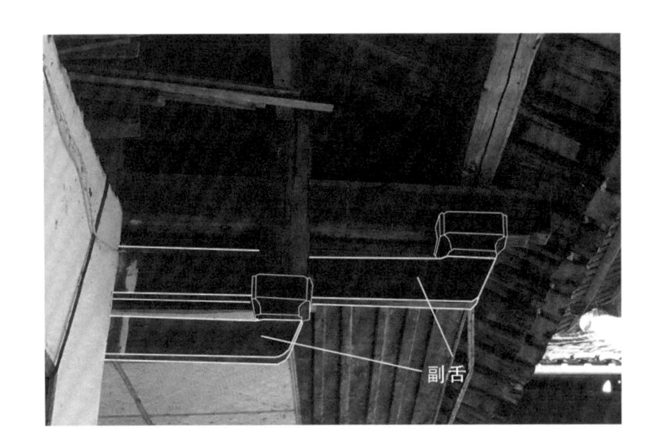

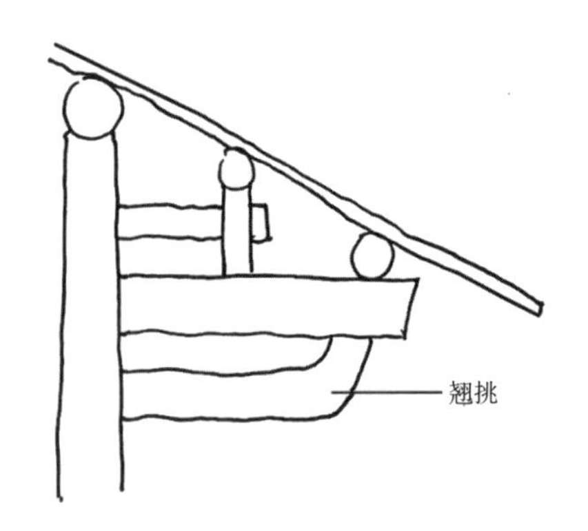

坎头楼檐下副舌与翘挑做法
游灵慧摄、绘

威 您的设计和永定洋师傅的设计有什么不同呢？

| 尧 我做的一个副舌上面放个斗再靠梁，这种是本地做法。他用一根原来就有一点翘的木头出挑向上，翘起两寸半（7.5 厘米）[5] 斗隔的高度，在这根木头上直接靠梁，就不用再做斗栱，这种做法叫翘挑 [6]。

宏 对场做完两侧可以不一样吗？

| 尧 那不行，最后两边还是要做到一样的。他原来做了挑，后来就把挑、把墙挖起来，再做个像我们一样有副舌 [7] 的，这样大家看起来就是我们“土师傅”赢。

宏 你们会看出技术的差别？

| 尧 我们内行人看就知道，外行人看就不知道，看起来一样，装上去也不一样。比如空榫、榫卯做得好不好，梁架装得是不是刚刚好，外观光亮不光亮，再比如这个柱子（瓮柱）你要做到中间比较鼓，然后上面收起来，直直地上去就不好看，这些都可以看出来。

宏 你们客家人做木工，一般是在讲客家话的地方？

| 尧 不一定，漳州那边讲闽南话的乡镇我也都有去做工。

宏 客家人到说闽南话的地方做工，你们沟通有障碍吗？

| 尧 没有障碍，我们到说闽南话的地方，就学会说闽南话了。

宏 闽南和客家盖的房子可能不太一样？

| 尧 大土楼一样的，小土楼有时候不一样，有的地方建“五家居”[8]，是一整排的房子。五家居每层都要有走廊、柱子，两三层，一栋栋连在一起。有的还在房子的外面做围墙，在围墙上再做一个门。有 3 开间、7 开间，也有 5 开间。

五家居
陈耀威绘

屋架的结构形式

宏 您在土楼的建造中负责哪一部分？

丨尧 我负责竖柱献架之后钉桷板。总体的布局也是我做的，木匠定房间数、高度。泥水师傅就弄一个墙，砌石脚是泥水做的。竖柱献架就是立柱子，立梁架。一二层就是把柱子竖起架上扛乘、龙骨和小乘[9]，顶层要再装上“尾棚骑仝献架”。

威 地柱和扛乘是怎么衔接的？

丨尧 扛乘上有个燕尾榫勾到地柱上面，衔接的地方要做减肩。减肩是因为柱子是圆的，为了把扛乘装在柱子上衔接契合，所以将插进去的榫两侧在柱子和扛乘上都削掉一点，这个做法叫减肩。柱子上有个天复引子，是因为圆楼两根柱子之间不是直着衔接过去，而是有角度的，所以柱子上面要先做一个标记，有个引子引方向，装修的人以后才知道把门板装在哪里，这个标记就叫天复引子。

宏 尾棚骑仝献架是什么？

丨尧 是指土楼最上面一层的屋架。尾棚就是最顶（端）那层。棚[10]就是楼板。

威 土楼是穿斗式构架，梁架有什么名称吗？有步口[11]这种说法吗？

丨尧 包括廊在内整个叫作屋架。没有步口（这种说法），只有步柱、金柱。屋架中间的叫栋桁。栋桁下面是中仝[12]，中仝两侧是高仝。仝是短柱的意思，步柱对应位置的短柱就是步仝。川[13]是串柱子和仝的构件，檐下穿过步柱和金柱的是一川，上面穿过夹仝和金柱的是二川。梁的话，最底下的是扛梁[14]，上面是二梁和三梁川。

宏 两根高仝有区别吗？屋架有分前后（屋坡）吗？

丨尧 没分前后，前后都一样。像两根高仝一样大小，名字也一样（没有区分）。丈杆[15]前后（坡）都能用。

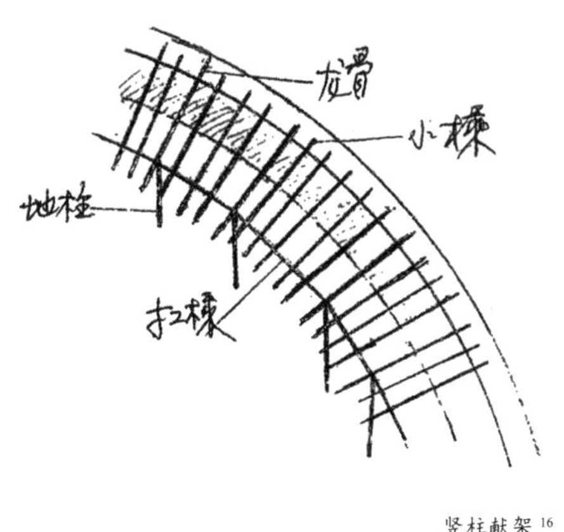

竖柱献架[16]
张羡尧手稿

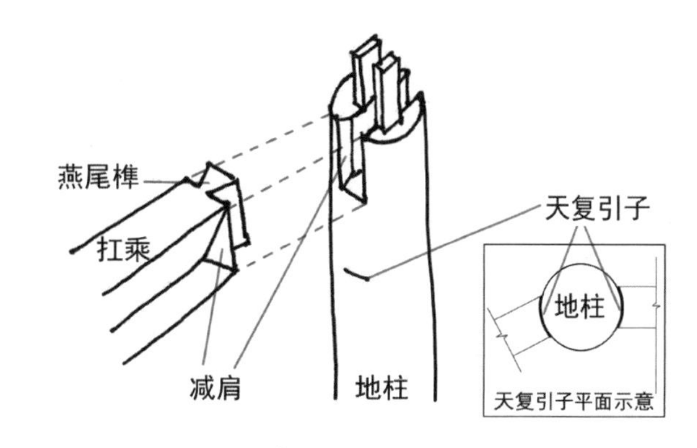

扛乘与地柱的衔接示意
游灵慧绘

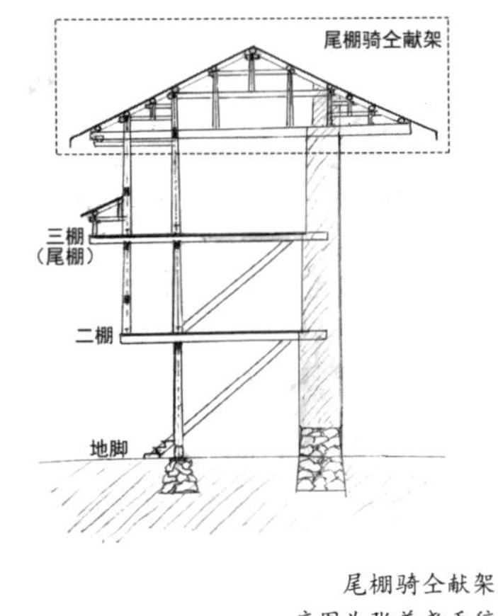

尾棚骑仝献架
底图为张羡尧手稿

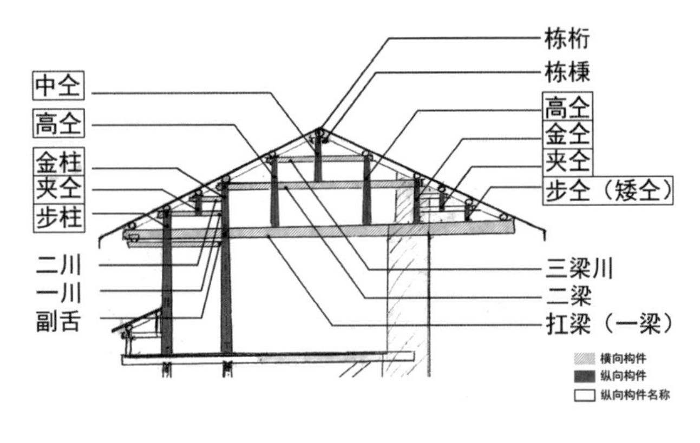

屋架构件名称
底图为张羡尧手稿

威 但屋檐是后面的要长一点？

丨尧 靠山的地方要长一点，这样后面比较稳重，长 1 寸至 5 寸（3 ～ 15 厘米）都行。前面起来一点，比较好看。整个屋檐大概出挑 2 米多，楼高的话就长一点，防止雨淋到墙上。

宏 屋面坡度是怎么计算的？

丨尧 屋顶都要退水[17]的，定基之后平面的尺寸就确定了，屋面按 0.4 ～ 0.48 的斜率乘以平面桁条间的宽度就得出仝柱的高度，每根（椽子）之间（斜率）差 0.02，（高度差）大约 5 厘米，屋顶就会弯起来，这样方便水流下屋面，而且屋面直直的也不好看。

宏 你们怎么称呼这种做法？

丨尧 叫软水[18]。屋面就是水面，硬水就是直的，软水比较弯。

威 土楼的梁是整根的吗？还是拼起来的？

丨尧 扛梁是一整根，很长的，有时候有 3 丈 6 尺（10.8 米）。

威 土楼建造用的木头都是杉木吗？

丨尧 楼板用的松木，其他都是杉木。因为松木比较会蛀、会坏，杉木比较不会。它有一个俗语是说“风吹万年杉，水浸千年松”。我们修水坝的时候，由于松木含油脂比较多，浸在水里的比较没有问题，所以用松木砌水坝。杉木用来建房子，不怕风。

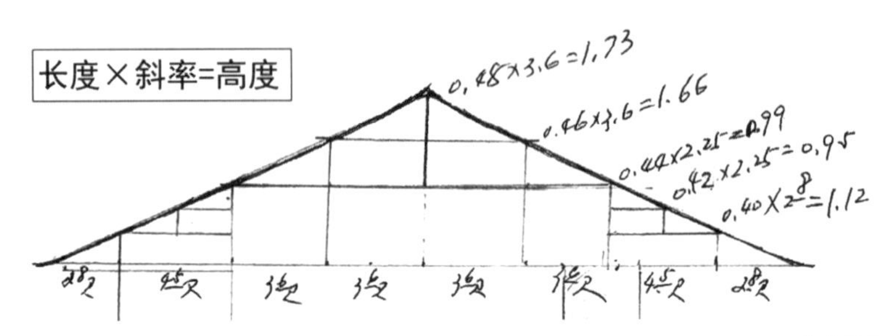

软水做法
底图为张羡尧手稿

丈杆的绘制表达

宏 闽南建房子时会用到篙尺[19]，客家这边是叫丈杆吗？丈杆上标了哪些构件的尺寸？

| 尧 我们村里盖土楼用到的叫丈杆或者丈篙。丈杆长度大概1丈2尺(3.6米),上面画尾棚骑仝献架，从副舌开始，画到最上方的中仝。要是从楼板开始画,1丈2尺就不够画。师傅把屋架的尺寸标在丈杆里，比如说柱子多高、插梁的位置多高，都标在上面。这样徒弟就可以按照丈杆来下料，不需要事事问师傅。

威 丈杆上是按鲁班尺画的吗？

| 尧 不是，塔下这边（建的时候）用的是鲁班尺和公分尺。

威 当时很流行这样两种尺结合的做法吗？

| 尧 老一辈的师傅没有用公分尺，只用鲁班尺。两种尺子结合是从我们这辈开始的。

宏 丈杆一侧是刻度，然后另一侧是标构件的数据，丈杆的底部和顶部有留空白吗？

| 尧 底部没留空白，从底往上画的，这样方便量尺寸，画完屋架之后如果木头上还有剩余的部分就空着，不用画到顶。

宏 丈杆上这些符号怎么对应构件的尺寸？

| 尧 看三角和横线，（三角形）尖的地方对尺寸。尺寸大的就上下两个三角，有的地方小就没办法画上下两个三角,省略一点画一个，特别小的尺寸左右画两个。

宏 构件从下到上在丈杆上是怎么对应表达的？

| 尧 我讲下屋檐下面的构件（在丈杆上的表达），最下部出挑的构件叫副舌，在丈杆上直接在符号旁标注了构件的名称和高度，就是“付舌[20]5寸”（15厘米），然后斗没有直接表达在丈杆上，丈杆上画的是“斗隔2.5寸”（7.5厘米），斗隔是副舌和扛梁之间的距离。斗上面就是扛梁，扛梁在丈杆上直接表示是“扛梁6寸”（18厘米）。上面的楣川[21]楔孔“1寸2分”（约4厘米）是楣川楔插在金柱上、高于扛梁的孔洞尺寸。门面板最上面的位置是楣川，楣川楔就是楣川插在扛梁上的孔。楣川楔和扛梁底部一样高，楣川楔孔和扛梁两个尺寸加起来才是楣川契的高度。楣川和扛梁通过燕尾榫进行横向的连接，这样整个屋架才能稳固。因为做屋架的时候，没有其他面板去固定。

陈志宏（左）与张羡尧（右）探讨丈杆
陈耀威摄

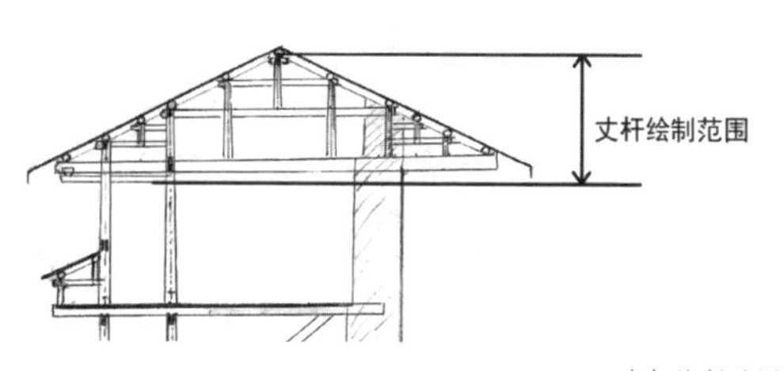

丈杆绘制范围
底图为张羡尧手稿

宏 丈杆上有插川夹和插川孔，和川这个构件有什么关系？插川是什么？

| 尧 插川就是插着川的孔，插川夹和插川孔的区别是，夹是穿透的，川有燕尾榫和柱子的燕尾孔勾住，插川孔只要在柱子上凿一个洞。

宏 丈杆有标桁条吗？

| 尧 桁条高度不需要标，靠在桁丫上就行，长度和房间一样。

宏 丈杆上的桁丫是什么？

| 尧 每个仝上面有靠桁（梁）的都要有桁丫。因为仝如果是平的，怕梁靠在上面会从两边滚下来，所以仝就要中间下挖 1 寸（3 厘米），凹下去的部位叫作桁丫。

宏 桁丫下面这个桁引是什么？

| 尧 引就是指引方向的意思，桁引是桁条下方指示之后桁条应该放在哪的引子。丈杆上用“桁引夹”表示桁引的高度。“高仝二梁舌孔”指的是高仝把二梁穿过去的洞，表示了二梁的高度。再上面是“三梁川夹”，就可以看出三梁的高度，然后是“中仝栋椽夹”，表示栋椽的高度。栋椽夹是中仝里头用来装栋椽上去的燕尾孔。丈杆上不直接标整个柱子或者仝的尺寸，像这边从高仝二梁舌孔的顶端到中仝的桁丫顶端就是总的中仝的高度。

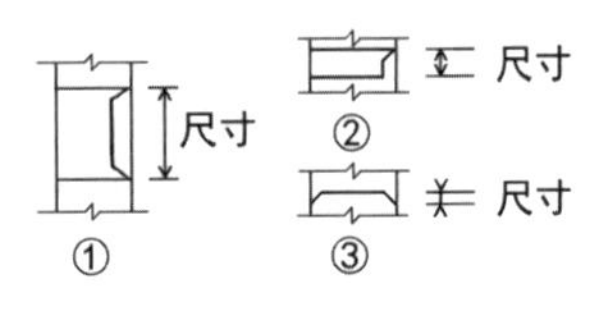

丈杆的三种尺寸表示方式
游灵慧绘

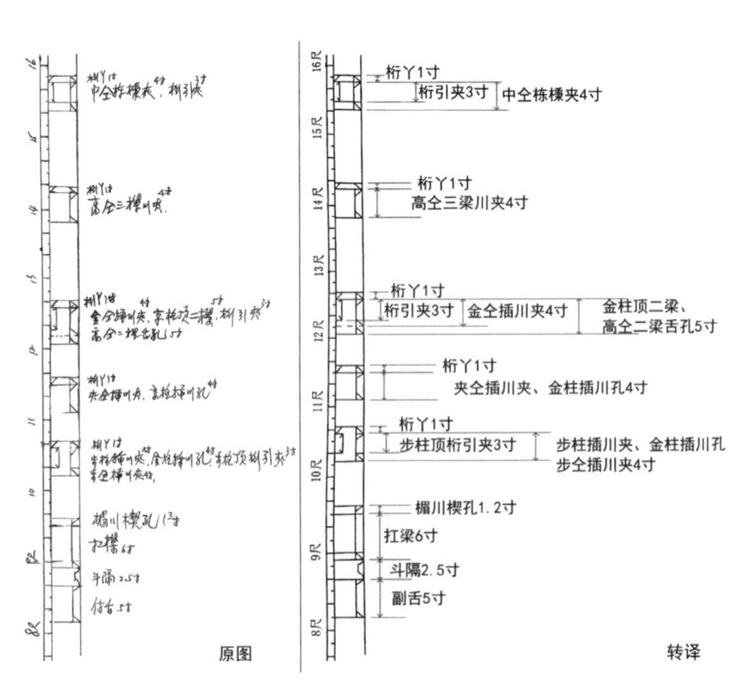

丈杆原图与转译
底图为张羡尧手稿

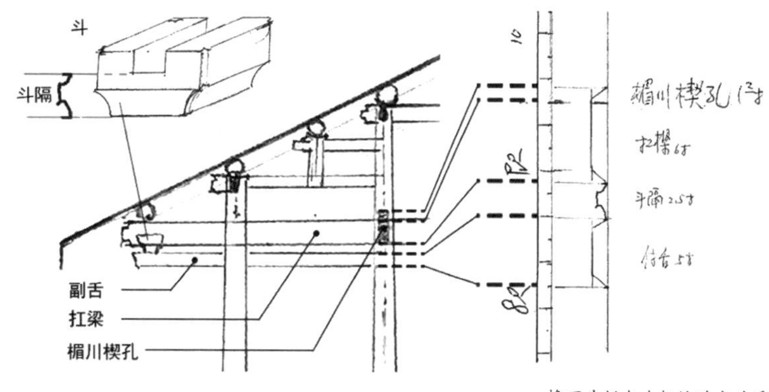

檐下斗栱与丈杆的对应关系
底图为张美尧手稿

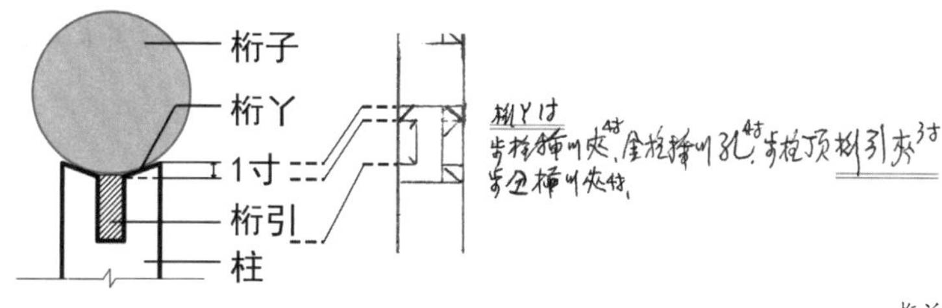

桁丫
游灵慧绘

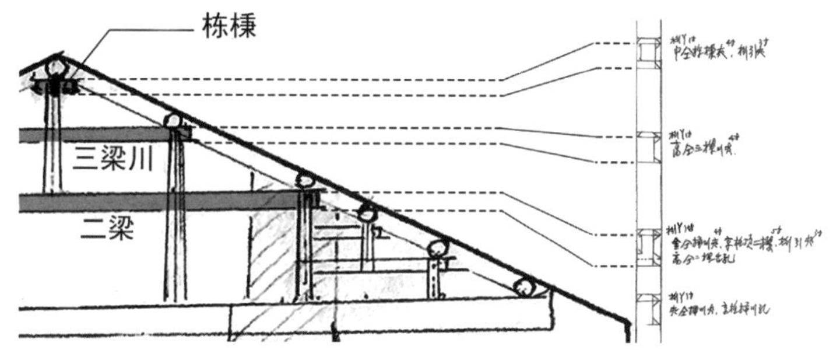

栋棣、三梁川、二梁在丈杆上的表示
底图为张美尧手稿

营建过程与仪式

威 土楼建造的工序有哪些？

丨尧 第一步是定基，第二步是开地基，第三步是砌石脚，第四步是舂墙，第五步是竖柱献架，第六步是盖瓦出水，第七步是内外装修。

威 要建一栋土楼的话，谁决定要建方楼还是建圆楼？方楼和圆楼有什么差别？

丨尧 综合考虑，这个要看族长，看经济条件的，还有看风水师跟他怎么建议，有时还要建方楼、圆楼以外的形状。最后还要大家出资的人合起来商量要怎么建。圆楼没有角间，而且房间方向每一个都不一样，圆楼的采光方面比较好，房间尺寸一样，木工比较好做。方楼的角间很不好做。

威 厅的方向是怎么定的?

丨尧 要考虑山头，后面的来龙（山头）在哪里，厅就靠在哪里。大厅方向跟门方向经常不一样，门看对面的山头，最后风水先生来定具体位置。建筑的坐向和大厅的方向有时候不一样。水也是这样，进水和出水的方向不一致。

威 在开基的时候，土楼的中心点有没有埋什么神圣的东西？它是根据形状命名的吗？大小有要求吗?

丨尧 没有，主要是在厅的中轴里埋五星石[22]。（长得）像木头，长长的叫木星。选的时候大小不讲究，但是5种五行都要放，埋在厅中央石脚下面。

威 砌石脚在《土楼旧事》里有一句“砌石无样，尖峰向上”[23]，这里的尖峰是指什么?

丨尧 这个是俗语，客家话。讲说在我们砌石头的时候，应该是大头的放在下面，尖头放上面，这样比较稳固。还有石头放在墙里的时候，小的在外面，大的在里面，这样石头不会被拿出来。砌完石脚就是舂墙，墙舂到顶层要开窗放排枕[24]。

威 排枕是什么意思?

丨尧 排枕是在墙上要开窗的位置上提前预埋一排木头，开窗的时候就不会（把墙弄坏），要有木匠在那边指导。

威 施工过程中有什么仪式吗?

丨尧 开工的时候立杨公[25]、拜杨公先师。还有上梁时割雄鸡，说一些好话。这些（仪式）到我这个时候没有很讲究。杨公是匠师拜的，村里拜伯公和民主公，民主公保境的，伯公保村的，伯公在村口和水口都有。

威 装修时都做哪些呢?

丨尧 像走廊栏杆、半舍、门板，还有屋檐下面的制煞[26]、膜风[27]都是木匠装修时候做的，装修有些是泥水匠做。半舍就是楼层的一半的意思，在走廊边上储物用的。按照需要做层高的一半，也可以稍微高一点。可以放几样东西，也可以养鸽子、放小便桶。制煞是钉在膜风外面的一种高度为6寸（18厘米）的木板做成的图案，用来辟邪的。方楼四个角都要钉上制煞。有好几种，用在不同的位置，上面都要画太极。

威 膜风涂成黑白色有没有风水上的说法？我有遇到一位风水师，他说弄成黑白色会使制煞像一个刀，能砍邪恶的东西。

五星石
张美尧手稿

洪坑乡玉成楼杨公
陈耀威摄

| **尧** 我没有听过这样的说法，上面黑、下面白是为了好看。倒是屋顶上的公鸡是辟邪用的，买的白色比较辟邪。

威 门口画的装修彩绘是哪里的师傅做的?

| **尧** 油漆工或者泥水师傅都会，有外面来的师傅也有本地的。门旁会用红色灰抹假砖[28]，有的墙面有八卦，有的就画一个图案。“文革”时期很多都毁掉了。

威 土楼里那些金属构件，比如说门环是铁制的，是村里有铁工做吗?

| **尧** 村里没有，都是永定买的。

威、宏 好的，非常感谢您的介绍。

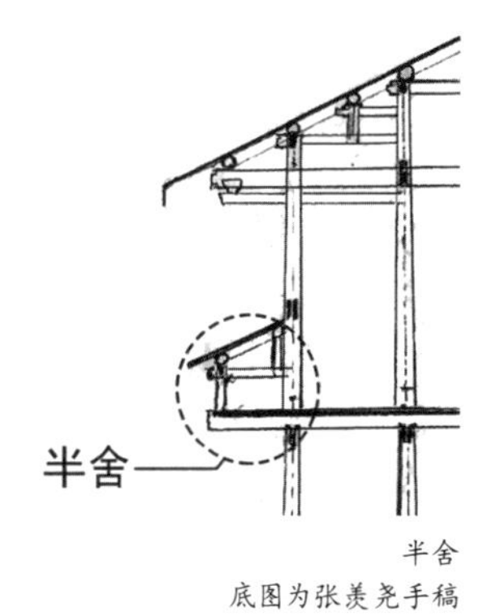

半舍
底图为张羡尧手稿

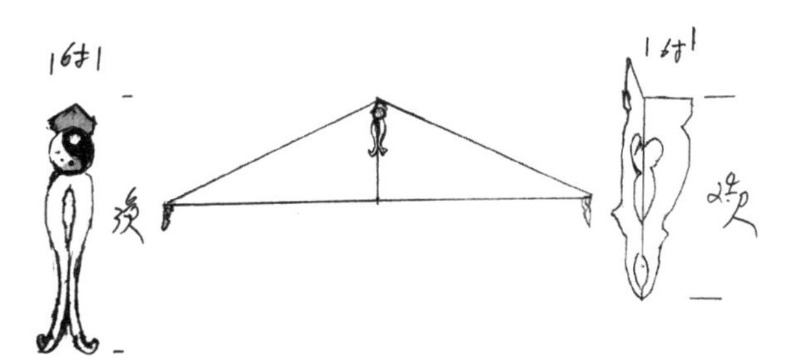

制煞，左钉在山墙脊下或是圆楼檐下，右钉在方楼四角
张羡尧手稿

土楼入口装修彩绘
张羡尧手稿

1 国家自然科学基金资助项目“闽南华侨在马六甲海峡沿线聚落的历史变迁及其保护传承研究”（项目编号：52078223）；“闽南近代华侨建筑文化东南亚传播交流的跨境比较研究”（项目编号：51578251）。

2 和兴楼，原名万和楼，位于南靖塔下大坝村河边，为圆形土楼。1914 年由张煜开兄弟创建，1926 年军阀混战导致万和楼烧毁，张煜开兄弟迁往南洋定居；1930 年由同家族张闪开结集乡绅张庆煌与张添开等人重建，改名和兴楼。

3 坎头楼，又名永盛楼，位于南靖塔下村，烧毁后由张羡尧与人合作重建于 1974 年，现为矩形土楼。

4 双班斗，又称“对场作”，意为同一栋建筑请两组工匠分两侧共同建造，比拼技艺。

5 张羡尧称，土楼营造单位与国际单位换算关系为：1 寸 3 厘米，1 尺 30 厘米，1 丈 3 米，文中尺寸均以此进行换算。

6 翘挑，即一根弯曲、前端上翘的栱，栱上不需要加斗，由栱直接承托上部的栱或扛梁。

7 副舌，客家匠师对扛梁下方栱的称呼。

8 五家居（Ng Ka Ki）与五脚基（Goh Kha Ki）读音非常相似。五脚基为新加坡与马来西亚的华人对早期英殖民地规定的骑楼店屋在沿街面留出 5 英尺（约 1.52 米）公共外廊的称呼。据此推测五家居这一叫法有可能是由近代客家华侨从东南亚带回的。

9 龙骨、小乘、扛乘均为土楼的檩条，龙骨、小乘垂直于开间方向，扛乘平行于开间方向，龙骨与扛乘为地柱所承托。参见：张羡尧《土楼旧事》，福州：海峡文艺出版社，2013 年，177 页。

10 土楼的一层叫头棚，也叫地脚；二层楼板就是二棚；三层楼板就是三棚，如果只有三层，那三层楼板是三棚也是尾棚；总共四层，四棚就是尾棚。

11 步口，闽南人对步柱与金柱之间的空间的称呼。

12 中仝，客家匠师对穿斗式建筑屋架正中的短柱的称呼。

13 川，衔接柱子和仝柱的横向衔接构件，为客家匠师对土楼中穿枋的称呼。

14 扛梁，梁架最下方的梁。

15 丈杆，俗名丈篙，是土楼建筑的标准尺，其上标注从副舌底到栋桁的尺寸，用长 1.2 丈、宽 2 寸、厚 6 分木料做成。与北方丈杆不同。参见：张羡尧《土楼旧事》，福州：海峡文艺出版社，2013 年，188 页。

16 手稿中有涂改，“扛乘”“抗枕”为同一构件，张羡尧《土楼旧事》书中采用“扛乘”写法。

17 退水，指使水退落。

18 软水，客家话念 wen（四声）水：用 0.4 ～ 0.48 分水斗标出其高度，使瓦栋形成稍微下凹的弧形，比较美观，又加速瓦沟水流速（引自张羡尧手稿）。

19 篙尺，南方地区的做法，记录了从脊檩到柱脚的重要构件及榫卯位置、尺寸。

20 客家匠师会将丈杆上的字进行简写，例如“副舌”在丈杆上写为“付舌”。

21 楣川，客家匠师对门楣的称呼。

22 “五星石”，“星”通“行”，为对应五行的五种形状的石头。

23 参见：张羡尧《土楼旧事》，福州：海峡文艺出版社，2013 年，173 页。

24 排枕，即木质的窗过梁。

25 杨公，为建屋前后祭拜风水先师以求工程顺利平安的木棍或木牌，上写有“唐敕封金紫光禄大夫杨曾廖三位仙师鲁班荷叶二位仙师张坚固李定度仙师神符请中宫敕令押起诸般凶煞急去任吾东主兴工动土架造楼台百无禁忌”（文字取自“永定洪坑乡玉成楼之杨公”）。塔下族谱中写道，有一位江南地理名师杨先生，指导塔下村开基始祖选定村址与祠堂的地址，其后裔杨亚宗先生帮助建设塔下张氏宗祠德远堂过程中不幸与世长辞，张家族人为纪念杨亚宗先生，在德远堂供奉“宗师仙神禄位”，并在建造土楼前拜“杨公”祈求平安建造。

26 此处“制煞”指一种高度为 6 寸的木板做成的图案，土楼中栋桁的木桁头或是内外瓦口转角处钉好膜风后，再钉上制煞，用于辟邪。在土楼的说法中，广义的“制煞”意同辟邪。

27 膜风，客家匠人对封檐板的称呼。

28 假砖，指在墙壁抹灰后压线或仿画砖纹的图案。

临清冀家大院及贡砖匠作工艺口述

受访者简介

孔德富

1943 年生，男，山东曲阜人。师从孟庆真，工种土建筑。现任当地修缮工程队负责人，参与多项修缮项目。

赵安庆

1962 年生，男，山东临清人。赵家贡砖老板，任职 7 年，在任期间修葺环保排烟设施和新窑八个，并修复四个旧窑，均达到环保排烟要求。

采访者： 胡英盛（山东工艺美术学院建筑与景观设计学院）、刘访（山东工艺美术学院建筑与景观设计学院）、龙美洁（山东工艺美术学院建筑与景观设计学院）

访谈时间： 2020 年 12 月 9 日

访谈地点： 山东省临清市冀家大院、赵家贡砖窑厂

整理情况： 整理于 2020 年 12 月 23 日

审阅情况： 未经受访者审阅

访谈背景： 冀家大院位于山东省临清市青年办事处前关街，始建于明代洪武年间，是典型的晋商宅院。房屋青砖灰瓦、雕梁画栋，黑色木质门窗厚重而不失典雅。解放后，冀家大院由于历史原因数次遭到破坏、拆毁，现存建筑占地一万多平方米，主院两进，南跨院一进，北跨院四进，穿厅、廊房、绣楼、耳房、厨室、影壁 60 余间。主建筑穿厅面阔三间，抬梁木构，雕枋刻檩，花雕石拙，雕花木隔。明清两代修建北京皇宫各大殿和紫禁城城墙用砖，以及明代修建的北京十三陵和清代修建的东陵、西陵等皇帝陵寝用的砖，绝大部分是山东临清贡砖[1]。临清贡砖烧制技艺是临清一带古老的汉族手工技艺，劳动人民在长期生产实践中积累了独特的经验。临清的贡砖生产，起始于明永乐初，直至清末才停烧，前后持续了四五百年，有着悠久的历史。

孔德富 以下简称孔　　刘 访 以下简称刘
赵安庆 以下简称赵　　龙美洁 以下简称龙
胡英盛 以下简称胡

龙 冀家大院全部翻新了吗?

| 孔 冀家大院是翻新之后的,这梁都是重新做的,后来改成了红砖房,过去那些老木工匠都不在了。木基层应该是红色的,但是翻新加固后就是黑色的了,做成黑色是因为临清的地方风格。

刘 民居除了用花草纹样,也可用凤凰之类的吗?

| 孔 冀家大院一直是凤凰戏牡丹[2]的图案,后来又稍作修补。凤凰不是非用作官式建筑,民居也可以。

刘 冀家大院的猫头[3]纹样是以前的吗?

| 孔 现在猫头已经改了,都是新的,包括纹样也不是以前的,以前的猫头很像家猫,传统工艺做法均为民间流传下来的作猫头状。

龙 窗户为什么这么大呀?

| 孔 窗户大均为当地风格。

龙 这是什么砖?

| 孔 这是垒城墙的砖,现在翻新用的砖是从山西运来的,以前用的临清自己烧的贡砖,现在临清不烧了,但山西过来的砖和临清的砖尺寸是基本相同的,一个窑上一个尺寸。

猫头
刘访摄

胡 您这个烧贡砖是从祖辈传下来的吗?

| 赵 不是,年轻的时候也给砖厂打工。并且,王都村年轻的百分之七八十都会烧窑,这是祖传的工艺。

胡 您砖厂之前烧燃料是什么,现在呢?

| 赵 头几年烧的是煤炭,撑半小时,现在烧木材撑 20 分钟。火把式[4]七天七夜,两个人一组。

胡 现在烧一次窑大概烧多少砖?

| 赵 现在烧一次窑大概烧 32000 或 33000 块砖。

贡砖
刘访摄

胡 您砖窑里的砖质量怎么样，都差不多吗？

| 赵 顶水砖[5]不太好。整个窑中砖的质量不一样，靠边的砖质量不太好，要把靠边的砖码的很稀（缝隙拉大）。

胡 码砖的时候砖与砖的距离有没有讲究？

| 赵 码砖时的距离是“三手缝”[6]。

胡 新窑和之前的旧窑有哪些差别？

| 赵 新窑一步传送到位，老窑分三个门，大门、二门、三门。装窑的时候先装大门，大门装完了和二门的底平了，再从二门进入，继续装砖，以此类推。老窑的总体高度大概是6.5米到7米，下边2米左右的砖破损达到30%～40%，被压的太厉害，现在的窑没怎么有破损。

胡 烧窑的流程[7]是什么？

| 赵 先把第一个架上完，上完架之后8～15天就能入窑。根据砖的大小。第一天点火不能着很大，温窑，让坯子均匀受热，里外温度差不多了，第三天开始急火烧制。窑里的老君砖离烧窑的地方接近4米，看着老君砖好像烧红了，但是不能烧红了。老君砖变得剔亮，这步叫稳窑。开始捻火[8]，上边五六个烟囱，把烟囱都堵死，留个2～3厘米的口子。底下开始加柴，加4～5个小时。闻见很香的味了，就可以了。烧窑就是看、闻。用打火机把烟一点就着了，这就可以了。开始封窑，把上边封死。然后往里滴水，洇窑[9]。头一天慢，第二、三天紧、第四天慢，洇四天四夜。

胡 洇窑的时候浇多少水呢？

| 赵 没有一个科学的数据。用一个麦秸泥把窑洞封上。看麦秸的颜色，麦秸慢慢水化。变成一个发糊的程度，发黑了，说明里边有水分了，里外的潮气都渗透就可以。原来的老辈是挑水。

胡 废掉的砖坯子怎么办？

| 赵 需要重新再烧制。

胡 开窑需要多少人？需要多长时间运完砖呢？

| 赵 开窑之后，一般是7个人或6个人运出来。一天半差不多运完，装窑要两天的时间。

胡 以前的古窑与现在的窑有什么区别吗？

| 赵 古窑与现代的窑洞的形制是一样的。

胡 烧窑的温度有讲究吗？

| 赵 烧窑的温度不能超过1000℃。

胡 烧砖和季节、天气、温度有关吗？

| 赵 做坯的老俗话：“春天一块泥，秋天一块砖”。临清春夏秋冬四季分明，春天空气干燥，南北的风向刮的很好，空气的潮湿度很低，砖能干到骨头里，干透。阴历二月二到芒种，割麦子前后，这

个时间出来的砖是最好的。夏秋之际，雨水比较充足。潮气比较大，砖干不透，这个季节不适合做很大尺寸的砖。过了秋到立冬的时候，有一个月的时间，这个时间段是最危险的时间段。我们看天气预报一次性看半个月的，最起码得半个月，冻了的坯子是不能用的。

胡 砖变形的怎么修?

| 赵 两个模式，一个机器加工，一个手工砍砖。

胡 砖坯在外边放多久才开始烧?

| 赵 砖坯在外边需要用塑料布盖起来，砖坯最好在外边放两三年。吸收大自然的潮气，就能软硬结合。刚从窑里出来的只有脆。现在放一年就能烧。

胡 制砖过程中，是不是还有晒土[10]这一步?

| 赵 晒土不叫晒，叫沉化，把土调过来。最多两年的时间。

胡 您能讲一下这几种土的类型和作用吗?

| 赵 取土莲花土是最好的，本地叫红眼沙土，现在用的是河道混合土。白土单独放在一个地方，红土也是。红土和白土的比例是最重要的，必须配好。胶泥是最好的，也是最不好的东西。胶泥不容易分开，结构很细，只有经过风吹日晒，掺在一块。白土多了，红土少了，不抗冻，红土少了，白土多了，皮包骨头没筋[11]。红土在里边起石子、钢筋的作用，白土起的是沙子的作用。

莲花土

胡 您能讲一下这几种土的配比吗?

| 赵 根据要砖做什么用进行配比。室外铺地的砖必须达到一半一半。

胡 取土的地点有什么讲究吗?

| 赵 挖沟取壕，平整土地。

白土

胡 您能否讲一下筛土呢?

| 赵 筛土一般筛两遍，胶泥里边的“僵尸狗”[12]对砖起不好的作用，粉碎的话能起好的作用。筛两遍，把沙子里边的“僵尸狗”挤扁了，第三遍用“得归儿”[13]挤扁它，挤成1毫米的颗粒。

胡 筛土这一步需要几个人?

| 赵 这里边没有几个人，一个开铲车的和两三个开三轮的。开铲车的知道今天配什么土。把土弄过来，一个工人看着调和机器的设备。两三个开三轮的把泥拉到每个厂区去，每个厂区里面铺上塑料布，把泥倾倒完，再盖上塑料布，然后再踩泥。

红土
龙美洁摄

胡 以前用牲口踩泥吗？

丨**赵** 我做坯子的时候是人踩泥，当时没有手工和泥，凌晨两点至三点开始干活，一天的劳动强度约等于抱着 30 斤的东西，走 30 公里。把坯子扣完以后去吃中午饭，吃完饭回来，开始修坯子，边砸边攒。修完了以后休息 10 分钟左右，坯子快干的时候，开始上架，上架的时候有专门送土的老师儿，那时候还没有三轮，用驴车拉土。把土拉到和泥的地方，就不管了。把坯子上到一半的时候。把土垛（1.5 米宽，4 米长，高度 30 ～ 50 厘米之间）平整，送水的师傅开始往下送水，先围着这个土垛挖沟、放水，让泥和水相互渗透。再回去上别的坯子去。头一步往里放水叫泡泥，泡完泥之后，脱掉鞋子，挽起裤腿。开始踩泥，从边上开始，踩 70 厘米宽。剩下的部分，用叉子把泥卷到踩完的泥上边，叫撂泥。撂泥后，在上边溮上水，次日凌晨两点半到厂子，拿叉子锄 5 ～ 6 厘米，然后打泥。打完了再扣坯子。现在是用设备代替这几道工序。

胡 踩泥一般是几个人？

丨**赵** 个人踩个人的。一个工人占一个场子，一般是东西为长，南北为宽。长 30 米左右，宽 13 ～ 14 米。一般是挨着都踩一遍，踩的遍数越多越好。一般踩好是踩两遍就可以了。模具的尺寸根据砖的尺寸，砖的尺寸根据的古建筑瓦石营法。模具比砖大 0.5 厘米左右。模具的制作根据土质所做，红土收缩，白土膨胀。如果铺到室外的砖，配比跟室内的相比就不一样了。做模具用的木材用国槐，家里种的国槐，用来做模具的梆（边），模子的底用的是柳木，模具不用的时候就把它盖起来，怕久晒容易变形。这两种木头不怕晒，模具用完之后最好把它放在水里泡着。

胡 哪个是博风板[14]？

丨**孔** 屋檐弯出来一块有个长檐，外边有柱子，在屋檐最尽头有一个挡板，装饰品。若是出檐出的多，在外面露着便不能用砖。悬山整个木结构，定到檩条上。在临清博风板为木头所做，因其属于地方风格，所以不止冀家采用木结构。贫富装饰不同，贫少富多。

龙 影壁墙为什么和房子连起来？

丨**孔** 这是座山影壁[15]。

座山影壁
刘访摄

构件
刘访摄

刘　那部分是什么构件？

｜孔　滴水猫头，筒瓦用猫头，板瓦和合瓦屋面用沟檐，共有合瓦屋面、仰瓦屋面和筒瓦屋面三层。合瓦屋面，一个叠瓦一个盖瓦（一上一下）；仰瓦屋面，只有上筒瓦屋面；筒瓦屋面，圆的，翻转过来。官式的筒瓦屋面较多，民居样式多。筒瓦屋面和合瓦屋面基本是一个意思。

刘　猫头上面叫什么？

｜孔　猫头上面叫当沟[16]，当沟为了走溪用，扶正脊[17]，起到构件搭配的作用，增加正脊美观度，也能分散正脊的一点力，因为当沟上去以后装上灰，上边还有压当条，并且压当条样式多。

龙　哪里是压当条？

｜孔　当沟以下，带坡楞的；当沟以上也有压当条。

龙　师傅这个带翘头的是正脊吗？

｜孔　翘头的为正脊，压当条下边带雕刻的属于当沟一类，为装饰品，植物花纹。

龙　两边翘头的纹样是什么？

｜孔　蝎子尾[18]。

刘　斜出来的构件叫什么？

｜孔　抱头梁[19]。从底下往上排，额枋[20]（过去叫额枋梁），出檐的叫平板枋，平板枋上是抱头梁，抱头梁下边是荷叶墩。多出来的一块是博风板，外出来的檐子是山檐子，过去都说山头上有拨檐，山拨檐。

龙　为什么有两条椽子？

｜孔　两条椽子有正伸椽，飞椽。上边叫飞椽，下边叫正伸椽，现在用飞椽的较多。

龙　这个横条叫什么？

｜孔　这整体叫作须弥座[21]，是一体的。由三行线砖（砖砌的叫线砖，三行、五行都行，不能成双）、圆混、半混和斗板砖组成。须弥座上是植物纹样。

刘　柱子下的小方条是什么？

｜孔　随檩枋，横出来的这块是挑梁，也叫抱头梁，往上悬的叫悬挑梁。

龙　都是直角过来的，为什么这有一块弯过来的？

｜孔　削角抱柱，为了显出来柱子。

刘　老民居滴水瓦[22]上的纹样都有什么图案？

｜孔　过去和现在的滴水瓦图案瓦件基本上统一。瓦件尺寸不一样，一个窑上一个尺寸，北方南方不一样，比如从聊城到曲阜的规格就不一样。临清现在的窑都一个大小，以前是不一样的，现在是改革改的。

刘　咱们的滴水瓦尺寸是多少？

丨孔 临清以前的尺寸是 12 厘米 ×20 厘米。瓦长短不一，现在的瓦变大了。

龙 为什么尺寸不一样，并且有的长有的短？

丨孔 尺寸不一样是因为沟檐在上头，盖瓦压住了。

龙 您能给我们演示一下怎样压瓦[23]吗？

丨孔 一对比就能看出来，有两种筒瓦。一个是滴水，一个是沟檐。长的滴水，短的沟檐。

龙 您能说一下纹样吗？

丨孔 民房不用官式建筑带龙的，比如在猫头滴水上是龙，一般只能用花草之类。官式用龙，并且纹样会分等级。

刘 咱们代替当沟的名字叫什么？

丨孔 季家大院座山影壁墙拉了一行筒瓦代替当沟，压当条上走正脊。排列方式为花脊，为当地风格。

刘 两层都通到里边吗？

丨孔 砖檐两层往里压 20 厘米，出大了也就 30 ～ 40 厘米。下边这个高出来一块叫垂脊[24]。

龙 这都是四梁八柱是吗？

丨孔 对，都是四梁八柱，两个柱子在房子里边嵌着，有外露的，有不外露的。梁的形式没什么名字，都属于当地风格。上边是罗锅椽，用木质的做成罗锅形，是圆的，省木料。椽子有很多叫法，比如罗锅椽、八架椽等，每个地方不同风格不同叫法。

刘 凤凰戏牡丹嵌在里边的长条是什么？

丨孔 没有名字，是为了镶嵌这个纹样。

刘 这个屋顶做法都有几层啊？

丨孔 过去的做法是上了八砖或桲以后，先做厚板灰，其次是麦秸泥，然后是尾桲、椽子，共四层。

压瓦
刘访摄

1 贡砖的烧造最早始于明永乐初期。明初到清末，京城大量的营建宫殿、钟鼓楼、城墙和帝王寝陵都是靠临清贡砖来营建的。在北京城，首先是故宫和十三陵，其次还有日坛、天坛、国子监、地坛、月坛，各城门楼、文庙、清东陵和清西陵，到处都有带着“临清”印记的贡砖。据文献资料显示，北京修建皇城所用的贡砖，绝大多数都来自临清烧制。参见：刘昆《非物质文化遗产整体性保护研究——以临清贡砖烧制技艺为例》，《长江丛刊》，2016 年，第 15 期，49 页。

2 凤凰戏牡丹。自古以来在人们的意识中都是美好之物。凤是人们心目中的祥兽瑞鸟，神态高贵冷艳，形象栩栩如生。牡丹象征富贵吉祥，凤戏牡丹图案，普遍认为有着有万物欢欣、百鸟朝贺、富贵常在、荣华永驻的寓意。除了富贵之意，还被用于婚嫁和象征爱情，成为表现民间婚恋的重要题材。

3 猫头，屋顶房檐的瓦当构件是为了防止房顶水槽下泄水线回流到墙面上，瓦当构件造型呈一字形排列斜向倒垂的锐角三角形，形成强烈静止、僵滞的几何形形式特征。造型变化虽有强烈的装饰感，但缺失了灵动、活泼的感受。为缓解“滴水”瓦当倒三角形形成的倒垂静止、机械性的特征，房檐一般多采用上翘的圆形，“猫头”瓦当 与下垂“滴水”瓦当连续间隔。通过圆形的“猫头”瓦当与椽头的兽头纹样装饰， 起到显著的调和与化解几何形的机械性不“舒适”度。这样的处理方法，同样会出现在建筑的其他部位。参见：邹安刚《晋中民居建筑装饰纹样配置形式之研究》，《美术大观》，2018 年，第 12 期，55-57 页。

4 火把式，是负责点火控制温度的头儿。

5 顶水砖，一种质量很不好的砖，水滴到砖上一拍砖就碎了。

6 三手缝，三个手指缝的宽度。

7 与皇家贡砖相比，民间烧砖的技术进行了简化，大致历经制坯、塑形、晾干和烧制几步程序。这个过程中制作砖坯是一道最累的技术工序，要经木杠压砸、摔入砖模等，然后倒模成坯将不规整之处修整平直，晾干后将砖坯横竖交叉摆入砖窑内，使其均匀受热，由经验丰富的工匠掌握火候，烧制二十天方可洇窑。整个制砖过程要求十分精准严苛，正是这样才造就了坚硬茁实、色泽纯正、形状规整的临清青砖和保存至今的精美砖雕。参见：曲梦萦《临清中洲运河街区明清民居砖石雕刻艺术中的植物纹样研究》，合肥工业大学，2019 年。

8 捻火，用容易引火的绳或纸点火。

9 洇窑，把水从顶部的覆土浸下，直洇到窑里每一块红热的砖都被迫均匀地冷却下来。

10 晒土，是从地上一直翻湿润的土，让土陈化。

11 皮包骨头没筋，一句方言，在本文中的意思是起不到支撑的作用。

12 僵尸狗，土里的疙瘩。

13 得归儿，是一种类似于擀面杖的工具，用来碾土疙瘩用。

14 博风板即搏风，又称搏缝板、封山板，宋朝时称搏风板，常用于古代歇山顶和悬山顶建筑。这些建筑的屋顶两端伸出山墙之外，为了防风雪，用木条钉在檩条顶端，也起到遮挡桁（檩）头的作用。一些房屋的博风板由砖制作，一块块的方砖用铁钉钉在伸出山墙的木构件上，在博风板的下沿钉有几块花瓣形的砖雕悬鱼和惹草。这种做法在传入临清后变得更加简化，由于临清大多数屋顶木梁架的檩木隐藏于山墙内部，不会伸出山墙承受日晒雨淋，也就本不需要博风板这样的构件，临清民居中便舍弃了砖博风而仅保留了下沿的砖雕悬鱼，悬鱼离开了博风板而向下移动，成了山墙三角地带的一块独立的砖雕装饰。

15 座山影壁，厢房的山墙上直接砌出小墙帽并做出影壁形状，使影壁与山墙连为一体。普通的民居院落中，通常在进入大门后的迎面处设置一面影壁，其设计和制作工艺比较简单，砌出象征性的正脊和垂脊，通体净素面，无装饰而绝大多数影壁则附设在南厢房或东厢房的山墙上，民间俗称为坐墙影壁或倚墙影壁。壁顶的顶部采用房屋顶部的硬山顶样式，设一条正脊两条垂脊，正脊两端安装鸱吻，以筒瓦铺顶，也用瓦当和滴水，并用砖雕作仿木檐和斗栱。参见：梁柳《山西晋中地区影壁的特点及影壁在现代建筑环境中的应用》，北京理工大学，2015 年。

16 当沟，亦称当沟瓦，形状多为半圆形或近半圆形，是瓦垄装饰件，即用于屋脊上两个筒瓦瓦垄之间与正脊垂脊或戗脊之间的部位。

17 正脊，又叫大脊、平脊，位于屋顶前后两坡相交处，是屋顶最高处的水平屋脊。两端有吻兽或望兽，中间可以有宝瓶等装饰物。庑殿顶、歇山顶、悬山顶和硬山顶均有正脊，卷棚顶、攒尖顶和盝顶没有正脊，十字脊顶则为两条正脊垂直相交，盝顶则由四条正脊围成一个平面。明清时期，正脊多为平直。

18 蝎子尾，是指正脊两端挑出的装饰件，又称斜挑鼻子或象鼻子。

19 抱头梁又称叠梁式、抬梁式是在立柱上架梁，梁上又抬梁。使用范围广，在中国古建筑宫殿、庙宇、寺院等大型建筑中经常采用，也为皇家建筑群所选，是汉族木构架建筑的代表。

20 额枋，两柱之间起联系作用的横木，断面一般为矩形，是中国古代建筑中柱子上端联络与承重的水平构件。南北朝的石窟建筑中可以看到此种结构，多置于柱顶；隋、唐以后移到柱间，到宋代始称为“阑额”。有些额枋是上下两层重叠的，在上的称为大额枋，在下的称为小额枋。大额枋和小额枋之间夹垫板，称为由额垫板。额枋上置平板枋。

21 须弥座，又名“金刚座”“须弥坛”，源自印度，是安置佛、菩萨像的台座。后来代指建筑装饰的底座，比如影壁底座等。

22 滴水瓦（带当板瓦），最初见于北魏平城遗址，即花边檐口板瓦，檐头板瓦一端开始加厚，并压印纹饰，成为后世“滴水瓦”的发端。到唐代，“滴水瓦”已普遍应用。早期“滴水瓦”与瓦身的夹角一般为直角，晚期则增加至100°以上，以利流水外泄，具有很强的科学性，显示了我国古代瓦当在装饰性和实用性结合上所达到的水平。明清时期对板瓦的使用规定较为松弛，仅是对瓦体尺寸做一规定，没有涉及滴水瓦，故此滴水瓦在民间得到广泛应用，成为具有较高艺术性的瓦当种类之一。

23 晋中民居建筑的墙面，主要以砖、石、木材料砌垒而成，造型转折多不在一个平面上，呈现的是复杂的几何多面体。通过表面观察发现，民居建筑在配置雕刻图案纹样时，如同设计一幅完整的壁画一样，通体图案纹样设计有着强烈的空间布局意识，这种布局意识完全符合造型艺术构成形式规律。所以，若要将整个转折的立面伸展开来，整体建筑造型的视觉效果上，会明显地呈现极其讲究的疏密对比形式配置关系。这种表现“疏密、虚实”纹样的配置关系所遵循的装饰规律是依据民居建筑的造型结构，巧妙地利用了造型结构的关键部位的“转折点”“转折线”和“转折面”。这些重点部位的图案纹样装饰，都是纹样装饰的繁密之处，以整体建筑造型的装饰形式对比关系，反映了以疏托密的艺术配置效果。

24 垂脊，是古建筑一种瓦作。一般来说，这个词有两重意思，第一是说它垂直于正脊，第二是说它是下垂的脊。在歇山顶、硬山顶、悬山顶中，“垂脊”是垂直的；在庑殿顶、攒尖顶中，意思是垂下，因它们相交在中心上，“垂脊”是任何正式建筑屋顶都必须有的。据考古资料，“垂脊”最早是在庑殿顶的四坡结合处衍生而来，是用来防止雨水渗入梁架、美化顶的天际线，装饰并不是它出现的本意。

泥瓦“把头”谈辽河口传统民居营建技艺
——以上口子村草顶土房为例

受访者简介

张万龙

男，1950 年生，辽宁省盘锦市大洼区西安镇上口子村人。自幼手巧，自 18 岁学习泥瓦匠活，在生产队累积经验。村内施工队的领头人，有名的泥瓦“把头”。

采访者： 申雅倩（沈阳建筑大学）、朴玉顺（沈阳建筑大学）

访谈时间： 2020 年 10 月 24 日、11 月 26 日、12 月 6 日

访谈地点： 辽宁省盘锦市大洼区西安镇上口子村张万龙家

整理情况： 2020 年 11 月 3 日整理。2020 年 11 月 26 日、12 月 6 日进行电话补录，再次整理

审阅情况： 未经受访者审阅

访谈背景： 辽河口地区位于辽宁省盘锦市南部，属于我国寒冷气候区，其一月平均气温 -10.2℃，最低气温 -27.3℃。草顶土房是辽河口地区的传统民居，为了应对当地寒冷气候，民居通过搭建土坯墙、草屋顶用来防寒，搭建火炕来取暖。当地以农耕文化闻名，智慧的匠人充分利用当地的稻草资源，在搭建房屋时将稻草运用在房屋的各个部分中：屋顶上厚厚的草顶，保温性能良好；土坯砖中的稻草起到拉结的作用，使得土坯砌筑的墙体坚固耐久；在墙面抹泥时，稻草和泥土混合，抹完的墙面光滑不易破损。匠人的营造智慧创造了独特的草顶土房营造技艺。以往有关草顶土房的研究主要集中于物质实体中，对于其营造技艺的研究尚处于空白。现场调研时发现，现存草顶土房实物较少，且精通草顶土房营造技艺的匠人最年轻的也六七十岁了。所幸，在调研中寻找到泥瓦把头，笔者前后三次访谈了辽宁省盘锦市大洼区西安镇上口子村张万龙匠人，针对营造技艺进行口述访谈整理，总结草顶土房的营造技艺，让此项技艺作为活态遗产存续。

张万龙 以下简称张
申雅倩 以下简称申

材料选取

申 张师傅，您好。请教您，土坯怎么做？

| 张 开始是把土和泥放到坯模子里做成方块，与现在的砖一样，土坯里有土还有稻草，稻草切成3厘米左右，拌在泥里头，拌均匀以后（弄得）稍干一点不能太稀，放到坯模子里。坯模子的尺寸一般是240毫米 ×115毫米 ×53毫米，与现在砖块差不多大小。

申 柱子和檩子一般是用什么木材？

| 张 （木材都是）需要去买的，不是在跟前就有。过去一般有用黄花松、樟松、白松，还有柳木、榆木，很多种，不一定。那时候能买到啥就用啥，不讲究木头好坏。特别好的我们也买不来，在山区有林区的那些地方，他们砍伐以后运到我们这来，运过来我们就有，运不过来我们就没有。

申 苫房是用什么草？

| 张 苫房草是用稻草或者苇草。中秋差不多就开始割了。割早了，没有成熟，水分重，容易烂。割晚了，水分少，容易脆。苫房草割下来后，要捆成小捆，在平地上码垛晾晒。到深秋冬初，拉回码大垛，等到明年天气暖和就可以苫房用了。

申 这些建房材料都需要提前准备吗？

| 张 对。以前建房和现在不一样，都需要提前一年开始准备。如果今年盖房，去年就要把材料准备好，等到来（今）年开春暖和了才开始建。一般新建一座草顶土房会在三四月动工。

建造工具

申 放线的时候使用什么工具？

| 张 过去放线一般都没有尺，不像咱现在有米尺。那时候都是用木杆子板，在上面打上格，一格一格的，有3尺的、5尺的，一般是5尺的多。一般谁家盖房子找木匠，木匠来之后都用5尺杆子，两杆就是1丈。

申 搭房工具有什么？

| 张 刨锛、斧锛、二齿钩子、平锹、尖锹。砌墙时候用瓦刀，瓦刀像切菜的刀一样，抹点稀泥在土坯上往上搭，一层一层的。抹墙用泥板子，带三角形的，里外抹泥。苫屋顶有排房木。

刨锛

斧锛

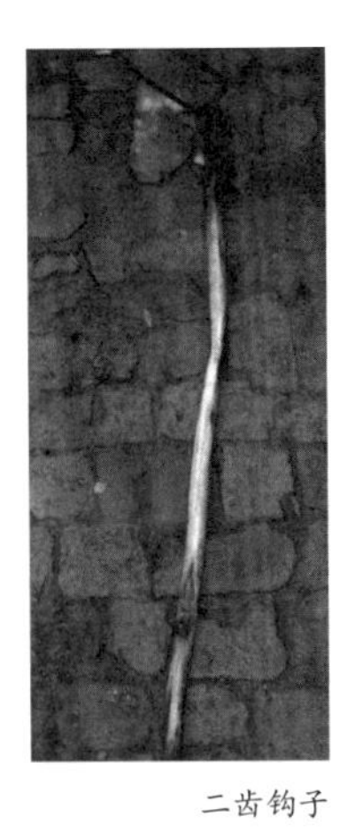
二齿钩子

平锹

尖锹

建造流程

申 土坯房是怎么搭的?

| 张 在我们村，先量多宽、多长、多深的沟，放土垫了让牛在上面踩，踩硬了之后把柱子立起来，立完就开始砌墙，砌墙之后就苫房了。

申 可以说一下这个沟具体怎么做的吗?

| 张 先放线画框，之后根据画线开槽。假如说 10 米 ×6 米，到那个基础一般 600 ～ 1000 毫米深。过去砸 1000 毫米深，挖完了以后在底下放河沙、山上的风化沙和黑土，经过踩才能使地基硬实。一开始 200 毫米厚一层，之后把老牛放到沟里，人在旁边看着，牛在沟里踩，把土都踩硬实了，然后再来一层 200 毫米厚，再用牛踩，踩完以后再出来，再添一层再踩，一直踩到平口了，就上平面了。有的不放牛（上去踩），就绑一块石头，过去有长条形的石头，用绳把石头绑在杆上，用来固定石头，绳的另一端绑在胳膊上，几个人抬着打，边打边喊口号：“哎哟，哎哟！”，打完一层 200 毫米厚，再填 200 毫米厚再打，一定要打平，之后就开始往上砌墙。条件好的，砌墙之前先砌两层毛石，买 3 ～ 5 米长的毛石，砌筑高度 300 ～ 500 毫米，没有条件的话就直接开始砌墙了。

申 立柱之前会在柱子底下放什么东西吗？

| 张 会垫几块石头，固定柱子。

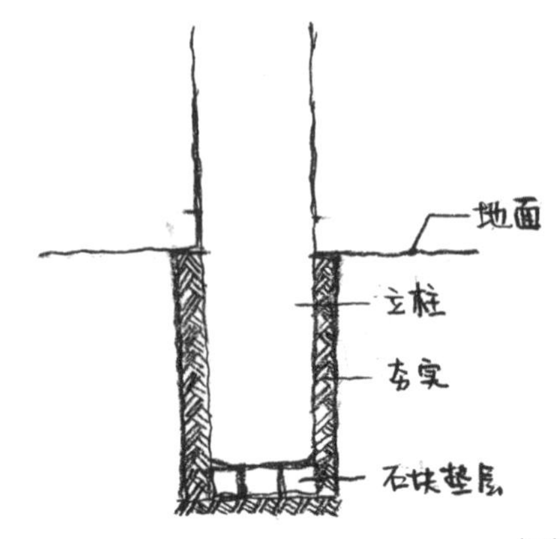

柱础结构

申 墙怎么砌?

| 张 准备好土坯后和点稀泥，底下打一圈泥，坯摆块上去，就跟砌砖似的。到窗台 900 毫米高，（这种高度）是老一辈留下来的，炕 600 毫米高，人在炕上坐下，小腿正好挨在炕沿墙上。还有 300 毫米的高度差呢。过去炕上放个长方形的桌子，高 200 毫米多一点，上面做一个酒壶，酒壶上再放一个酒盅，

土坯墙

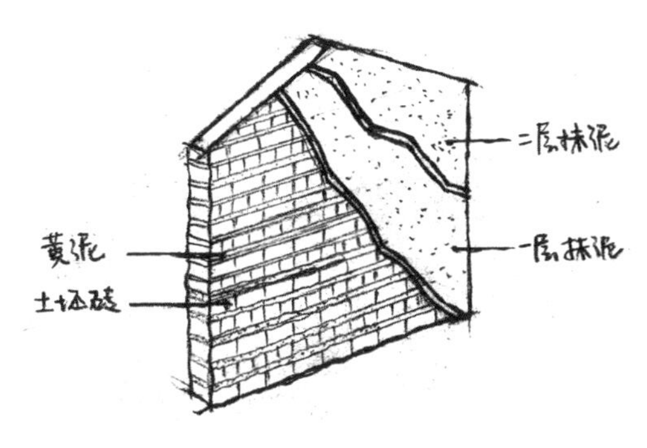

土坯墙结构

酒盅的上口和窗台是平的，就形成900毫米的窗台。现在农村搭炕还是600毫米的，窗台还是900毫米的，都没有变。砌完坯把窗窟窿留出来，砌多高连着檩子上，再苫屋顶就好了。木匠来了之后打门再打窗户，把它装上。等屋里都干了再给墙抹泥，要抹得光滑。

申 垒墙时如何保持墙体的水平与垂直方向，使墙体不倒？

| 张 保持墙体垂直有掉立线，就是拴个线，底下装个砖头，还有拴铁块的，拴根绳掉下来。吊多高就是砌筑多高，拿着5尺杆子一量就能知道了。过去都是这样，没有其他工具。水平方向挂白线栓在两头，撑直就平了。

申 搭墙的顺序是从哪里开始？

| 张 先搭两山墙，搭完再搭北墙，最后搭南墙。搭完木匠就来上门窗了。那时候北墙都是没有窗户的。

申 檩子上完就是苫房了吗？

| 张 檩子上完以后，我们这里有种高粱，把高粱秆子留着扎成把，扎成多粗呢？一般扎成3寸粗的把，房坡多大就铡多大的。如果说需要30个就扎30个，然后从后坡搭到前坡。之后在上面抹泥，多抹两层泥，再苫上房草。过去都是这样啰嗦，一样又一样的。

申 泥大概和到什么程度？

| 张 泥的话，一般黑泥不好用，都是要带沙的，搁点草，这样抹完不开裂。过去都是铡一些野草，野草软乎乎的，铡1～2寸长，铡完以后拌在土里浇上水，泥变成黏糊状后，把它抹上，干了之后再苫草。山墙砌完后泥也抹光了，有条件的抹三遍，没条件的抹两遍。

申 一层泥抹完大概多久能干呢？

| 张 多久干一般要看季节。咱过去盖房都是开春3月至4月份的时候开始，那时候天气暖和。一般的抹完泥最多三天就可以苫草了。这时候上人都踩不坏了。

申 苫房从哪里开始苫？屋脊还是屋檐？

| 张 从屋檐开始，站在挑板上，用手一小把一小把地把备好的房草摆放在房檐上，草比房檐长出2寸左右，上端用泥抹牢。然后一把一把地从两端的房檐往上铺，每放好一把草，先用铁钉轻轻钉上，然后用泥把上端抹牢，苫到一定距离时用拍房木[1]在草把的草根上拍，使苫好的屋顶均匀整齐。苫到屋脊两草交错处开始拧脊，以直径5厘米左右的小杆为轴心，两只手抓两把草，每把草的直径4～5厘米，草根冲下，草梢相对绕过小杆，在下方系成扣，使两侧的草根形成八字，每侧长约30厘米左右。最后把拧好的脊骑在屋脊上，固定好。

申 如何固定呢？

| 张 用小杆在过脊的房草下穿过，用铁丝把小杆与脊拧牢，最后用长杆的拍房木轻轻地拍打均匀。

申 搭炕是什么步骤？

| 张 首先确定炕的位置，烟道留在哪就在哪搭，先砌炕沿墙，炕沿墙到外墙距离1800毫米，炕的长度就是房间的开间，一般是3000毫米。之后开始垫炕洞土，垫土在炕头低一些，炕梢高一些，高度差为15～30毫米。垫土之后开始摆炕洞，让土坯一卧一立的摆，然后搭炕面，在抹炕泥的时候找平，最后上炕沿。

申 锅台怎么搭？

| 张 用土坯搭，先搭一个框，用秸秆量锅的直径大小，最好的方法是把锅放进去坐泥确定大小之后再套泥。

申 锅台大小怎么定？

| 张 锅台的大小是根据几印[2]的锅来决定的，铁锅是八印、七印、六印、五印，根据家里人口数量来定。家里人口多就用八印、十印锅，人口少就用五印锅。有的一个锅台放两个锅，前面一个锅，后面一个锅，后面锅小，前面的大。

申 烟囱是和墙同时砌筑的吗？

| 张 不是，砌墙的时候只能把烟道留出来。搭完炕、搭锅台再搭烟囱，这是一套的。搭完之后拿火点着，看好不好烧。烟囱也是用土坯，那时候没有别的玩意儿。我们这一般都是圆烟囱，底下大点，上面收一个小口。

申 怎么收分？

| 张 圆烟囱一点点往上收，每砌一层土坯往里缩一点，每层土坯往里收100毫米

草屋顶

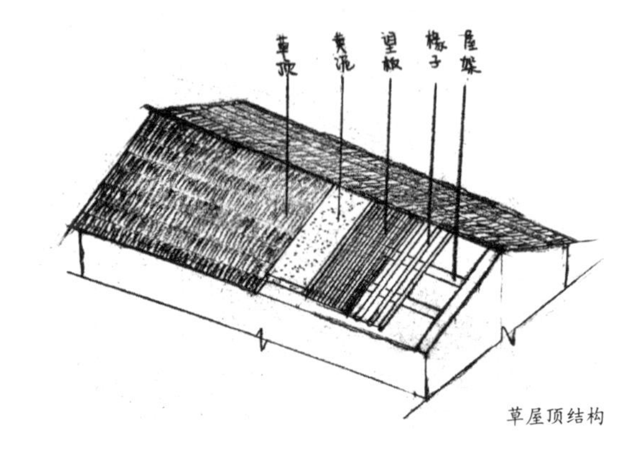

草屋顶结构

左右就行，一层一层缩。底下大的直径一般是5寸左右，往上收到3寸就够用了。高度也用不着太高，人站地上手能够着烟囱口就可以。晚上睡觉之前把烟囱盖上，怕晚上凉，烧火的时候再把盖子拿下来，要太高的话就够不着了。

土坯炕

申 盖一间草房需要多少天？

丨张 大概一个月左右，从开始搭建到搬进去住。

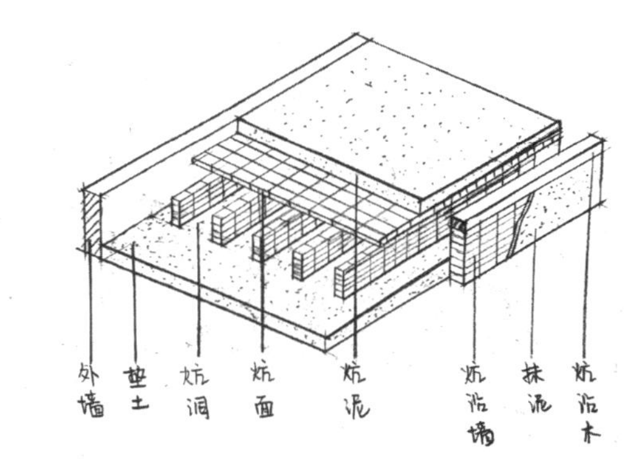

土坯炕结构

建造习俗

申 建房有什么习俗吗？

丨张 有，开工和上檩子时候都有。

申 开工时候有什么习俗？

丨张 开工时候都会放鞭炮，大家伙都来了，邻居就会知道这家要砌墙、盖房了。

土坯锅台

土坯烟囱

申 上檩子时候有什么习俗？

丨张 假如是三间房，放中间檩子的时候放红木，四方的红木，把铜钱钉在红木上，红木再钉在檩子上，两旁挂对联，这是一种讨吉利的说法。再放两个鞭炮，亲戚就来送几块钱或者布。送布的多，（送）五尺、八尺的都有。有的人觉得送白布不好看就送两块钱。

申 那时候有风水先生吗？

丨张 有，有阴阳先生。在房屋建设开工前，阴阳先生会到宅基地确定房屋的朝向，确保房屋建好后能够获得足够的阳光。

1　一种苫房工具。用厚木板刻制而成，类似洗衣板，一个槽一个槽的，每个槽都有一定的斜度，背面有一个手提的梁，或背面没有梁，是一根长长的木把。

2　以前制作铁锅的单位，印没有具体的大小，但是几印锅的大小是固定的，比如三印锅的直径是40厘米，四印锅的直接是46厘米，六印锅的直径是60厘米，八印锅的直径是72厘米，等等，可以看出来，这些数字并没有什么关联，所以印并不是根据厘米来确定的。

口述史工作经验交流及论文

中国传统建筑营造中的口述传统
风水术之“辨方正位”与“取‘尺’定‘寸’”

吴鼎航

香港珠海学院建筑学系

郭皓琳

南昌理工学院建筑工程学院

摘　要： 风水之理论与实践为中国传统哲学理论之大集成。本文通过采访和解密匠师的口述传统，探索隐藏在匠师风水口诀中关于方位、朝向、尺寸的秘密；并通过对中国传统哲学理论的研究，追本溯源，论证中国传统建筑营造中风水术背后的哲学理论依据。本文所持之论点为：风水为“天（道）”与“地（道）”之法；风水术中所用之罗盘为建筑辨方别位之仪器，罗盘中之二十四山为建筑“辨方正位”之根本；风水术中的“九星压白”是为建筑尺寸中“取‘尺’定‘寸’”的依据，分别源于贪狼九星学说与紫白九宫学说；经由风水，建筑之方位、朝向、尺寸与“天（道）”“地（道）”相配合，而建筑本身亦成为大宇宙秩序之一部分，而人居其中，则达到了中国哲学传统中所追求的“天人合一”。

关键词： 口述传统 风水 辨方正位 取尺定寸

1 风水：匠师口述传统中的“天”“地”之法

风水是一门关于规划、设计、营建的理论知识，主要涉及如何在最合适的时间点与空间点去定位或安置屋宅（阳宅）或墓穴（阴宅），以便居者趋吉避凶，葬者“乘生气也”[1]。“风水”二字语出两晋风水学家郭璞（276—324）之《葬经》，谓：“气乘风则散，界水则止，古人聚之使不散，行之使有止，故谓之风水。”[2]风水术有诸多流派，至唐宋时，可大致分为“形式宗派”（Form Branch，环境学派）与“理气宗派”（Compass Branch，术数哲学派）。清代学者丁芮朴（1821—1890）在其《风水祛惑》中道出：“风水之术，大抵不出形势、方位两家。言形势者，今谓之峦体，言方位者，今谓之理气。”[3]

1.1 风水：堪舆之术，“天”“地”之法

风水，另有堪舆、形法、地理、青囊、乌青、卜宅、相宅、图宅、阴阳之称；其中，堪舆为风水最主要的别称之一。[4]“堪舆”二字语出西汉淮南王刘安（前179—前122）及其幕下士人所编撰的《淮南子》中的《天文训》，云：“堪舆徐行，雄以音知雌，故为奇辰。”东汉经学家许慎（57？—147？）为《淮南子》作注时，将“堪舆”二字注解为：“堪，天道也；舆，地道也。”[5]可见，风水，或言堪舆，实为关于“天道（堪）”与“地道（舆）”的理论知识；而“天”与“地”在中国传统哲学理论中则象征着大宇宙秩序。[6]

风水旨在借用“天道”与“地道”之理，融汇到建筑营造中，故风水有相地选址、辨方正位、起卦纳甲、取尺定寸等过程，借此求得与大宇宙秩序中“天”与“地”的一致，最终达到“天地之间，人居其中”，即“天人合一”。简言之，经过风水实践这一过程，中国传统民居建筑慢慢转化成为大宇宙秩序中“天”与“地”的一部分。再者，作为关于“天（道）”与“地（道）”的风水术自然而然被匠师视为“天机”。故此，在风水实践中，时常伴随着不同的仪式，如焚香祭神、诵颂祈福、画符施咒等。正如宾夕法尼亚大学（University of Pennsylvania）荣休建筑学教授约瑟夫·里克沃特（Joseph Rykwert）和美国建筑师托尼·阿特金（Tony Atkin，1950—2015）在《建筑与知识》（*Building and Knowing*）一文中所述：“许多人坚信，人类必须对大自然或神灵进行补偿，以回馈他们（从大自然或神灵处）所获得的事物。于是乎，人类通过祭品和仪式（对大自然或神灵进行补偿），或将住所本身修筑成为一个有秩序的世界，（或言）大宇宙秩序的模型。”[7]

1.2 风水：匠师与口述传统

由古至今，许多论著均对风水及其相关理论有过详细的论述。然而，关于风水术具体实践的专论却寥若晨星；尤其是对于建筑营造，例如：如何使用风水术对建筑进行“辨方正位”（风水术语“立向”），如何对建筑“取‘尺’定‘寸’”（风水术语“尺白寸白”），等等，鲜有提及。当中主要缘由是：作为“天机”的风水术，其秘密是隐藏在匠师，或风水师的口述传统中，这些“天机”经由匠师的口述传统，以绝密的方式世代传承，延续至今。

在中国传统民居建筑实践中，匠师（此处指大木匠，或大师傅）需掌握风水与营造两大口诀。风水，不外乎相地选址、辨方正位、起卦纳甲、取尺定寸等；营造，则主要涉及厝局、尺单、地盘、侧样等。当中，相地选址与辨方正位可由风水师担任，此后之起卦纳甲与取尺定寸则涉及建筑结

构及尺寸问题，一般由匠师完成。因此，若非宅主要求，匠师通常会兼顾风水的工作。

风水于建筑而言，莫过于匠师对宅进行“择吉”，如东汉经学家刘熙（生卒年不详）所著之《释名》中《释宫室》卷指出：“宅，择也，择吉处而营之也。”[8]宅之择吉主要涉及相地选址及辨方正位。相地选址即建筑与环境之间的关系，侧重山环水抱地势前低后高，以达“背阴向阳”“藏风聚气”；而辨方正位，则是在相地选址的基础上对于建筑方位及朝向（匠师术语“主入口”）的辨别与校正；然后，再经起卦纳甲，即在辨方正位基础上，将建筑纳入不同的卦象与尺寸分类；最后，再对建筑的“尺”与“寸”进行择定，即取尺定寸。下文将对匠师风水口述传统中的“辨方正位”口诀与“取‘尺’定‘寸’”口诀进行论述。

2 风水罗盘与匠师口述传统之二十四山口诀

风水实践于建筑营造的主要功能之一是辨方正位。“辨方正位”含治理国家之意，如《周礼·天官·序官》中所述：“惟王建国，辨方正位，体国经野，设官分职，以为民极。”[9]匠师辨方正位所用之器具为罗盘。罗盘，亦称罗庚、罗经、罗镜，或针盘。罗盘，由天池、内盘、外盘组成。天池，亦称海底，居于罗盘正中；天池底有红线，俗称海底线；正中有悬浮指针。罗盘内盘为中国传统哲学理论之大集成。视乎罗盘的类别（三元罗盘、三合罗盘、综合罗盘）及尺寸，其内盘标刻之内容亦随之不同。一般而言，内盘上可由 18 至 24 个同心环组成，每一环均代表着不同时期不同智者于人与大宇宙秩序关系之解读，如太极的阴阳理论、五行相生相克、《易经》命理体系的八卦和六十四卦等。[10]故此，罗盘是为中国传统哲学理论的实体化器物。罗盘“内（盘）圆外（盘）方”，象征“天圆地方”。如《大戴礼记》中《曾子天圆》所述：“参尝闻之夫子曰：天道曰圆，地道曰方。”[11]罗盘为风水堪舆术“天道”与“地道”的“形而下”之器具（图 1）。[12]

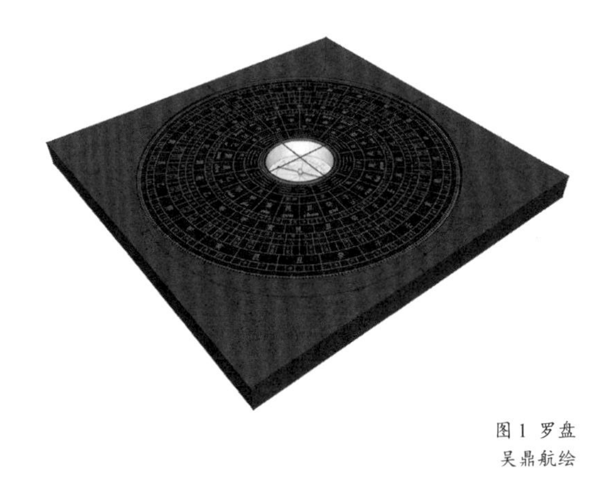

图 1 罗盘
吴鼎航绘

2.1 罗盘：辨方别位之器具

罗盘实质上为匠师辨方别位之器具，其原型为古时之“司南”。韩非（前 281？—前 233）所著的《韩非子》之《有度篇》中便有文：“……故先王立司南以端朝夕”。[13]其中“司南”正是彼时辨方别位所用之器具。据李约瑟（Joseph Needham, 1900 — 1995）、王玲（1918—1994）、肯尼斯·罗宾逊（Kenneth Girdwood Robinson, 1917—2006）合著的《中国科技与技术·卷四·物理学及自然技术》（*Science and Civilization in China, Volume 4: Physics and Physical Technology, Part 1: Physics*）中对于东汉思想家王充（27 — 97）于《论衡》中《是应篇》之文句：“司南之杓，投之于地，其柢指南”[14]，他们认为“司南”应为“指南”（south-pointing）之意。[15]王振铎在其论著《司南指南针与罗经盘：中国古代有关静磁学知识之发现及发明（上）》中指出：“古人所称述之‘司南’或‘指南’，为一种辨别方向之仪器，其物便于携带及测验，宛如指南针之用矣。”[16]然而，古人正式用于“辨方正位，体国经野”[17]的器具是“土圭”，如《周礼》中《地官司徒》所论“以土圭之法测土深、正日景，以求地中”。[18] 尔后王振铎亦指出“司南”并未出现在官方的器具列表中。[19] 李约瑟、王玲、肯尼斯·罗宾逊亦补充：“（司南）它的起源似乎应属于非天文学家（astrologers）的另外一班技术人群，即堪舆师（geomancers）。”[20] 综上，罗盘实为匠师辨方别位之器具。再者，罗盘有“一器数用”之说，有用于定向、测时、占候、观星、航海等，再加上纳甲、纳音、象数、谶纬等理论和方法的影响，在很长时间里，曾引起了罗盘、罗经、地螺（即指南针）针盘划分的混乱和纷争。[21]

2.2 二十四山：辨方正位之根本

匠师于罗盘辨方正位之口诀为“二十四山”口诀，内容如下：“壬、子、癸；丑、艮、寅；甲、卯、乙；辰、巽、巳；丙、午、丁；未、坤、申；庚、酉、辛；戌、乾、亥。”口诀实为二十四山在罗盘内盘上之排列顺序。二十四山，亦称二十四向，或二十四方位，每一“山”，或“向”，或“方位”，将 360° 之周圈划分为二十四份，每一份为 15° 。较之今人用东、西、南、北四向，古时匠师用二十四山去辨方别位，详见表 1 及图 2。

表 1 罗盘内盘二十四山方位表

二十四山		天干、地支、八卦归属	东、西、南、北方位
1	壬	天干	北
2	子（正北）	地支	
3	癸	天干	
4	丑	地支	东北
5	艮	八卦	
6	寅	地支	
7	甲	天干	东
8	卯（正东）	地支	
9	乙	天干	
10	辰	地支	东南
11	巽	八卦	
12	巳	地支	
13	丙	天干	南
14	午（正南）	地支	
15	丁	天干	
16	未	地支	西南
17	坤	八卦	
18	申	地支	
19	庚	天干	西
20	酉（正西）	地支	
21	辛	天干	
22	戌	地支	西北
23	乾	八卦	
24	亥	地支	

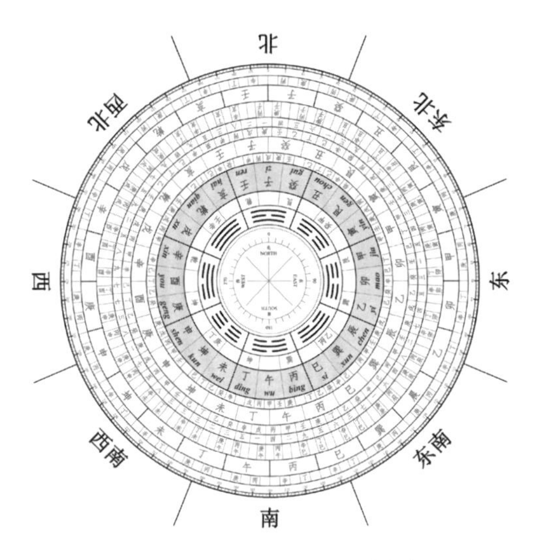

图 2 罗盘内盘上之二十四山
吴鼎航绘

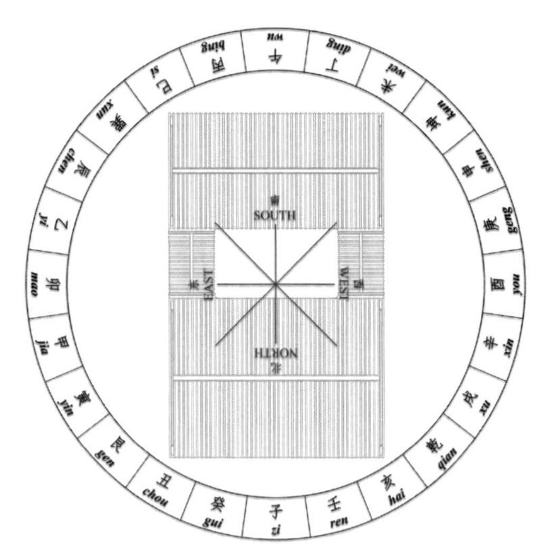

图 3 二十四山在辨方别位中的应用，图为“坐子向午”
吴鼎航绘

二十四山在方位中主要通过坐山（或座山）与朝向来表达，如图 3 所示，匠师术语则表达为“坐子向午”，意为建筑坐“子山”朝向“午山”，即坐北朝南。二十四山口诀的另一秘诀是“逢十三为向”，即在口诀中，任一“山”每隔十二“山”后，两“山”便会两两相对，如依序排列第一的“壬山”与排序第十三“丙山”相对，两“山”之间相隔十二“山”。同理，若建筑坐“壬山”则朝向“丙山”。

二十四山由十天干中的“八干”，即“甲、乙、丙、丁、庚、辛、壬、癸”（按《钦定协纪辨方书》：“戊”与“己”在方位上代表中央，无定向[22]），十二地支中的“子、丑、寅、卯、辰、巳、午、未、申、酉、戌、亥”及八卦中的四维卦“乾（西北）、艮（东北）、巽（东南）、坤（西南）”[23]组成。关于天干与地支，西汉史学家司马迁（前 145？—？）在《史记》卷二十六《历法》中有文如下：“太史公曰：神农以前尚矣。盖皇帝考定星历。”唐代史学家司马贞（679 — 732）作索隐：“黄帝使羲和占日，常仪占月，臾区占星气，伶伦造律吕，大挠作甲子。”[24]大挠相传为黄帝（前 2717 —前 2599）时期之部落大臣，受命于黄帝“作甲子”。而在实物佐证上，最早仅可追溯至殷商时期（前 1600？—前 1046？）的甲骨文中。[25]尔后在中国传统经典典籍，如经、史、子、集各类著作亦中不断出现，尤其在历法与律法中。而天干地支的组合，则产生六十甲子，在采用公历之前，人们长期用干支进行纪年、月、日、时。可见，天干地支实为中国传统之数理或命理系统（Numerological System）。关于八卦，在《周易》《系辞下》中有文：“古者包牺氏之王天下也，仰则观象于天，俯则观法于地，观鸟兽之文，与地之宜，近取诸身，远取诸物，于是始作八卦，以通神明之德，以类万物之情。”[26]八卦为易学体系之基础，是中国早期之哲学思想，合阴阳之说，含万象之理，正如唐代经学家孔颖达（574—648）对“八卦成列，象在其中”所作之注释：“言八卦各成列位，万物之象在其八卦之中也。”[27]综上，二十四山合天干、地支、八卦，实为中国传统哲学理论之大集成也。

二十四山在罗盘上的由来已久，可追溯至汉代。在乐浪[28]古墓群中的王盱墓[29]发掘出汉代式盘（或称占星盘）原器。原器本身残破失形，日本考古学家原田淑人（Yoshito Harada，1885—

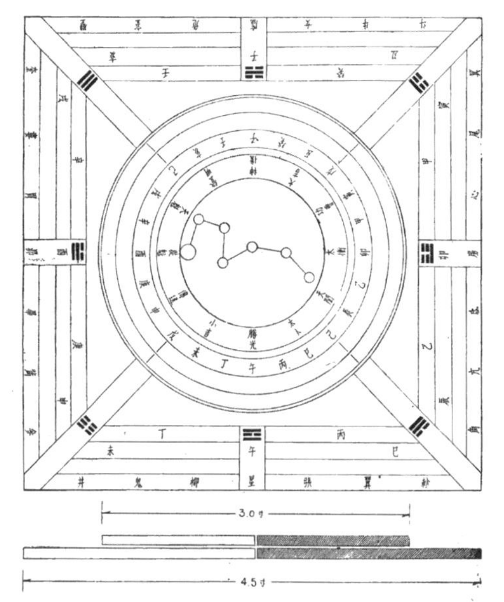

图 4 汉代式盘[30]（占星盘）复原图
引自：《司南指南针与罗经盘：中国古代有关静磁学知识之发现及发明（上）》，《中国考古学报第三册》，1948 年，214 页

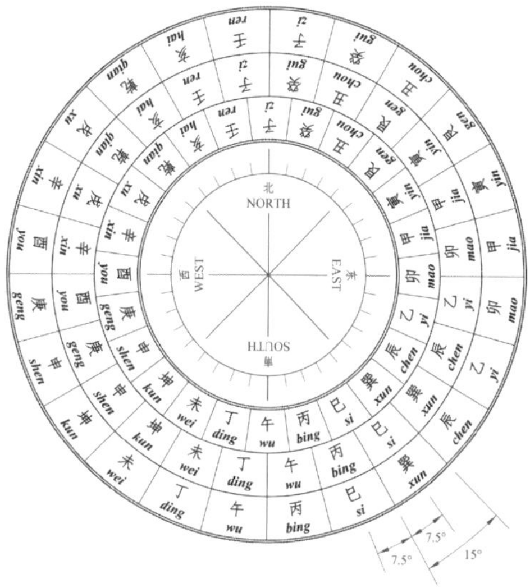

图 5 罗盘三盘三针示意 由内至外分别为：
地盘正针、人盘中针、天盘缝针
吴鼎航绘

1974）与田泽金吾（Kingo Tazawa，生卒年不详）就原器进行复原（图 4）。在复原图中，二十四山的组成及其排列顺序已然清晰可见，如王振铎所言：“明清以来堪舆之盘制，虽多至数十种，盘面之分层立向细入毫芒，使人不易究诘，然无不以汉代地盘二十四向为基本分为。”[31] 王振铎、史箴等学者在关于汉代式盘的研究中亦对此进行过论证。

二十四山在罗盘上分别位于地盘（正针）、人盘（中针）、天盘（缝针），简称三盘或三针，地盘（正针）为天文学上的南北向（Astronomical North-South），人盘（中针）较之地盘（正针）向东偏移 7.5°，天盘（缝针）较之地盘（正针）向西偏移 7.5°（图 5）。罗盘三盘（三针）之由来，据清代堪舆家叶九升（1652—1712）著《罗经拨雾集》论述：“经盘秘妙。丘公得太乙老人。有正针一针。天纪地纪分金三盘。地纪从正针。人所共知。分金子偏东北。午偏西南。故杨公加入缝针。所以明分金之位。且两位归于一支。并无兼前跨后之弊。以之消水。稳妥无疵。况正针明用八卦。暗藏地支。惟加入缝针而后地支只用始大着也。天纪子偏西被。午偏东南。故赖公加入中针。所以明天纪之位也。三针有理可信。有象可凭。中最先而主龙。正次之而坐向。缝又次之而消纳奋进。”[32] 依文所述，唐代丘公［丘延翰，生卒年不详，约生于唐贞观年间（627—649），闻名于唐永徽年间（650—655）］设立地盘（正针），用于主“坐向”；唐代杨公（杨筠松，834—900）加入人盘（中针），用于“主龙”；赖文俊（后世称赖布衣，生卒年不详）加入天盘（缝针），用于“消纳”。二十四山在三盘上的偏差，按李约瑟、王玲、肯尼斯·罗宾逊所论“无容置疑，后来加上的两圈是试图对磁偏角作出平均的校正”。[33] 即后来添加的人盘（中针）与天盘（缝针）实质上是为了校正磁偏角。而中国科学院物理学家戴念祖对于李约瑟等人之论述却持有不同意见，他认为磁偏角的变化是随时间的变化与地区的不同而产生差异，单纯认为“人盘（中针）和天盘（缝针）是对磁偏角的校正”有待商榷。[34] 具体实践中，风水师还是遵循“地盘立向、人盘格龙、天盘消（砂）纳（水）”之原则；加之罗盘本身便有“一器数用”之途，且针盘的变革和划分也曾在风水师中引起混乱；[35]故此，关于罗盘三盘三针之由来，有待日后进一步论证。

总而言之，罗盘为辨方别位之器具，由天干、地支、八卦组合而成之二十四山，已非单纯之“辨方别位”，而应是“辨方正位”之用，匠师术语称之为“取方位”，即在对建筑的方位和朝向测定的同时，进行“校正”，使之符合宅主之“命局”。所谓“命局”，即为宅主生辰，旧时以天干地支表达出生之年、月、日、时，将宅主生辰与罗盘二十四山相互配合，此为真正之“宅，择吉”，即“朝向合吉”。此“合吉”将建筑的方位与朝向与“天”的秩序配合在一起；于是乎，建筑的方位与朝向不再是单纯的方位与朝向，而是成为大宇宙秩序之一部分。

3 匠师口述传统之“九星压白”口诀

如前所述，在历经相地选址、辨方正位、纳甲起卦后，匠师需取尺定寸，即对建筑之“尺”与“寸”进行纳吉，使之符合宅主之命局，以期带来福运。尺寸纳吉实质上是匠师把“天”的原理转化为“吉”的尺寸，并付诸建筑中，以达天人之合一。[36]在《新镌京版工师雕斫正式：鲁班木经匠家镜》[37]中便记录有度量所用之鲁班真尺，尺上刻有八字，依序分别为“财、病、离、义、官、劫、害、吉”，每“字”约1寸8分，总计1.44尺（约43.2厘米），见图6；其中“财、义、官、吉”为吉，“病、离、劫、害”为凶，即度量之物需尽可能压或落在“吉”字之上。事实上，鲁班尺亦称为“门光尺”，主要用于度量门、窗、家具等，而建筑本身，如建筑之面阔、进深，建筑结构之梁、柱、桁、脊等，则用另外一套度量系统，称“九星压白”。中国传统建筑的度量体系是十进制关系的分、寸、尺、丈、引，即一引等于十丈、一丈等于十尺、一尺等于十寸、一寸等于十分。[38]“九星压白”则用于建筑尺寸度量单位中的“尺”与“寸”，匠师术语称“九星压（或落）尺白，九宫压（或落）寸白”，即取“尺”定“寸”。

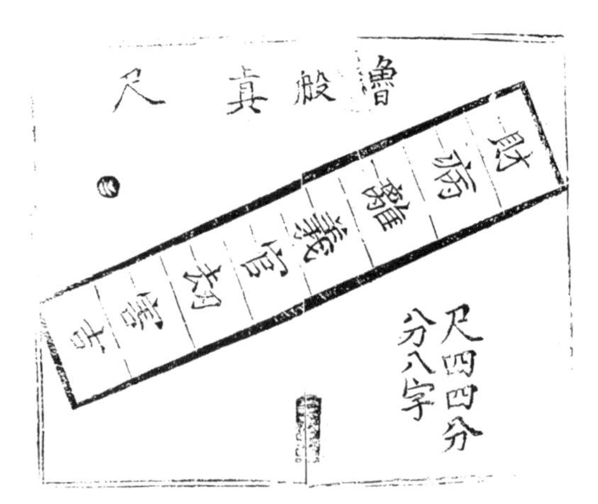

图6 鲁班真尺
引自：《新镌京版工师雕斫正式：鲁班木经匠家镜》，《续修四库全书：卷879》，上海古籍出版社，1995年，5页

3.1 匠师口述传统之“九星尺白”

“九星尺白”口诀，全称“九星压尺白”，是匠师在建筑尺寸择定时，用于取尺寸中“尺”之主要原则。“九星尺白”口诀为“贪巨武辅弼”，对应贪狼九星学说中的“贪狼、巨门、武曲、左辅、右弼”。贪狼九星学说中的九星分别指“贪狼、巨门、禄存、文曲、廉贞、武曲、破军、左辅、右弼”，在建筑度量体系中，分别对应1尺、2尺、3尺、4尺、5尺、6尺、7尺、8尺、9尺。原则上，口诀“贪巨武辅弼”之意为：“贪狼、巨门、武曲、左辅、右弼”五星所对应的“尺”则为“吉”，即1尺、2尺、6尺、8尺、9尺为“吉”。

贪狼九星学说是对北斗七星的神格化，代表了中国哲学传统中对于星辰之敬畏（图7）。事实上，北斗七星于中国人而言是极为重要的星象之一，古人常用其辨方位、识四季。如先秦楚人鹖冠子（生卒年不详）所著之《鹖冠子》[39]《环流》篇中有文云：“斗杓东指，天下皆春；斗杓南指，天下皆夏；斗杓西指，天下皆秋；斗杓北指，天下皆冬。”[40]贪狼九星学说源远流长，按台湾学者邱博舜之研究，贪狼九星诸词及其字义散见于

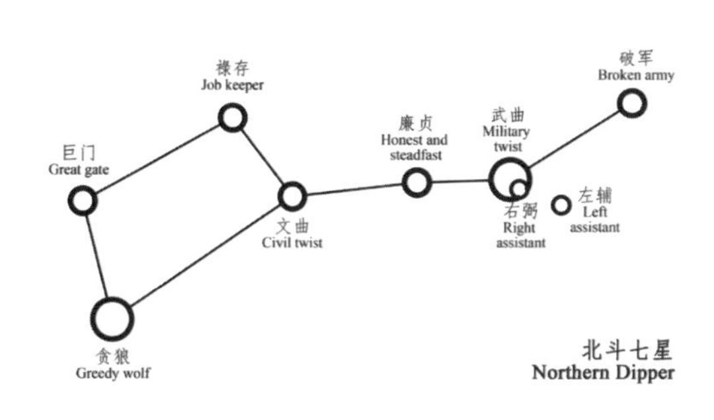

图 7 北斗七星与贪狼九星诸词示意图
吴鼎航绘

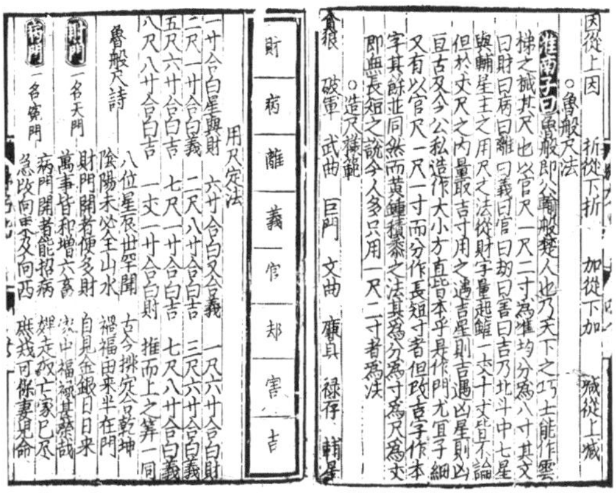

图 8 陈元靓《事林广记》中所记录之鲁班尺与贪狼诸星
引自：《事林广记》（第六册），北京：中华书局，1936 年，100 页

春秋至汉文献中，汉后至隋前，贪、巨、禄、文、廉、武、破七星排列已成形，用于命名北斗七星，时而加上左辅、右弼成九星之说；约略于唐代推广至风水术，尔后用于建筑尺度之度量。[41] 再者，前述鲁班真尺之吉凶八字亦与北斗七星相关，按南宋末年学者陈元靓（生卒年不详）《事林广记》中《别卷·算法类》之记载“而《淮南子》曰：鲁般即公输般，楚人也，乃天下之巧士，能作云体之械。其尺也，以官尺一尺二寸为准，均分为八寸，其文曰财曰病曰离曰义曰官曰劫曰害曰吉，乃北斗七星与辅星主之”（图 8）。[42] 可见北斗七星在匠师度量体系中之重要地位。而前述之汉代式盘之中部，亦标刻有北斗七星之图案，以象征宇宙之中心。

此外，北斗七星斗勺处所指向的北极星，或称北辰星，历来被视为重要之星相。李约瑟和王玲指出：“他们（中国人）所关注的并非升起与降落的太阳，亦非是（会消失与会出现的）地平线，而是永不升起的、永不降落的北极星以及拱极星。”“北极星是中国天文学的根本，它隐喻小宇宙秩序（此处意指地上的国家系统）与大宇宙秩序（此处意指天上的星辰系统）相互联系的思想。天上的北极星相当于地上的帝王，被庞大的农业国家管理体系所拱绕着，并顺其自然地运转着。”[43] 而孔子亦指出：“为政以德，譬如北辰，居其所，而众星拱之。”[44]

综上，“九星尺白”源于贪狼九星学说，用于取“尺”之上。“九星压尺白”中的“白”则是指“吉”之意，即建筑尺寸中之“尺”需纳“吉”。如是，建筑之度量尺寸已非单纯之尺寸，而是成为“天”，或大宇宙秩序之一部分。

3.2 匠师口述传统之“九宫寸白”

“九宫寸白”口诀，全称“九宫压寸白”，是匠师在建筑尺寸择定时，用于定尺寸中“寸”之主要原则。“九宫寸白”口诀为“九紫八白一与六”。“九宫寸白”源于紫白九宫学说，其数之排列为“二四为肩，六八为足，左三右七，戴九履一，五居中央”[45]（图 9），并赋予一白、二黑、三碧、四绿、五黄、六白、七赤、八白、九紫，共七色。原则上，口诀“九紫八白一与六”之意为：

4	9	2
3	5	7
8	1	6

绿 4	紫 9	黑 2
碧 3	黄 5	赤 7
白 8	白 1	白 6

图 9 九宫学说与紫白九宫示意图
吴鼎航绘

属紫白两色者，如九、八、一、六，所对应之“寸”为“吉”，即9寸、8寸、1寸、6寸为“吉”。

“紫白九宫学说”源于洛书(图10)。《易·系辞上》有文云：“河出图，洛出书，圣人则之”。[46]九宫之说亦源远流长，东汉数学家徐岳（？— 220）所撰之《术数记遗》：“九宫算，五行参数，犹如循环。”[47]尔后北周数学家甄鸾（生卒年不详）作注，曰：“九宫者，即二四为肩，六八为足，左三右七，戴九履一，五居中央。”[48]“紫白九宫”素来与星宿、八卦、五行相互配合，如隋朝学者萧吉（约525 — 606）所著之《五行大义》中《第三论数》之《论九宫数》便有文云：“九宫者，上分于天，下别于地，各以九位。天则二十八宿，北斗九星；地则四方、思维及中央。分配九有，谓之宫者，皆神所游处，故以名宫也。郑司农云，太一行八卦之宫，每四乃入中央，中央云者，地神之所居，故谓之九宫。”[49]至唐代，“九宫学说”更趋完善，按《旧唐书》卷二十四《礼仪四》所述“谨按《黄帝九宫经》及萧吉《五行大义》‘一宫，其神太一，其星天蓬，其卦坎，其行水，其方白。二宫，其神摄提，其星天芮，其卦坤，其行土，其方黑。三宫，其神轩辕，其星天冲，其卦震，其行木，其方碧。四宫，其神招摇，其星天辅，其卦巽，其行木，其方绿。五宫，其神天符，其星天禽，其卦离，其行土，其方黄。六宫，其神青龙，其星天心，其卦乾，其行金，其方白。七宫，其神咸池，其星天柱，其卦兑，其行金，其方赤。八宫，其神太阴，其星天任，其卦艮，其行土，其方白。九宫，其神天一，其星天英，其卦离，其行火，其方紫。’”可见至唐代，九宫已与诸神、星宿、八卦、五行相结合，并有了“一白、二黑、三碧、四绿、五黄、六白、七赤、八白、九紫”之“紫白九宫学说”。

此外，洛书又称“洛书魔方阵”（Luo Shu Magic Square of Three）。洛书九宫格中，四偶数二、四、六、八位于九宫格四角，五奇数一、三、五、七、九于九宫格中部形成十字形，三横、三纵、两斜边总和均为十五。[50]洛书之神秘数理，极简至易

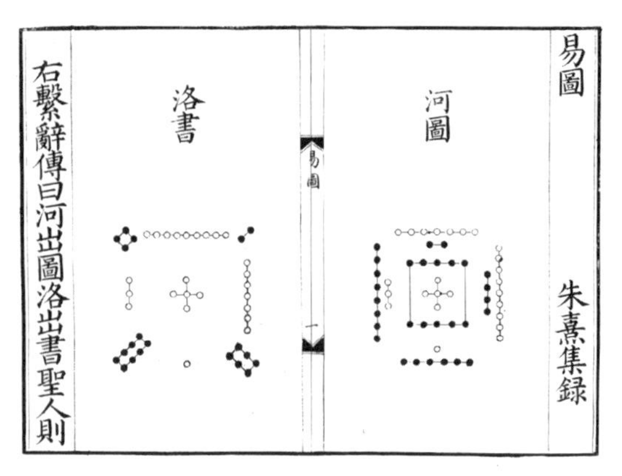

图10 洛书和河图
引自：《周易本义》，清康熙年间内府仿南宋咸淳乙丑九江吴革刊本，5-6页

却又深邃无穷，诸子百家多有论述，太极、八卦、易经、五行皆可追溯至此。前宾夕法尼亚大学东方研究学系（Department of Oriental Studies, University of Pennsylvania）人类学教授斯凯勒·甘曼（Schuyler V. R. Cammann，1946—1991）专注于亚洲人类学研究，关于中国洛书，他指出：“洛书与中国传统思想中的大宇宙秩序有关；它是基于其内部的数学特性所构筑的。”[51]

再者，九宫亦与建筑密不可分。古之明堂，依西汉经学家戴德（生卒年不详）所著之《大戴礼记》中《明堂篇》所论：“二九四七五三六一八。”[52]南宋理学家朱熹（1130—1200）进一步论述：“论明堂之制者非一。某窃意当有九室，如井田之制：东之中为青阳太庙，东之南为青阳右个，东之北为青阳左个，南之中为明堂太庙，南之东即东之南。为明堂左个，南之西即西之南。为明堂右个，西之中为总章太庙，西之南即南之西。为总章左个，西之北即北之西。为总章右个，北之中为玄堂太庙，北之东即东之北。为玄堂右个，北之西即西之北。为玄堂左个，中央为太庙太室。凡四方之太庙异方所。其左个右个：则青阳之右个，乃明堂之左个，明堂之右个，乃总章之左个也；总章之右个，乃玄堂之左个，玄堂之右个，乃青阳之左个也。但随其时之方位开门耳。太庙太室则每季十八日，

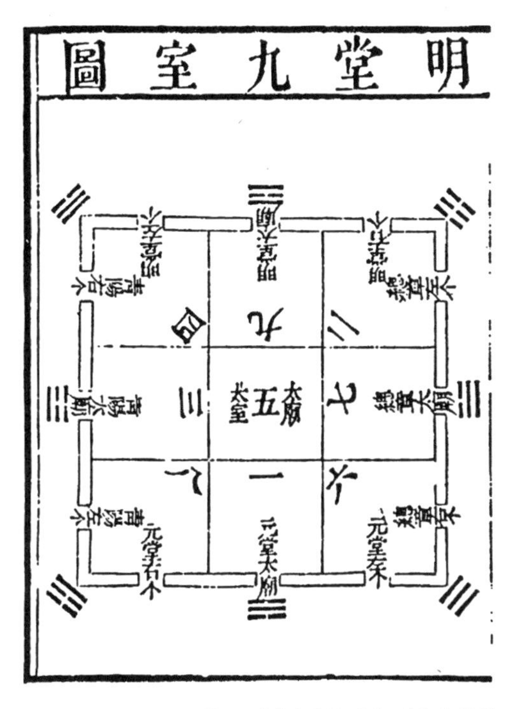

图 11 明堂九室图 引自:《易图明辨》,北京:中华书局,2008 年,44 页

天子居焉。古人制事多用井田遗意,此恐也是。”[53] 清代经学家胡渭(1633 — 1714)以朱熹于明堂之所论,配以九宫图绘制“明堂九室图”,记录于其所著之《易图明辨》中(图 11)。李约瑟和王玲认为:“古代关于洛书与明堂的传说总是错综复杂地交错在一起。”[54]

综上,“九宫寸白”源于紫白九宫学说,用于取“寸”之上;“九宫压寸白”中的“白”则是指“吉”之意,即建筑尺寸中之“寸”需纳“吉”;如是,建筑之度量尺寸已非单纯之尺寸,而是成为“天”,或大宇宙秩序之一部分。

3.3 “九星尺白”“九宫寸白”相辅相成

风水学上素有“天有九星,地有九宫”之说,亦有将“九星”纳入“九宫”;简言之,“九星”与“九宫”两者密不可分。在具体实践中,匠师会按照“尺白有尺尺白量,尺白无尺寸白量”,即“尺”和“寸”能同时纳吉为优,否则,则以“尺”纳吉优先“寸”纳吉补之,如何取舍,全凭匠师经验决定。[55] 如在实例中,若某厝宅之主座脊桁高经口诀初定为23尺,此时,3尺对应之九星为“禄存”,非九星中之“吉”星,故匠师会将其校正为22.9尺,使其“尺”压在“吉”星“巨门”之上,“寸”压在“吉”数“紫九”之上。较之初定之23尺,校正后之脊桁高为22.9尺,两者相差1寸(约3厘米),非肉眼所能察觉;然而,此择“吉”是为“趋吉避凶”,宅主坚信此举能为自己及其后世带来福运。而于建筑本身而言,将原先之23尺校正为22.9尺后,脊桁之高符合了大宇宙秩序中之“原理”,建筑本身亦成为大宇宙秩序中之一部分,或言,建筑本身成为演绎大宇宙秩序之载体。[56] 实际上在具体实践中,情况极为复杂,首先是脊桁为建筑结构中之主要构件,其尺寸一经调整,余下之柱、梁、桁尺寸亦需调整,并非易事。更重要的是,“贪巨武辅弼”所对应之“尺”,“九紫八白一与六”所对应之“寸”,并非固定不变,而是随着不同的卦象而转移,故此“九星尺白”与“九宫寸白”需与起卦纳甲相互配合。

关于“九星压白”口诀,匠师术语也称“尺白寸白”,或“九星九宫”,实际上都是分别指“九星尺白”和“九宫寸白”。“尺”取星相—贪狼九星,“尺”根于天,“寸”取洛书—紫白九宫,“寸”植于地,两者所成之尺度已然与“天道”与“地道”相一致,是为大宇宙秩序之一部分,即“天地之间,人居其中”。古人所寄愿之天人合一,莫过于此。

4 结语

风水,是关于大宇宙秩序中“天(道)”与“地(道)”的奥秘,是匠师建筑营造过程中不可或缺的关键部分。风水于建筑营造而言,并非封建迷信之说,而是中国古代智者于大宇宙秩序观的解读。风水所用之罗盘,为辨方别位之器具;由天干、地支、八卦所成之二十四山,为辨方正位之根本。贪狼九星学说，源起观星，用于辨方位、识四时，尔后被赋予贪狼诸星之名，加以神格化；紫白九宫学说，出于洛书，配诸神、星宿、八卦、五行等，以为万物之象；九星取“尺”，九宫取“寸”，二者合为尺度。建筑方位与朝向经过罗盘中二十四山的“辨方正位”后，建筑尺寸再由“贪狼九星”取“尺”，“紫白九宫”取“寸”，如此，建筑便与“天（道）”“地（道）”相一致，成为大宇宙秩序之一部分。外观上，中国传统民居建筑看似千篇一律，实际上其内部所涵盖之奥秘却包罗万象。每一座建筑，其方位、朝向、尺寸都是“独一无二”的存在，此“独一无二”正是中国传统哲学的上，或言，形而上的美学观，即天人合一。

本文为第一作者博士论文 *Heaven, Earth and Man: Aesthetic Beauty in Chinese Traditional Vernacular Architecture: An Inquiry in The Master Builders' Oral Tradition and the Vernacular Built-Form in Chaozhou*（Ph.D. Dissertation of The University of Hong Kong, 2017）中节选章节的中文翻译与再整理。感谢导师龙炳颐先生的悉心指导，感谢潮州匠师吴国智先生的无私奉献。

1　郭璞《葬经》：“葬者，藏也，乘生气也。”详见〔晋〕郭璞著、〔清〕吴元音注《葬经笺注》，《续修四库全书：卷1054》，上海：上海古籍出版社，1995年，215页。

2　〔晋〕郭璞著、〔清〕吴元音注《葬经笺注》，《续修四库全书：卷1054》，上海：上海古籍出版社，1995年，216页。

3　详见〔清〕丁芮朴《风水祛惑》，《续修四库全书：卷1054》，上海：上海古籍出版社，1995年，247页。

4　史箴《风水典故考略》，《建筑学专辑：风水理论研究》，天津大学学报，1989年（增刊），11-12页。

5　何宁《淮南子集释》，北京：中华书局，1998年，278-279页。

6　关于“大宇宙秩序观”，参见：吴鼎航《中国传统民居建筑的权衡之美——匠师口述传统中的模数与比例》，《中国建筑口述史文库（第三辑）：融古汇今》，上海：同济大学出版社，2020年，232页。

7　Joseph Rykwert，Tony Atkin. Building and Knowing// *Structure and Meaning in Human Settlements*（Philadelphia：University of Pennsylvania Museum of Archaeology and Anthropology，2005：9）。英文原文为：“Many people believe that they must make amends to nature or the gods for what they have taken away. People do so through sacrifice and ritual or by making the settlement itself a model of the ordered world, of the cosmos.”

8　〔清〕毕沅《释名疏证》，《续修四库全书：卷189》，上海：上海古籍出版社，1995年，623页。

9　〔清〕孙诒让《周礼正义》，《续修四库全书：卷82》，上海：上海古籍出版社，1995年，391页。

10　Lung，David P Y，Wu Ding Hang. Feng-shui// Marcel Vellinga. *Encyclopedia of Vernacular Architecture of the World*. 2nd ed.（manuscript accept / to be published in 2021 by Cambridge University Press）。英文原文为：“The luo-pan is composed of some 18 to 24 concentric rings on the compass card, each incorporating one of several ancient Chinese theories governing man's relationship to nature, such as the yin-yang duality of Tai-ji, the Five Elements cycle, or the eight trigrams and sixty-four hexagrams of the Yijing numerology system. As such, many different traditional schools of Chinese philosophies are brought together in the feng-shui compass.”

11　黄怀信主撰，孔德李参撰，周海生参撰《大戴礼记汇校集注》，西安：三秦出版社，2004年，615页。

12　“形而上者谓之道，形而下者谓之器。”详见〔唐〕孔颖达疏《周易正义》，《续修四库全书：卷1》，上海：上海古籍出版社，1995年，264页。

13　〔清〕王先慎撰《韩非子集解》，《续修四库全书：卷972》，上海：上海古籍出版社，1995年，21页。

14　〔汉〕王充著，张宗详校注，郑绍昌标点《论衡校注》，上海：上海古籍出版社，2013年，356页。

15 Needham Joseph, Wang Ling, Kenneth Robison G. *Science and Civilization in China, Volume 4: Physics and Physical Technology, Part 1: Physics*（Cambridge: Cambridge University Press, 1962: 262）。英文原文为："Ssu-nan may be translated here by 'south-pointing' instead of 'south-controlling' …"其中，Ssu-nan 为"司南"二字之威式拼音（Wade–Giles system）。

16 王振铎《司南指南针与罗经盘：中国古代有关静磁学知识之发现及发明（上）》，《中国考古学报第三册》，1948 年，185-186 页。

17 同注释 11，391 页。

18 同注释 11，435 页。

19 同注释 17，184 页。

20 同注释 16，270 页。英文原文为："It seems likely that this was because it took it origin among a group of technicians quite different from the astrologers, namely the geomancers."

21 详见史箴《辨方正位指南针的发明和磁偏角的发现：古代堪舆家的伟大历史贡献》，《建筑学专辑：风水理论研究》，天津大学学报，1989 年（增刊），112 页。

22 谢路军主编，郑同点校《司库全球术数三集：钦定协纪辨方书》，北京：华龄出版社，2009 年，27 页。

23 "万物出乎震，震，东方也。齐乎巽，巽，东南也。齐也者，言万物之洁齐也。离也者，明也。万物皆相见，南方之卦也。圣人南面而听天下，向明而治，盖取诸此也。坤也者，地也，万物皆致养焉，故曰致役乎坤。兑，正秋也，万物之所说也，故曰说言乎兑。战乎乾。乾，西北之卦也，言阴阳相薄也。坎者，水也，正北方之卦也，劳卦也，万物之所归也，故曰劳乎坎。艮，东北之卦也，万物之所成终而所成始也，故曰成言乎艮。"〔唐〕孔颖达疏《周易正义》，《续修四库全书：卷 1》，上海：上海古籍出版社，1995 年，276-277 页。

24 〔汉〕司马迁撰，〔刘宋〕裴骃集解，〔唐〕司马贞索隐，〔唐〕张守节正义《史记》，《续修四库全书：卷 261》，上海：上海古籍出版社，1995 年，377 页。

25 董作宾《卜辞中所见之殷历》，李济主编《安阳发掘报告：第 3 期》，上海：中央研究院历史语言研究所，1931 年，481-522 页。

26 〔唐〕孔颖达疏《周易正义》，《续修四库全书：卷 1》，上海：上海古籍出版社，1995 年，266-267 页。

27 同上，265 页。

28 乐浪郡为西汉汉武帝（公元前 156 一公元前 87），于公元前 108 年平定卫氏朝鲜后在今朝鲜半岛设置的四郡之一，位于今朝鲜平壤大同江南岸。西晋八王之乱后（291 － 306），中原大乱，高句丽（5 世纪后期，高句丽改称高丽）南下攻占乐浪郡。公元 313 年，乐浪郡被高句丽夺取。

29 王盱墓为乐浪郡遗址之一，1925 年由彼时东京帝国大学文学部发掘。详见：东京大学大学院人文社会系研究科文学部 http://www.l.u-tokyo.ac.jp/。

30 汉代式盘由上下两盘组成：下盘呈方形，边长 4.5 寸，象征"地"，亦称"地盘"；上盘呈圆形，直径 3 寸，象征"天"，亦称"天盘"。地盘标刻有二十四山及二十八星宿。天盘可旋转，标刻有二十四山（四纬向以八卦符号表示）、后天八卦、北斗七星。引自：《司南指南针与罗经盘：中国古代有关静磁学知识之发现及发明（上）》，《中国考古学报第三册》，1948 年，214 页。

31 王振铎《司南指南针与罗经盘：中国古代有关静磁学知识之发现及发明（下）》，《中国考古学报第五册》，1948 年，100 页。

32 〔清〕叶九升著，〔清〕郭颖川定，〔清〕叶九升辑《罗经拨雾集》，《地理大全》，清康熙三十五年刊本。

33 同注释 16，299 页。英文原文为："there can be no doubt that both these added circles were attempts to make an average correction for the delineation."

34 "他（李约瑟）关于中国地区磁偏角长年变化的研究缺乏文献和考古地磁的证据，对堪舆罗盘'三针'的评价也令人感到有点玄。"详见戴念祖《电和磁的历史》，长沙：湖南教育出版社，2002 年，268 页。

35 "引晚唐杨筠松《青囊奥旨》曾提道：'先天罗经十二位，后天方用支干聚；四维八干辅支位，母子公孙用一类。二十四山双双起，稍有时师知此义，五行拨配二十四，时师此义何曾记。'透露了当时指南针针盘划分的变革和在风水师中引起的混乱……"详见：史箴《辨方正位指南针的发明和磁偏角的发现：古代堪舆家的伟大历史贡献》，《建筑学专辑：风水理论研究》，天津大学学报，1989 年（增刊），113 页。

36 “故而匠师在施建时，需懂得来自‘天’的原理，并将其转化到实体的建筑物中，才能够制造‘良’的建筑。因此匠师施建时，讲究的就是建筑的朝向要合吉、构件的尺寸要纳吉、动工的时辰要择吉。此处的‘吉’实质上就是指‘天’的原理，匠师把‘天’的原理转化为‘吉’的朝向、‘吉’的尺寸与‘吉’的时辰，并付诸建筑中，以达天人之合一。”详见：吴鼎航《中国传统建筑营造中的口述传统》，《中国建筑口述史文库（第二辑）：建筑记忆与多元化历史》，上海：同济大学出版社，2019 年，249-250 页。

37 《鲁班经》一本民间工匠专用书，并以仙师鲁班（公元前 507—公元前 444）命名。《鲁班经》现存不同版本，内容亦有差异。《鲁班经》前身为宁波天一阁所藏《鲁班营造正式》（约明成化、弘治间，1465—1505），后有明万历本《鲁班经匠家境》，内容及编排大幅改动，但却少前面二十一页篇幅的内容。其次还有明崇祯本《鲁班经匠家境》，则较为完整。以后的各种翻刻，均从万历或崇祯版本衍出。详见：中国科学院自然科学史研究所《中国古代建筑技术史》，北京：科学出版社，1985 年，541-544 页。

38 在中国，度量体系历朝历代都被视为一个极为复杂的难题，即便是同一时期不同地区，一尺之长度亦不尽相同，而在不同的匠师门派体系中，亦是如此。在潮汕当地，一尺约等于 297.75 毫米。详见：吴鼎航《中国传统民居建筑的权衡之美：匠师口述传统中的模数与比例》，《中国建筑口述史文库（第三辑）：融古汇今》，上海：同济大学出版社，2020 年，230 页。

39 “《鹖冠子》，先秦道家著作。作者为鹖冠子，据汉人记述系楚国人，喜以鹖鸟羽毛为冠饰并以之为号的隐士。唐代柳宗元（773 — 819）斥《鹖冠子》为伪书，后世学者诸多从柳宗元之说，直至近代。1973 年长沙马王堆三号汉墓发现帛书，其中有《黄帝书》，其观点与句子与《鹖冠子》相同，确证后者是先秦古书，且是黄老一派的要籍。”详见：黄怀信《鹖冠子汇校集注》，北京：中华书局，2004 年，1-3 页。

40 黄怀信《鹖冠子汇校集注》，北京：中华书局，2004 年，76 页。

41 邱博舜《贪狼诸词来历初探》，《文资学报第二期》，2006 年，1-35 页。

42 〔宋〕陈元靓编，胡道静前言《事林广记》（第六册），北京：中华书局，1936 年，99 页。

43 Needham Joseph，Wang Ling. *Science and Civilization in China, Volume 3, Mathematics and the Sciences of the Heavens and the Earth*（Cambridge: Cambridge University Press, 1959：229-230。英文原文为：“They concentrated attention, not on heliacal risings and settings, not on the horizon, but on the pole star and on the circumpolar stars which never rise and never set.”“The pole was thus the fundamental basis of Chinese astronomy, it was connected therein with a background of microcosmic-macrocosmic thinking. The celestial pole corresponded to the position of the emperor on earth, around whom the vast system of the bureaucratic agrarian state naturally and spontaneously revolved.”

44 程树德撰，程俊英点校，蒋见元点校《论语集释・上》，北京：中华书局，2013 年，71 页。

45 〔汉〕徐岳撰，〔北周〕甄鸾注《术数记遗》，《续修四库全书：卷 1041》，上海：上海古籍出版社，1995 年， 613 页。

46 〔宋〕朱熹撰《周易本义》，清康熙年间内府仿南宋咸淳乙丑九江吴革刊本，6-7 页。

47 同注释 45，613 页。

48 同上。

49 〔隋〕萧吉撰《五行大义》，《续修四库全书：卷 1060》，上海：上海古籍出版社，1995 年，208 页。

50 Berglund Lars. *The Secret of Luo Shu: Numerology in Chinese Art and Architecture*（Sweden: Department of Art History, Lund University, 1990：2-21）.

51 Cammann，Schuyler V R. The Magic Square of Three in Old Chinese Philosophy and Religion. *History of Religions*, 1961，1（1）：49。英文原文为：“the Luoshu was associated with the heavenly order in Chinese thinking; and it was constructed based on its inner mathematical properties.”

52 黄怀信主撰，孔德李参撰，周海生参撰《大戴礼记汇校集注》，西安：三秦出版社，2004 年，920 页。

53 〔宋〕朱熹《朱子语类卷第八十七》，《朱子全书：第 17 册》，上海：上海古籍出版社，2002 年，2955 页。

54 同注释 43，58 页。英文原文为：“Ancient lore about the Ming Thang（Ming Tang）was intricately connected with the Lo Shu diagram…”

55 吴国智《营造要诀基础研究・下》，《古建园林技术》，1994 年，第 4 期，37 页。

56 同注释 7，232-234 页。

沟通儒匠——乡土建筑匠师口述史采访探析[1]

刘军瑞

同济大学建筑与城规学院

摘　要： 中国乡土建筑的特征是量大面广、各具特色。乡土营造技艺的传承主要是通过匠师师徒父子口传身授，文献记载较为缺乏。因此，用口述史方法收集和整理传统营造技艺能够契合匠作制度，弥补采访者的时空局限，并能呈现资料收集过程。文章梳理了匠师采访策略：大纲设计要主线突出、设问恰当并次序合理；访谈中要首先对人员技能进行评估，并将访谈到的术语和实物匹配，营造法则要和建筑测绘数据相互验证。

关键词： 乡土建筑 营造技艺 口述史 大纲 现场

1 引言

在传统社会中，营造技艺属于“奇淫巧技”未纳入国家教育体系，主要依靠师徒父子言传身授，因此文献较少，且现存文献多以“关防工料”为目标，缺少工艺过程。早在20世纪30年代，朱启钤先生就已经提出中国营造学社的使命是“属于沟通儒匠，濬发智巧者”[2]。时过90年，朱光亚先生再次提出建筑遗产保护学的难题依然是“如何沟通儒匠，升华经验”[3]。近年伴随着国力日益强大，传统建筑作为中华农耕文明的见证日益受到重视。传统村落保护和历史建筑保护蓬勃发展，传统营造行业呈现持续回暖的态势。在此，梳理营造领域匠师口述史访谈方法与经验，可为我国建筑史研究和遗产保护工作提供绵薄之力。

乡土建筑营造技艺的口述史料主要包括五方面：一是说法，即术语，术语主要包括匠作谱系、营造技艺和营造习俗等部分；二是设计法，即匠意，主要包括营造思想、营造手法和尺度设计等方面；三是造法，即匠技，主要包括各作材料和构造、性质和工艺等内容；四是营造习俗，包括匠师的技艺传承，营造过程中的仪式仪文，屋主和工匠的互动，以及屋主在日常、庆典时期对建筑的使用和修缮等内容。五是学术史，主要探讨代表性学者的人生经历、学术成就、治学方法和代表性成果的解析。当传统营造研究发展到探求“为什么”的阶段，就需要借助口述史方法。徐明福先生指出“若民宅是一本秘密文件的话，匠师口述史料无疑是解读该文件的密码了，亦即，它使我们得以了解传统民宅是如何被计划和构筑成这个样子。”[4]

传统营造口述史的研究方法是受过专业训练或有一定经验的访问者就传统营造的匠语、匠意、匠技、手风、习俗等议题向当事人、见证人或传承人进行访问，并对笔记、录音或录像等史料进行整理、分析、辨别，进而与文献记载比对，并结合实物进行验证，最终得出结论的研究方法[5]。

1.1 契合匠作制度

陈耀东先生认为，师徒间的“口传技法，如尺法，各种基本尺度、技术规定、操作程序甚至一些禁忌，即是当地的匠作制度”。[6]这些技艺传承的时候是保密，甚至是加密的，匠人和技艺是合一的。其传承的方式是师徒、父子的口传身授。因此用“口述史”的方法对本来就是口耳相传的技艺进行整理是非常契合的。从本质上讲，现代的建筑史研究者、建筑设计师、结构工程师，甚至监理工程师都是从匠师中发展出来的。建筑先贤们采用以匠为师的方法打消受访者顾虑，鼓励受访者说出真实的营造经验。例如，法式主任梁思成先生在清工部《工程做法》序言记载“我首先拜老木匠杨文起和彩画匠祖鹤州老师傅为师，以故宫和北京的许多其他建筑为教材，‘标本’，总算把工部《工程做法》多少搞懂了”。另外，该社社员杨廷宝先生在主持天坛祈年殿和东南角楼的修建工程时，一点一点地向老师傅学习，曾“以候梁臣(老木工)师傅为师……执弟子礼极恭”[7]“为了钻研庑殿‘推山’的奥秘，杨先生不惜亲自陪一位老匠师躺烟馆，亲手为那位老匠师烧‘烟炮’(鸦片泡)，让老匠师感动而且高兴，尽情传授了‘推山’的秘诀。”[8]

1.2 弥补访者局限

营造技艺研究最好的场所就是营造现场。因为，术语是营造过程中相关人员使用的语言，匠技(含手风)是在营造过程中展现，匠俗也是依附于营造过程，民俗的使用要结合一些节日和事件才能够呈现。由于我们研究的对象主体是民国及更早时期的建筑，因此合适的现场往往是可遇而不可求的，建成遗产及其环境则是最常见的参照实物。在建成的环境中，有的信息消失了，有的信息弱化了，有的信息隐匿了，还有一些信息得到了强化。一般情况下技艺会在匠师身上得到传承，因此利用受访者的历史经验，可以一定程度上弥补建成遗产及其环境的时空局限。通过对匠师的提问与讲解，营造术语可以当场指认和辨析，设计法则可以现场验证，营造的过程和仪式可以在一定程度上还原，对于一些不可见部分，如墙体内部，天花上部可以得到有效补白，而对于一些柔性材料如笆箔、茅草可以了解它们的变形规律。另外，对于一些复合材料如灰浆等，也可以得到经验的配比和工艺流程。

1.3 呈现采集过程

法学领域有一个共识，“没有程序的正义，就没有实质的正义。”资料收集和呈现是研究的基础，研究者有义务进行自证清白以打消读者的猜忌，这也是学术合法性的体现，其意义可以类比于餐饮界的“明厨亮灶”活动。口述史方法有助于“剥离尘埃、拉开结果、显现过程、发现变与不变的实质所在”。[9] 口述史大纲、访谈笔记、音像文件和采访手记等共同组成学术研究的实证材料，也是后期治学术史的基础材料。例如，伊东忠太先生的《中国纪行——伊东忠太建筑学考察手记》和梁思成、刘敦桢两位先生的全集里面的工作日志都可以作为实证材料。

2 大纲设计

口述史采访，特别是双方非熟人的情况下，可以将之看作是采访者和受访者之间的博弈。访问者认真设计大纲问题和次序，并且在根据现场情况进行调整，可以有效提高访谈效率，规避访谈风险。

2.1 主线突出

受访人拥有丰富的实践经验和生活经验，但疏于整理和总结，或不善于语言表达，而且传统营造知识体系本身内容庞杂无涯，加上受访者一时也不易理解受访者的访问目的，因此受访者也往往不知从何谈起。所以对于大多数受访者而言，调研者应该事前准备好访谈大纲。访谈大纲是访问者根据受访地域的建筑调研，并结合自己的研究经验和目的制定的问题汇编。因此访谈提纲的主线是否清晰、内容是否完整、重点是否突出、前后是否能够相互验证、次序是否合理是影响访谈效率高低和收获多少的关键。比较清晰的主线大致有三条。

2.1.1 营造过程

首先可以建筑现场指认或以照片替代的方式对营造术语进行系统提问，并尽量将访谈到的地方术语运用到提问中。其次是实质营造部分，选地、择匠—材料准备、运输和处理—材料加工与组装—基础、屋架、墙身、屋盖、装饰（包含伴随营造的仪式和仪文）项目的工艺与衔接—乔迁等。然后是设计部分，营造尺基准尺长和尺法、院落布局，单体设计包括地盘设计、侧样设计、正样设计和细样设计。最后是营造管理，功限料例、组织模式等。

2.1.2 从业经历

对于营造技艺精湛，有较大学术价值的匠师可以进行深入访问。首先做大事件编年，然后根据大事件去组织问题，内容应包括但不限于：匠师家庭背景、教育背景、匠作谱系、拜师学艺、出师执业、代表作品、社会关系和匠作传人等话题。同时可以辅助访问该匠师的师傅、同门或徒弟等作为补充资料。

2.1.3 使用经验

屋主的使用功能和精神需求也是影响营造的重要因素，在园林营造中甚至有“三分匠人，七分主人”的说法。屋主视角主要是建筑的使用和管理。主要有房间的日常功能分配、生老病死的人生节点、婚丧嫁娶的家庭事件庆典活动中人员、大型家具布置等问题，也包括遗产分割等问题。例如，陈从周先生提出，“园林之廊，今人之言者每侈言空间分割、游览线，等等，就此其一端而言也。实则廊之创，缘于雨中夏日晴雪之时赏景方便而筑也。盖亦功能所致者。余谓研究古典园林、住宅、与夫其他建筑，不熟悉当时生活及使用，以今日西方建筑理论生吞硬套，自谓博学，适见其陋耳。”[10]

2.2 设问恰当

口述采访的本质就是把受访人知道的、有学术价值的知识用口述的方法收集记录起来。采访人以问题来感知受访人的知识边界，对于超出受访人知识边界的话语要仔细甄别，因此问题设计就非常重要[11]。

2.2.1 中性发问

中性发问就是问题中不能有主观的答案或暗示，以免误导受访人，确保所访问的信息是受访人本身的意愿。例如，我们问一个厕所的名字，就不能问，“这是不是厕所？”而应该问“这个地方是什么？”当地人可能会告诉我们叫作“茅子或五鬼地（头）”[12]。又如，在询问屋顶称谓时，不提“水”字，仅以“斜斜的屋顶叫什么”这种描述性的语句发问，使受访者说出最真实地反映当地营造技术与相应称谓。[13]李浈教授工作室就是用这种方法获得了多个关于屋水的营造术语（表 1）。

2.2.2 线索追踪

胡适先生提出科学研究要“大胆假设，小心求证”。在田野调查中，当已有的知识逻辑遇到不能解释文化现象的时候，往往就会有新问题产生。例如，伊东忠太先生到山东省济南市考察千佛山，心想千佛山——山上至少有佛像百尊方不

表 1 屋水名称表

地域	名称	资料来源
豫北濮阳市清丰县固城乡东郭村	折势	李长根匠师
江西省抚州市黎川县县城	水，水路	李浈教授团队采访
广西柳州市融水县香粉乡雨卜村	屋水	梁任丰匠师
安徽省宣城市泾县厚岸镇查济村	水发	严开龙匠师
安徽省滁州市东关河沿街	送水	王洪章匠师
福建省邵武市金坑古村	水路	危功从匠师
四川省成都市双流县黄龙溪镇	一字水 / 裙包水	张辉全匠师
重庆市渝北区龙兴	水面；硬水 / 踩水	黄仁明匠师
浙江省金华市义乌市苏溪镇东青村	水顺	周清槐匠师
宁波	顺水	李浈教授团队采访
山东菏泽巨野县核桃园镇前王庄	滚水	王允领匠师
福建省南平市邵武市和平镇	翘杆水	李浈教授团队采访

浪得虚名，然后四处寻找佛像未果，询问当地老者，乃得知千佛山乃“仙佛山”之讹音，无佛像。按照自己的逻辑进行推理和现实冲突时，访谈当地人员，从而建立起新的合理的逻辑[14]。又如，广东省中山市宗祠建筑中，有相当一部分建筑中间的大厅，檐柱用石材，中间一般是木柱，但是靠近后墙的柱子也是石柱。檐柱用石材这很好解释，因为檐柱会有溅雨的危险。那么后檐柱用石材的原因是什么？推测原因是早期建筑的厅没有后墙、当地匠师对结构设计的理解，还是其他解释，就是一个有价值的问题。

2.2.3 他者眼光

口述史采访的根本目的是研究者想知道受访者的价值观念、语言表达和设计思维等地方性营造知识，同时辅以验证自己在田野调查中发现的测绘统计规律的疑问。例如，傅熹年先生曾撰文论述了“在立面设计中以扶柱高 H 为模数，用它做模数网格从整体上控制立面设计，是有悠久历史的传统设计方法”。这大致是一种数据统计规律，对于仿古建筑设计非常有帮助，但是匠师本人是否是采用这种方法进行设计，则需要进一步验证。口述史访问并非让受访者按照研究者的逻辑去理解营造。因此在田野调查中，研究者首先要摆脱先入为主的文化偏见，尤其不宜以现代工程的观念去硬套传统营造，应从当地人的视角来看待营造。例如，伊东忠太先生在四川省合江县的调查中发现一个神符，询问一位成都过来的傅姓教习，傅教习告诉他：“人死后变成鬼，鬼死后变成那个字符表意之灵物。如同人怕鬼，鬼亦怕那字符所喻之物，所以是人们以将此字符刻于太（泰）山石敢当上以避鬼神邪。”[15]

同一个现象可能有不同的解释，相同的原因也可能导致不同的结果，再加上不同口述人的各自的认知，访谈就变得丰富起来，因此在调查中要于不疑处有疑。例如，为何中国建筑要以悬鱼为饰？伊东先生的解释逻辑：“鱼生活在水里，水克火，用鱼来指代水。”这是一个完整逻辑链，但伊东先生保持了冷静，在自己逻辑链闭合的情况下，仍然继续向工匠访谈，“后来听人言，悬鱼乃是音谐‘吉庆有余’，盖‘鱼’和‘余’音同，故建筑物饰以悬鱼。”[16]

2.3 时序合理

2.3.1 时间得当

乡土建筑是一种地方性的建筑文化，因此宜尽量选择本地匠师进行访谈。鉴于现在多数农村空心化非常严重，甚至某些匠师常年在外地务工或跟随子女外出养老。好在中国有春节返乡的习俗，因此在春节、清明节等传统节日，进行田野调查容易找到当地匠师。同时，基于安全和摄影效果两方面考虑，施工现场的参观和访问宜在白天。当需要对正在做工的匠师进行现场访谈时，要提前和匠师领班沟通好，或者预约休息时间再来访谈。另外，对于某些建筑工种在雨天不能施工，则可以在雨天访谈。最后，对于年龄大的匠师，要考虑其对工作强度的耐受性，一般访谈不宜超过两个小时[17]。

2.3.2 次序合理

中国传统社会是熟人社会，不熟悉的人之间往往心存戒备。因此可以用博弈的策略进行问题编排，对于一些可能存的容易引起受访人情绪对立的、敏感的，或可能引起访谈中止等的问题应放在最后，实在问不出也不影响已有成果。例如，见面上来就问匠师的姓名、年龄、工种和职业，很容易会引起匠师不适感，甚至可能使聊天不能继续。因此宜首先访问公开的信息，一些建筑技艺层面的知识。等到核心的问题问完了，再问一些个人信息的情况，往往受访人比较容易得到配合。以年龄调查为例，营造技艺研究匠师年龄精确到生年就够了，并且尽量采用公元纪年，这样可以避免出版时间、实岁虚岁的差别等带来的问题。如果访谈中不方便直接询问生年，可问年龄，然后问属相验证。

3 口述现场

3.1 人员评价

对匠师技能现状要有清醒认识，即使在传统技艺保存良好的地区，营造组织中也仅有少数匠师掌握全部营造知识，一般匠师仅掌握部分知识，而小工和学徒掌握的知识就更少。1949 年以后从社会层面将师徒制转换为现代的工友合作制，且近四十年来，匠师所从事的主要工作可能是砖和混凝土现代房子的营造。因此从数量上看，真正掌握传统营造技术的匠师数量上非常少，多数人仅知道一些零散的知识。因此在访谈前需要对匠师的技能水平进行简要地评估，以便确定后续访谈的时间花费以及问题内容。方法扼要梳理如下。

3.1.1 人员推荐法

鉴于中国的国情，特别是少数民族地区，汉族学者直接唐突到住户家进行调查，往往会引起当地人的敌意，甚至不能顺利展开工作。因此宜借助当地的和传统建筑相关的部门如：政府、学校、文化和旅游部门、宗教部门、城建档案馆和博物馆等的工作基础，田野调查前应该开具好介绍信，并且及时和上述部门做好沟通，最好由乡（村）政府工作人员出面联系村民，一方面向住户说明情况、带带路，万一有突发情况能及时应对。为了提高效率，也可以首先以观光者身份进行风貌考察，选定需要深入调查的建筑和访谈的人员，再联系当地部门。

匠师的寻访有三条优质的线索：一是建筑工程公司。目前我国的建筑修缮和营造工程管理制度实行公司化管理，大批匠师栖身于公司，通过公司或工地去寻访匠师是一条有效的途径。二是地方学校的教员。当地教育部门，特别是中小学教员对当地的风土人情非常熟悉，同时又有良好的普通话水平，可以提供信息或充当翻译。三是水平较高的匠师。他们一般是项目上的把作师傅，往往可以获得周边地区的优质匠师信息。当有多个匠师同时在场或受访人是熟人的时候直接询问谁是水平最高的师傅（不一定是项目经理），一般都能得到正确的答案。但是如果遇到是单个的匠师，匠师往往会对自己的技艺水平自夸，这时候就需要采访者用其他方法进行技艺评估。

3.1.2 技艺测评法

问题测评法。直接向匠师询问核心问题，例如，最难的问题是行话、营造尺长、尺度规律，其次是工艺、功限料例，最后是术语、习俗等。一般来说，会难度大的问题则会难度小的问题，反之则不然。该方法高效但突兀，可能会让匠师有不适感。这是因为营造技艺是一门谋生的本领，向陌生人透漏营造的秘密，有违行规和匠师处世习惯。

经历测评法。这种方法比较含蓄，不易引起受访人员的抵触，但效率略低。首先了解匠师的基本信息：籍贯、受教育程度、承担职务、师承状况、执业范围和代表作品，甚至人脉关系等，然后可以由此结合当地整个社会发展背景推测匠师的技能水平。

3.1.3 自我评价法

不同的匠师会选择不同的方式自我表扬，了解这一点可以于田野调查中判断匠师的水平高低。常见的有两类：①垫砖法。匠师门不厌其烦地强调自己师傅水平高、师门规矩多和学徒生活的艰辛，其目的旨在强调获得技能的时间成本和劳动力成本，以此来提升研究者对于技艺价值的想象。正如江西省吉安市泰和县梅冈村王佑梅讲师说：“一世木匠三世活”，意思是营造房屋的大木要有三代人经验的积累。按照概率来讲，传统营造本身是一个实践的手艺，饱满稳定的实践量对工艺积累的重要性是不言而喻的。屋主一般不会将关系家族身家性命的房屋营造交给新人练手，因此在匠门中出现出色领头的概率远远大于某个没有师傅的人突发奇想做工匠的概率。②挖坑法。这类匠师往往会说自己师傅水平一般，强调自己才思敏捷，宣称自己在很短的时间就出师了。这类师傅多数经不起细问，术语、尺法、习俗、禁忌等技艺细节不是模仿就能够学来的。这一点在张玉瑜先生的研究中能够得到佐证，“例如对：‘营造规矩’‘营造仪式’及‘风水’这些内容较讲究的大木匠师，其技艺的积累多可上溯至父辈、祖辈。与之相较，主要靠自身苦心钻研而成为以为大木匠师者，则可能较不强调这部分的技艺内容。”[18]

3.2 法则验证

基于提高效率和尊重受访人两方面考虑，在访谈中宜尽量让受访者思路连贯，尽量少打断其的讲述。若不是影响后续很多问题的内容，可以先将疑问之处记录下来，最后统一补充发问。访谈结束后，以下关键问题宜验证清楚。

3.2.1 术语验证

对于匠师口述中出现频率较高的以及较重要的地名、人名和营造术语等专有名词要尽量请匠师进行书写，如匠师本人无书写能力，则可以请本村的文化人进行帮助，不宜想当然编造。首先收集真实的第一手资料，然后再进行音韵、实物和文献互证，做到名物相符，并可根据术语的构词法进行关联性发问。

3.2.2 法则验证

对于匠师口述中和数据有关的内容，如开间、进深或竖向尺度控制，甚至是梁枋断面、门窗大小和砖瓦规格等内容。要在问询营造尺基准尺长的基础上结合实物或测绘图进行验证，并进行营造尺还原，以协助营造规律的呈现。当出入较大的时候，需要请匠师解释原因并记录。对于用料方面的法则可以结合实物进行粗略估算验证。

4 结语

传统营造的口述史研究不同于一般的历史事件或人物的口述史，它有一定的技术门槛，要求研究者不但要具备口述史知识，还要有一定的建筑史知识、材料和结构知识、测绘知识和一定的施工经验。对于一个研究者来说，知道什么人掌握有价值的技艺是“学”，如何能高效地进行采访，从而获得需要的材料是“术”[19]。研究者了解一定的口述史访谈策略，有助于在访谈中规避风险，明确重点，提高效率；这有助于研究成果信而有征，因此应该引起研究者重视。

1　国家自然科学基金资助项目（51878450，51738008）。

2　朱启钤《中国营造学社缘起》，《中国营造学社汇刊（第1卷第1册）》，北京：知识产权出版社，1930年。

3　朱光亚等《建筑遗产保护学》，南京：东南大学出版社，2019年，5页。

4　徐明福《台湾传统民宅及其地方性史料之研究》，台北：胡氏图书公司，1980年，67页。

5　李浈、刘军瑞《“口述史”方法在传统营造研究中的若干问题探析》，参见：林源、岳岩敏主编《中国建筑口述史文库（第三辑）：融古汇今》，上海：同济大学出版社，2020年，214-216页。

6　陈耀东《〈鲁班经匠家镜〉研究：叩开鲁班的大门》，北京：中国建筑工业出版社，2010年。

7　张镈《无限怀念授业恩师杨廷宝先生》，《建筑创作》，1999年，第2期，59页。

8　张良皋《中国建筑呼唤文艺复兴宗匠》，参见：刘先觉《杨廷宝先生诞辰一百周年纪念文集》，北京：中国建筑工业出版社，2001年，52页。

9 陈薇《建筑新史学》，《建筑师》，202 期，2019 年，127 页。

10 陈从周《梓室余墨》，上海：上海书店出版社，2019 年，453 页。

11 “1962 年我对教研组青年教师说：要善于发问，要会提问。比如敲钟，大敲之则大鸣，小敲之则小鸣，不敲则不鸣。”多智如童老先生，尚且不问不答，何况一般人乎？参见：《童寯文集（第四卷）》，北京：中国建筑工业出版社，2006 年，20 页。

12 五鬼地，系山东省菏泽市巨野县核桃园镇前王庄对厕所的地方称谓。山西省晋中市太谷县宅西南又名“五鬼头”方向，常作厕所。参见：刘致平《内蒙、山西等处古建筑调查记略（上）》，引自：建筑理论及历史研究室编《建筑历史研究：第一辑》，中国建筑科学研究院建筑情报研究所，1982 年，39-40 页。

13 王斌《匠心绳墨——南方部分地区乡土建筑营造用尺及其地盘、侧样研究》，上海：同济大学，201 年，9 页。

14 伊东忠太著，薛雅明、王铁钧译《中国纪行——伊东忠太建筑学考察手记》，北京：中国画报出版社，2017 年，290 页。

15 同上，181 页。

16 同上，144 页。

17 两小时的时间界定系参考台湾学者对石璋如先生的访谈， 参见：陈存恭、陈仲玉、任育德《石璋如先生口述历史》，北京：九州出版社，2013 年，3 页。

18 张玉瑜《福建传统大木匠师技艺研究》，南京：东南大学出版社，2010 年，7 页。

19 葛剑雄《葛剑雄谈“学”“术”》，《理论与当代》，2017 年，第 11 期，53 页。

口述史视野下浅析赫哲族聚落文化的传承与保护 [1]

朱莹 林思含 李红琳

哈尔滨工业大学建筑学院

寒地城乡人居环境科学与技术工业和信息化部重点实验室

摘　要： 赫哲族作为我国人口最少的民族之一，现有人口约 5354 人。赫哲族的聚落文化是基于全体族人自由活动的空间与周边地域环境紧密结合的一种民族文化，记录了赫哲族的经济、政治、文化、民俗等信息。当前赫哲族传统聚落保护中存在的一个痼疾就是因聚落变迁和农村空心化而造成的传统文化濒危问题，因此传承和保护尤为重要。基于赫哲族只有语言没有文字的特殊性，通过对其进行口述史的研究，不仅弥补了文献资料的缺漏，而且开拓了少数民族研究的新领域和新方向，不仅能保留中华各民族丰富多彩的历史文化，而且有助于建设多元视角、生动有力的历史学科。本文在阐释赫哲族聚落文化的基本状况前提下收集了大量的口述资料，根据资料的描述将赫哲族的乡土风貌和民族聚落文化等串联在一起，以助于更好地传承和保护赫哲族聚落文化、提升文化认同感。

关键词： 聚落文化　民族　口述史　保护

1 引言

赫哲族是我国人口较少的民族之一（表 1），主要生活在松花江、黑龙江、乌苏里江构成的“三江平原”沿江地带和被称为“林海雪原”的完达山余脉一带，渔业、林业和狩猎业资源非常丰富。在独特的捕鱼、狩猎的过程中，赫哲人与自然之间表现出一种依赖和顺应的关系，反映在其与自然环境之间构建的聚落空间之中。赫哲族的渔猎文化与以狩猎为主的鄂温克、鄂伦春等北方民族的渔猎文化不同，它是以“渔业”为核心的渔猎文化类型，也是大河文明中的捕鱼文化类型。

口述史文字生动，音像效果直观，有利于我们对赫哲族民族文化的研究及保护。本文通过分析同江市街津口赫哲族传统村落的孟奶奶、那乃的老奶奶以及鱼画皮传承人孙玉林（表 2）的访谈口述资料，了解赫哲族的文化信息。在某种程度上，口述史可以作为少数民族“历史记忆的符号”，见证了北方渔猎民族赫哲族世世代代的发展[1]。

表 1 赫哲族历史发展脉络

<table>
<tr><th>民族</th><th>起源</th><th>人口分布</th><th colspan="2">经济形态</th></tr>
<tr><td rowspan="2">赫哲族</td><td rowspan="2">古代祖先是肃慎、勿吉、女真等民族，其历史可追溯到 6000 多年前新开流时代</td><td rowspan="2">黑龙江、乌苏里江与松花江三江流域</td><td>古代民族初始至
20 世纪 60 年代</td><td>渔猎生产</td></tr>
<tr><td>20 世纪 60 年代至今</td><td>转入农业生产</td></tr>
</table>

表 2 受访人基本信息

受访人	年龄	时间	地点
孟奶奶	50 岁	2020 年 8 月 16 日	街津口赫哲族乡
那乃奶奶（那乃移民）	70 岁	2017 年 6 月 4 日	街津口赫哲族乡
孙玉林（鱼骨画传承人）	55 岁	2017 年 6 月 4 日	街津口赫哲族乡

注：表中受访人年龄按访谈时计。

2 赫哲族聚落文化的状况及资源

2.1 生活及生产方式

赫哲族是中国一个历史悠久的少数民族，也是我国人口最少的民族之一。主要分布在黑龙江省，大部分居住于同江市的街津口、八岔赫哲族乡、饶河县四排赫哲族乡、佳木斯市敖其镇，少数杂居于桦川、富锦、抚远等市县。由于赫哲族主要居住于三江流域，沿江而住，决定了其生产方式以捕捞为主，进而形成了以渔业为主的捕捞文化。得天独厚的自然条件使赫哲族人在生活实践中创造出独特的捕鱼技术，他们对鱼类的生活习性非常熟悉，知道什么水域，什么季节用什么方式可以捕获什么品种的鱼，捕鱼工具可以用叉、钩、网、船四种（图1）。与此同时，赫哲族狩猎的历史悠久，狩猎生产仅次于渔业生产，狩猎工具完备，狩猎时间长，狩猎经济发展程度相当高，是赫哲族赖以维持生活的一项重要经济来源。赫哲族充分利用渔猎来的鱼皮和兽皮制作衣服，历史上因其以鱼皮为服饰原料而被称为“鱼皮部”（图2）。赫哲族以鱼、肉为主食，采集来的野果、野菜为辅食。采集的主要劳动力是妇女，一般外出采集时，大都结伴而行，集体行动。农耕在赫哲族过去是辅助经济，已有大约200年的历史。20世纪末才由原来简单、粗糙的生产方式，实现了农耕机械化、现代化，由过去辅助生产转变为现在主要的生产方式。

林思含[2] 鱼捕捞上来之后，鱼皮、鱼骨是怎么处理的？

| 孟奶奶 鱼皮是把鱼肉、鱼鳞刮去，鱼骨也是，反正挺费事。

林思含 鱼皮是用手刮还是用什么？

| 孟奶奶 刺刀。

林思含 您能简单讲一下吗？

| 孟奶奶 就是先把鱼肉刮去，然后要洗、晾，工序挺多，如果是做衣服的话，就得使用木头鱼铡铡。

林思含 处理一块鱼皮大概需要多长时间？

| 孟奶奶 一个小时，要不就两个小时，它那玩意老费事了。

林思含 都是大马哈鱼的鱼皮吗？为什么要选择这个鱼的鱼皮，别的行吗？

| 孟奶奶 对。别的不好看。这个鱼的花纹好看。像鳇鱼是没有花纹的。

林思含 是根据花纹选的？不是说这个鱼皮特别软啊，好做吗？

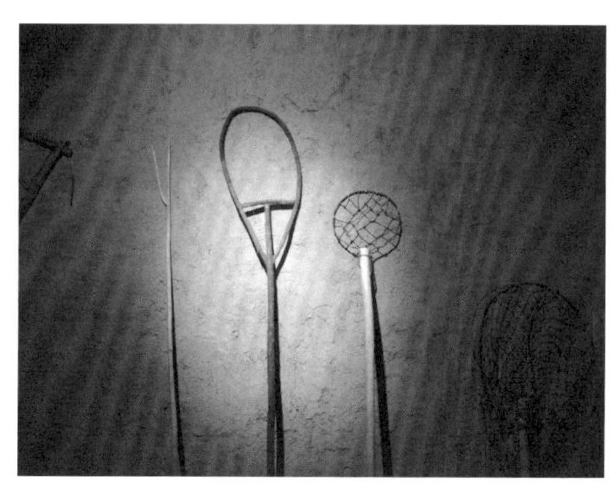

图1 捕鱼工具

图2 鱼皮衣

| 孟奶奶 对啊，它花纹好看就行，鳇鱼没有花纹就不好看。

林思含 那你们现在还穿鱼皮衣吗？以前是啥时候穿？

| 孟奶奶 演出的时候穿。以前就这时候穿，那时候没有布。

林思含 冬天也穿？

| 孟奶奶 冬天不穿，冬天穿兽皮，兽皮暖和。

林思含 那你们一般都什么时候去捕鱼，一年四季都捕吗？这种鱼一年四季都能捕到吗？

| 孟奶奶 对，都能。大马哈鱼没有，大马哈鱼到八月节（中秋节），秋天。

林思含 一次性捕一年的？

| 孟奶奶 八月初有，它是在海里面长，上江里吃，到八月初就游过来了。

林思含 墙上的鱼皮画多久做一个？

| 孟奶奶 简单的快，复杂的慢，复杂的像花的、白鹰的要做好几天呢，小的一天就能做一个。

林思含 那你们这种画都是自己想的还是在哪看见的图片做成那样的？

| 孟奶奶 有的想的，也有的有图片。

林思含 我看博物馆里面有鱼皮弄的虎头，你们是必须都要做那个虎头吗？

| 孟奶奶 愿意做就做，不爱做就不做。

林思含 那是一个有代表性的？比较难的？

| 孟奶奶 对。以前都是做鱼皮衣服，后来整成鱼皮画了。

林思含 现在鱼皮的衣服是不是挺少的了？那鱼的其余部分都用来干什么？鱼皮拿下来之后其余的都吃掉吗？有没有别的地方拿出来用在艺术上？

| 孟奶奶 现在都搁到博物馆去了，在博物馆收藏。鱼肉都吃了，鱼骨头可以用。

林思含 鱼骨头一般用来做什么？您做这个是自己学的吗？

| 孟奶奶 做手链。这个是我自己整的样子，自己缝的。

林思含 那画呢？

| 孟奶奶 画有的是自己整的样子，有的是自己拼的，反正看见喜欢的（就弄）。

林思含 您做这个多少年了？现在会做这个手工艺的也不多了吧？

| 孟奶奶 十几年了。不多。他们不太会缝，不会使顶针。（鱼皮）不像布，不容易扎动。

林思含 是不是也经常会扎到手？

| 孟奶奶 缝习惯了不会，我也扎过，（但扎得）少，不会缝的可是老扎手，就像你们不会缝，手可能扎烂。

林思含 现在也是每天都做还是想起来才做？

| 孟奶奶 我去年天天做，今年因为疫情，旅游差了，我就缝的少了。

2.2 赫哲族传统聚落空间结构

聚落是各个历史时期人类活动与自然环境相互影响和构成的结果，其从不同方面反映出当时社会政治、文化以及民俗等相关方面的内容。传统居民聚落和地区环境结合是我国建筑文化中十分关键的历史遗迹。这些没有经过建筑师塑造的建筑，因为自然、地理以及文化等相关因素的影响有着独立本土化的特点，同时也承载了历史性的技艺，这是长时间以来人们克服自然与使用自然所累积出来的科学技术和艺术结晶[2]。

图 3 撮罗子

图 4 地窨子

引自：《古建园林技术》，2018 年，第 2 期，64 页

赫哲族是一个跨境民族，狩猎时的居住方式同鄂伦春族一样具有山林游猎民族的文化特色，不同的是赫哲族的居住方式更加随意，尤其是在狩猎过程中所搭建的临时住屋更加简单。由于赫哲人从事捕鱼、狩猎等活动，导致他们对于居住场所的移动性能需求比较强，所以赫哲人在靠近水源的地方建造出具有河流文化的临时性建筑。如撮罗安口（图 3），又称“撮罗子”或者“撮罗昂库”，也就是尖顶窝棚，是用许多木头杆子搭建起来的圆锥形架子。这种临时住房能够满足赫哲人对于生产的需求以及躲避风雨、防御严寒的功能需求。

赫哲族的另一种居住形式是穴居式固定住所，也就是地穴式的住房，也称“土文化建筑”，是赫哲人的主要居住形式。如地窨子（图 4），也称“希日兔克”。与临时住房相比，地窨子具有冬暖夏凉等特征，所以深受赫哲人民的喜爱。这种穴居式建筑都是在地下挖洞穴，因为冬天地下温度比地上温度高，所以赫哲人将地上建筑延伸向地下，以便于更好地抵御冬日严寒。在修筑地窨子时，大多是利用自然地貌特征，在地下挖一个长方形且较深的土坑，把圆木依次地排列好，再将人字形的骨架架在圆木上面，覆之以土。又如马架子，也是赫哲族固定住房的重要建筑形式。马架子与地窨子不同，它是在地面上营建的，是在平地上用土坯砌筑而成的营造方法与地窨子大同小异，是由地窨子发展而来的[3]。

赫哲族虽过着经常迁徙的聚居生活，但其聚居和定居是结合在一起的，他们的游动式居住是以村屯为中心和单位的聚族而居。可以说，“暂住与停留交替、定居与聚居并存”是赫哲人从事捕鱼活动对居住要求的形象概括。赫哲村屯有的是方形，有的是长方形。所有的房屋都是坐北朝南。分前后街，同一街道上的房屋成一字排开，房屋之间的间距是两米或者两米半米不到，前后街的房屋平行。为了赫哲族的发展和进步，党和政府在经济和生活上给予赫哲族很大的帮助和支持，尤其在居住方面投入了大量的资金，帮助赫哲族改善居住条件。政府给赫哲族盖起了崭新的住房，绝大多数时间，绝大多数人居住在村中，赫哲族已经告别了土方，而住进崭新的砖瓦房（表 3）。

在赫哲族的人居景观空间中，村屯聚落作为定居点，是供既不打猎、也不打鱼的妇女、小孩、老、弱、病残之人生活的长久居住地，也是渔民捕鱼闲时回来的家庭居住地。村屯作为赫哲族聚落整体景观的居住中心存在，而网滩渔场和游动式网滩聚落构成的“渔猎 – 游居”则是赫哲族人居景观中的另外两个体系。综上所述，在类型学的空间原型理解下，可以将赫哲族的人居景观图解为家族聚居地与水系之间的关系，而串联期间组织聚落的隐藏秩序便是“渔”的行为活动，根据不同季节的不同捕捞方式形成不同的大杂居小聚居的聚落模式（表 4）。

表 3 调研统计概况

村落名称	村落现状底图	居民现状	村落概况
街津口赫哲民族乡			位于黑龙江中游南岸，街津山脚下，三面环山，一面临水，赫哲族以渔业为主

注：表中图片引自《东北地域渔猎民族传统聚居空间研究》，13 页。

表 4 赫哲族聚落文化

民族	聚落结构	民居建筑
赫哲族	屯落式聚落、网滩聚落、冬季散点聚落	永久性民居建筑、季节性民居建筑与临时性民居建筑

李红琳[3] 地窨子的室内布局是什么样子的？

| 那乃奶奶 有的夫妻住一个炕，有的一家人都住在一个炕上。我和丈夫、奶奶一起住在一个炕上，丈夫在中间，我在炕边。规定女人不能从男人的被子上面跨过去，叠被子的时候男人的被子放在最上面，奶奶在中间，女人在下面，洗衣服要先洗男人的衣服，后洗女人的衣服，地理方位一般是西边大东边小。

李红琳 江边的撮罗子是如何排布的？

| 那乃奶奶 一般无顺序排布，散居，想搭在哪里就搭在哪里。一个撮罗子住两个人，四个人的都有。

李红琳 什么是屯落？与地窨子之间的关系是什么？

| 那乃奶奶 居住的地窨子组成的村子即为屯落，搭建地窨子时将红布拴在梁中间，意味着免灾且代表坚固，避免房屋倒塌。20 世纪 50 年代开始住草房，地窨子几乎没有了。[4]

李红琳 本民族有哪些建筑形式？

| 那乃奶奶 桦皮安口、草撮罗子。桦皮安口也用在冬季狩猎时作为临时休息的地方。撮罗子、马架子、地窨子、木刻楞都可以在江边打鱼时居住。撮罗子不再居住后，桦树皮也可以拆掉、再搭一个架子，围上，直径 2.5～3 米，高 2 米左右。夏季住桦皮撮罗子可以在里面搭炕（半圆形炕），也可以不搭炕，撮罗子里面不能生火，都在室外挖坑生火。春秋季节一般住马架子和木刻楞。

2.3 赫哲族传统聚落的文化空间

赫哲族文化形式表现多种多样，内容丰富。在长期的渔猎生产、生活中创造了各种民间文学，主要有神话传说故事以及深受群众喜爱的说唱（伊玛堪）等形式。其中，“伊玛堪”被视为本族文化遗产的百科全书，它是一种古老的民间说唱文字，类似汉族北方的“大鼓”和南方的“苏滩”。

过去，在渔猎季节，人们总是要讲唱“伊玛堪”。春天开江后的鱼汛期和秋季大马哈鱼洄游期这两个鱼汛季节，赫哲人总要聚在一起听歌手们讲唱“伊玛堪”。除了在渔猎季节人们会讲唱“伊玛堪”，在日常生活中，迎亲送客、婚丧大事等都少不了讲唱“伊玛堪”，因为它承载着美好的祝愿，同时也有防止邪祟入侵祸害家人的功能。在节庆活动中，“伊玛堪”作为民族文化符号的呈现，会在开幕仪式以及闭幕仪式的文艺表演上进行展演，通常是以舞台表演的方式进行。由于赫哲语的语言生态面临濒危的窘境，节日的举办又受到场地与时间的限制，所以节日里的“伊玛堪”表演多采用舞台化演绎、情景化展演。这些口头文学曾在很长一段时间内以活态性的方式，为赫哲族的民族历史与生活传统等发挥着重要的寓教于乐的功能[4]。

赫哲族信奉萨满教，有自然崇拜、祖先崇拜、鬼神崇拜等多种形式。萨满教作为直接感知自然的一种形式，作为人类适应自然的早期形式，是赫哲人传统世界观的一个最主要的特点。萨满（图5）在三个民族中的职能大体相同，其宗教活动主要是给病人祭神赶鬼。此外，萨满也参加氏族内部各家族的丧葬活动，猎人长期打不着野兽或捕鱼不顺利的时候，也请萨满跳神祈求丰收。萨满同其他人一样以参加劳动为生，脱下神衣以后就是一个普通人。

图5 早期萨满

引自：《东北地域渔猎民族传统聚居空间研究》，39页。

萨满文化作为渔猎民族宗教与生活的文化核心，渗透于他们民俗民风、社会生活、情感活动的各个方面，构成了渔猎民族聚居空间内外形态的主导因素，也催生了渔猎民族因萨满文化而产生的各种仪式性的文化空间。

李红琳　关于节日和祭河神的习俗？

| 那乃奶奶　春天开江之前，开始拜河神，在桌子上摆上猪头、鸡头，所有要下江的人，下跪洒酒、磕三个头保佑下江平安、风调雨顺、打鱼丰收，请萨满跳舞（萨满跳舞时拿着鱼皮鼓），之后将供品扔到江里，最后放河灯。现在我们一般到白神庙磕头、放小鞭炮。现在人们走得比较随意，不统一，不像以前大家统一一起去打鱼。

李红琳　什么时候需要跳萨满舞？

| 孙玉林　祭河神时，两个人跳萨满舞，分别是大萨满、二萨满。跳的时长根据曲子的长短。最多跳 20 分钟，场地中间布置神灯。

李红琳　鱼皮、鱼骨、桦皮用来做什么工艺？木头日历、鱼皮榨？

| 孙玉林　用来做帽子、鞋、上衣、裤子、窗花、神偶等，神偶挂在地窨子或撮罗子的中间。

3　传统聚落文化传承与保护的建议及措施

文化和自然一样具有系统性，文化与其产生的环境有直接联系，共同形成文化生态系统，包含了文化所处的自然生态系统和社会生态系统两个子系统，文化的发展与变迁是系统性的变化，文化的破坏和消亡是文化生态失衡或消亡所致，因而文化的保护从文化生态的层面入手，将更为有效，赫哲族聚落文化的保护亦然[5]。

（一）保护赫哲族聚落文化形成的自然基础

自然条件是文化形成的基础，赫哲族的渔猎生产模式是在三江地区地处高寒地带，河流交错鱼类资源丰富，森林茂密野生动物资源充足的自然基础上形成的。赫哲族的生活习俗，如吃全鱼宴、穿鱼皮兽皮衣、乘桦皮舟、坐狗拉雪橇、叉草球、比撒渔网、挡木轮、说唱伊玛堪、信仰萨满教等都是在这样的自然环境下长期生产、生活形成的，破坏了自然基础，文化便失去了存在的根基。保护文化形成的自然基础，才能最终保护文化和整个文化生态系统。这一点和自然保护区理论一致，如果要保护某个物种，重要的不是人工圈养多少个体，而是保护其生存的自然环境，有了生存空间和充足的食物，只要该物种没有彻底灭绝，就能在适应其生存的环境下自然繁殖。

（二）保护传统生产工艺

传统生产工艺是传统文化的重要载体，随着科技发展，先进技术取代落后技术是一种趋势，但并不等于传统工艺没有生存空间，相反很多传统工艺发挥了独有的特色，在市场上占有一席之地。赫哲族的传统手工艺同样可以找到自己的发展空间，鱼皮以其花纹的独特、皮质的柔韧，同样具有广阔的开发空间，鱼皮工艺的未来绝不止于鱼皮画和小饰物。另外，经济生产也不能仅仅把获得经济利益作为唯一目标，在承载经济利益的同时，也要承载文化传统和精神追求，因为没有文化底蕴的经济同样是没有生命力的。

（三）保护传统文化形式及其传承者

在自然生态保护过程中，当某一物种个体数量少到一定程度时，会采取人工干预。1949 年后我国对民间艺术进行过大量的整理挖掘工作，使其获得保护和传承。赫哲族掌握赫哲语言和能够传唱伊玛堪的人非常稀有，伊玛堪成了濒危非物质文化遗产，人为保护和抢救性传承是必要的措施，保护活化石的价值要远远高于保护标本和出土文物。

4 结语

随着时间的积累，少数民族身上积淀的历史，文化等多方面价值和原有的物质功能价值越来越融为一体。少数民族要想适应当代城市的发展，就必须挖掘其自身潜在价值，利用其丰富的文化遗产资源来更好地满足当代社会功能，文化等多方面的需求。时至今日，赫哲族的发展问题已经有一定程度的改善，经济的多元化发展也已经成为现实。赫哲族是我国第一个实现九年义务教育的少数民族，传统文化传承和保护也有了明显的进步。总之，在悠久的历史发展中，赫哲族民俗文化形成了独具特色的文化资源和文化遗产，是中华民族文化中的宝贵财富。赫哲族的渔猎文化、饮食文化、服饰文化和居住文化瑰丽多姿，它既是当地自然山川养育的结果，也是赫哲人民劳动创造的结晶。对于当前赫哲族文化的保护与传承，有利于保护少数民族优秀的传统文化，维护文化的多样性，用各具特色的少数民族文化共同促进中华民族文化的传承与发展。

1 2019 年度黑龙江省哲学社科研究规划项目（专项项目：19MZD203）；2018 年度黑龙江省经济社会发展重点研究课题（项目编号：18208）；2018 年度黑龙江省哲学社科研究规划项目（一般项目：18SHB047）。

2 采访者：林思含（哈尔滨工业大学建筑学院），访谈时间：2020 年 8 月 20 日，访谈地点：街津口赫哲族乡。

3 采访者：李红琳（哈尔滨工业大学建筑学院），访问时间：2017 年 6 月 4 日，访谈地点：街津口赫哲族乡。

4 以前住房不呈一字形排布，较零散。1999 年国家统一给盖砖瓦房之后，呈一字形排布。

参考文献

[1] 李红琳 . 东北地域渔猎民族传统聚居空间研究 [D]. 哈尔滨：哈尔滨工业大学，2016

[2] 陈艳 . 聚落文化与建筑艺术风格研究 [J]. 四川水泥，2019，277（9）：336.

[3] 陶瑞峰，于巧媛 . 赫哲族传统建筑文化的传承、保护研究 [J]. 文物鉴定与鉴赏，2020（11）：94-95.

[4] 黄任远 . 萨满神话与萨满崇拜——对赫哲族神话的思考 [M]// 王忠桥，郭淑梅，王云 . 龙江春秋：黑水文化论集之四 . 哈尔滨：哈尔滨地图出版社，2006.

[5] 刘卫财，董树理，付瑶，等 . 文化生态学视野下赫哲族文化生态的传承与保护 [J]. 佳木斯大学社会科学学报，2015（4）：152-153.

口述史方法在工业考古学中的应用——以十堰市三线建设为例[1]

谭刚毅 何盛强

华中科技大学建筑与城市规划学院

湖北省城镇化工程技术研究中心

摘　要： 三线建设是我国自主探索社会主义国家城乡建设的重大尝试。为了解三线建设新兴城市——十堰市的城市发展史，基于工业考古学的理念，以口述史方法为主，结合工业景观实地调查，对十堰市三线建设的选址与布局、厂矿形态与建筑类型以及营建过程进行研究。总结出十堰市早期城市空间格局与工业项目分布密切相关；厂矿形态实现了人工与自然融合，具有全能性与封闭性；建筑风格简洁统一，并积累了大量“经济性”建造技艺。口述史方法为工业考古提供了史料和实地调查以外不能替代的、第一手的鲜活史料，为建筑史、城市史研究开拓了新的广阔天地。

关键词： 工业考古学 三线建设 十堰市 城市建设

1 引言

三线建设是我国自 1964 年起为了应对战争威胁，在中西部腹地开展的一场大规模工业内迁运动。中央政府举全国之力，以铁路建设为先导，在中西部地区沿线布置一系列的大中型三线项目，规划建成若干个大中型重点综合企业聚集的经济密集区或经济密集带[1]。为了备战需求，工业项目多选择在交通不便的山区或乡村实施，其建成遗存与周边生态环境、道路交通、街区布局等内容构成内涵丰富、具有鲜明时代特征的工业地景。

工业考古学（Industrial Archaeology）建立在工业遗存的考古与记录的基础上，把物质遗存与社会生产、人的活动联系起来，呈现某个历史时期的生产、生活聚落，同时关注地方与人口、工业生产与生活场所、工艺传承与革新、人的社会关系等反映生产和生活方式变化的广泛问题[2]。三线建设工业遗存属于社会主义计划经济时期典型城乡形态和集体生活方式的载体，对其建成环境的“考古”有助于我们了解过去的工业化进程与城市建设史。

十堰市从郧阳的小小农村跃升为汽车之城，追溯其发展历史，三线建设是个绕不开的话题。受制于“规划不在”的总体环境[3]，除了工业遗存外，现今可得的相关资料不甚完备。口述史方法可以弥补文献资料研究不足的困难，保证工业遗存研究和保护的完整性和真实性[4]。

口述访谈也是工业考古的方法之一，帮助我们从社会维度理解过去的工业历史[5]。亲历者的回忆、故事和珍藏的照片，可以使物质遗存“复活”，再现了当年的建设情景、生活方式乃至与城市的变迁历程，提供了独特的见解，比从文献中复述历史事实更有价值。通过口述历史，可以为三线建设亲历者记录这段平凡却珍贵的往事，收录保留他们离世之后鲜活的记忆，这也是全面了解中华人民共和国70年工业化发展的重要组成部分[6]。

在查阅相关史料的基础上，并以了解城市建设初期的重要节点和细节为目的提出了以下访谈问题：①选址目的（where）；②建造者或建筑师（who）；③时间节点（when）；④ 相关功能及演变（what），并据此确定了规划设计院的老专家为访谈对象。老专家的口述历史，不是要取代史料记载，而是与现有档案资料形成互动，相互印证，互为支撑，从而推动历史研究走向准确、完整、鲜活与生动[7]。对于老专家访谈的整理，主要遵循三个基本原则——如实反映、适当编辑、酌情精简。

2 研究范围与意义

十堰市位于湖北省西北部，汉江上游地带，与豫陕渝三省毗邻，东与湖北省襄阳市接壤。由于地处秦岭、巴山之间，十堰境内山峦起伏，沟壑纵横，山多平地少，属于山区到平原的过渡地带，素有“九山半水半分田”之说。

十堰当今市区所在的位置原为郧县的农村小镇。1966 年 10 月的二汽选址大会结束后，二汽筹备处向当地政府申请把郧县两区（十堰区、黄龙区）和三个公社（茶店区的土门、茅坪、七里）划定为二汽厂工区，这是十堰最初的市域。1967 年 6 月，经湖北省人民政府批准成立郧县十堰办事处。1969 年 11 月 24 日，经国务院批准成立十堰市（地辖市）。1973 年 3 月，改为省辖市。1994 年，湖北省根据相关文件精神组成新的十堰市，辖郧县、郧西县、竹山县、竹溪县、房县、茅箭区、张湾区，代管丹江口市，其中郧县、郧西县、竹山县、竹溪县、房县以及代管的丹江口市为城市新增范围。本文研究范围为十堰市区，即 1966—1994 年间所辖范围。

“三线城市”是计划经济时期城市规划实践的自我探索，其蕴含的价值已经被诸多学界所认知。“三线城市”研究是系统了解中国当代城市发展及规划实践活动的重要组成部分，对于认知中国现代城市发展和规划实践具有历史认知的意义。长期以来十堰市的研究方法以历史图档为主，考古学的理论视角将会丰富现有十堰市城市建设的研究。另外，十堰市三线建设的研究重点在于二汽，缺少对城市发展史的关联研究，本文将综合口述访谈资料以及搜集的照片和文字资料，尝试诠释十堰的城市发展建设和城市风貌演变。

3 十堰市三线建设的规划布局及形态特征

本次访谈主要是为了了解十堰三线建设的工业史和城市建设史，因此访谈内容涉及工业建设、城市规划以及当时的建设和生活场景。为了将访谈内容与城市建设以及在空间形态层面的反映关联起来，本章节将从规划布局、厂矿模式、建筑类型三个部分展开。

3.1 基于汽车生产工艺的组团式规划布局

十堰市因车而建，因车而兴，城市发展模式是典型的“先厂后城”“先建设后规划”。1966 年由于备战的需要，国家决定在十堰建设第二汽车制造厂，十堰也随之迈入了城市发展征途。根据与受访者访谈的内容，十堰早期的规划建设历程可以分为四个阶段：工业选址阶段（1966—1971）、初步规划建设阶段（1972—1980）、正式规划建设阶段（1981—1989）和完善规划建设阶段（1990—1998）。在这四个阶段内，十堰市逐渐从一个小农村迅速发展成为知名的工业城市，城市空间结构呈带状组团式布局。

十堰市的发展与传统城镇依托农业缓慢发展模式有着本质区别，其城市空间结构经历了由卫星镇到分区再到组团的布局模式，主要受两方面因素的影响：一是二汽根据生产工艺进行的分散式布局；二是围绕二汽布局开展的城市总体规划。因此本节将结合口述内容以及四个阶段的规划建设情况进行阐述，探讨生产工艺流程影响下的城市空间结构与规划布局的变迁。

3.1.1 工业选址阶段

回想二汽的选址，历经坎坷。二汽从筹划建厂到定址十堰，在中国南方绕了半个圈，经历“三上两下”的波折（表 1），险些胎死腹中。1965 年 11 月，邓小平到攀枝花西南三线建设基地视察，一机部部长段君毅[2]陪同，路上谈到襄渝铁路建设时，段君毅向邓小平建议：“搞三线建设不能没有二汽。二汽建设离不开铁路，现在修襄渝铁路，二汽应该摆在襄渝铁路边上。”段君毅的提议得到邓小平的首肯。邓小平说：“二汽应该摆在襄渝线上。”1964 年 10 月到 1966 年 1 月，二汽选址小组经过反复勘探和分析，厂址初步定在湖北的小镇十堰（图 1）。

1969 年 1 月，国务院正式批准二汽在湖北省郧阳十堰地区建设的总体方案，召开了二汽建设现场会，对二汽建设的领导指挥、总体方案、建设进度，作出安排部署。2 月中旬，红卫地区建

图 1 二汽建设者们在进行厂址踏勘
十堰市档案馆馆藏

表 1 二汽选址勘探路线

时间	数量	路线名称	备注
1953 年	1 条路线	湖北黄陂横店—武汉关山—武汉青山—武汉东湖和水果湖之间的答王庙	第一次上马
1955 年 2 月	1 条路线	四川成都牛市—保和场一带	宣布下马
1958 年 12 月	1 条路线	湖南常德线	第二次上马
1960 年 2 月	1 条路线	常德、芷江、怀化、新化、邵阳	宣布下马
1965 年 2 月	3 条路线	川贵线：宜宾、泸州、内江、达县、贵阳、遵义、安顺	第三次上马；1965 年 8 月对湘黔铁路沿线进行再次复查
		湖南线：澧县、津市、石门、慈利、大庸	
		湘黔铁路沿线：涟源、新化、叙浦、怀化、吉首、沅江两岸沅陵	
1965 年 11 月	1 条路线	汉水线：谷城、均县、郧县、保康、房县、竹山、竹溪、陕西平利、安康	选址十堰

设总指挥部（指二汽建设总指挥部，因保密需要采取该名称）及所属五个分部成立。五个分部及主要负责工作如下——第一分部：十堰办事处（即十堰市前身），主要负责地材生产、供应；第二分部：二汽汽车运输团，负责运输；第三分部：第二汽车制造厂；第四分部：东风轮胎厂，负责二汽轮胎生产；第五分部：二汽第二修建处和铁路处，负责厂区公路、铁路建设。总指挥部另辖一〇二工程指挥部，承建二汽基建施工。

1969 年 5 月 14 日，建筑工程部军事管制委员会决定：成立“建筑工程部一〇二工程指挥部”，简称“102”（详细介绍见口述史料注释）。1969 年 6 月起施工队伍陆续从北京、包头、呼和浩特、大庆，以及贵州、湖南、四川、山西等地开赴湖北十堰，参加十堰二汽建设[8]。同年 9 月份，二汽开始大规模施工建设，同时开工的工程项目还有各大专业厂的公路、专业厂际供电、供水及支农工程。

为什么将二汽建设大军称为“102”人？有人说，毛泽东同志在 1965 年 10 月 1 日至 10 月 3 日，连续批准了三个大型企业建设，10 月 2 日批准建设的就是二汽。也有人说，“102”是中华人民共和国成立以来，党中央、国务院批准建设的第 102 个工程项目。

基于备战要求，三线工厂大多靠山修建，按照“大分散、小集中”的模式进行布局。分散是指将目标大、容易暴露、工艺联系紧密的综合性国防大厂，按照生产工艺、产量规模划分为若干个专业厂，根据地形地势分布在不同的乡镇郊野，厂与厂之间相隔一定的距离，短时间内无法通达。集中则指它们往往围绕一个中心区域进行建设，同时生产联系紧密的工厂则靠近选址组成片区，以便工艺协同和获得最大的生产效益。当年“一厂多点”（图 2）等布局方式又被称为“羊拉屎”“瓜蔓式”“村落式”[9]。

二汽的总体布置是根据备战方针和十堰自然地理条件、产品特点、工艺流程和相互关系以及少占农田等诸多因素，采取按工艺分组、按地形分片的原则，分为发动机系列、车桥系列、总装系列，以及后方生产四个系列，分别布置在花果、

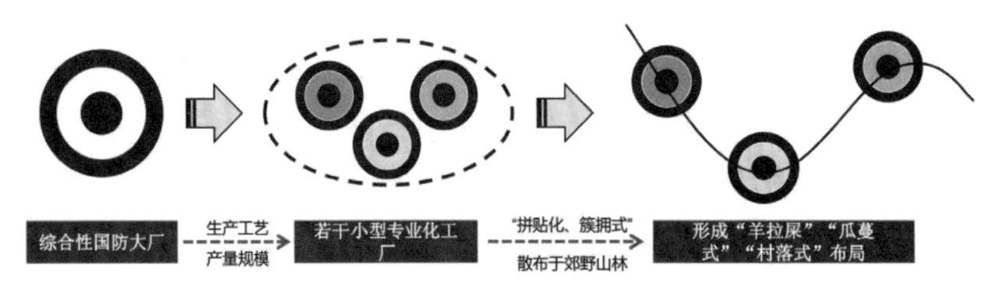

图 2 “一厂多点”示意
何盛强绘

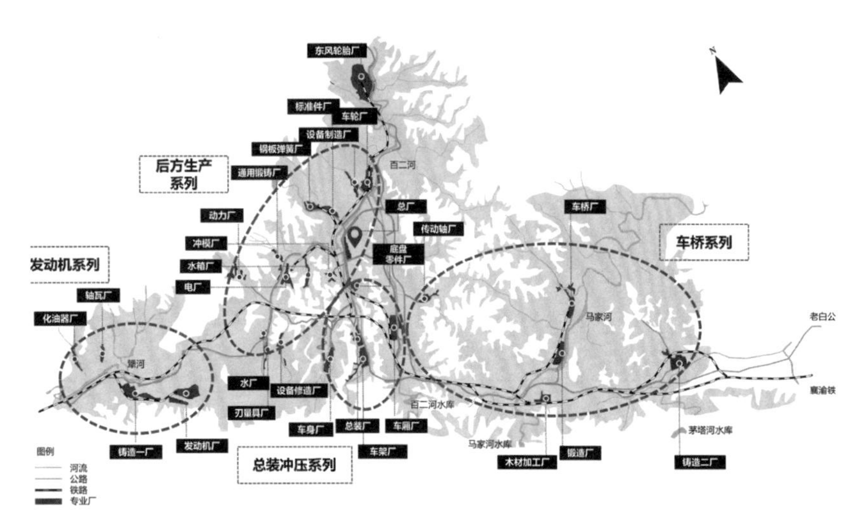

图 3 二汽专业厂分布示意
何盛强根据 1981 年城市建设现状图改绘

茅箭、张湾、红卫四个片区[10]。各片专业厂沿着老白公路、襄渝铁路自东向西层层展开，密切相连，宛如瓜蔓。片内相对集中，片际适当分散。总装配厂位于片际中心，可以减少运输量。最后通过蜘蛛网一样的运输线路，各个专业厂四通八达地有机地连接起来（图 3）。

这些专业厂根据产品特点又可分为前方厂和后方厂。前方厂直接从事汽车制造，后方厂分别从事设备制造和修理、通用铸锻、冲模等，为汽车生产提供配套服务。这种职能分工适应了二汽的分散布局，既保证了二汽在封闭环境下能自主维修设备，也能使汽车制造所需要的生产设备随着车型的变化及时作出调整。前方生产片区均设置锻造厂，这样每个片区内既有毛坯生产，又有加工装配，很好地解决了山区分散建厂给生产、运输带来的困难。

三线建设时期，工业化是城市建设与发展的核心，城市的基建围绕重点工业项目展开，为其配给建设用地，城市的规划也要围绕工业布局开展。二汽的总体布置是根据汽车工艺流程开展的，“一厂多点”和“按工艺分组”的分散式布置奠定了十堰组团式布局的城市结构。

3.1.2 初步规划建设阶段

随着二汽的兴建，十堰市城市建设事业也逐步发展起来。1969 年，湖北省十堰市（县级市）成立。为了搞好城市建设，十堰市先后在 1970 年、1972 年和 1975 年三次编制了城市总体规划。其中 1972 年的总体规划经报省委审核后报国家建委审定。这个规划在一定程度上起到指导城市建设的作用。

1972 年的城市规划是在“新扩建城市，要做规划，经过批准纳入国家计划”的指示及当时中共中央关于“发展以中小城市为主”“城乡结合，工农结合，有利生产，方便生活和经济适用，在可能条件下注意美观”的城市建设方针指导下进行的，城市规划内容结合二汽厂区布置和地形进行布局。当年的规划把十堰定位为“城市为二汽服务，城建围绕二汽建设进行”，由此可见二汽的生产布局对十堰整个城市空间形态的影响。

此次规划布局，是在二汽各专业厂已经定点，襄（樊）渝（重庆）铁路即将通车的条件下，按工厂进沟、居民点靠山上坡、菜地沿河、绿化成荫成林等原则，采取集中与分散相结合的布置方式，城市中心区与集镇、集镇与集镇之间的空间地带，用大片菜地、果园和沿道路两侧浓荫行道树连成一有机整体。城市空间布局由十堰火车站至张湾的一个中心区和黄龙、花果、红卫、茅箭、白浪、土门 6 个卫星镇组成（图 4）。中心区是二汽以及十堰市、郧阳政府办公所在地，5 个卫星镇则围绕二汽专业厂和东风轮胎厂进行规划建设，各镇之间相距 3 ~ 5 公里，由厂区铁路和公路相联系，形成点线结合、葡萄串珠的布局结构。1975 年的规划又强调了居住区在现状基础上尽可能做到以片为中心相对集中以及每片设一集镇级综合服务商场的规划内容。1972 年与 1975 年的城市总体规划共同促成了十堰市“一核多点”的沿老白公路的组团式布局。

1972 年总体规划还提出，遵从二汽分散式布局，生活服务区本着就近厂区、分片集中和完善组团式格局的原则分三级设置（图 5）。

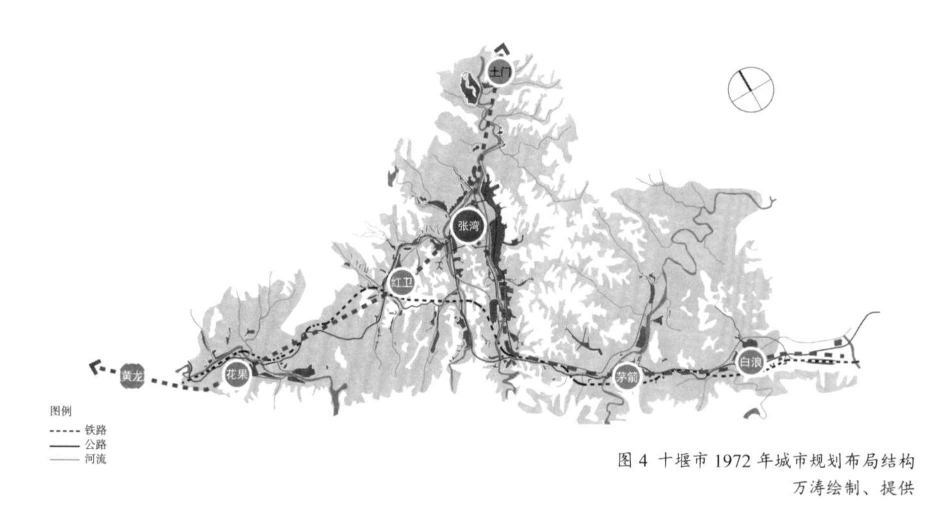

图 4 十堰市 1972 年城市规划布局结构
万涛绘制、提供

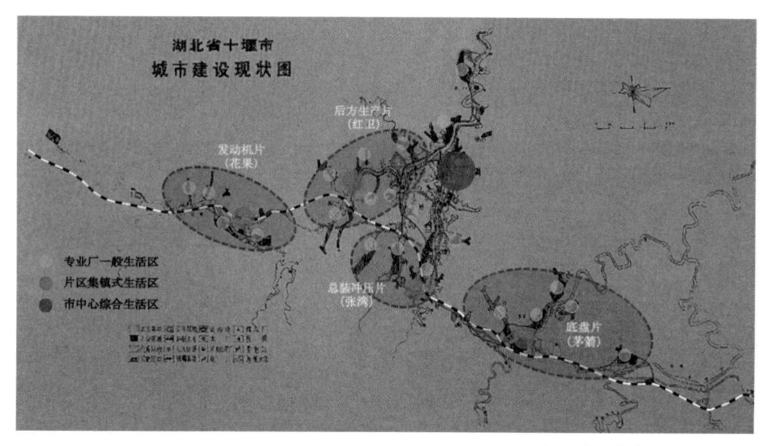

图 5 十堰市早期生活区规划示意
徐利权绘制、提供

（1）以专业厂为单位的一般生活区。即在专业厂内规划设置的生活区，其规模根据专业厂的大小而定。生活区内布置单身宿舍、家属住宅、托幼、中小学、日用百货等配套设施，有的工厂还修建了工人俱乐部或大礼堂。职工的起居饮食均从厂内获得，又称“企业办社会”。三线企业在较小范围、较短时间内集聚数千人从事工业化生产建设和集体生活，并对本厂职工及家属实行“家长制”的管理，工人及家属的日常生活基本上只能在厂区内部解决，封闭性和自给自足性极强，一定程度上呈现出文化孤岛的特点[11]。三线企业因此是一个“社会浓缩器”。

（2）以片区为组织的集镇式生活区。依照专业厂的分布原则，按片设置三个集镇式生活区，分别是花果、红卫、茅箭。集镇式生活区相对一般生活区规模要大一些，职能更加齐全，为各片区提供更多的公共福利设施和服务性项目，如医院诊所、综合商场、运动场等。

（3）市中心综合生活服务区。把以生产指挥中心张湾至原来城镇商业较为集中的五堰一带作为市中心综合生活服务区，这一带也是市政府、郧阳行署的所在地，是十堰和二汽的文化、交通和生产行政的中心。

3.1.3 正式规划建设阶段

随着人口的增长以及汽车产业的发展，十堰市城市空间得到了较大的拓展，开始形成“城镇群式”的城市。地方工业已有初步的发展，这些工业伴随着汽车生产专业厂的分布相应地分布在各片，重点分布在中心区。由于是新建城市，各方面基础都很薄弱。1978 年年底，为了适应改革开放和国家工作重点的转移，十堰市以城市建设规划办公室为主体，邀请二汽工厂设计处有关人员，历时两年于 1980 年 11 月中旬完成《十堰市总体规划》的编修工作。1981 年 11 月，这版城市建设总体规划由湖北省人民政府批准实施，并在较长一段时间内指导着十堰的城市建设和社会经济发展。

1981 年城市总体规划确定了十堰市的城市规划和建设要为汽车工业的发展创造条件。规划确定一个中心区和四个分区（图 6）。中心区从十堰到红卫；四个分区是白浪、茅箭、花果和土门；中心区与四个分区统称为城区，而黄龙、大峡和大川三镇规划为郊区集镇。地方工业、第三产业本着为汽车工业生产服务和为城市人民生活服务的原则，进行建设和改造。道路系统由主、次干道构成“蜘蛛网”状布局，使任意两个分区之间有两条以上的道路相通。

图 6 十堰市 1981 年城市规划空间结构示意
何盛强根据 1981 年城市总体规划图改绘

3.1.4 完善规划建设阶段

1988年年初，十堰市委托中国城市规划院进行城市总体规划的修订工作。本次修订是在中共十堰市委、市政府直接领导下进行，十堰市、二汽和郧阳地区共同组织规划修订领导小组，市规划局直接参与了修订工作。经过一年时间，总体规划修订的分析论证和具体规划工作顺利完成。本次规划以十堰市的区位条件以及二汽的发展作为规划的重要依据。

1990年版城市总体规划对城市性质作了必要补充，城市发展从侧重于单一职能向多功能综合性方向转变，城市性质定为："全国重要的汽车生产和科研基地，以汽车行业为主的流通中心，地区性的重要经济中心"。此次规划有个很大的特点就是根据现实需要，在山地、坡地、缓地进行建设。根据自然地理条件，城市功能合理组织的要求，以及规划实施的有序性因素并考虑到现状城市布局的特点，规划采取紧凑、集中的布局结构。城市沿老白公路呈带状组团式分布，形成西部、中部和东部三个组团（图7）。组团间留有大片隔离绿带，每个组团各自形成完善的生产和生活服务配套设施。

通过对上文从备战时期的"工业总图"到后来正式的城市总体规划，可以看出，十堰的城市空间结构经历了"散点分布"到"带状组团"的布局，城市发展遵从二汽建设的步调，空间建设和社会消费需求受到最大程度的压缩，城市规划工作曾一度被简化为布置工业区和居民点，成为一种配建技术工具，为产业投放安排用地、规划建设项目。空间结构演变的过程，深深受到了汽车生产工艺流程以及围绕汽车工业生产开展的城市规划这两者的综合影响。

3.2 顺应地形、沿沟而建的厂矿形态

为了兼顾生产效率与工程建设量，厂房通过结合生产工序，依山就势，巧妙地处理建筑与地形关系，在可能的条件下尽可能集中布置。居住区邻近布置，总体上形成高低错落，层次丰富的建筑群体关系，体现了人工改造与自然地形结合的智慧。

对二汽多个专业厂实地考察后发现，并非所有专业厂都像受访者说的那样全部布置在山沟之中，大部分专业厂仍然会选择布置在宽阔的坪地

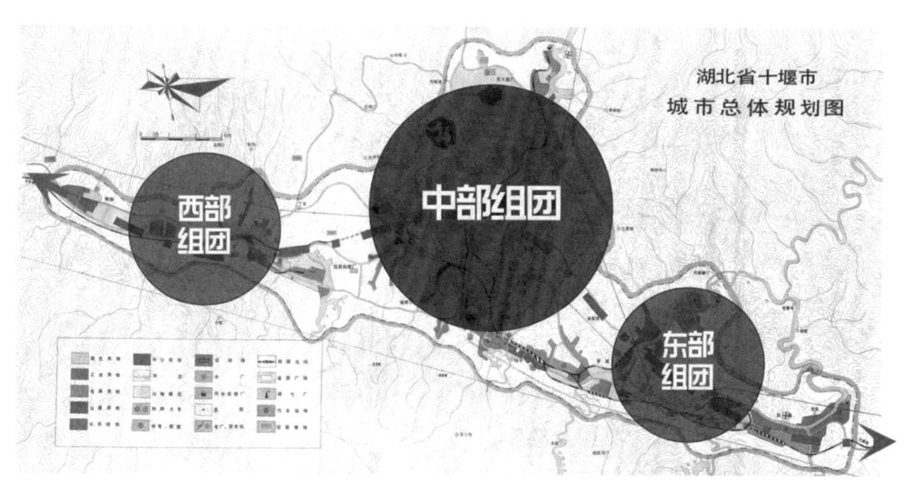

图7 十堰市1990年城市规划空间结构示意图
何盛强根据1990年城市总体规划图改绘

表 2 二汽专业厂的布置方式与图示表达

布置方式	成块集中式布置	顺沟串联式布置	岔沟集中放射式布置	沟内分散点式布置
布置特点	场地平整，建筑群分成若干个区带，成块布置	建筑群在山沟内一字排开，首尾相连	岔沟的沟口布置联系紧密的车间，工艺相互独立的车间布置在山沟里	主沟布置与全厂联系紧密的车间，副沟布置生产工艺上相互独立的车间厂房
代表工厂	锻造厂（“52”厂）	轴瓦厂（“64”厂）	刃量具厂（“23”厂）	动力厂（“24”厂）
卫星图平面				
总体布局图示表达				
鸟瞰图				

注：表中卫星图平面来自百度地图，总体布局图与鸟瞰图为何盛强绘、摄。

中成块布置厂房建筑，可见即使是在特殊时空下建设，也会尽量创造最符合科学生产规律的条件。归纳其总平面布置方式，可分为四种方式：成块集中式、顺沟串联式、岔沟集中放射式、沟内分散点式。从中选取 4 个具有代表性的案例对其总体布局进行图示表达，可从中发现其在空间形态与布局上“被动”适应地形（表 2）。

成块集中式、顺沟串联式以及岔沟集中放射式均具有平面布置紧凑、用地集约、生产联系方便等优点，而沟内分散点式布置把各自独立的车间布置在多个岔沟里，尽管自成一体、安全可靠、互不干扰，但还是造成了动线较长、往来繁复、管理不便的极大缺点，是典型的“瓜蔓式”。因此动力后方厂在后期建设时，经过不断的扩建、填充，把各个岔沟联系起来。

生活区和生产区之间联系紧密，总体遵循“方便生产，有利生活”的原则，共同构成一个有机的整体。为了减少工人上下班的往返时间，生活区通常结合生产区的布局灵活布置。如果场地开阔，则生活区通常与生产区并置排列，或者环绕生产区。如果生产区布置在沟里，动线过长，生活区则分区插入生产区，反之则与生产区串联布置。

3.3 因材设计、简洁统一的建筑风格

三线建设任务紧急，资源有限，从规划设计到建造施工如何践行“多、快、好、省”准则是技术人员必须面对的现实问题。为了早日完成任务，技术人员向当地的传统学习、向群众学习，改良土法，因材设计，就料施工。

图 8 钢板弹簧厂（“46”厂）300 米长的主车间室内
何盛强摄

图 9 发动机厂（“49”厂）主车间室内
何盛强摄

图 10 1969 年“102”三团（北京三建）
正在施工建设的干打垒厂房
湖北工建集团提供

图 11 1969 年“102”土建单位用干
打垒方法建设二汽厂房
湖北工建集团提供

3.3.1 生产性建筑

生产区由车间、办公楼、仓库等建筑物组成，工业厂房（车间）量大面广，采用与生活性建筑不同的结构形式和建造材料，具有理性、精密、高效的工业特征。厂房建设在山沟之中，被迫“创新”，产生更加高效的空间流线。剖面形式多采用“单跨、多跨并联、高低跨组合”等形式，屋顶根据工艺需求采用弧形屋顶或双坡顶（图 8、图 9）。为了完成“保质量、抢时间、抢工期，二汽早出车”的压倒一切的政治任务，厂房建设还曾实行“穿鞋戴帽”的方法，即将厂房结构吊装好，盖上屋面板，地面至窗台处打上干打垒的围护墙体，基本封闭就达到使用要求。

在图纸不全的情况下，工作人员按照“红卫地区建设总指挥部”提出的“一比一”方法施工，即根据现场情况，由设计院、二汽甲方、“102”工程指挥部这三方的人员，现场撒白灰定位挖基础。定位实体放样，在当时也称为“三边”工程（边规划、边设计、边施工）。

当时除了住宅要用“干打垒”，二汽的部分厂房的围护结构也要使用“干打垒”。“干打垒”也就是指即南方民间用“三合土”做墙板建房（图 10、图 11）。搞不搞“干打垒”的问题，甚至提高到能否发扬延安“艰苦奋斗，自力更生”作风的认识高度。尽管“干打垒”冬暖夏凉，又可以节省建筑材料，但毕竟不能适应工业生产，因此在后期厂房的墙体又替换为砖墙了。

红卫地区建设总指挥部的干打垒实验小组颁发的《三合土建筑——工业厂房参考资料之一》（图 12）提到，实验小组通过多次实践，将已建成和正在兴建中的工业厂房三合土墙体的若干构造方案和意见，收集整理成册。将干打垒技术应

干打垒
三合土建筑
工业厂房参考资料之一
仅供参考
1969.12
1978.2

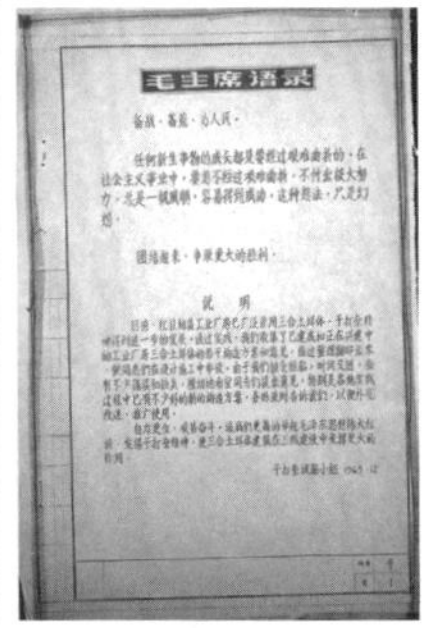
毛主席语录

备战、备荒、为人民。

任何新生事物的成长都是要经过艰难曲折的。在社会主义事业中，要想不经过艰难曲折，不付出极大努力，总是一帆风顺，容易得到成功，这种想法，只是幻想。

团结起来，争取更大的胜利。

说　明

图 12《三合土建筑——工业厂房参考资料之一》书影
襄阳市众利工程机械有限公司提供

图 13“102”建设者们用“土模工艺”现场预制砼梁柱
湖北工建集团提供

用在工业厂房中，将会是技术中的重大突破。参考意见中对墙体材料和配合比、勒脚、墙体做法、门洞口处理、模板工具等方面辅以图示做了介绍，并补充了三合土筑墙施工草案以及干打垒工业厂房试验报告的初步结论，标注清楚推广和使用中注意的问题，实用性很强。

三线建设期间物资紧缺，制作大批大型混凝土构件首先要解决模板问题。山沟里还没建大型混凝土预制厂，大型运输拖车也很难开进工地。因此制作大型构件只能自力更生。“102”工程指挥部运用“土模工艺”（图 13）和“地模工艺”创造性地解决问题。

“土模工艺”又叫“地模工艺”，两者有异曲同工之妙。“土模工艺”的操作步骤如下：①根据混凝土构件的尺寸和形状，制作出若干套方便拼装和拆卸的木模板，要求模板表面光亮，正面朝外，内部有支撑，目的是以后方便拆除和重复使用；②根据图纸在现场对梁柱的位置定位，并在对应的场地进行平整与夯实；③根据构件具体尺寸挖土夯实后，把预制模板放置其中并加固；④在模板与夯土壤间回填素土、夯实，然后拆模；⑤等待土模成型后，在土模四周及底面用水泥砂浆抹一层灰，使土模具有足够的强度；⑥待砂浆干燥后，在刷一遍隔离剂，为后面浇筑混凝土做准备；⑦然后在土模上绑扎钢筋、浇筑混凝土，在土模上绑钢筋是一项困难的工作，稍有不慎就会将土模碰坏。

3.3.2　居住建筑

工人的居住区与自然形成的聚落相比，透射出更加强烈的目的性与规划意图。受制于建设工人的流行性，建设初期“102”职工宿舍邻近厂房布置，不是设置在山坡上就是设置在河滩边，既要防火又要防洪。而二汽后期建设的工人住房，体现了应对地形和生产组织的建设策略，形成不同的布局形态（图 14、图 15）。

图 14 车架厂呈线性式排列住宅
引自：车架厂厂志

图 15 设备修造厂呈行列式排列住宅
引自：设备修造厂厂志

图 16 工人住宅的演变示意 芦席棚与木板房照片由湖北工建集团提供
其他由何盛强摄

图 17 钢板弹簧厂（“46”厂）职工俱乐部

图 18 铸造二厂（“50”厂）工人俱乐部

工人住房在选址、材质、朝向等方面采取了低水平、标准化的建设方案，以芦席棚、木板房、干打垒作为过渡时期的临时住房，顺应地形与生产区邻近布置，厨房和厕所都是集体使用。三线建设收尾阶段，二汽各厂区建设重点向生活配套设施转移，陆续兴建公寓和单元房，施工队伍也陆续建设自己的职工宿舍基地。从简陋的行列式的集体住宅，到成套的公寓和单元房（图 16），居住空间的演变主要表现为功能的成套化和私密性的增强，并反映个人与集体从属关系的弱化。

3.3.3 公共建筑

公共服务区是人们进行集体活动的重要场所，往往是继生产性建筑和住宅规划设计之后、在厂区剩余空地上进行选址设计，因此更能考验设计者的能力。公共服务区建筑类型丰富，体量大，学校、医院、食堂和工人俱乐部（大礼堂）（图 17、图 18）等类型是企业保障职工生活、提高职工生产效率的福利设施，同时为社区提供内部交流场所，私人空间在此成为附属。公共服务区加强了厂区内部的凝聚性，营造出一种“集体主义”的生活方式。

4 结语

本文在史料查阅的基础上，结合口述访谈以及田野调查，总结出“先厂后城”是十堰市独特的发展路径，并校验了记忆与遗存之间的差异性和一致性，为地方城市建设补充了直观的证据。基于工艺流程与备战思想的生产布局，不仅塑造了城市空间格局，也深刻影响城市的后续发展。以十堰市为典型代表的“三线城市”，其规划建设极具时代特征和中国特色，展现了社会主义建设时期我国本土化规划建设的实践成果。

城市的历史工业景观的价值部分在于其作为城市诞生、发展和演变的潜在证据。在这种背景下，我们的考古工作也成为一种强有力的行动形式。口述史是人类口承文化的组成和表现形式之一，一方面可以对自上而下的历史叙述形成补充，理解空间背后的经济、社会脉络；另一方面也可以成为研究人员与曾经的建设者、亲历者沟通的最佳工具，理解过去的创业史、奋斗史对他们的文化意义与情感联系[12]。口述史无意挑战宏大的叙事，但个体与群体的表述构成相应的关系网络，由像素点渐成斑驳的图案，进而织就历史的图卷，恰能修正正史之缺脱[13，14]。

受访者的鲜活记忆，不仅弥补了以往实物或文献档案所作的历史研究有史事却乏细节的不足，同时为研究者在后期的工作提供了重要的指引。在本次口述访谈中，团队收获的不仅仅是“口述史料”，更有专家前辈们浓缩的人生经历和专业生活的感悟。回顾这次在十堰以三线建设为主题的调研工作，还有一个情况值得特别强调。当前，由于年事已高等各方面的因素，不少三线建设亲历者（如“102”的建设职工）的身体情况堪忧，他们或者行动不便，或者已经忘却往事。如果无法整理他们的奋斗成果，或许将成为这个城市建设史、创业史研究的遗憾。因此对他们开展口述访谈已然成为一项迫切需要抓紧开展的抢救性工作。

1　国家自然科学基金项目“我国中部地区三线建设的建成环境及其意义的表达与遗产价值研究”（项目编号：51778252）。湖北省社科基金一般项目“鄂西北三线建设工业遗存聚落空间形态及其价值研究”（项目编号：2018212）。

2　段君毅（1910.3.13—2004.3.8），男，河南省范县白衣阁人。1952 年 8 月，段任第一机械工业部副部长、党组副书记，分管基本建设和干部工作。领导和指挥了第一重型机器厂、第一汽车制造厂、洛阳拖拉机厂等一批对国民经济有重大意义的骨干企业的建设，亲自参与规划、选址、建厂、投产的各个环节，推动了各方面工作的顺利开展。1960 年 9 月任第一机械工业部部长、党组书记，为我国机械工业的发展作出重要贡献。

参考文献

[1] 林凌，李树桂 . 中国三线生产布局问题研究 [M]. 成都：四川科学技术出版社，1992.

[2] MARILYN P，PETER N. Industrial Archaeology Principles and Practice[M]. London：Routledge，1998.

[3] 黄立，李百浩，孙应丹 . 范型转变临界点下的“三线城市”建设规划实践 [J]. 城市规划学刊，2013（1）：97–103.

[4] 王鹤，董亚杰 . 基于口述史方法的乡土民居建筑遗产价值研究初探——以辽南长隆德庄园为例 [J]. 沈阳建筑大学学报（社会科学版），2018，20（5）：452–458.

[5] ELEANOR C C，JAMES S. Experiencing Industry: Beyond Machines and The History of Technology. Industrial archaeology: Future Directions. Springer，2005：33–57.

[6] 谭刚毅，高亦卓，徐利权 . 基于工业考古学的三线建设遗产研究 [J]. 时代建筑，2019（6）：44–51.

[7] 李浩 . 城市规划口述历史方法初探（上）[J]. 北京规划建设，2017（5）：150–152.

[8] 中国人民政治协商会议、湖北省十堰市委员会文史和学习委员会 . 十堰文史（第十五辑）三线建设·102 卷 [M]. 武汉：长江出版社，2016.

[9] 李彩华 . 三线建设研究 [M]. 长春：吉林大学出版社，2004.

[10] 梁万瑞 . 第二汽车制造厂的厂址、布局和总图设计 [J]. 机械工厂设计，1981：26–34.

[11] 张勇 . 介于城乡之间的单位社会：三线建设企业性质探析 [J]. 江西社会科学，2015（10）：26–31.

[12] 张晶晶，张捷，霍晓卫 .《口述史方法操作及成果标准化指南》编制实践——口述史在文化遗产保护规划中的应用 [C]// 中国城市规划学会 . 活力城乡 美好人居——2019 中国城市规划年会论文集（09 城市文化遗产保护）. 北京：中国建筑工业出版社，2019：11.

[13] 陈伯超，刘思铎 . 中国建筑口述史文库（第一辑）：抢救记忆中的历史 [M]. 上海：同济大学出版社，2018.

[14] 谭刚毅 . 访真存史，索隐钩深 [N]. 解放日报，2018–08–11（7）.

附：十堰市三线建设口述访谈

受访者简介

胡全杰

建市初期，为十堰市城市规划办公室市政科负责人，曾参与百二河的改道规划。后担任十堰市规划建筑设计研究院院长，湖北省注册规划师，省规划协会专家成员。退休后，2001 年 6 月将手中所有城市规划建设档案资料捐赠市城建档案馆。

孙继书

曾任职于十堰市规划建筑设计研究院，湖北省注册规划师，专家人才。现已退休。

冯靖修

1969 年由广州军区随部队进入十堰参加三线建设，属十堰市第一批公务员之一；1972 年担任城市规划办公室党组长；1986 年下派到张湾区负责全区城乡土地规划工作。现已退休。

采访者： 何盛强（华中科技大学建筑与城市规划学院）、黄丽妍（华中科技大学建筑与城市规划学院）、刘则栋（华中科技大学建筑与城市规划学院）

文稿整理： 何盛强

访谈时间： 2020 年 11 月 10 日下午 3 点

访谈地点： 湖北省十堰市张湾区大都会一号楼 25 层老科技协会秘书处办公室

整理情况： 2020 年 11 月 20 日整理，2020 年 12 月 19 日定稿。

审阅情况： 未经受访者审阅

访谈背景： 十堰市是三线建设的重要战场[1]，短短 50 年时间从一个郧阳小农村崛起为汽车之城，并一直保持着较大的人口和经济规模。为了解这段工业史和建设史，研究团队在十堰展开了广泛的调研，包括对当时的建设者和亲历者进行口述访谈——通过个人口述，展示最真实的历史真相。这些回忆，比从文献中复述历史事实更有价值。

孙继书、胡全杰与采访者们在十堰市城市总体规划图前进行讨论
（左一为孙继书，左三为胡全杰）

胡全杰　以下简称胡　　何盛强　以下简称何
孙继书　以下简称孙　　黄丽妍　以下简称黄
冯靖修　以下简称冯　　刘则栋　以下简称刘

何 您好，我们（本次访谈）主要是想了解一下十堰市 20 世纪 60—90 年代城市建设的情况。

黄 各位前辈好，主要是想通过对几位老前辈的访谈了解早期的历史和记忆。

| 孙 我简单说一说，不那么正规。三线建设是怎么搞起来的呢，那是毛主席吸取苏联卫国战争的经验教训（发起的）。中国那时候搞三线建设，是以四川盆地青华山作为当时的战备基地，所以叫三线建设战备基地。当时毛主席说"三线建设搞不好，我睡不着觉"。所以说三线建设，主要是毛主席的战略思想。三线建设时期十堰市是生产坦克，制造坦克和军车的，还有郧阳的造船厂（位于汉江丹江水库），都是（分布）在那里。造船厂、拨叉厂，都属于十堰的三线建设。三线建设为什么将二汽选址在十堰市这个地方？二汽先后在湖北的武汉、四川的绵阳、湖南的常德选址，当时林彪在湖北省主持工作[2]，最后，他决定选址十堰。当时在绵阳也建了很多三线的工厂。在十堰建厂的时候提出了大分散小集中，为啥要分散，那时候飞机比较发达，原子弹也有了。因此三十几个专业厂沿着我们十堰市原来的城市中心区的老白公路，在 34 条山沟里来建设（注：此处三十几个专业厂是指二汽的专业厂以及为其配套的地方工业）。

何 请问当时这些厂是随机分布的吗？

| 孙 不是随机分布的，汽车（生产）分为发动机系列、总装系列、传动系列，分了好多个系列，所以总装系列就在我们主城区，发动机系列在花果那一带，然后传动系列，车桥就在茅箭。原来我们三十多个厂子就在山谷里面分布的，相对分散，但是作为每一种系列，就相对集中。所以十堰市二十几个专业厂分布在三十多个小山沟里面。沟口是生活区，沟里面是厂区。所以十堰市当时建设时，三十几个山谷，二汽建设的开始，都是干打垒。所以十堰市有个顺口溜："建市什么都没盖，山沟人民把厂盖。"我们原来的老白公路，怎么建设的呢，是国民党胡宗南逃跑的时候，手下就在那修老白公路。老白公路从陕西的白河到湖北的老河口。那时候的老白公路不像现在的柏油马路，那时候都是土，晴天是扬灰路。

建厂初期非常艰苦的，条件非常差。三线建设的几个厂，只有攀枝花一个厂址，那时候是钢铁厂，发展得比较好，现在是一个大市了，好多在山里建设的厂后来都不行了。我们十堰市有的厂子，“3541”厂[3]、机械厂、被服厂，都是军区的厂子，最后都因为交通太不便利，搬到襄樊或者搬到武汉了。

黄 想请问一下您，刚才说的解放军总后的厂，它们的选址与二汽有什么不同吗？是同一时期，还是有先后？

| 孙 基本上是同一时期的。军工业都是一个系列的，军工的企业都是内用的，像四川广元和绵阳地区、陕西的汉城，总后服装的和十堰的都是军区一个系列的。

刘 请问您刚刚提到的汽车，它分为很多系列，发动机系列、传动系列，这些系列是相对集中一点。二汽在十堰有二十几个厂吧？大概分为多少个系列呢？

| 孙 一个系列基本在一个山沟里干。有三十几个专业厂，像这个熔化的、电气的，车架、车身、传动、冷却，都是一个系列的，你们没接触这个专业，不清楚。你看一个汽车就有3000多个部件，是吧？

| 胡 货车的各个配件，分装，再集中起来总装。开始是军车，现在都是货车。

刘 请问二汽最开始也是生产军车吗？

| 孙 开始都是作为军车来生产的。

何 我有个事情很好奇，请问为什么发动机片放在了花果不放在张湾片区呢？

| 胡 东边白浪片到茅箭，这是车桥片；中间是以总装为主，包括有车架厂、车身厂，西边是发动机厂，一共是三片。总装放在中间的话，其他片离它都比较近，总装厂和配套处都在一起。

| 孙 车桥是属于传动系列的。生产的零配件都到配套处，配套处根据生产的需要，为总装供应零部件。可以结合图纸（指着墙上的十堰市总体规划）来看，现在已经发生变化了。总装在这里（即车城路南端），比如说发动机、化油器的都在这边（指花果片区），红卫片区在这，这个是电厂，传动就在这一片系列（即茅箭和白浪片区）的。像（生产）轮胎的，就叫轮胎厂，（生产）篷布的，就叫篷布厂，车架厂车身厂都在这里（位于十堰市张湾）（详见正文中的二汽专业厂分布示意）。

黄 请问当时在具体建设每个厂的时候，有什么政策或者要求呢？具体的建设过程是怎么样的？

| 孙 那时候是计划经济，计划经济就是按计划来安排，按照一个大的计划，跟现在不一样。计划经济就是全国为了一个目标，需要什么国家就给你分配配套。

何 请问当时建设的时候，材料是国家直接拨下来吗？需要什么材料国家就给你安排吗？

| 孙 那是的，要什么国家就给你了。像我在攀枝花那里搞建设的时候，全国五个省，所有的汽车公司都到那，那时候成昆铁路还没修。毛主席下决心建钢铁厂，建不好他睡不着觉。为了这个大钢铁厂，全国五个省所有的汽车运输公司都撤走了。像十堰市一开始用几个省的汽车运输公司；建二汽的时候，武汉的、上海的、重庆的工人都抽了一部分；搞建设的，铁路兵的，全国五湖四海的，都向这里调。像上海的汽车工人，长春的汽车工人往这里调，建工系列的“102”[4]。

刘 请教一下三线建设时，由于是计划经济，材料和物资都是怎么安排的？

丨孙 需要什么东西就从哪里调，武汉的、上海的，需要什么就从哪里调过来。材料非常紧缺，襄渝铁路都没建好，武汉到丹江的铁路先修通，然后物资运到丹江以后，用船运，大部分是用汽车运。

丨胡 我补充说一下。十堰过去是属于郧阳地区的一个镇。大概就是 1966 年三线建设的时候，二汽在“山、散、隐”三个条件下，选择十堰。二汽选址十堰后，十堰也就开始了（发展）。再到 1971 年十堰市正式建立，后来襄渝铁路（十堰段）也通了。十堰市的规划建设分四个阶段。

第一阶段叫现场规划，这个阶段一直到 1970 年。1966 年开始十堰还不是市，属郧阳区，1969 年才成立了地辖市。因为这里要建二汽，对十堰的发展是好的，所以郧阳地区政府搬到这里来了。二汽选址在十堰是一个很重要的节点。郧阳地区政府搬过来以后，各个单位分布在六堰、三堰和十堰（即十堰老街）这三个地方。二汽建设时，有二十多个专业厂分布在十堰二十多条山沟里面，二汽的分布范围从东到西 30 公里长，南边从十堰到东风轮胎厂有 8 公里宽。因为起始建设时十堰是个很大的农村，穷山恶水、九山半水半分田，所以出现了刚才孙工说的问题，十堰市出现了十大怪。当时有个左倾路线，干扰很严重，（二汽建设）进展很慢，不许占菜地，不许建楼房，不能建街道，我们两栋三层（楼房）后来都给拔掉了。那时候十堰有一个三线建设小组，我当时在三线建设办公室。二汽的选址，当时选了好多地方，后来就在十堰停下来了。二汽开始建的时候，从长春（调）来了一部分，全国各地都来了一些，像北京、上海、湖北武汉、山东青岛和广东的，二汽的各个专业厂都是全国各地的专业厂对口援助建设的，但还是以一汽为主。当初饶斌[5]从一汽带了一队班子过来。

第二阶段从 1970 年开始到 1978 年，是十堰市初步的规划建设[6]。当时全国大下放，国家建设部下放了一批规划人员，还有好几个工程师，他们和我们以及二汽工厂设计处合在一起办公，并组成十堰二汽的规划小组。后来，我们请了武汉市规划设计院，还有中南建筑设计院、电力设计院、水利勘察设计院，编制十堰市整个的城市规划，还有街道规划，共同编制了十堰市城市总体规划，白浪规划、茅箭规划、土门规划、红卫规划、花果规划，还包括各个专业的给排水、电力、电讯规划，还有这个防洪以及农业规划（此处特指 1972 年编制的总体规划）。1972 年版的总体规划搞了各种规划图纸，规划范围包括一个中心区加几个集镇，这版规划向国家建委与一机部（当时二汽隶属于一机部）提交了申请了并收到了回复。

第三阶段就是比较正式的规划和建设。“文革”结束后改革开放，城市有所发展。当时我们这个小班子搞了一个总体规划，编了一个册子，报到国家备案，当时资料搞得比较全，后来都交到市城建档案馆了[7]。

第四阶段是修编规划，完善总体规划，这个阶段就是从 1987 年开始一直到 1997 年[8]。我是九几年到了国土局工作，后来 1993 年底 1994 年初才回到规划设计院的。1990 年的城市总体规划由中国城市规划设计研究院进行修订。十堰是湖北、湖南、陕西、重庆四省交界的区域中心，所以这个区域中心和二汽的发展作为 1990 年城市总体规划的重要依据。

我讲了四个阶段。当然后面也搞了两次规划，多次修订[9]，包括到下一步向旅游城市发展，叫山水之城，外面都是山区和水，中间就是城市带，房县西边还有个城市带，打造成县城了。

刘 您开始说，最开始 1966 年过来时现场选点，请问现场选点有什么原则吗？

丨胡 那时候就是因为什么都没有，现场一个个的点跑。虽然我们是现场选，但是忠于城市规划发展原则。因为是搞基建的，我们脑里都有个大的概念，不管怎样都要结合城市建设发展情况，对人口规模有个预计。当然，现场选要保证二汽（生产），安排好以后，随后就是十堰市的建设。郧阳地区政府机关原来在六堰山，现在搬到北京路了。

刘 请问您当时现场选点的时候，是否考虑它以后的扩建呢？

| **胡** 那个时候考虑得很少。虽然这个地方山地较多，后来丘陵地带基本上都安排规划了。

| **孙** 每个城市的城市规划，有一定的时限性。

刘 您当时刚过来选址的时候，更多的是保证二汽的工厂建设是吗？

| **胡** 开始来选址的时候，听说襄渝铁路在规划设计中的路线会从十堰经过。而随着二汽选址在郧阳十堰，郧阳地区单位从郧县搬到十堰的山沟。所以十堰是根据国家建设的形势发展过来的。

| **孙** 原来我们十堰市建市初期，郧阳地区的机关设在柳林沟。以前的火车站现在用作货运了。

| **胡** 三堰汽车站到六堰这一带是我们地区（指郧阳地区直属机关）的建设范围，后来就依靠二汽发展[10]。这是二汽的总装部分（即总装厂、车架厂分布范围，位于张湾茶树沟），花果发动机片，这是车桥片（位于茅箭区）。1985 年的规划有高铁的规划 [两位受访者指着城市总体规划图（2011—2030）讲解]。

何 请问当时为什么不把火车站设置在张湾，而设置在十堰老街附近呢？

| **胡** 当时这里（指张湾区的中部地带）有几个小山丘，开发不了，火车站设置的地方是最好的地方。

| **孙** 中间比较低洼一些（指张湾区的中部地带）。当时经济条件差，不像现在可以把整个山挖掉。十堰市当时的布局，公路建设就是沿河靠边，依山靠边。当时十堰的技术条件和经济实力都无法达到挖山建设的水平。

| **胡** 这边（各片区）都连起来了。

黄 请问当时这些区域的命名是怎么来的？

| **孙** 当时十堰市是郧县的一个区，那个区正儿八经的区政府所在地在黄龙镇，比较偏远，最后城中心区就设置在柳林沟这个地方[11]。十堰有很多个堰塘，曾经这里有个老街原名陈家街，后来人们习惯把陈家街称作十堰街，十堰由此得名。十堰山沟里有很多个搞灌溉的堰塘，六堰（人民路、公园路与汉江路交界地带）、五堰（五堰街道办事处辖区中部，城区人民路的中段）、三堰（十堰市老城区中部，泛指人民路南段，西临百二河）、四堰（朝阳中路人保财险十堰分公司的路口），这儿有个十堰（指十堰老街），一堰（即头堰，位于头堰水库）、二堰（张湾区花果街道办事处的二堰村），七堰、八堰的堰址不复存在了（但是堰名沿用至今），这儿还多了个九堰（现指汉江路 4 路公交车终点站，东风社区北山法治文化广场旁边）。以后有人提十堰市这个名字不响亮，只知道二汽不知道十堰。[12]

黄 请问当时每个厂的这些规划您当时参与了吗？

| **孙** 厂里的规划、工业布局，都是专门的工厂设计处来搞的。

| **胡** 二汽当时有个工厂设计院，专门由他们布置，二汽的专业他们比较了解。他们的东西反映到我们的图上（指城市布局总图），汽车专业之间互相配合。

| **孙** 有好多机械设计院专门搞工厂设计，我原来都是搞钢铁厂设计的，钢铁厂专门有个总平面布局，包括公路、铁路、生活区、厂区等，厂区布置又根据你生产工艺分成多少个系列。现在二汽的运输不用铁路了，都用公路了。原来的二汽专业厂运输大型部件，如钢板弹簧，都用铁路来运的。现在这个铁路

废掉，规划考虑的是做轻轨运输，重轨轻用，现在在做这个规划，将来是要用起来的。像钢铁厂，用汽车运输肯定不行啊。

刘 请问您也做过钢铁厂的规划设计是吗？

| 孙 我做过攀枝花的，包钢我也参与过的。攀枝花我是后去的，原来也有规划。

| 胡 孙工应该是十堰市招贤过来的。

| 孙 西昌[13]少数民族地区气候特别恶劣，风吹石头打脑袋，柏油马路粘胶鞋，坐车没得走路快，所以那时候条件艰苦，家属问题又解决不了，后面就调到十堰才能解决家属（问题）。原来卫星发射基地、保密工厂我们都参与了。

刘 请问像厂区生产车间之间布局，它一般会根据什么呢？

| 孙 依据生产工艺的需要，你要布局合理，生产才能够顺畅。要结合地形，比如说二汽是根据生产工艺需要，布置在几十个工厂。

| 胡 第一是公路，必须以公路为基础。

| 孙 运输是联系生产工艺的重要因素。

黄 请问在选址时，有没有考虑生活区的问题呢？

| 孙 沟口是生活区，沟里面是生产区。

| 胡 生活区基本就近安排。当时三线建设出了个大问题，建设的工厂都是干打垒的，三线建设搞干打垒，学大庆，现在就是全部拔了，改为新的厂房，给国家造成了很大损失。所有的干打垒房子（指干打垒工人住房），因为后来形势发生变化（主要指扩建需求以及使用空间需求），全部又拔掉了。

何 请问沟口这么好的位置为什么不用来做生产区呢？

| 孙 主要是考虑战备，每个生产厂房在沟里，达到防空隐蔽需求。生活物资放沟口会方便一些的，生产物资也是从沟口运进来的。

| 胡 开始建设的时候，二汽的布局叫“羊拉屎”，一小点一小点，后来就变成“牛拉屎”，一坨一坨的，或者叫作瓜蔓式，一条公路结了很多瓜。

何 请问十堰一开始都是干打垒的房子？

| 孙 对，大概到 20 世纪 70 年代才开始把干打垒慢慢地改造过来了，但是还有保留，从火车站坐汽车到十堰城区，经过四堰，现在还有土坯房的。现在“50”厂，还保留原来的一些土坯房子，是以前“102”工人住的。二汽工人开始都是住在干打垒，天当铺盖地当床，芦席棚里闹革命。工人住在固定的土坯房子，搞设计人员都在芦席棚里。现在还保留有少数 20 世纪 70 年代盖的干打垒房子，作为历史纪念。

| 胡 干打垒就是工业学大庆。

| 孙 大干快上，厂房建筑结构不尽合理，经济条件也不允许使用好的材料。

刘 请问当时建厂的时候不考虑材料吗？

| 孙 肯定考虑。那时候叫“先生产后生活”，生产的厂房肯定要先建好，工人先住在干打垒，逐步再改善，厂房和生活区的建设有个过程。

黄 请问最后实际建造出来和您当初规划的基本上是吻合的吗？

| 孙 基本吻合的，建厂的时候有总平面规划图。作为生产来讲的话，厂区生产规模与城市规模一起考虑的。

| 胡 它是符合总体规划的，按照我们的规划图上来。我们也是以二汽为主体安排其他建设。

| 孙 十堰市是围绕汽车生产进行规划的城市，先有一个工业总图，城市建设再把其他项目纳进来。像二汽的建设初期并不是工厂设计院来做总图布局的，二汽在建设过程中才成立了工厂设计院。像我们城市开始的时候都是官员做设计，以后因为发展需要才有自己的设计人员和设计机构。十堰市原来才几个设计单位，一个二汽工厂设计院，一个规划建筑设计院。

黄 请问是否每个厂的设计人员在现场设计？记得当时有个政策，要求设计人员必须到场地。

| 孙 对，你首先有个设计，然后建设的过程你都要参与。

| 胡 不管过去和现在，你要是管理人员，搞总图都要到现场，把图纸拿到现场看看，如果符合投资那就行了。

| 孙 还要有设计变更，比如说我搞建筑结构的看那个基础，原来计划的沙土可能有 4 样，本来看的时候也是，结果那个地方开挖出来是软土基础，得要采取相应地基础（结构）。

刘 请问工厂选点建设的后期有进行扩建吗？

| 孙 那时候建二汽，十堰市才考虑二十几万人，现在搞了一百多万人。工厂规模也在扩大，工厂原来的规模是产出四万辆，现在几十万辆。由于城市在发展，厂区的生产生活部分混杂着，现在城区的生活区布置相对集中，很多工厂都搬出去了。这里和这里（主要指沿十堰市张湾区西城大道布置的新工业园以及位于白浪片区的新工业园区）都是新的国家产业园。

何 请问当时在这么短时间内盖了这么多厂房，有没有一些装配式技术呢？

| 孙 那时候谈不上，那个时候材料的质量、设计，包括技术，都达不到。

刘 以前刚开始过来的时候，二汽为了建这些厂，好像还建了一个预制厂是吧？

| 孙 预制构件后面慢慢才有的。那时候槽板、楼板也是预制构件厂[14]制作的。那时候（建设初期）厂房的结构构件现浇的比较多，厂房的结构不能搞干打垒。当时造车又叫“厂子跑出个大胖妞”。那时候围墙未修，农民都跑到车间里面去了。

黄 像是早期沟口规划的生活区，它是不是面积比较小啊？因为我实际调研会发现好多住宅区还在山沟里头，是后面随着人口扩张在山沟里随便盖的吗？

| 孙 是经过规划批准的，依山就势。大概在 1987 年、1988 年时，生产跟生活才混杂起来，那时生产区才盖起围墙，在外面另修条路，免得农民进到厂区里面。“文革”的时候，人们不敢随便进厂里偷东西、拿东西。到了后面，人们随便进厂里把废铁啊、好的东西都拿出去了，厂区才加强了封闭管理。

何 请问规划时沟口作生活区，但是现实情况沟口有没有生活设施呢？

丨孙 二汽每个厂当时自己搞一套（生活区）。我们十堰市有个俱乐部就在柳林沟里（指十堰市柳林剧院），电影院两个楼梯外面升起来。那时候二汽影院楼梯都是利用地形进行设计，靠着山边建电影院，影院设计是二层，楼梯就从两旁伸出来。

何 请问您说的那个电影院在哪里啊？

丨孙 最早的电影院在这个地方，叫地区电影院，为厂区外面的人服务的。地区电影院现在变成菜市场了。我们十堰市有一个电影院在这个地方[15]，还有几个露天电影院[16]。二汽总厂有个电影院，叫工人俱乐部（1980年破土动工），俱乐部旁建有青年广场。你看二汽每个专业厂都有电影院，生活配套内部解决。

丨胡 一般二汽的电影院都在大礼堂（即礼堂与电影院、俱乐部共用）。还有个就是五堰的露天电影院，现在改造为小商品市场了，大概是6层楼的小商品市场。

黄 请问十堰市的电影院是晚于二汽的是吗？

丨孙 对。

丨胡 哪有啊，跟二汽的都是同一步。因为二汽当时的话是15万人，十堰市最多有五六万人，一共二十多万人。十堰市的电影院服务肯定是对大家的吧。[17]

丨孙 三线建设的时候电影院、食堂都是内部的，每个厂区都是自己搞的，外部的人不能随便去，开始没有大门，以后都有了，1986年、1987年以后，二汽才搞封闭管理。原来的人觉悟高，路不拾遗，夜不闭户。

何 请问在生活区没有建围墙，开放管理的时候，只能是内部的人使用吗？

丨孙 对，主要是内部的人使用，当地老百姓都知道规矩。

丨胡 我们这个山区建设，山洪是最大的威胁。百二河水库下来以后，百二河的河宽就沿线不断变化，20米宽，然后就是30米、40米、50米、60米宽，不规则的，洪水来了以后，漫到两边路，家具都漂出来了。

十堰市东风剧场旧照

引自：银道禄《用镜头记录车城十堰的崛起》

山区建设最主要的问题就是山区防洪，不像平原。全市的河道都有问题，但主要还是百二河，因为我们最开始在这个地方建设，没有治理河道。为了搞防洪规划，省水利厅勘察员在这待了一个季度。

| 孙 我们十堰市城区号称“四河八段”，马家河、神定河、百二河、犟河。1983 年汉江的上游，陕西延康发生了一次大水，把老百姓的房子冲了很多，所以李先念[18]特别批示十堰市头上顶了五盘水，不能让延康的问题在十堰市重演。

刘 那当时有没有洪水来了，把厂里淹了的情况呢？

| 孙 厂里基本没淹，厂区都没淹过，设计的时候基本考虑了（洪灾问题），生活区那时候考虑的简单，先生产后生活，保持生产，保证生产。

刘 也就是说当时所有的厂房，在最开始选点的时候考虑过（防洪）。

| 孙 都考虑了，那是正规的设计单位，不是我们工厂设计院自己设计的。

| 胡 那是专业的设计院。现在河道改造，是请黄河流域规划设计院（规划设计）的。

| 孙 施工单位是广东的。

黄 请问防空洞当时也是在规划内吗？我当时调研时听说每个厂都有防空洞。

| 胡 虽然有，但是不多。因为我们是在山里面，本身都已经具备“山、散、隐”的条件了。

| 孙 考虑战备的需要，二汽各个专业厂都有防空洞。我们十堰市城区也建了好多个防空洞。原来市政府在山上，山下都挖空了，好像有五六十处防空洞。当时防空洞的面积好像有 16 万平方米。专业厂都有防空洞，但规模小。我们都做了人防规划的。

何 请问每一个系列每一个片区，每个工厂之间都有联系吗？

| 孙 有联系，但是不多。

| 胡 花果片这个厂是发动机（厂），有个铸造一厂、化油器厂、轴瓦厂。

| 孙 总厂是负责行政管理，总装厂是组装车子的，总厂和总装厂不是一个概念。

| 胡 总厂在东风青年广场那边，包括二汽的技术处、发动机设计都在那边。

| 孙 总装厂在这一片（指的是车城路南端）。

| 胡 这里是配套处（位于车城路车身厂附近），所有的小型配件像发动机都集中到这里，然后再运到总装厂来装，因为这个车架特别大，它可以直接输送到总装里面。这是东风轮胎厂（位于十堰城区北侧土门公社附近），所有的轮胎都送到车轮厂最后把它组装成车轮。东风轮胎厂[19]是山东青岛来的一个厂。

何 请问后方厂都有哪些呢？

| 胡 后方厂像配套处、设备制造、设备修造，都在六堰的沟里面，还有电力处、铁路处，二汽铁路处是负责管理二汽专用线。

| 孙 铁路处搞铁路的，运输处搞汽车的。铁路处不修铁路，只负责运营管理。

| 胡 一般专业厂都有铁路专用线经过。二汽的铁路专用线，在白浪、顾家岗、二堰、张湾、花果5个地方设站。

| 孙 专用铁路有50多公里。车厢后面就叫车列，加上机车头就叫列车。专用线铁路司机只跑一段，然后将机车头就折下来，另外一个机车头就牵引车厢跑另外一段。

| 胡 总体规划时，因为二汽是十堰地区最大的一个汽车行业，工业设计要考虑道路、交通，几乎每一个专业厂都搞了专用铁路。

| 孙 那时候有七个机械工业部，像工厂设计，它专门有个一机部的，一机部设计院专门搞这个设计。

刘 请问这些厂的分布我们在哪里可以查到呢？

| 孙 二汽的工厂设计院有图纸，我们这个城市整体规划也反映出来了，要查前几年的，1987年的总体规划基本上都标了。图上都有厂的名称，有三十几个厂。

何 请问当时规划的时候，那些民用建筑，有没有体现在规划原图里面呢？

| 孙 那时候先生产后生活，有利生产，方便生活，所以民用建筑就近建设。

| 胡 就近工厂安排，方便上下班。厂一般在沟里头，沟口都是生活区，那时的原则是城乡结合、工农结合。

何 请问当时十堰最早的商场是六堰商场吗？

| 冯 最早是五堰人民商场，然后是六堰人民商场。

| 胡 当时每个镇上有一个供销社，五堰商场是全套的，是专业商场。

| 冯 当时建设时不叫第二汽车制造厂，叫红卫建设指挥部，十堰市是第五分部，一到四分部都是第二汽车制造厂的分部。以前都是军管，军管领导小组都是三大件，公安局、检察院和法院。十堰市委政府第一批领导班子都是部队过来的，十堰市市委书记就是军分区总司令。我是后来分到城市建设局，孙工是招贤过来的，胡局（胡全杰）是知识分子，中专毕业。当时组建十堰市城市规划班子，负责人有我也有他（胡全杰）。我们两个都参与了十堰市早期的城市规划，我是党（建）的主导，他是技术组主导。我们第一版的十堰市城市规划邀请了武汉市城市规划设计院院参与规划设计。1972年开始，第一个档次是县级市，后来变更为地级市。以前我们属于郧阳地区，郧阳地区有郧县、郧西县、丹江口市、房县，竹山县和竹溪县，五县一市。后来为了简化领导程序组织，十堰市与五个县和丹江市合并，并归十堰市管。十堰市最早的时候有个建设领导小组，我是十堰这边的特派员，跟东风汽车公司对接的。十堰市城市建设第一批基金只有两千多万元，我那时候在计划科里面，负责计划做了一段时间。十堰山多，90%都是山。希望本次访谈能给你们的研究带来收获，也希望以后可以开展合作。

何 我们的研究工作将会继续开展很多年。再次感谢各位老前辈百忙之中抽出时间。

1 三线建设时期，新建工业城市有四个，分别是攀枝花、十堰、金昌和六盘水。除了最为瞩目的第二汽车制造厂（简称“二汽”），襄渝铁路（十堰段）、东风轮胎厂、黄龙滩水电站、总后所属一批军工企业等项目也是该时期在十堰建成。

2 1950年2月5日，中南军政委员会在中原临时人民政府的基础上成立，中央人民政府任命林彪为中南军政委员会主席。中南军政委员会是中南地区最高政权机关，隶属中央人民政府，下辖河南、湖北、湖南、江西、广东、广西6个省的人民政府，驻地武汉市。1952年10月3日中央人民政府任命李先念、李雪峰为中南军政委员会副主席。1953年1月21日，中央人民政府中南行政委员会成立，中南军政委员会随即撤销。

3 三线建设时期解放军总后勤部在丹江口市丁家营建有“3541”厂、“3545”厂、“2397”医院，在丹江口市浪河镇建有“3602”厂、“3607”厂、“3611”厂。

4 “102”即“102”工程指挥部在完成二汽的基本建设后，随着国家政策以及建筑市场变化，历经改制，现为湖北省工业建筑集团有限公司（HICC）。“102”工程指挥部施工队伍以原北京市第三建筑公司为基础，新调进第六工程局的第四工程处，建工部第八工程局的第一工程公司、第四工程公司、第八工程公司，第一安装公司、第二安装公司、工程局机关的一部分，机械施工总公司长春技校，建工部第二土石方工程公司所属的21支队、22支队、31支队以上这些单位组建而成。

建工部第八工程局可以追溯到中华人民共和国成立初期，其职工来源主要是两个部队的建筑单位：一个是1950年10月中国人民解放军20兵团后勤部，在天津吸收“利群”和“四义”两个私营营造厂的技术管理人员，组建了公营“时代建筑公司”，至1953年2月改为建筑工程部华北直属第二建筑工程公司。另一支是1953年4月，中国人民解放军23兵团37军109师抗美援朝回国后，整编为中国人民解放军建筑工程第二师，参加了长春第一汽车制造厂的建设。1955年5月，建筑工程第二师集体转业，与华北直属第二建筑公司合并，同时抽调华北直属三公司、参加一汽建设的部直属工程公司的部分力量及建工部机械化总公司包头施工站的力量，组建为建筑工程部华北包头工程总公司，实现了企业的初期创建。1958年8月，建筑工程部决定将包头工程总公司改为建工部包头工程局，同年12月又改为建筑工程部第二工程局。1964年5月改为建工部华北工程管理局，自1954年至1964年总部设在包头，1965年10月改为建工部第八工程局，总部先后迁至太原、北京。1969年八局奉命抽调部分队伍前往十堰参与二汽建设。建工部第六工程局第四工程公司的职工队伍可以追溯到负责建设“长春一汽”（简称“652”厂）的“652”工程公司“101”工区。1954年包括“652”工程公司在内的所有建造长春一汽的施工队伍统归建筑工程部领导，由此建筑工程部直属工程公司成立，并于1958年改名为建筑工程部第一工程局，随后参与我国西南部德江和江油两大工业区建设。1960年8月建筑工程部第一工程局抽调部分人员和设备组建了建筑工程部第六工程局，投身大庆油田建设。1969年6月建工部第六工程局第四工程公司奉命前往十堰参与二汽建设。1972年12月，二汽厂房基本建成，随后因施工任务的变化和工作需要，土建一、二、三团（即以北京第三建筑公司为主的施工队伍）撤离十堰二汽回北京。1976年第五工程团（前身是建工部第六工程局第四工程公司）前往天津参与抗震救灾，随后编入当地队伍。“102”建筑队伍番号取消，留下来的“102”队伍入户湖北省建委系统，改编为湖北省第一建筑工程局，1984年更名为湖北省工业建筑总公司，1996年更名为湖北省工业建筑总承包集团公司。2006年，改制重组为湖北省工业建筑集团有限公司，现为省属国有全资企业。“102”是个庞大的集体，其组成人员来自五湖四海，其内部组构的细节因现存历史资料欠缺无法一一详述。

5 饶斌（1913－1987），男，吉林省吉林市人。中国汽车工业的奠基人，享有“中国汽车之父”的盛誉。他曾担任长春第一汽车制造厂厂长、第二汽车制造厂厂长等职务，三线建设期间呕心沥血地领导了二汽的基本建设和设备安装。二汽建成投产后，调回北京，担任机械部部长。

6 十堰市先后在1970年、1972年和1975年三次编制了城市总体规划。

7 此处特指1981年城市总体规划，该版规划以1978年城市现状资料为编制依据。

8 十堰市人民政府1988年决定在1981年版城市总体规划的基础上进行修订，并编制《1990年十堰市城市总体规划》。直到1997年，十堰启动第六轮城市总规编制，并于1999年完成《十堰市城市总体规划大纲》。

9 分别指1999年完成的《十堰市城市总体规划大纲》以及《十堰市城市总体规划（2011—2030）》。

10 1968年郧阳地区机关设立在十堰后，在老街、三堰、柳林沟、五堰一带沿老白公路开展基本建设。

11 十堰市城区现辖管的张湾区曾隶属郧县的黄龙区，现辖管的茅箭区曾隶属于郧县的十堰区。

12 段中关于堰塘现今所在的位置均从《十堰地名溯源》整理所得。

13 三线建设时期，磨房沟电站、军民两用飞机场、卫星发射基地，还有成昆铁路的367公里路段，都建在西昌、凉山州境内。

14 查阅资料发现，二汽建设所需要的预应力空心板由“102”预制厂车间生产，其中预制厂生产的预制构件，主要满足六堰以西的二汽全部专业厂建设的需要，六堰片区以及以东的专业厂所需的预制构件则由设在六堰的“102”构件厂提供。

15 指十堰市影剧院，1973年动工兴建，1976年10月竣工，1979年更名为“十堰市东风剧场”。现已拆除，原址新建为“十堰市国际金融中心”。

16 由于资料不详，目前仅掌握到五堰露天电影院于1976年5月动工兴建，1977年12月竣工。

17 根据目前掌握的史料，东风剧场以及五堰露天电影院在20世纪80年代前建成，而二汽工人俱乐部以及各专业厂内部俱乐部或影剧院在20世纪80年代后建成，因此，可以猜测十堰市的电影院或影剧院是早于二汽建设的。

18 李先念（1909.6.23—1992.6.21），男，湖北黄安人。曾担任中共中央政治局常委、副主席、中央军委常委、中华人民共和国主席等职务。李先念十分关心和支持二汽建设，由他主持的二汽建设会议、同二汽领导同志谈话、对二汽的重要批示以及亲临二汽视察等共达26次之多，为十堰的发展倾注了大量心血。二汽的防洪问题一直受到李先念的高度关注。十堰与二汽分家后，由于缺乏经费开展防洪工作，在李先念的一再关心和支持下，水利部按3000万元数目将十堰的防洪经费列入计划，帮助解决了二汽防洪问题，也为十堰老百姓解除了水患。

19 经查，东风轮胎厂是由青岛橡胶二厂包建。现更名为双星东风轮胎有限公司，隶属于青岛双星集团。

三线建设厂矿的单位空间营造研究
——以“102”建设十堰二汽为例[1]

王丹 黄丽妍 林溪瑶

华中科技大学建筑与城市规划学院
湖北省城镇化工程技术研究中心

摘　要： 本文基于《十堰文史（第十五辑）三线建设·“102”卷》[1] 以及作者所在工作室对“102”[2] 建设二汽[3] 的口述访谈资料的整理与汇总，以口述史方法为主，并结合田野调查，以三线建设时期十堰市建设的二汽各厂矿单位的建成环境为研究对象，在单位制社会的语境下，从施工组织的创新、基础生活的保障及精神生活的充实这三个方面还原其建设的历史过程以及单位空间营造，再现地方记忆。

关键词： 口述史 三线建设 单位空间营造 “102” 二汽 十堰

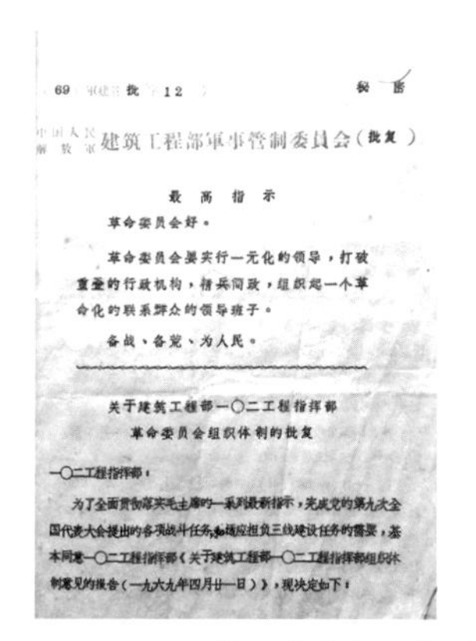

69 批 12 秘密

中国人民解放军建筑工程部军事管制委员会（批复）

最高指示

革命委员会好。

革命委员会要实行一元化的领导，打破重叠的行政机构，精兵简政，组织起一个革命化的联系群众的领导班子。

备战、备荒、为人民。

关于建筑工程部一〇二工程指挥部革命委员会组织体制的批复

一〇二工程指挥部：

为了全面贯彻落实毛主席的一系列最新指示，完成党的第九次全国代表大会提出的各项战斗任务，适应担负三线建设任务的需要，基本同意一〇二工程指挥部《关于建筑工程部一〇二工程指挥部组织体制意见的报告（一九六九年四月廿一日）》，现决定如下：

图 1 关于“102”工程指挥部组织机构成立的批复文件及 1954 年建筑二师集体转业战士合照
湖北工建集团提供

20 世纪 60 年代，基于严峻的国际环境，为防备外敌入侵，中共中央提出“三线建设”重大战略决策。该时期，来自五湖四海的三线建设者奔赴内地山区建成多个厂矿单位。中国第二汽车制造厂（以下简称“二汽”）选址十堰，于 1969 年开始大规模施工，国家建工部从全国各地调集施工队伍，组成建筑工程部“102”工程指挥部（以下简称“102”），担负建设二汽的任务（图 1）。自此“102”建设者们在“抓革命就是建二汽，抓紧三线建设，让毛主席睡好觉”的口号下，以“采取多快好省，建立比较完整的战略后方工业基地”为总目标，在十堰开工破土拉开了建设二汽的大幕。

1 施工组织的创新

“102”的二汽建设者们听从国家安排，别妻舍子来到十堰山沟摆开战场。在早期建设的日子里，二汽建设全面铺开，时间紧，任务重，各级建设指挥部都把抢时间、争速度放到了突出地位，“102”人没有休息节假日，一心战斗在建设工地。二汽建设的成功归功于军事化管制、快速施工双管齐下。

1.1 军事化管制

军事化的生活方式造就了三线建设队伍严明的纪律性和迎难而上的战斗性，团、营、连、班的编制使建筑工人形成大小不同的战斗集体。上班前全连按班整队集合，以连为战，每个人带着“战斗武器”（生产工具）奔赴“战场”——工地。在岗位上职工们如同解放军战士一样对工作认真负责，一丝不苟，自觉地干好本职工作，保质保量的出色完成任务。

在建设队伍组织军事化的同时，自上而下，还贯穿着一条红线——党的领导。党支部建在连队，各连再根据各自的党员人数建立数个党小组，除了参加党务学习、会议以外，还要做好“吐故纳新”的发展工作。有了以上的党政机构做组织保障以后，各个连队的生产任务才能顺利完成。为了加快三线厂矿单位的建设速度，确保工程质量，防止出现安全事故，营、连级还经常召开相关工种人员的不同会议，传达党的方针政策，总结工作经验，布置生产任务，表扬好人好事，纠正歪风邪气。更多的是召开与生产任务有关的班组长会议，解决生产一线存在的问题。

“102”这支建设队伍是军人的队伍，把所有生产任务作为作战任务各个歼灭，组织各种会战，

图 2 “102”在二汽建设中土方石、战顽石、打基础施工现场
湖北工建集团提供

如施工会战、开门红会战、节日献礼会战等(图2)。据统计,1975—1977 年围绕二汽建设工程已集中组织了大型屋面板生产、吊装工程、土方施工、黄龙引水工程等九场会战。如在茅箭河砂石会战中,五团遇到砂石材料供应不足的问题,上级马上号召人员支援,各团营派人参加,迅速在茅箭河畔汇集了上千人,无论是工人还是领导甚至当地百姓都一齐上阵,在水中人工捞砂石,会战现场大家干得热火朝天。全体参战人员以“活着干,死了算”的忘我精神,奋战在各个建筑施工现场,并最终取得大会战的一个个“胜利”。

1.2 快速施工

为了早日完成建设目标,抓紧建设、实现快速施工是需要所有职工共同努力的。早在 1951 年苏联就意识到工业快速施工具有巨大的国民经济意义,其 1951—1955 年发展苏联的五年计划便提出缩短施工期限及保证提高建筑工程质量的任务[2]。在我国,1958 年随着全国工农业生产的“大跃进”,建筑界同全国一样,响彻着“破除迷信,解放思想”“快速设计,快速施工”的口号。建筑职工们为完成国家所下达的任务,跟上社会主义高速度建设的发展形势,毫不动摇地推行快速施工。

在“大跃进”实现的建筑工业化的基础之上,1969 年二汽建设同样在施工方面贯彻“快速施工”纲领,建设现场战天斗地,你追我赶,轰轰烈烈,斗志昂扬,攻坚克险,战无不胜,到处是一片热气腾腾的景象。“快速施工”在二汽建设中从三个方面有所体现:

第一,政治挂帅是快速施工的根本保证。二汽建设期间在工地党支部领导及工会的宣传鼓励带动下,群众明确方向,提高觉悟、鼓足干劲、提高生产[3]。为了鼓舞士气,强化阵地作用,连里要定期搞宣传栏,还会将工人师傅们感人的事迹编写成文艺节目,由宣传队排练、演出、宣传。

第二,紧密的计划部署,加强技术管理。“102”建设者们从实践中总结出来经验,创造“快速施工分班进度计划”[4],探索施工技术创新、运用“土模工艺”和“地模工艺”解决提前预制问题等。各个工种紧密配合,高效率协作,运用有限的资源,实现建筑工业化的技术新突破。

第三,共产主义大协作,群众性技术革命。“102”工人阶级敢想敢做,大公无私,一切为了整体利益。在困难重重的三线建设中,遇到问题靠群众一起集思广益,在技术改革方面创造了许多奇迹,如创新使用双机三机甚至是四机抬吊、土洋结合吊装(图 3)等。为了提高机械利用率和加快主体安装速度,吊装常采用日夜双班工作。这些技术革命为早日建成二汽起到关键作用。

图 3 “102”机运团二汽厂区“四机抬吊”吊装工地、“太脱拉”牵引拖车
湖北工建集团提供

2 基础生活的保障

三线建设早期在“先生产、后生活”的号召之下，全体建设者在军事化的编制管理下有序实行“四边”（边设计、边施工、边安装、边生产）建厂，一进工地就掀起工业施工的热潮，无暇顾及生活方面的安置，开工初期的生活条件非常艰苦，在形势稍有好转后，基本生活问题立刻得到重视，基础配套空间如居住、食堂、卫生所等逐步建成，单位社会的建成环境逐步完善。

2.1 居住——集体住宅

20 世纪 60 年代的十堰是满目荒山僻野、人烟稀少的原始之貌，各个三线厂矿单位为了保障生产的持续进行，首先就要解决居住问题，生活区采用简易的材料讲求快速建造，居住建筑最能突显出三线建设时期多快好省的“土法”技术，也侧面反映出三线建设者不畏艰苦、勤俭节约的生活作风。

2.1.1 芦席棚与活动木板房

早期“开荒”的三线建设者们被安排居住在当地的村民家中，他们亲切地称作“老乡的房子”。当地村民们腾出自家的房屋用席棚隔出一间给建设者们居住，条件最为艰苦时，不得不简单打扫出牛棚来“人畜同居”。随着建设大军陆续进入，简易住房快速搭建起来，早期自建的住房主要分芦席抹黄泥的芦席棚（包括仅有芦席棚顶的房子和纯芦席棚围成的房子）、干打垒墙平房以及活动木板房。

因芦席棚搭建方便，材料易取，室内大通铺也可以容纳多人居住，在早期大量建造以解决住房之急，是一种将个人空间压缩到极限的居住模式。芦席棚房屋由竹、木搭成骨架，上铺芦苇席油毡屋面，四壁也由芦苇围合。具体建造过程中先将碗口粗的杉篙立在水中，在高出稻苗一尺左右的位置用竹竿横向连接，顶部铺上竹排，四周芦席一围。单个芦席棚面积大约 2.5 米 ×3.5 米，用杉杆搭成床铺，一律采用大通铺的形式，一铺少则几人，多则几十人，大的芦席棚整间房能住上百人，房中央留一盏灯解决照明问题，室内除了砌筑一个灶台，放一张木板钉的小桌子外，无多余的空间，大门也是用木板和芦苇做成，室外有一根自来水管供日常生活使用（图 4）。

活动木板房体现一种装配式的建造逻辑，可以提前预制调运至场地，在二汽建设初期，木板房已经称得上是“高级住宅”。10 厘米 ×10 厘米方子做楞，两面钉上木板，中间填充上锯末、刨花等做简易的保温材料，墙板每块一米宽，屋顶每块半米宽，组装方便，用直径 20 厘米的圆钢筋横向一拉组装即可，屋面铺上油毡就可以住人且具有一定的保温性能（图 5）。

图 4 芦席棚宿舍
湖北工建集团提供

图 5 20 世纪 60 年代活动木板房
湖北工建集团提供

图 6 干打垒宿舍
林溪瑶摄

图 7 建设干打垒房屋场景
湖北工建集团提供

2.1.2 干打垒土房

二汽建设的初期正值“工业学大庆”的高潮时期，全国上下大力宣传“干打垒”的精神与实践，无论是厂区宣传栏还是房屋外墙上都随处可见“发扬大庆干打垒精神”“备战备荒为人民”的革命标语。实际建造中，上级限制了木材和砖石的使用量，鼓励职工们白手起家“土法上马”以节省材料，将更多的资源应用于生产建设当中。面对建筑材料供应紧张的情况，工人们自力更生、因地制宜、就地取材建起“干打垒”建筑，成为住宅和办公类建筑一时盛行的建造模式（图6、图7）。

经过设计院同施工单位的共同研究，干打垒技术在多次实践中有了技术改良和突破，与民间传统夯土墙有很大区别，对于材料的处理和建造的技艺有了更高的要求，如素土必须是没有杂质的黏土或亚黏土，颗粒小于 2 厘米；白灰必须用水闷不少于 7 天；木夯夯实改用竖式小汽夯；为防止裂缝在土墙内加入竹片，等等。这些处理足以证实当年的干打垒建筑极其注重施工工艺和建设质量。

2.1.3 砖混楼房

随着职工亲属迁入和外来招工加入，厂区内的住房需求进一步增加，干打垒建造的房屋暴露出一定的质量问题，难以满足长期稳定居住的需求，厂矿单位开始建设大批砖石、砖混结构住宅（图8—图 10）。建筑层数也从单层扩展到两、三层，平面布局简单，单身公寓多采用多为外走廊式串联单间的布局形式，单间面积控制在 15 平方米左右，由 2 ～ 4 人合住，同层共用一个 2 ～ 3 开间的盥洗室和卫生间。到了 20 世纪 70 年代中后期，住宅楼室内开始设有卫生间、厨房。随着职工家庭层次日趋多样，出现了开间个数不同，面积大小不一的单元户型住宅楼，依据单身户、夫妻户、核心户等不同的家庭情况进行住宅分配。

三线建设早期的住宅形式体现了特殊时代背景下材料与建造工艺的土法运用，同时其空间布局强调一种集体化的生活方式。个人居住面积被极限压缩，采用串联式的平面布局，居住单元内仅设床铺满足最基本需求，房内不设独立卫生间和厨房，基本生活依赖于公共卫生间与公共食堂，使得工人们的生活更具一致化和集体性，大通铺的居住模式几乎将私人空间透明化，形成无形的监督体制，极少发生盗窃事件，整个生活步调一致，风气极为无私淳朴，更有助于一个步调积极投入生产，加快三线建设的步伐。

图 8 华光厂住宅
林溪瑶摄

图 9 卫东厂住宅
林溪瑶摄

2.2 基础生活配套空间——食堂、卫生所

2.2.1 食堂

在解决基本的居住需求后，为了方便生产生活，厂内配套的惠工服务空间开始建设，集体食堂成为职工印象最为深刻的公共空间。在十堰建设二汽时，全营设一个大食堂（临时搭的一个大棚），后来每个连都设食堂。在条件艰苦的年代，主食以当地的糙米为主，砂粒很多，发馒头票来领取馒头。副食基本是二瓜一带（冬瓜、南瓜和海带），青菜很少。据当年参与二汽建设的老职工乐淑清回忆道，当年的食堂非常简易，比工棚大一点、高一点，一般都能坐下近千人一起吃饭。食堂内只有灶台和大锅，炒菜都是用像铁锹一样锅铲炒，洗菜都用大池子。因为食堂的人多，为保证供应量，青菜简单冲洗下锅之后加两遍水就铲了起来。

图 10 红山厂住宅
林溪瑶摄

在那个计划经济时代，蔬菜和副食都从外地采购，后勤人员针对吃菜困难，利用车队外出运输的机会，上河南，下四川，各种食材尽可能地往回运，逢年过节，从没有休息日。劳累了一天的职工只要回到了基地，总有热腾腾的饭菜等着他们。在二汽建设高潮期，各种会战不分昼夜连轴转，职工们不能及时就餐，后勤服务员就会想尽办法为一线服务，无论刮风下雨，保温桶内装着热腾腾的馒头米饭送到工地现场，食堂炊事员每天定人定点守在锅灶旁，有时也会在施工现场建设临时食堂，尽管空间简陋，食材简单，但这成为保障三线建设顺利进行的坚强后盾。

2.2.2 卫生所

各个三线厂区大集中小分散，麻雀虽小但五脏俱全，除了食堂还有公共澡堂、卫生间、理发店、卫生所等服务空间。

1970 年，“102”职工医院建设起来，先后调入近百名医护人员，人员配备、设备配置、医疗器械、医疗水平等方面在当地堪称一流。当时“102”医院有门诊楼、住院部内科病房楼、外科病房楼三栋三层建筑，还有一栋干打垒的两层办公楼，是医务人员在土建单位施工师傅的指导下自己动手建设的。北侧半山腰上搭起了 7 栋木板房，作为医院家属和职工的宿舍。

各营下设的卫生所只能满足基础打针吃药的医疗救治，输液管采用玻璃制成品，并非一次性材料，使用之后需要清洗消毒再继续使用，那个年代基础的医护人员就是靠着一根针一把草，一根针就是银针，一把草就是草药，基础的医疗条件虽然相对简陋，但人员配备到位，丝毫没有马虎。各营卫生所建设的位置相对随机，成为由芦席棚搭建的跟随施工现场流动作业的“野战医院”。每个施工现场都会派去一两个卫生员，背着医药箱，装上碘酒和一些简单处理外伤的药品，到处走一走，看建设工人是否有需要，确保施工中小事故能够得到及时的检查和救治。

3 精神生活的充实

国家通过自上而下庞大的工会组织管理和惠工政策实施为三线建设的有序开展提供了强大的支持，各厂矿单位为职工提供基础生活保障的同时，也积极为职工家属及子女教育配备相应的服务，并开展丰富的文体活动，使得三线职工群体在精神生活上得到充实，增强了群体的身份认同和对单位的依附性。

3.1 教育——子弟学校

当年跟随父母参加三线建设及出生在三线厂内的职工子女便是“三线子弟”，伴随着生产建设的持续开展，职工子弟群体也不断壮大，解决子弟教育的问题迫在眉睫。子弟学校的办理，一方面免除了职工在儿女教育上的后顾之忧，让职工有更多的精力“抓革命，促生产”；另一方面，学校的设立也为内迁家属提供一定的就业岗位，为三线建设稳定有序发展提供了重要作用。

20 世纪 70 年代前后，整体社会文化环境复杂，对全国的教育系统产生一定影响。据原“102”安装二团学校教师孙守民回忆，“102”各公司子弟学校根据具体的师资情况开设课程，一开始受办学条件所限，课程以语数为主，后陆续开设英语、理化、史地等课程。其中政治课老师由工人宣传队担任，毗邻农村的由贫宣队担任；社会实践课也是重要的学习内容，主要是学工、学农、学军。实践课要求集中课时，带学生走出学校，到部队、农村和工厂去学习接受教育。学工——学生会在各公司工厂跟着工人师傅学习工作，请老师讲他们在抗美援朝、在国家一五计划重点工程建设中的拼搏历程；学农——由老师带领学生在学校旁边的山地种植农作物，有些学期要求学生到农村插队学习半个月（图 11）；学军——课程中会有列队练习，实弹射击；等等。

图 11 1972 年安装二团学校学生到农村学农
引自：《十堰文史（第十五辑）三线建设·“102 卷”》，上册，2016 年，45 页

当时学校和其他后勤服务建筑一样，遵循“先生产后生活”的原则，随着物质条件的改善校舍建筑与环境也慢慢变化发展。从一开始的板房、席棚子、干打垒，最后到砖砌的楼房校舍，配套设施也渐渐从自制到正规。一开始为了尽快建成使教学活动可以开展，直接在山头或是河边选址用推土机推平，搭起木板房或者席棚子，平整出来一个操场，一所简易的学校就落成了。

据“102”职工子弟朱国强回忆，他在 1969 年底随着父母从包头来到十堰，一开始住在当地同学家的客厅里，过几天跟着同学抬着一张木板钉制的长条桌到花果上河小学（图 12）成了同桌同学；三、四年级转到枣阳的两所学校；五年级又转入十堰市头堰小学。直到 1975 年上初一，他们才有了固定的学校——省建一局一公司一校（图 13）。学校建在二汽铸造一厂南边的半山坡上，教室由两排单槽瓦房相对而立。

除了校舍，操场及活动场地是教育处非常重视的项目。当年十堰市还没有专门的体育活动场地，于是师生一起在山洼、河滩上开辟出一块块的活动场地，虽然条件有限，大家也会尽可能将活动开展起来。把河滩土地挖松做跳远沙坑；把适合重量的石头当铅球；乒乓球台面用水泥做，芦席棚和油毛毡做乒乓球馆；在原木杆上装用钢筋做的圆圈当篮架。到后来才配置了一些正规的体育器材，有了水泥地面，有栏板的篮球架和木质的乒乓球台。在如此浓厚的氛围中，各校组建校队，积极参加全局的学生运动会和十堰市体委组织的比赛；节假日学生为职工、家属进行表演赛和校际的对抗比赛。体育教学的成果显著，安装学校的乒乓球队曾代表十堰市参加省内的比赛并取得团体第二名的好成绩，还去北京观摩过北京举办的世乒赛。

据原省建一局机关中学教师刘福林回忆，十堰市随着三线建设企业与移民的加入，城市功能不断完善，整体教育质量也迅速提高。随着国家的计划生育政策实施，职工的子女数量减少，“102”的子弟学校逐步萎缩，到 20 世纪 80 年代后期，“102”所属的子弟学校陆续停办（图 14）。学校建设进入一阵整合、改造潮。随着国家对教育事业的关注与教育质量的重视，许多原来的学校建筑不管在建筑质量还是建筑环境上，无法满足

图 12 花果上河小学第二届毕业生合影
湖北工建集团提供

图 13 工建一局一公司中学 85 届初三（二）班毕业照
湖北工建集团提供

图 14 原“102”四团子弟中学
湖北工建集团提供

学生学习的安全与学习质量，许多教学楼原地重建或是搬迁新校舍，服务了一代人的老建筑慢慢消失在人们的视野中。到 21 世纪，“102”的子弟学校只剩下 4 所学校还在运转，曾经的子弟学校的规模不可同日而语，后期国家取消了企业办社会的职能，各企业的子弟学校移交给政府管理，很多学校改名，或使用城市地名命名。

在三线建设之前，十堰只是个小镇，当年只有十堰中学、白浪中学、黄龙中学三所还算正规的中学和几所小学。在三线厂矿单位入驻后，学校的建设迎来一波高潮。如今，不管是“102”系统还是二汽的子弟学校均已不复存在，但它们曾在历史的特殊时期，为培养下一代，为国家教育事业作出贡献，完成企业教书育人的历史使命。子弟学校的设立，从社会学角度，帮助随迁子女的教育融入和社会融入，大大提高了当地的教育水平与社会的整体发展。从经济学角度来看，绝大多数的职工子女成为当地下一代的人力资源，对其教育问题的解决，使得他们成为当地劳动力市场发展的优秀人力资源，对当地的经济发展产生了重要作用。

3.2 文体——灯光球场与工人俱乐部

1950 年 8 月 27 日，全国总工会召开全国第一次工会俱乐部会议通过了《工会俱乐部（文化宫）组织条例》等重要文件，明确了工人文化宫、俱乐部的主要工作是进行政治宣传、生产鼓动、文化技术教育，并组织工人、职员群众及其家属的业余文化休息和艺术活动[5]。国家在宏观政策上积极鼓励各个厂矿单位开展丰富的文体活动，体现“文艺为政治服务”的原则。

二汽筹建初期，职工业余文体活动十分贫乏。1969 年年初，总厂组成了一个仅有一台 16 毫米放映机的电影放映队，在几个片区的露天空地上流动放映。1970 年，“102”总指挥部在张湾山头有建起 1200 多平方米的芦席棚，立柱间距 4 米，屋顶为半圆形毛竹拱骨架上覆席子油毡三层。后台有山墙围合，其余三面敞开，大空间内部为一排排砖砌的座墩，上面盖有表面刷漆的预制混凝土平板。建筑山墙及出檐均有细部造型，被称为“十堰市的人民大会堂”，简易的芦席棚会场可容纳千余人，是职工们定期作报告、开大会的场所，也会开展迎新会、文艺汇演。到了 1974 年，

图 15 “20”厂健身活动中心
黄丽妍摄

图 16 “20”厂灯光球场
黄丽妍摄

图 17 “46”厂原工人俱乐部
黄丽妍摄

图 18 “24”厂原工人俱乐部
黄丽妍摄

图 19 “49”厂原工人俱乐部
黄丽妍摄

图 20 “20”厂原工人俱乐部
黄丽妍摄

二汽动工兴建张湾露天剧场，看台依山就势而建，座席台阶60层，共分9个区，可容纳观众万人以上，是当时全国最大的露天剧场之一。

随着二汽建设和生产发展逐步完善，职工文化娱乐阵地逐渐扩大，文娱设施也不断完善。二汽的各个专业厂发挥各自优势，因陋就简建设了多个文体活动阵地（图15）。原二团三营的工人蔡齐方回忆，当时为了丰富业余生活，几个年轻人利用业余时间自发修建篮球场，灰土工修场地，水暖工焊篮球架子，木工做篮板，钢筋工做篮筐，电工还在球场上装上了几盏碘钨灯，就成了名副其实的灯光球场（图16），建设球场的材料都是工程上剩下的废料，只有球网是购买的，自此饭后看打篮球成了很多人的首选。篮球爱好者自由组成了篮球队，“102”工程指挥部工会组织了各个团的比赛。那时的灯光球场往往兼做露天电影院，成为全民参与的重要公共活动空间。

到了20世纪70年代末以后，随着生产工作步入正轨，职工们对业余生活的需求增多，多功能复合的文体活动中心在各个厂区应运而生，成为真正意义上的工人俱乐部（图17—图20）。

这类复合型的工人俱乐部平面形制简单，采用中轴对称、纵向延伸的布局，功能分区将体块造型清晰明确的分为门厅、观众厅、舞台三大部分（图21）。建筑整体强调主入口处，设层层台阶，入口立面造型最为高大宏伟，采用经典的横三段、竖三段的构图形式：竖向底部利用柱廊和雨篷间接的水平线条划分出入口灰空间，上部一段多为二、三层连续的一体化立柱装饰处理的形式，玻璃窗上下贯通，强调二、三层的整体性（图22）。水平向的划分强调中间虚空间与两侧实空间的对比，比例考究，突出中间段的集中性特点。同时，建筑整体造型也体现了一定现代性，简洁的线条，硬朗的造型去除繁冗的装饰也不失细节的处理，同时体现了较高水准的设计与施工建造水平，套用建筑标准化图集也使得三线建设厂区内20世纪80年代的工人俱乐部整体布局趋同，然而一些地域性与本土化的处理、装饰性的预制构件拼贴，使得立面造型各具特点。

在那个火红的年代，基于工人俱乐部物质空间下的文体活动成为三线人的集体记忆，政治性的宣传教育活动、集体性会议、文娱活动和体育活动成为职工日常生活中不可缺少一部分。

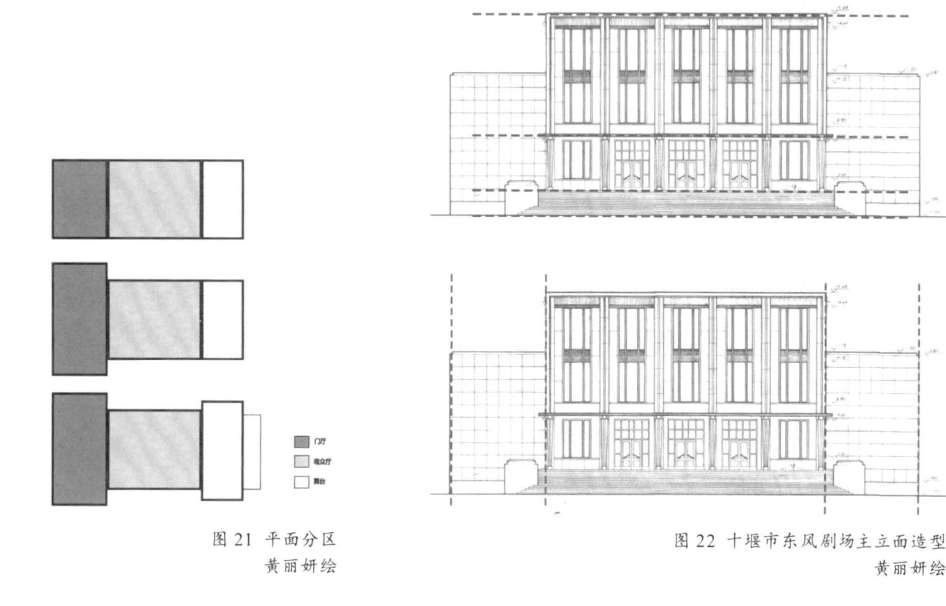

图21 平面分区
黄丽妍绘

图22 十堰市东风剧场主立面造型
黄丽妍绘

图 23 职工的文体活动
湖北工建集团提供，www.10yan.com

在那些政治挂帅的岁月里，营里工会组建毛主席思想宣传队，周一到周六每天工作之余职工们雷打不动地进行一小时政治学习，每周还有半天停产学习。为了高效实时传达党的方针政策，日常开展各种集体性的会议，包括现场动员会、誓师会、推动会、经验交流会、职工代表大会等。职工最期盼的是放映队来放映电影，只要找空地挂上银幕，便可放映，这样的露天电影院场面最为火爆，荒野山沟里也出现了人山人海的盛况。那时候电影更新较慢，播放主题及内容限制也很多，老电影反复放映，职工乐此不疲地观看，还流行一句顺口溜：“中国电影新闻简报，越南电影飞机大炮，朝鲜电影又哭又笑，阿尔巴尼亚电影莫名其妙，罗马尼亚电影又搂又抱。”为了发展体育事业，响应国家增强人民体质的号召，各营也成立了业余篮球队、乒乓球队、羽毛球队，打比赛、看联赛、赛事不断，独立地组织和开展群众业余体育活动，培养了一批体育骨干和运动高手（图 23）。

4 结语

在以备战为主的国防战略指导下的三线建设强调用军事化的政治思想与管理体制，高效地开展建设工作，迅速形成以快速生产为目的的单位社会，并架构起社会空间的组织体系与物质空间的建成环境。这种单位空间表现出高度的一致性和集体化特征，旨在集中力量高效地完成建设生产任务，实现备战备荒的宏观目标。通过对回忆录及口述访谈的整理分析，一定程度上了解了十堰三线建设时期各厂矿单位的基本建设概况以及三线人如何一步步实现各自的社区空间营造。三线建设时期尤其能够反映出国家通过单位实现自上而下的强大组织与治理的体系脉络，通过单位空间的营造实现对三线人的集体意识与身份认同的培养，进而推进生产建设。而对于三线人这样的特殊群体来说，这段历史所留下的时空印记都会成为他们精神层面永恒的集体记忆。

由于三线建设“山、散、隐”特殊的选址条件以及对其保护观念的落后，在实地考察过程中发现，许多已废弃的三线遗存状况不容乐观；而当年参与建设的职工们，如今已步入晚年。以秉持中正的态度还原历史，以建筑学的视角切入并结合社会学等多学科领域，探索三线建设遗产保护实践，口述访谈成为必要的研究方法，已迫在眉睫。

1　国家自然科学基金项目“我国中部地区三线建设的建成环境及其意义的表达与遗产价值研究”（项目编号：51778252）。湖北省社科基金一般项目“鄂西北三线建设工业遗存聚落空间形态及其价值研究”（项目编号：2018212）。

2　“102”，全称为建筑工程部一〇二工程指挥部，由国家建工部于 1969 年从建筑工程部第八工程局、北京第三建筑公司、建工部第二土石方工程公司、建工部第六工程局等调动近四万人组成的施工队伍，奔赴湖北十堰建设第二汽车制造厂。后历经改制，现为湖北省工业建筑集团有限公司。

3　二汽，全称为中国第二汽车制造厂，于 1969 年在湖北省十堰市成立，后发展改名为东风汽车集团有限公司。

参考文献

[1] 中国人民政治协商会议湖北省十堰市委员会文史和学习委员会 . 十堰文史（第十五辑）三线建设·“102卷”上、下册 [M]. 武汉：长江出版社，2016.

[2] Я. Г. ГАЛКИН. 工业房屋及构筑物快速施工 [M]. 伍勖桓，译 . 重工业出版社，1954.

[3] 中共石油工业部第一工程局第一公司委员会 . 坚持政治挂帅、大搞群众运动实现大跃进的几点作法 [J]. 石油炼制与化工，1960（8）：8-9.

[4] 北京市第四建筑工程公司工业化试点工地 . 工业化快速施工 [M].[出版地不详]: 建筑工程出版社，1958.

[5] 中国工会重要文件选编辑组 . 中国工会重要文件选编 [M]. 北京：机械工业出版社，1990.

附：102——军事化建筑队伍

受访者简介

刘羡智

男，1938 年 1 月 28 日生，山东德州人。中共党员，原“102”建筑六团三营十连副指导员，曾任湖北工业建筑工程三公司工会主席，现离休。

采访者： 林溪瑶（华中科技大学建筑与城市规划学院）、李登殿（华中科技大学建筑与城市规划学院）、刘则栋（华中科技大学建筑与城市规划学院）

文稿整理： 林溪瑶

访谈时间： 2020 年 11 月 7 日

访谈地点： 湖北省十堰市湖北工建集团三公司办公楼会议室

整理情况： 2020 年 11 月 8 日整理，2020 年 12 月 1 日定稿

审阅情况： 经受访者审阅

访谈背景： 口述访谈帮助我们从社会维度理解过去的三线建设二汽历史。亲历者的回忆、故事和珍藏的照片，再现了当年的建设情景、生活方式，提供了独特的见解。通过口述历史，可以为三线建设亲历者记录这段平凡却珍贵的往事，收录保留他们鲜活的记忆。在查阅相关史料的基础上，确定采访“102”曾从事多项职业的建厂老职工，有助于全面了解三线建设过程。

刘美智与采访者们的访谈现场
王丹摄

刘美智 以下简称刘
李登殿 以下简称李
林溪瑶 以下简称林

林 您好刘老先生，我们是华科建筑学三线建设研究团队，想跟您了解三线二汽建设当时的施工现场和您当时具体干了什么，还原下当时的建设场景。您工作是主要从事工会方面吧？

丨刘 好的。我其实干了很多工作。

林 基本上您到湖北工建三公司的时候开始，您当时是第一批到十堰的吗？

丨刘 说我的经历呢，我是学理的，学的是物理系核专业。因为身体不太好，从南开大学转兰州大学时体检不合格，没有过去。1962 年 3 月我们毕业分配时，国家的需要、党的需要就是第一志愿。个人不是不考虑，但从这个思想角度出发。

李 所以咱们在这种情况下义无反顾地过来建设二汽。

丨刘 如果需要分配就听国家的，所以说包括我虽然是物理系来到国家建工部的“102”，“102”就是建设二汽的。

林 对，我们做了资料研究比较了解，但有一些具体的就是像您说的这种人物经历等，确实不太清楚。

丨刘 当时十堰这一部分（资料）实际上是 2016 年写史志的时候，2015 年十堰文史学习委员会来座谈，座谈之后出版了 3 本关于“102”的书——《十堰文史》（由十堰市政协组织和筹划的一套大型系列文史资料丛书），你们可以了解下。

林 对，这三本书我们已经看过了，今天想具体了解下您的人生经历，您当时做的工作是什么？

丨刘 我是1970年来这的，我们那时候从部队上接受再教育。毛主席号召："知识青年到农村去接触贫下中农，再教育很有必要。"当时我们作为学生，毕业后、上班前必须接受工农兵再教育一年，我们就到了江苏泰州红旗农场。

林 哪一年去江苏的？

丨刘 1967年在江苏接受再教育期间，排长以上的干部，都是部队的人，其他都是学生。

林 那当时您来十堰的时候，你们当时住的是什么房子？是芦席棚还是干打垒？

丨刘 来的时候大部分都是芦席棚的。过去建筑周围不要绑砂杆，连钢管都不多，我来这已经不错了，我是1970年4月来的，那时候好一点。他们1969年以前来的住的是打起架子上面要和泥巴，后面又改了木板房。我们那时候来下丹江坐车。

林 那时候应该您也是坐船从汉水一直坐到哪里？

丨刘 坐到郧阳，再坐汽车。我们丹江有一个"102"中转站，在这能住一宿。我来这赶上了相对好的时候，他们来的早的更艰苦。我们来的时候分配的127人都来了"102"。因为那时属于建工部，我们这个连队就本属于建工，就是搞建设的。为什么搞建设？我们这个连还有一个是农业部水电部，他们没有十几个人，虽然跟我们一块搞，但是大部分是"102"的。所以说那时候"102"这个二汽的军代表叫李海平，到了那个江苏农场，把我们这100多人全要了。1970年初响应国家号召支援三线建设，我们陆续来到十堰这个陌生闭塞的小山村，被分配到"102"工程建设指挥部的7个建筑工程团，2个安装工程团，还有构件厂和木材加工厂。只有少数的几名印尼华侨没有让"进山"（当时十堰工作都叫进山），而分配到"102"枣阳大修厂。

李 他们去大修厂的，也是学这个专业的吗？

丨刘 建工部当时有个想法，招的人要上知天文下知地理，来的这10个人，9个是南开大学的，3个学物理的，1个学历史的，1个学政治的，还有几个学经济的，学这个国际政治的没来成。最后我们一共9人来六团，一营、二营、三营各3个，我们这伙没女的，因为当时六团比较艰苦，凡是女同学都分配在其他团，所以说刚来时也没按专业分配。我们为什么分配在瓦工班呢？因为从部队农场接受再教育来的，还要来基层锻炼。瓦工班是建筑单位最艰苦的工作。

林 那您刚来的十堰时候对这是什么印象呢？

丨刘 我来到三线的第一天、第一顿饭、第一时间的感受——艰苦、困难。艰苦，生活环境艰苦；困难，生产任务困难。艰苦，算什么！困难，又算什么！一不怕苦，二不怕死，还怕困难吗？有两句歌词让我牢记在心，至今未忘，不仅记得住，还能唱得出，那是赞颂解放军的一首歌："毛主席的战士最听党的话，哪里需要到哪里去，哪里艰里苦哪安家，祖国让我去守边疆，扛起枪杆我就走，打起背包就出发。"

林 当时正是因为有像您这样的人，二汽建设才能顺利建设，您来到十堰初期具体是分配到哪里呢？

丨刘 我被分配到第六建筑工程团三营十堰连瓦工班，报到的地方是三营营部。所谓营部其实就是一座烧过砖瓦的旧窑洞（现东风铸造二厂大门口的左侧），办公室里没有一件像样的办公设备，只有几件普通的办公桌椅。当年评比年终总结表彰大会，一共是8个人，我是其中一个。这8个人是各工程处的，我当时也没想到我还能评比，当时是联合开的，不是光"102"。我们代表六团。

林 太了不起了，那您还做过技术方面的工作吗，当瓦工后有在一线工作吗？

丨刘 当了一年多瓦工，跟大家关系都挺好，都叫我大刘。白天参加活动，晚上加班加工混凝土，给二汽盖厂房，我们在“50”厂铸造一厂干活。因为现场施工负责大部分土地施工任务多，质量也要，不能提供太多人，两班倒。当时推的搅拌机搅拌以后在上面现场加工我都干过，不能停。

林 您干完瓦工之后又干什么呢？

丨刘 干瓦工干了不到两年。当时军代表是这建筑企业的代表，当时重新组织六团的领导班子，把我安排在三营十连当副指导员，后来我一直从事政治工作。

林 这个指导员工作是干什么的？

丨刘 就是政治工作，配合支部书记，一起管宣传。我的主要工作领着大家集体活动，带着青年们集体干活。我记得那时工人工作都是军事化的，我带队喊着口号带领大家去工地。我还组织一些文体活动，拔河比赛、篮球赛、乒乓球赛等，我曾在学校就是体育委员呢！

林 原来如此，您提到了文体活动，这方面其实我们也挺想了解一下，在十堰辛苦建设的工作中，可能文体活动方面你们也没有落下。您在工会有什么记忆深刻的故事吗？

丨刘 我觉得文体活动还挺有效果，如组织篮球队就能提高大家工作积极性。当时“102”有个特点，什么《沙家浜》啊，一团一个样板戏。当时六团最拿手的样板戏是《智取威虎山》，演员都是从内蒙古工建单位带来的主力。体育以篮球为主，我是什么都爱玩，篮球、排球、羽毛球、乒乓球都爱玩。当时我主要负责组织文体活动。我还在组织部保卫处待了4 年，1980—1984 年。1984 年时我从襄樊回来以后不到一个月有一个中央文件解决知识分子两地分居的问题，因为执行这个文件家属才过来的。后来在工会当了工会副主席四五年，1995 年工会主席退休，我才正式接任。

林 您的经历确实很丰富，听您的讲述中一直提到了军事化，可以具体说下吗？

丨刘 对，这个很重要。建设队伍，军队编制，这是当时的一个特点。军事化的生活方式，造就了三线建设上的建筑队伍更有了严明的纪律性，迎难而上的战斗性，团、营、连、班的编制使我们这些建筑工人形成大小不同的战斗集体，一般情况下是以连为战。

林 那么当时工会也体现出军事化吗？

丨刘 是的，在建设队伍组织形军事化的同时，自上而下，还贯穿着一条红线，这就是党的领导。党的组织建设，党支部建在连队，各连再根据各连的党员人数建立数个党小组。当然，也要按时过正常的组织生活，除了按时缴纳党费，参加党务学习、会议以外，还要做好“吐故纳新”的发展工作。为了加快三线建设的速度，确保工程质量，防止出现安全事故，营、连级还经常召开不同人员参加的各种会议。传达党的方针政策，总结工作经验，布置生产任务，表扬好人好事，纠正歪风邪气。

林 那么在建设工作方面是如何体现军事化的呢？

丨刘 每天上班前，全连按班整队集合，每个人都带着“战斗武器”（生产工具），由负责生产的连长布置当天的生产任务，并提出完成任务的数量要求，强调安全生产的重要性，然后再奔赴“战场”（工地），在进入工地的路上由连队的负责人喊着“一二一”的号子，走着统一的步伐，唱着革命的歌曲，雄赳赳、气昂昂地奔赴工地。到了工地以后再由班组长安排当天的任务，每个职工马上投入到各自的工作岗位。在岗位上每个职工就像解放军战士一样对工作认真负责，一丝不苟，精益求精。领导在不在现场都一样自觉地干好本职工作，保质保量地出色完成任务。大概就是这样。

林 那今天的访谈也差不多到了尾声，您可以评价下“102”这支建筑队伍军事化吗？

| 刘 建筑队伍学习解放军，这是大势所趋，学习解放军不能仅仅停留在形式上，更重要的是以解放军的编制为基础，从思想上、行动上去学习纪律严明的组织性，敢打敢冲的战斗性，完不成任务决不退下战斗岗位的坚定性，轻伤不叫苦，重伤不下火线，有着自我牺牲的顽强战斗精神。

林 很感谢您的讲解，以及对我们的支持与帮助！

| 刘 不客气，也欢迎你们再来！

工矿社区的时空变迁及社区认同感探析
——基于平顶山市煤炭企业社区的口述史研究

李光雨 黄怡

同济大学建筑与城市规划学院

摘　要： 随着我国经济体制改革的不断深入，大型国有煤炭企业下辖的工矿社区正在经历变革的“阵痛”。本文以口述史研究形式，通过对 21 个职工社区的调研和 47 位相关人物的访谈，回顾了河南平顶山工矿社区居民自 20 世纪 60 年代至今的生活经历，并将社区情感与物质空间结合分析，探析社区居民认同感的发展变化。随着企业转型发展，职工社区的维护主体由单位移交给社会，社区也因此丧失了企业福利支持，由此出现了居民公共活动受限、身份认同感降低、一时无法适应治理体制变化等问题，社区认同感受到负面冲击。改善社区公共交流空间、帮助社区建立自主治理体系，将有助于解决社区问题，增强社区认同感与凝聚力。

关键词： 工矿社区 社区认同 时空变迁 口述史

1 引言

伴随着全社会对社区这一基层社会单元的逐步重视，社区认同感作为社区情感中的重要组成部分引起越来越多学者的关注。国内学者对社区认同感已经有了一些研究基础，但是对“工矿社区”这一特殊的社区类型还缺乏应有的认知；且对社区认同感的研究大多集中在社会学领域，从规划视角的研究相对较少，缺少与物质空间分析的结合。因此，本文将以实地调查、既有文献和口述素材作为主要研究依据，以平顶山煤炭企业的职工社区为例，对社区居民认同感进行观察与解读，探究其中可能存在的空间与社会问题。下文将首先介绍本次研究的相关背景及平煤集团职工社区的建设发展历程，之后将访谈内容中涉及社区居民认同感的内容进行整理分析，最终提出重塑社区认同感的几点建议。

2 研究背景

2.1 理论背景

口述史研究是利用录音、录像或计划采访的记录，针对过去事件的参与者或观察者进行访谈，收集和研究有关个人、家庭、重要事件或日常生活的历史信息。口述史力求从不同的角度获得在书面资料中大多无法找到的信息。口述史所呈现的知识是独特的，因为口述史以其主要形式分享了被采访者的隐性视角、思想、观点和理解。现代口述史学于20世纪40年代后期在美国兴起[1]，21世纪才在国内建筑学领域逐渐迅速发展，为地方民居、少数民族建筑、传统建筑的建筑形制、营造技艺、建筑工艺及建造手法的解读提供了宝贵的第一手资料。在社区研究领域，口述史研究大多从社会学视角出发，如对北京天桥地区的记忆诠释[2]；在规划研究领域，口述史也被运用在历史街区的形成和演变分析中[3]，但缺少对其他类型城乡社区的关注。本文将从规划专业的视角出发，将社区情感变化与社区空间变化关联考察，以口述史的研究方式对工矿社区的居民认同感进行探究。

1887年，德国社会学家斐迪南·滕尼斯（Ferdinand Tönnies）在其成名作 *Gemeinnshaft Und Gesellschaft*（《共同体与社会——纯粹社会学的基本概念》）中，将“社区”与“共同体”视作内涵一致的两个概念，并且指出共同体(社区）是一种亲密无间、相互信任并基于共同信仰和风俗之上的人际关系。[4]国内在学术研究和行政领域对于社区的外延有不同定义，本文中所指的“社区”概念侧重于学术含义，以定居点或居住小区形态为主。相对于城市中经由市场途径或自发形成的社区，单位职工社区往往带有浓厚的体制烙印和集体文化色彩；其中的工矿社区，早期常常孤立地处于城市边缘或矿山脚下，包含了不同于一般单位制社区的物质生活环境和邻里情感。本研究中的工矿企业职工社区以多层住宅小区为主，规模在1000～2000户不等。

国内外对社区情感的研究主要集中在社会学领域。1986年，麦克米兰和查韦斯（McMillan & Chavis）首次共同提出了社区情感理论，认为社区感（Sense of Community）所指包括了身份认同、相互影响，以及成员需求将通过对共同生活的认同而得到满足的信念[5]。其中的社区认同感（Community Identity）则获得了社会学研究者们持续的关注。普蒂芙特（Puddifoot，1996）曾将社区认同划分为“居民对社区生活质量的评价、居民对社区情感联系的感知”等14个维度[6]，国内一些学者在此基础上通过定量分析的手法提出了社区认同量表的“两个维度”（功能认同和情感认同），认为社区认同与社区参与、邻里互动、人际信任、幸福感等紧密相关[7]。对社区认同的研究涉及城市社区改造、乡村社区营建的过程以及城市普通社区、少数民族社区、单位制社区等对象，基本在社会学领域开展；城乡规划领域的相关研究较少，其中包括对于工人新村的社区认同的定量研究，城市更新改造规划实践中对社区日常空间、历史记忆及社区认同的研究。[8-14]

2.2 案例背景

平顶山市是河南省的地级市，城市发展起源于煤炭开采工业，在20世纪60年代期间由国家煤炭工业部和河南省共同领导，经济社会发展受到国有煤炭企业“平顶山煤业集团”（下文简称“平煤集团”）的深远影响。据资料记载，1953年平顶山煤田开始勘探开发，1957年经国务院批准正式设立平顶山市。2019年，平顶山市三次产业结构比例为7.3：46：46.7，其中第二产业中经济贡献率最高的煤炭开采和洗选业务，正是平煤集团的主营业务之一。

平顶山矿区是1949年后我国自行勘探、设计、开发和建设的第一个特大型煤炭基地。1952年，平顶山矿区被列为国家“一五”计划的重大建设项目。近年来，企业经历了一系列转型变革，正逐步渡过煤炭产业发展滞缓期，迎来新兴产业的大力发展。截至目前，平煤集团共有在册职工十余万人，其下辖煤炭开采及洗选、煤焦化工、机械制造、运输、纺织、新能源设备制造等众多产业。在集团教育（含中小学、幼儿园、高中、职业技术学校）这类社会福利部门剥离企业划归市政府管理之后，市区内仍然每三个家庭中就有一个家庭是平煤集团职工。“像平顶山这样的五六线城市，基本上所有的企业都归‘平煤’了……人家说进到咱平顶山市区，一街两行，从建设路到矿工路，再到平安大道（指三条横贯整座城市的东西向城市干道），只要是企业，99%都是‘平煤’的，不属于‘平煤’的小企业，要么收归‘平煤’，要么就死掉了。”（平煤集团某领导访谈摘录）

3 研究方法

本研究以口述史方法为主，前期进行了相关背景资料的收集与整理，确定研究主要方向，并以半结构化访谈形式为主，对包括平煤集团领导、社区管理人员、社区居民在内的多个人群分别发出访谈邀约，并最终完成47个访谈对象的口述材料收集。将访谈录音材料进行文字化整理，整理过程中力求保留原本的谈话内容及访谈对象的语言情态，之后对整理所得的文本内容进行严密的分析筛选、编码和总结。

根据对象的不同灵活选择多样的访谈方式，对企业领导及社区管理者的访谈需经熟悉的人进行引荐，提前约好时间到指定地点进行访问；另一方面，对平煤集团职工社区进行分类：按建设时间分成——20世纪60—70年代建成、20世纪90年代建成、2010年左右建成；按建筑类型分成——平房社区、多层住宅社区、高层住宅社区；挑选不同类型典型社区随机分别实地踏访（一共涉及工矿社区21个），并对社区居民进行随机访问，从而获得大量的居民访谈材料（图1、图2）。

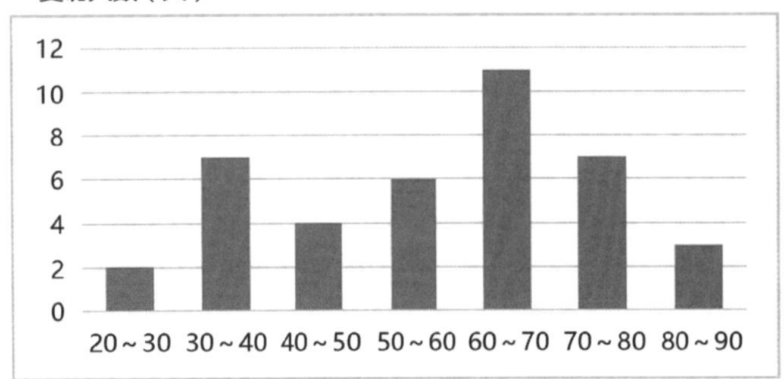

图 1 受访人员年龄分布

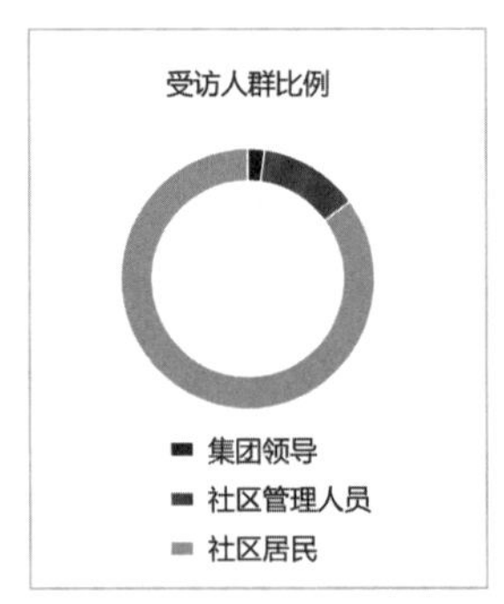

图 2 受访人员类型分布

4 平煤集团职工社区的时空变迁

4.1 工矿社区建设历程

受不同时期住房政策的影响，平煤集团职工社区的空间发展时序如图 3 所示。从建矿之初 20 世纪 60 年代的砖瓦平房、单身宿舍到 21 世纪建设的高层居住小区，90% 的受访者表示自己的居住生活环境在住宅质量、绿化面积、空气质量等方面有所提升，但是公共活动空间、公共服务设施配套水平和社区管理水平有所降低。受到“采煤沉陷区治理”“棚户区改造”等政策影响，职工社区建设在 2000 年前后迎来高峰。近几年来，集团逐渐不再直接主导职工住房建设，而是采取企业出面团购商品房小区等形式解决职工的住房问题。

由访谈得知，截至目前，平煤企业提供的职工住房基本上可以覆盖到每户职工家庭，有两代人在集团工作的职工家庭基本可以分得两套面积在 70平方米以上的职工住房。

4.2 各时期工矿社区的空间特征

对不同时期工矿社区的空间特征进行分析总结，可主要分成以下三个阶段。

4.2.1 20 世纪 60—70 年代

1958 年建矿投产后，第一批入职的职工绝大多数是从周边县、市来到矿区工作的外地青年，还有少量国内大型煤矿（如开滦煤矿）调来工作的熟练工人。由于建设资金紧张还要优先保障生产性资金投入，20 世纪 60—70 年代矿区的住房建设以单身宿舍为主，附带建设少量的家庭住宅

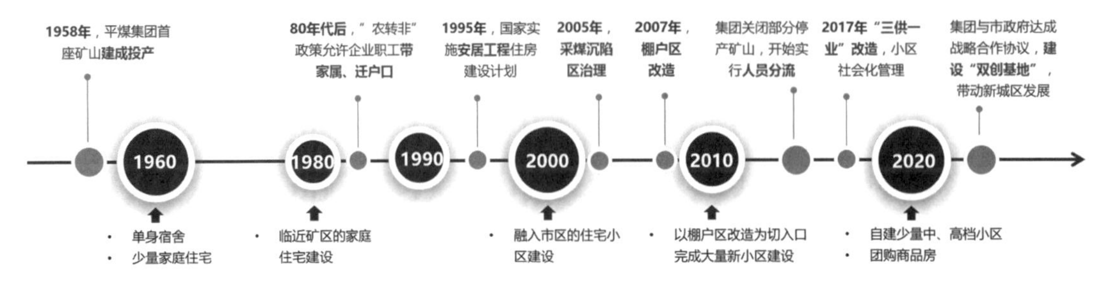

图 3 平煤集团职工住房建设发展历程

图 4 20 世纪 60—70 年代平房

图 5 20 世纪 80—90 年代多层住宅小区

图 6 2010 年建成搬迁安置住房

图 7 2014 年建成高层住宅小区

以提供给携带家属的外地工人。建筑形式多为砖瓦平房，选址多紧邻矿区，最大限度地减少通勤距离（图 4）。

4.2.2 20 世纪 80—90 年代

20 世纪 80 年代后，国家放开企业职工家属的户口迁移管控，符合条件的职工可以将其家属带来矿区共同生活，“农转非”的落户政策催生了大规模的职工家庭住宅建设（只有企业干部、高级职称技术员及少量职工拥有带家属资格）。该阶段新建职工社区多是 5 ～ 6 层的居住小区，选址临近矿区，配建有较为完善的医疗、教育等公共服务设施和活动室、球场等公共文化体育设施，也为居民提供食堂、澡堂、退休干部活动中心等职工福利型服务设施（图 5）。

4.2.3 2000 年至今

2000 年以后的职工社区建设绝大多数与沉陷区治理、棚户区改造等住房政策紧密相关，建设形式以城郊大型居住小区为主，建筑形式多为多层、高层混合。其中于 2010 年前后陆续入住的新城小区房屋总量预计在 80 栋楼以上，当前已建成 54 栋，已迁入两千多户（图 6）。由于城市用地的逐步紧张和住房需求的不断增加，2015 年前后建设的职工住宅以高层现代居住小区为主，除此之外企业还出面协调团购商品住房，以缓解职工住房压力（图 7）。

5 社区认同感发展变化及影响因素探析

5.1 社区物质空间建设

5.1.1 居住空间变化

由鼓励交往的生活空间转变为“有限”交流的公共空间。建矿初期建设的单身宿舍及部分家庭住宅大多是低矮的砖瓦平房或共用走廊的多层围合式建筑，居民需要共用厨房、卫生间等公共设施，他们在走廊相遇、交谈，彼此之间相互熟识、相互帮助、相互依赖，邻里关系紧密、互动性强。在2000年后建成的职工社区中，标准化多层与高层建筑空间的设计更加注重私人空间的维护，公共走廊不再有丰富的日常行为发生，电梯间的偶遇很难促使居民停下来互相交谈，与20世纪中后期的职工社区生活相比，缺乏邻里间的互动交流，居民联系减弱。“以前出门了都是熟人，现在跟崩（散开）了一样的这儿一个、那儿一个。即使都住在同一个小区，二楼、三楼、四楼都是老邻居，但是从楼上出来的时间都不一样，有的出来往这边走，有的出来往那边走，几乎都不见面。有的去串门子还要换鞋，就很不习惯，跟以前家里不一样，我感觉不喜欢。”（社区居民访谈摘录）

5.1.2 公共活动场所变化

丰富的公共活动场所只剩下“屈指可数”的社区棋牌室。20世纪80年代形成的职工社区中，公共活动空间的建设是一大亮点，包含了体育运动场地（灯光球场）、文化设施（图书馆、影剧院等）、休闲娱乐设施（矿工俱乐部、老干部活动中心）等众多类型，极大丰富了社区居民的日常生活，为邻里之间的交流互动提供了必要的空间场所。而20世纪90年代后期开始建设的职工社区中，所谓的“社区活动室”大多仅为一间房间的棋牌室，不仅局促而且常常“烟雾缭绕”，极少有居民会在闲暇时前往使用。不仅如此，在社区自主拥有的公共活动设施减少的同时，由于新建小区大多选址在城市边远郊区，因此小区周边极度缺乏城市配建的文化、娱乐设施，使得社区居民如同生活在文化荒漠。“以前老伴儿吃过饭就去老干部活动中心下下棋，现在成天跟别的老头儿坐那大马路边儿上（指小区门口的城市干道），看着车来回过，灰尘荡得跟什么一样。我没去过，他天天去，坐那儿仰着脸看汽车（来来往往），有啥看头？”——女受访者，80岁；“啥看头啊，吃了饭没事儿干，等着死，就这么回事儿。”——男受访者，82岁（社区居民访谈摘录）

5.1.3 公共服务设施变化

从“十分钟步行生活圈”转变成“半小时车程生活圈”。20世纪80年代建设的职工社区大多紧密围绕在工矿企业周边，在围绕企业1～2公里范围内形成含住宅区、教育设施、医疗机构、商业服务、金融服务等设施齐备的生活组团，且设施建设标准高于周边农村甚至城市的水平，矿区医院大都符合二级甲等标准，集团下属中小学师资力量远高于周边普通学校；居民步行十分钟可到达菜市场、零售商铺、学校、医院等日常服务机构。而新建小区的选址大多在城市郊区，职工社区不再配建中小学、菜市场等基本服务设施；为了相对合算的价格，大多数居民日常买菜需要乘坐公交车约20分钟至附近的大型超市进行采购，来回折返疲惫不堪；中、小学生上学需要横跨城市干道、乘坐公共交通；娱乐消费场所、银行及其他金融机构的设置更是滞后，严重影响了社区居民的日常生活。

社区物质空间的变化改变了居民的行为方式，使社区生活氛围由欢快愉悦变为枯燥乏味甚至“困难重重”。虽然新建小区在建筑质量上有所提升，但是极度匮乏的公共活动场所、娱乐设施和服务设施给居民的日常生活带来了负面影响，造成了居民对社区生活的满意度下降、认同感降低。

5.2 生活方式及邻里互动

前期工矿社区多围绕工矿企业建设，平煤集团下属 11 个煤炭开采矿区都形成各自独立的居民生活区，大多自成体系，远离城市中心且与周边农村相对隔离。在同一个社区中居住的都是同一个矿区的职工及其家属，居民在早晨结伴前往单位上班，又在下班后的相近时间去菜市场挑选蔬菜，在夏天的傍晚一同前往球场观看篮球比赛，在事情繁多时拜托邻居照看小孩……社区居民有着相似的生活习惯和共同的社会网络，彼此之间非常熟悉,成为邻里之间相互信任和依赖的基础。而在后期建造的集中型搬迁安置社区中，住房按比例分配给集团下属的各个企业，社区中往往各单位员工混居，大家在不同的企业上班，赶时间去往不同的通勤车站点，有着不同的作息规律，交流互动减少，彼此之间缺乏了解和信任，进而造成冷漠的邻里关系，社区认同感降低。

5.3 身份认同

相对于更为年轻的两代人，生活在 20 世纪 70—80 年代职工社区中的第一代职工有着浓厚的集体意识。他们将自己的日常工作与对国家的贡献等同起来，以自己的工人身份为傲，为自己所从事的煤炭开采行业及身处国企环境感到自豪。对第一代职工来说，尽管所处的岗位不尽相同，但是社区居民领着相近的薪水，“为国家作着同样的贡献”。在采访过程中，不止一位女性（30～40 岁）表示：“曾申请调动工作岗位，主动从重要核心的岗位上调离，转而从事社区的保洁、绿化工作（隶属于企业的后勤部门），虽然工资降了一点儿,但是可以更加方便地照顾小孩”。社区居民不追求突出的物质财富，满足于当下的生活状态，对自己的邻里生活认同感更高，彼此之间的情感纽带更加单纯和稳固。

然而随着经济社会的不断发展，城市生活不再局限于辅助生产而跃升至更高层级，传统企业提供的薪资不足以支撑职工体面的生活，甚至企业核心部门的职工也收入寥寥，大家对物质财富和享受型消费的向往逐渐增强，打扫卫生等保洁工作的成就感下降。随着煤炭行业的转型压力逐渐增大，正值壮年的企业职工也面临着巨大的“转岗分流”压力，在 40 岁左右的年纪被迫“选择”独自去往离家 20 公里外的其他企业（同属平煤集团）工作，承担更为繁重的劳动，远离家人，重新适应陌生的环境，以换来薪水提高 20%。而不愿意选择转岗的职工，职业生涯可以预见，将用一成不变的薪水来负担经年累月的通货膨胀，生活质量会逐年下跌。

职工失落感日渐攀升，“单位”的意义不再与荣誉和信念相关，而仅仅是谋生的场所和途径，且无法满足社区居民日益增长的物质需求。对自身身份认同感的降低也导致了社区居民对其所处环境的负面评价不断攀升，工矿社区不再是一个可以引以为豪的集体，甚至由于收入水平的降低而成为居民心目中的低收入人群聚集地。由于地理位置偏远的原因，新建职工住区不受年轻人的青睐，只有已经退休的老年人愿意入住,社区中的老年人比例达到 7 成以上。与 20 世纪 80 年代职工心目中蓬勃、热情、有朝气的职工社区不同，这些新建于 21 世纪的职工住区成为居民口中备受嫌弃与冷落的“只有老年人才会愿意来的贫困小区”。

5.4 体制依赖

“单位办社会”的时代烙印对工矿社区有着深远影响，企业承包了生活中的方方面面，为职工的住房需求（提供远低于市场价格的职工住房）、子女入学、生病就医、商业购物、文化娱乐等提供服务，生、老、病、死等人生大事背后都有单位的参与和支持。工矿企业的第一代职工有着更强的集体意识，他们更加习惯于集体生活，也更加依赖“单位”作为支撑自己生活和工作的后盾。在此过程中，企业承担着超出其负荷能力的社会责任，在生活保障方面的支出加剧了其负债的增长。随着经济体制改革的不断深入，自顾不暇的国有企业尝试削减职工生活保障方面的各项支出，以保持企业竞争力，增强企业盈利能力。“三供一业”分离移交政策（指企业职工社区供水、供电、供气改造及物业管理社会化）的出台极大推动了工矿社区生活社会化的进程，企业逐步撤出社区日常管理。

在2017年“三供一业”分离移交之前，工矿社区的组织管理和物业卫生打扫都是由企业安排专人负责，企业后勤部门的绿化队职工负责小区绿化修整，保卫科职工负责小区的安全保障，企业出资建设老年人活动中心并定期组织一系列的象棋联赛、舞蹈演出等文娱活动。“三供一业”分离移交后，社区管理由企业移交给街道部门和物业公司，企业相关职工尽数转岗调回，由小区业主委员会（社区自治组织）联系洽谈第三方公司进行物业管理。在移交之前，所有社区管理涉及的人员雇佣开销以及清洁费用、安保费用、设施维护费用等均由企业承担，居民习惯了享受免费的物业管理服务，对改造后物业及水、电费用上涨多有不满，再加上对原有单位的习惯性依赖、对新招标的物业公司缺乏信任、业主委员会初期运行不畅等原因，社区生活正经历波动和挑战。

“集团管着好，集团管着你不交费了只是停你水电，现在让外边的‘野人’（指私营企业）承包了，头一拨儿（指物业公司）给交钱了，人家卷着钱跑了，他跑了你找谁去？这一拨儿来了之后，打扫不错，但是人都有警惕了，前一拨儿没交钱的人说，交钱的人都有点傻，还是不愿意交，前一拨儿交过钱的现在更不愿意交钱了。现在的公司来了将近半年了，都不交费，人家又撤走了。现在小区已经半个月没人打扫卫生了，垃圾遍地也没人管。”（社区居民访谈摘录）

“物业来回换公司，以前的那个阳光物业还可以（集团下属物业公司），现在这个来了以后直接把物业费涨了一半，但是咱这是在建小区，很多设备也没有，还要按二星级收，谁给他？物业跟业主闹得不愉快，昨天早上把小区大门挡住不让人出入，很多居民都耽误上班了。报警报了七八十来回了，这一次人家派出所的领导来了，物业经理躲着不见，警察都恼了，说这是消防通道，如果是谁再阻挡大门影响居民进出，下次来就先把他抓走！”（社区居民访谈摘录）

“交出去以后他聘用一些第三方物业管理公司，如果是那些老的院（指20世纪80—90年代职工社区），基本上它的管理水平没有原单位管理的好。顶上（指高层政策制定者）想甩包袱，企业也想甩包袱。但是经济财力根本就是跟不上，服务的质量肯定要下降。”（街道办事处工作人员访谈摘录）

除了物业管理之外，“三供一业”分离移交后社区公共服务的提供、公共活动的组织则同时移交给“社区中心”进行日常监管。“社区中心”是2002年平顶山市统一设置的社区管理机构，将原有的4～5个居委会整合为一个管理单元，作为街道办事处的下派机构对城市社区进行管理。工矿社区移交给地方管理之后，失去了原有企业的资金拨付和人员支持，社区活动的开展遇到了极大的困难。之前时常开展的社区篮球赛、消夏演出、象棋比赛、合唱队等活动难以持续，仅在极个别受到关注的“模范社区”才能勉强维持。现在的社区管理规避了很多责任，对于物业管理、活动组织等涉及资金往来的棘手问题，管理者都不直接负责，由业主委员会来具体执行，即使物业公司与业主闹得不可开交中途跑路，管理者也只能“尽量协调”。组织管理模式的改变减少了居民参与社区公共活动的机会和热情，短期内对职工社区邻里满意度及社区凝聚力带来了较多负面影响。

“有些事儿是各司其职，业委会的事儿是业委会的事儿（指社区中心不参与物业公司招标）……社区其实从原先的一个政府派出机构变成一个服务机构了。社区这边负责党建管理、办理各种证明文件（准生证、就业、失业登记证等），至于后边开展的工作，要是你手头工作忙完了没啥事了，你搞个其他的活动都可以（娱乐类活动），

那就看你的资金了，钱都到位的话，你搞活动就好搞。社区就是个清水衙门，他都没啥钱搞这些。”（社区书记访谈摘录）

6 重塑社区认同感的几点建议

6.1 提升社区公共空间环境品质

社区公共空间环境的改善可以有效提升居民满意度并促进邻里亲密关系。在满足居民个人私密空间受到保护的前提下，在楼间场地或公共楼梯间创造临时停留及交流空间，尝试还原早期职工社区中邻里之间的日常交流场景，通过设置楼前休憩座椅、门厅公告栏等功能活动设施为居民互动交流创造更多可能。提升社区集中活动场地的吸引力，营造儿童活动空间、运动健身空间、休闲游憩空间等不同功能的户外活动场地，为不同年龄段的居民提供不同类型的活动空间，丰富居民的日常生活，可以提升居民幸福感和满意度。

室内活动空间的建设面临可用空间有限、娱乐设施缺乏等问题，应在基层政府的帮助下增加资金投入，梳理低效利用空间，配备必要的文化娱乐设施，鼓励建立合唱队、舞蹈队等文化活动组织，帮助社区老年人融入丰富的社区活动中来，消减孤独感带来的负面情绪，增强居民幸福感和归属感。同时，社区公共活动空间的建设还应注重无障碍系统的构建，为社区儿童和老年人的室内外活动创造更加便利、安全的物质环境，减少不必要的出行麻烦，鼓励全体居民融入社区生活。

6.2 完善社区自主管理体制

管理体制的变化对社区居民认同感有着深远影响，居民与社区管理者之间、与物业公司之间以及居民相互彼此之间信任的建立是社区认同感提升的重要前提。过去由单位进行社区管理时，企业付出了高昂的人力、物力成本，从而与居民群体之间建立了高度的信任关系。而管理体制改革之后，企业退出社区管理者的角色，居民在无奈地独自承担相应物业管理费用的同时，对物业管理机构产生了严重的不信任感，消极配合或者抵制的行为给社区的维护和运营带来了巨大的挑战。与此同时，企业放手导致居民有强烈的“被抛弃感”，社区认同感降低，邻里关系逐渐陷入紧张。

社区管理部门应更快引导工矿社区成立自治组织，协助工矿社区尽快建立自治组织的工作机制和工作流程，从而实现由“单位化”向“社会化”的平稳过渡。同时，还应着力培养社区居民的社区事务参与意识，通过意见征询、民主座谈、入户调研等方式，广泛收集居民意见，协助居民代表达成意见共识，动员居民发挥各自所长共同解决社区所面临的现实问题。在共同参与处理社区问题的过程中，不断完善居民自治组织的体制建设，规范运作程序，形成有效合理的运作机制，发挥自治组织影响力，引导居民形成共同意识，促进公众参与，重塑社区凝聚力。

6.3 培养社区事务管理人员

在社区管理社会化之前，工矿社区的组织管理由企业的后勤部门负责，管理人员属于企业职工，与社区居民都是同事关系，大家相互熟识，能够彼此包容理解，在管理费用收取、社区活动组织等日常事务上更容易达成共识。推向社会化后，社区中心作为街道办事处下派的延伸机构能够提供的援助非常有限，大多数管理者无意卷入复杂的社区利益纷争，与居民之间联系淡漠，只提供有限的政策类服务。同时，居民对第三方机构如物业管理公司等充满质疑，双方常常持有尖锐的对立立场，缺少有效的协调沟通组织，也导致了过渡时期的混乱场面频现，社区问题无法得到合理解决。

因此，职工社区面临着学习“自治”的挑战，其中最重要的核心便是培养社区自己的利益代表，表达自身立场，争取合理权益，协调各方沟通，解决社区问题。当社区事务管理者的角色落到社区成员身上，如何培养与建设管理者队伍便成为重要问题。应动员社区居民参与社区事务管理的积极性，发掘有条件参与社区管理的社区成员，通过定期课程培训、政策讲解、沟通锻炼等方式培养其逐步成为合格的社区工作者，以非官方聘用退休人员或兼职人员等形式，形成社区事务管理者培养机制，确保社区自治的长久有效。

7 结语

自 20 世纪 50 年代平顶山开始煤炭开采，其工矿社区在空间形态上经历了从平房宿舍到多层、高层住宅的若干阶段，在物质空间发生变迁的同时，居民的社区认同感也悄然发生变化。本文以口述史研究为主要方法，在对企业领导、社区管理人员、社区居民等不同社会群体进行深入访谈获取第一手资料的基础上，得出整体判断，随着职工社区公共活动空间在数量、规模和类型上的缩减，社区居民日常娱乐活动项目匮乏，活动参与热情降低，邻里之间情感联系减弱。由较为单一的同单位职工社区转变为多个单位职工混居小区，居民之间的交流互动相对减少，身份认同、体制依赖等情感因素进一步加剧了社区凝聚力的衰减，导致当前职工社区认同感相较 20 世纪 80 年代左右有明显下降。

社区治理是社会治理的基础环节，工矿社区由于其特殊的社会、经济、文化背景和空间特征，其发展变革中遭遇了重重困难。如何引导社区居民由“单位制”向“社会化”过渡，保持积极正向的社区情感，应成为社区研究领域的重要议题。本文认为提升公共空间品质、完善社区自主管理体制、建立社区事务管理者培养机制能够为社区凝聚力和集体认同感的提升带来积极影响。

参考文献

[1] 杜纳威，鲍姆 . 口述史学：一个跨学科文集 [M]. 纽约：哥伦比亚大学出版社，1984.

[2] 蒲妍如 . 天桥的记忆与生命的诠释 [J]. 学理论，2012（12）：63-64.

[3] 齐晓瑾 , 霍晓卫 , 张晶晶 . 城市历史街区空间形成解读——基于口述史等方法的福州上下杭历史街区研究 [C]//2014 年中国建筑史学会年会暨学术研讨会论文集 , 2014.

[4] 滕尼斯 . 共同体与社会 [M]. 林荣远，译 . 北京：北京大学出版社，2010.

[5] MCMILLAN D W，CHAVIS D M. Sense of Community: A Definition and Theory[J].Journal of Community Psychology，1986，14（1）：6-16.

[6] PUDDIFOOT J E. Some initial consideration in the measurement of community of identity[J].Journal of Community Psychology，1996，24（4）：327-336.

[7] 辛自强, 凌喜欢 . 城市居民的社区认同: 概念、测量及相关因素 [J]. 心理研究, 2015, 8(5): 64-72.

[8] 丁凤琴 . 关于社区情感的理论发展与实证研究 [J]. 城市问题，2010（7）：23-27.

[9] 桑志芹，夏少昂 . 社区意识：人际关系、社会嵌入与社区满意度——城市居民的社区认同调查 [J]. 南京社会科学，2013（2）：63-69.

[10] 马健雄 . 社区认同的塑造：以勐海“帕西傣”社区为例 [J]. 云南民族学院学报（哲学社会科学版），2001（6）：69-75.

[11] 蓝宇蕴，苏振浩，黄晓丹，等 . 城中村外来流动人口聚居区的社区认同——以广州石村为例 [J]. 社会创新研究，2020（1）：148-168.

[12] 何卫平 . 后单位社会下城市社区意识的重塑 [J]. 四川理工学院学报（社会科学版），2012，27（1）：43-46.

[13] 王孟永 . 社区认同、环境情感结构与城市形态发生学机制研究——基于上海曹杨新村的测量与评价 [J]. 城市规划，2018，42（12）：43-54.

[14] 黄怡，吴长福，谢振宇 . 城市更新规划中社区日常空间与历史记忆——山东省滕州市接官巷历史街区更新改造规划实践 [C]// 社区・空间・治理——2015 年同济大学城市与社会国际论坛会议论文集 [M]. 上海：同济大学出版社，2015.

王世慰先生谈 20 世纪 80 年代华东院室内设计专业建制与实践

张应静

华建集团华东建筑设计研究总院

摘　要： 20 世纪 80 年代作为中国改革开放之后的第一个十年，有着重要的意义，对室内设计专业来说，也是如此。王世慰作为 20 世纪 60 年代进入华东院的设计师，从华东院家具组的初创到室内设计组的组建都起到至关重要的作用。到 80 年代的项目实践更是具有示范意义，反映了当时华东院室内设计的本土探索与中西融合，也反映了那个时代上海乃至全国城市建设的历程。

关键词： 室内设计 旅游宾馆 华东院 人才培养

1 引言

在改革开放之前，国内对于室内设计还没有足够的认知，似乎提到室内设计就是“穿衣服”，就是“涂脂抹粉”。此外，落后的经济条件也限制了室内设计的发展，室内设计与“高标准”几乎是同义语。而早在20世纪40年代，国际上就已从“室内装饰”发展成为“室内设计”，室内设计已不再单纯作为满足视觉要求的装饰，而是综合运用技术与艺术手段组织的理想室内环境，与建筑、结构、设备浑然一体，成为不可或缺的部分。

受访者王世慰，上海人，生于1937年。1962年毕业于中央工艺美院建筑装饰系，同年进入华建集团华东建筑设计研究总院（简称“华东院”），为华东院室内设计所长、主任建筑师，上海华建集团环境与装饰设计院总建筑师。曾任中国建筑装饰工程协会常务理事、中国室内建筑师学会理事、上海建筑学会建筑环境艺术学术委员会副理事长。历年来主持参加的重大建筑装饰室内设计工程包括上海虹桥机场、浦东国际机场、上海新客站、上海地铁一号线、上海交银金融大厦、上海东方明珠、南通文峰饭店二号楼、苏州中华园大饭店、上海影城、上海书城、上海青松城、上海久事大厦百盛商场等。他的职业生涯与室内设计行业发展有着颇深的渊源，既见证了华东院室内设计团队的萌芽与发展，也反映出20世纪60年代起室内设计专业在上海乃至全国的发展历程，在这个过程中他亦作为推动专业前进的重要力量之一。

王世慰进入华东院之前，作为中国室内设计行业的开创者及奠基人之一的曾坚[1]也曾就职于华东院，从事家具设计。王世慰说：“1960年，华东院的老专家曾坚调职去了北京建设部，在北京工业建筑设计院专门成立了室内设计室，他看我也是上海人，就在我毕业后（1962年）把我推荐到华东院，他告诉我华东院需要建设一个家具组，于是我就过来了。刚进华东院的时候，华东院乃至整个上海的建筑设计单位都没有将室内设计作为一个独立的专业，从全国来看都是为数很少的。当时我们专业被称为家具组，附属于第三设计室二组。”

1962年是一个特殊的年份，华东院迎来了一大批大专院校的优秀学生，有来自清华大学、同济大学、天津大学、哈尔滨工业大学等，倪天增、管式勤、田文之、潘玉琨、张延文等人都是在这一年进院的。王世慰说：“中央工艺美院建筑装饰系和清华大学建筑系当时是兄弟班，很多清华建筑学专业的教授来给我们上课，如王炜珏，而中央工艺美院的老师也有在清华授课，如奚小鹏。我们和倪天增、凌本立、王凤等人都算是兄弟班的同学了。”除了学校之间的老师会进行跨校授课交流，包括来自北京建筑设计院总建筑师张镈、北京工业建筑设计院戴念慈、林乐宜、曾坚，清华大学吴良镛等都会在中央工业美院做讲座，大大提升了学生的专业素养。王世慰说：“我就是在学校的讲座上认识了曾坚，因为我们都是上海人，所以觉得很亲切，他后来还作为我毕业设计的指导老师。”可以看出对室内设计（当时称为建筑装饰）专业人才培养已经逐渐重视起来。

早期建筑类型不多，工程总量不大，对于室内设计专业的要求也就相对较少。在当时的建筑施工图说明中有一条“装修用料与做法”，涵盖了室内设计的相关内容。工程项目中大多都是由建筑师来完成室内设计部分，那个时候很多建筑师都是优秀的室内设计师，这种状况一直持续到20世纪80年代。[2]

2 旅游宾馆发展：20 世纪 80 年代初期室内设计蓬勃初见

2.1 龙柏饭店

20 世纪 80 年代是中国社会、经济发展过程中一个重要的转折点，随着改革开放的不断深入，旅游业被列为重点发展的方向。要发展旅游业，就一定要做大量的宾馆，室内设计在旅游宾馆中恰恰有着非常重要的作用，作为建筑设计的继续和深化部分，影响着项目的最终效果。华东院作为国家旅游总局和建设部任命的旅游旅馆指导性设计院[3]，承担了上海市大量旅游宾馆的设计任务。而设计于 20 世纪 80 年代初期的龙柏饭店，可以算是代表当时建筑室内设计水平的作品之一。

王世慰说："我参与的第一个宾馆设计是龙柏饭店。那时整个华东院家具组只有四五个人，有艾小春、袁鸣、惠健中，大部分是上海工艺美术职业学院家具与室内设计专业毕业生，在这之前就更少了。龙柏饭店位于上海西郊，是我们自己设计、管理、经营的第一个宾馆项目，在全国都有着极大的影响。该项目中有部分室内设计由建筑设计师完成，我们团队则主要负责了从主楼到辅楼的客房家具、灯具设计等。"

龙柏饭店的设计特色之一就是在建筑环境和室内装饰方面作了深入探索。该项目基地原本就有很好的环境，建筑设计以环境为出发点，做到了建筑与环境相协调，为环境增色。而室内装饰设计则以"中而新"为目标，挖掘民族特色，将传统的图案形象与新材料相结合[4]，并赋予地方材料新的形式[5]，十分注重家具、灯具的形式和效果。[1]

2.2 新苑宾馆

新苑宾馆亦是王世慰早期参与的重要旅游宾馆项目之一，项目位于上海市西郊虹桥路中段南侧，基地外围是一派田园风光，因此从建筑设计到家具设计，都力图创造浓厚的江南庭院建筑环境。在室内设计上，强调乡土气息，以国产地方化材料为主，选竹、木、藤、石，并借鉴了庭院建筑的传统手法命名，将书法、诗画及厅堂功能融为一体。[2] 王世慰说："在这个项目中，我们与建筑设计负责人张兰馨、翁皓等充分沟通之后，在确立了要体现江南特色的设计概念下作了深化，尝试了农家乐风格的主题，并得到院总师方鉴泉的悉心指导，最终效果得到业界内的一致好评，影响还是挺大的。从这个项目之后，我们对于材料的运用、空间的塑造等都有了一些经验。"

20 世纪 80 年代早期的旅游宾馆项目以多层为主，多汲取中国传统造园手法，在材料选择方面也受到诸多限制。该阶段的室内设计对项目的重要性已经日益突显，并得以重视，而室内设计们也在为数不多的项目中积攒着宝贵的经验。

3 教学与实践结合：华东院 20 世纪 80 年代中期室内设计专业的发展

3.1 人才培养途径探索

自 1962 年进入华东院承担建筑装饰与家具设计的任务，至 1982 年正式成立室内设计组，经历了 20 年的时间，王世慰也从刚进入华东院的年轻人成长为室内设计室组长。王世慰说："由于我们团队只有四五个人，在项目少的时候还好，加之建筑设计师也能承担一部分室内设计的工作，比如在华亭宾馆的设计中，田文之就负责室内装饰概念设计（图 1、图 2）。但是随着项目越来越多，工程越来越大，专业的人又少，建筑师也无暇顾及，人才的缺失就成为迫在眉睫需要解决的问题。于是院内领导决策，要加强专业人才建设，并设立了 5 个人才培养的途径。"

第一，自培自建，开设室内设计培训班。华东院、华建集团上海建筑设计研究院（简称"上

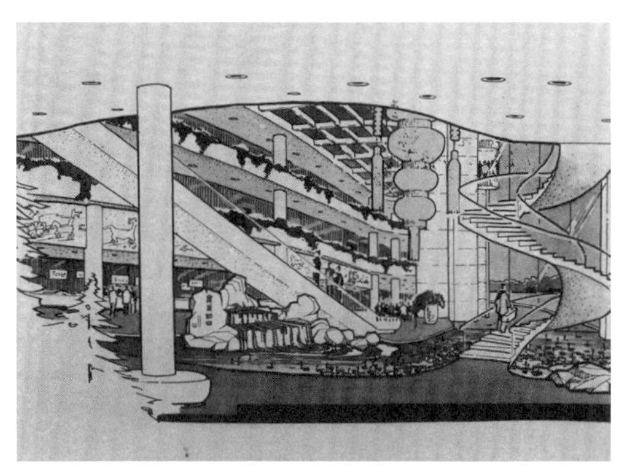

图 1 华亭宾馆裙房手绘稿
田文之绘

图 2 华亭宾馆大堂实景
华东院档案馆藏

海院"）与上海华山美术职业学校合办，由学校与设计院一起出师资力量，并向社会广泛招生，毕业后经考核优中选优。王世慰说："当时在培训班上课的老师多是设计院的设计师，如我院有清华大学毕业的王凤、同济大学毕业的朱银龙等，上海院当时请了清华大学毕业的田守林，都是建筑学设计师。由我担任室内设计专业课程老师，此外还安排了电气、给排水、动力等各专业老师。美术基础的指导老师由华山美术职业学院担任。学员在这里学习两年，最终考核通过后再由各院选拔。这样自培自建的室内设计培训班一共办了两届，1985 年第一届[6]毕业生中华东院选拔出了 5 个人，分别是王传顺、朱传宝、许天、周国庆、于奕文；1987 年第二届毕业生中华东院选拔出贺芳、陈春华、王莹、金文倩、李捍原、卢铭等。通过这两批自培自建的招生，我院的室内设计力量得以大大充实。"

第二，委托代培。由华东院委托中央工艺美院（北京）和浙江美院（杭州，今中国美术学院）进行专业代培定向。王世慰说："通过这个途径进入华东院室内设计组的有张伟、顾复、林约翰等。"

第三，加强充实，从院内调干部过来充实室内设计专业力量。郭传铭，1981 年同济大学建筑学硕士毕业后进入华东院，1989 年调入室内设计室。他是"文革"后进入华东院的第一个建筑系毕业生，也是华东院内第一个由建筑师转行的室内设计师。此外，还有同济大学建筑学专业毕业生顾骏、周豪杰等。王世慰说："他们的加入让我们团队的技术力量得以加强，特别在方案评审、图纸把关上发挥了积极作用。"

第四，面向大专院校招聘，如在同济大学、上海大学等院校招聘。王世慰补充说："如吴明光、沈峯、周文巍、毛小冬、徐访皖、冯榆、李佳毅等"。

第五，面向社会招聘。王世慰说："如濮大铮、庄黎华、陈钟岳、赵峥、唐小寅等，都是从社会招聘进华东院的。"

通过这五个途径，华东院室内设计团队成员从最初的四五个人扩充至三十余人。

3.2 多层到高层的发展——百乐门大酒店

前期累积的旅游宾馆设计经验以多层为主，到 20 世纪 80 年代中后期，高层旅游宾馆项目慢慢增多。百乐门大酒店项目除了有原先室内设计小组成员共同参与，也成为华东院通过自培自建选拔出的这批室内设计师参与的第一个重要项目，如袁鸣、王传顺、许天等均参与了百乐门大酒店的项目。

王世慰说："承接这个工程时，我们已经做过龙柏饭店、新苑宾馆等多层宾馆，有了一定的实践经验，但百乐门大酒店是高层三星级酒店，现场的客观条件也很有限，比如客房空间、公共部分空间都很局促，这样的条件下，要做出功能合理、满足要求、精益求精的室内设计，是要花工夫的。”

在20世纪80年代，境外设计师来中国做设计已逐渐增多，在这个过程中，国内设计师对于境外的设计手段和方法都有所了解，且能不断运用到相应项目中，并将一些技术逐渐本土化。对于室内设计专业来说，借鉴境外室内设计的流程以及宾馆建筑样板间的设计是一个重要的举措。王世慰说：“做百乐门大酒店室内设计时，先发动我们小组的所有同事都参与做方案，待调整完善后，给出一套有设计说明、公共部分和客房的彩色效果图及相应的装饰材料，再与设总程瑞身和业主沟通，通过之后正式做施工图。这个过程是在吸取别人的经验上摸索出来适应我们自己项目的方法。”值得一提的是，在百乐门大酒店项目中，还尝试了做样板间，这在当时是不常见的。王世慰说：“我们在确定方案做施工图的过程中，就明确了要做样板间。这个过程特别关键，决定着客房的好坏以及总造价的高低。比如同样的效果，可能材料不一样，造价就会低一些，整体下来就便宜很多。做好样板间以后，业主、设总与院内领导都来参加评议，将大家反馈的意见调整至满意之后，最终确定下来，以此为‘样板’再投入客房的全面装修施工中，这是很科学的一种方法。”

最终，百乐门大酒店的室内设计认真贯彻了“适用、经济、美观”原则的结果，创造了低造价、自主设计、选用自主国产装饰材料、自主装饰施工、自主经营管理的旅游宾馆，最后的效果无论是客房，还是大小餐厅、包间、娱乐设施、会议室等，从建筑装饰的角度来说还是到位的，在当时来说实属不易。

3.3 原创到合作的室内设计实践——虹桥宾馆

龙柏饭店、新苑宾馆、百乐门大酒店等项目都可以说是华东院室内设计师自主摸索出来的道路，而虹桥宾馆则是与香港公司共同合作完成的。在与境外事务所[7]合作的过程中，不断地吸收来自境外事务所的成熟经验，并将本土特色恰如其分融入设计之中。

王世慰说“虹桥宾馆作为高星级宾馆要求高，尤其是室内设计和装饰施工，而我们的整体设计水平还处于起步阶段。业主在室内设计中考虑境外竞标，室内装修共有戎氏、德基、艺林和赐达四家香港公司中标，参与设计和施工。华东院室内设计组负责配合建筑设计考虑室内装修方案，并配合四家香港装修公司的设计和施工。室内装修的施工管理是香港方，施工图纸都是我们出的，效果图有些是香港公司画的，有些是我们画的。”

为了完成这个项目，华东院室内设计团队由王世慰带队，与业主代表一起到香港配合设计长达2个月时间。王世慰说：“当时去了吴明光、艾小春，郭传铭作为建筑专业负责人也参与其中，做协调工作。主要是去考察施工水平、了解材料，业主代表借机学习酒店管理，期间参观了不少高档酒店，对我们打开眼界大有帮助。”在这个项目中，华东院的室内设计师也进行了本土化的探索，比如在建筑装饰中采用民族画和桥、流水、栏杆、木雕等传统元素，并完成了特色餐厅的设计，采用国内特有的浙江东阳木雕（图3）。

图3 虹桥宾馆大堂透视图
潘玉琨绘

4 类型丰富多元——20 世纪 80 年代后期室内设计任务的延展

4.1 文化建筑实践案例——上海电影艺术中心

上海电影艺术中心及银星宾馆作为华东院在20世纪80年代后期的一个重要的文化建筑项目，对于室内设计团队来说是一次崭新的尝试。王世慰说：“在上海电影艺术中心和银星宾馆土建结构已封顶、电影艺术中心内框架各厅空间已成形时，项目设总靳正先[8]通知我们室内设计专业组去承担上海电影艺术中心的室内设计，并由我作为该项目的工程设计总负责人。我当时很吃惊，原本以为是做银星宾馆部分，之前我们已经有做宾馆设计的经验了，但电影艺术中心是从来没有做过。此外，靳总说这个项目完全是我们自行设计，且投资也有限制，只能应用国产装饰材料，并由上海市四建公司总承包承担装饰施工，让我更为吃惊。靳总见我吃惊的样子，就和我说建筑、结构以及各设备工种都是第一次承担这样的项目，你们也一定能做好的。任务交接是在该工程现场进行的，方便我与筹建处的领导熟悉认识一下，另外也可以去项目现场的各厅室转一圈，对各空间组成有初步了解。靳总也在现场为我介绍了她对上海电影艺术中心室内装饰设计的指导思想——满足功能要求，无需多余装饰。这对我有很大启发。”

在上海电影艺术中心的室内设计过程中，设计团队成员集思广益，各自发挥自己的长处。该项目中引进了世界顶级的影视音响设备，堪称当时上海乃至全国最先进的电影厅，多个大小不一的电影厅汇集一体，从建筑、结构到室内设计，难度都不言而喻。王世慰说：“在1200座大厅的设计中，我们与声学组章奎生配合最为密切。先出两三个草图方案，然后和章工沟通，他对空间以及材料的使用都进行过计算，是有科学依据的，待核定后所选的方案，我们再进行沟通协调，并按他的要求做调整。比如他会对材料做要求，是吸声的材料还是反射的材料，完全要按照他的要求去做，声学在这个项目中是非常重要的部分。在室内装饰工程完工，音响声学调试时，我记得业主方当时有个号称‘金耳朵’的声学专家林圣清[9]会在现场各大、小影厅的场中、前、后各种位置坐着，去反复听声音，我们和章奎生也要和他一起配合，反复推敲论证调整。最终竣工试用，语音音响清晰真实、层次分明、立体感强，试听效果得到观众的一致好评（图4、图5）。”

图4 上海电影艺术中心1200座电影厅方案设计手绘
左起：方案1（许天绘制）、方案2、实施方案，王世慰提供

图 5 1200 座电影厅实景
引自:《章奎生声学设计研究所——十年建筑声学设计工程选编》,2010 年,185 页

4.2 标识设计初探

标识设计和建筑的关系非常密切,标识、标牌、路引等被称为无声的引导员，从属于建筑装饰室内设计的范畴，是建筑和室内设计紧密结合的产物。在设计百乐门大酒店时，业主提出要进行店标竞标，可见当时对于标识设计已经重视起来。最终，百乐门店标竞赛由华东院室内设计室庄黎华[10]中标[11]（图 6）。王世慰说:“我当时正在项目现场，筹建处业主跟我打招呼希望我们院也能够参与，我就在室内设计组动员大家投标参赛。我室不少作品都入围，优中选优，最终庄黎华庄工中标，也是情理之中的事情。”

上海地铁一号线建筑环境艺术设计荣获 1996 年上海市优秀建筑装饰专业一等奖(图 7),而这个项目是王世慰作为副协调参与的重要交通建筑室内设计。王世慰说:“1990 年前后,我与建筑大师蔡镇钰[12]一起参与的地铁一号线轨道交通的建筑装饰总协调工作。蔡总是总协调,我是副协调。我们工作的重要意义在于,地铁一号线项目建设上,无论是层高、空间安排、材料使用、室内设计、标识设计等方面都起到了范本作用,为后来的地铁二号线、三号线等众多轨道交通建设打下了坚实的基础。特别要提到的是,当时地铁一号线的地标设计也是在全国范围内征集的,其覆盖范围空前,最终是我院室内设计师王传顺[13]中标,可谓影响深远,在地铁轨道交通线上到处都可以看到这个标志。”

5 结语

个人的发展、企业的发展与学科的发展，微妙交织在一起，相互关联。纵观华东院室内设计专业的发展过程，20 世纪 80 年代作为一个特殊的时间段，专业人员数量激增，设计类型与设计任务不断刷新。王世慰作为华东院室内设计专业的带头人，从他的视角中，可以看出室内设计专业累积能量的过程，从个人到企业，为室内设计行业发展所做的努力。1997 年，王世慰被评为上海市建设系统专业技术学科带头人，也是对他为室内设计专业发展起到的代表作用的认可。

同样得益于 20 世纪 80 年代企业对室内设计专业的人才培养以及各类型的实践经验，华东院室内设计团队成员在 20 世纪 90 年代又迈进了一大步，承接的任务范围逐渐扩大，从上海市扩大到外省市,从旅游宾馆、文化建筑扩展到交通建筑、金融银行、商业文化等各个领域，在上海及全国都具有相当的知名度和影响力。1994—1996 年，华东院室内设计所成立。1997 年，华东院完成华设、华辰和华董的筹备组建完成，并正式挂牌。其中，华董全称“上海华董建筑工程装饰有限公司”，为华东院下属子公司，由原先的华东院室内设计所改制而成。1999 年，上海华董建筑工程装饰有限公司和上海院的民利装饰公司组建“环境与建筑装饰设计研究院有限公司”[3]，至此走向一个新的开端。

恭贺新喜　百事快乐
百乐门大酒店店标图案征集揭晓

图 6 百乐门大酒店标识设计招募及中标情况报道
程瑞身提供

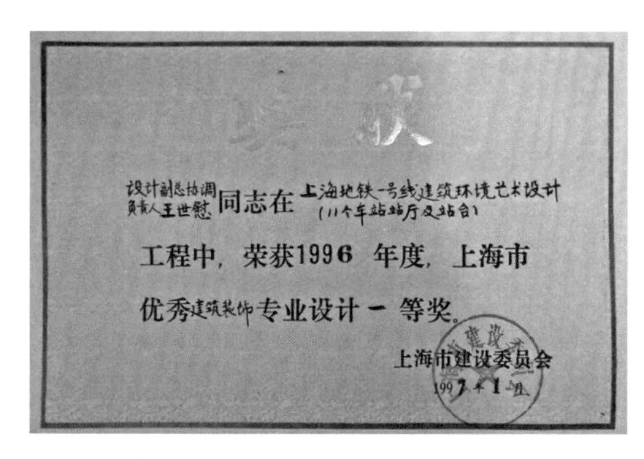
奖状
设计副总协调负责人王世慰同志在上海地铁一号线建筑环境艺术设计（11个车站站厅及站台）工程中，荣获1996年度，上海市优秀建筑装饰专业设计一等奖。
上海市建设委员会
1997年1月

荣誉证书
在《家具》杂志创刊十年来所载科技论文的评选活动中，被评为"十佳"科技论文。特颁发此证，以资奖励。
论文题目：旅馆家具设计
刊出日期：1986 年 第2.3.5.6期
获奖作者：王世慰
全国家具工业科技情报站
《家具》杂志编辑部
一九九〇年五月

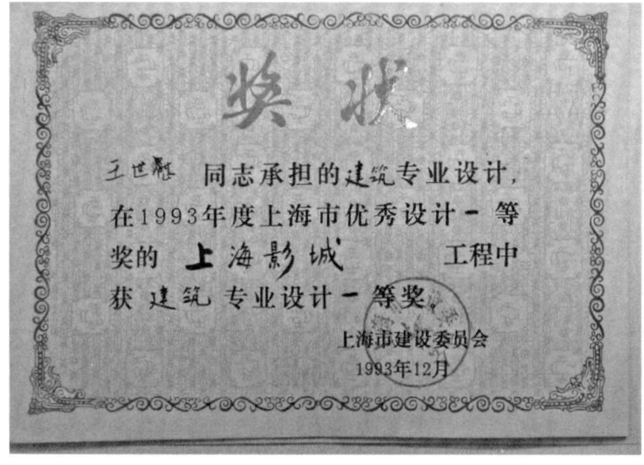
奖状
王世慰同志承担的建筑专业设计，在1993年度上海市优秀设计一等奖的上海影城工程中获建筑专业设计一等奖。
上海市建设委员会
1993年12月

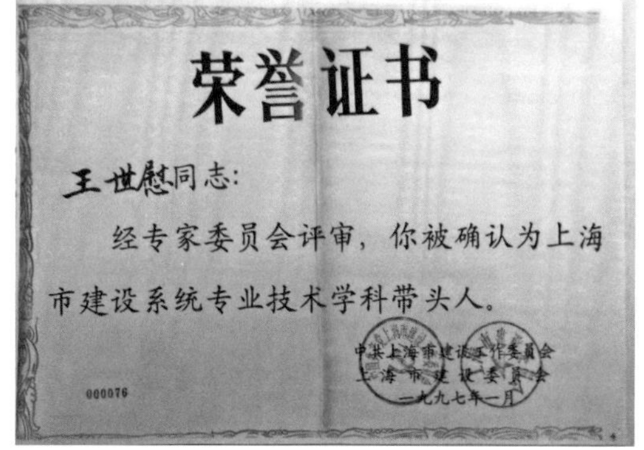
荣誉证书
王世慰同志：
经专家委员会评审，你被确认为上海市建设系统专业技术学科带头人。
中共上海市建设工作委员会
上海市建设委员会
一九九七年一月
000076

图 7 部分获奖证书
王世慰提供

1　曾坚（1925—2011），上海人。毕业于上海圣约翰大学，在中华人民共和国成立后，参与指导新中国的建筑设计、室内和家具设计、工业设计等多领域。1952 年参与组建华东院，任院技术室主任，1960 年奉调北京，任北京工业建筑设计院土建综合室主任，并建立了室内设计组。后在香港创建了第一个设计公司——华森公司（1979—1985），1985 年与加拿大华人共同创建了我国第一个中外合作的建筑设计事务所。

2　据华亭宾馆项目设计师田文之采访叙述记录。

3　由国家旅游总局和建设部任命的四家旅游旅馆指导性设计院分别为北京市建筑设计院、华东建筑设计院、广州市设计院、湖北工业建筑设计院。

4 龙柏饭店大餐厅装饰以丝绸之路为题材的陶瓷壁画，在餐厅平顶的处理方式参考了传统藻井。

5 竹厅以竹材为主，用于墙面、柱面等装饰，配以竹篾编制的灯具，极具江南地方风味。

6 据相关报道记载，由上海市建筑学会主办的室内装饰设计学习班在上海工业设计院、上海民用建筑设计院、上海市高教局设计室及上海厨房设备金属制品厂等有关单位的支持下，于 1985 年 2 月 28 日在沪隆重开学。

7 1842 年 8 月 29 日至 1898 年 6 月 9 日，英国通过《南京条约》《北京条约》《展拓香港界址专条》，占有了包括香港岛、九龙和新界总面积达 1092 平方公里的中国领土。1997 年 7 月 1 日，中国政府重新对香港恢复行使主权。在 20 世纪 80 年代，香港仍隶属于英国管辖期间，故当时香港的设计事务所被称为境外事务所，香港的投资公司被称为境外投资。

8 靳正先，1933 年 7 月生。1956 年 9 月进入华东院工作，1989 年退休。曾任上海电影艺术中心及银星宾馆项目设计总负责人，华东院第二设计室室主任。

9 林圣清，1927 年 10 月生。历任上海市电影局录音总技师和上海电影技术厂总工程师，是我国磁性录音、多面立体声录音等新技术的最早研制、推行者之一。曾负责全套混合录音设备的总体设计，由其负责总体设计的录音技术楼 1984 年获全国科技进步奖。

10 庄黎华，1962 年 2 月生。1987 年 6 月进入华东院工作，2000 年 11 月离开华东院。华东院室内设计工程师。

11 百乐门标识设计释义，图形由繁体字“门”组合，似一个笑口常开的脸形，又是两个相对微笑的抽象人头形，嘴形为圆形酒杯，意味着微笑服务。以中国传统拱门为基本图形，简洁明了，具有民族感和现代感。弧形为主的图案与酒店建筑外形相符，吻合了“进我此门，百事快乐”这一店名的含义。

12 蔡镇钰（1936.6—2019.3），1963 年 10 月，进入华东院，1998 年 6 月退休。中国工程设计大师，华建集团资深总建筑师，华东院总建筑师。

13 王传顺，1959 年 9 月生。1987 年 9 月进入华东院，2020 年退休。华东院室内设计所副主任建筑师，上海现代建筑设计（集团）公司环境与建筑装饰设计院副院长、总建筑师。

参考文献

[1] 钱学中 . 上海龙柏饭店建筑创作座谈会 [J]. 建筑学报，1982（9）：81–82.

[2] 王世慰 . 新苑宾馆室内设计 [J]. 建筑学报，1988（2）：28–31.

[3] 华东建筑设计研究总院，《时代建筑》杂志编辑部 . 悠远的回声：汉口路壹伍壹号 [M]. 上海：同济大学出版社，2016.

历史照片识读

念念不忘，必有回响——记“国立重庆大学 1949 级毕业合影”的识读

国立重庆大学建筑系 1949 级毕业合影

照片简介

国立重庆大学在 1935 年成立土木系，该系的建筑组在 1940 年发展为建筑系，并成为中国现代建筑教育史上继中央大学、东北大学、中山大学之后第四所国立大学建筑系，其历史重要性自不待言。1952 年之后，因中国教育改革，该系经过多次合并调整，发展为今天的重庆大学建筑城规学院。“饮水思源”“崇德记功”不仅是一种道德义务，更是今天不断总结经验、继承和发扬光大历史传统的办学所需。然而，由于人事的变更、史料的散失和相关研究滞后，导致该系发展的历史存在太多缺失，亟待后人探寻、厘清和填补。自 2018 年春节之后笔者开始涉足重庆大学建筑教育办学历史的研究以来，在诸多前辈和道友的鼓励和支持下，秉承我国近现代著名历史学家傅斯年先生在历史学研究基础方面“上穷碧落下黄泉，动手动脚找东西”的主张，通过各种渠道收集有关重庆大学建筑教育早期办学资料，至今已有不菲发现，其结果令人快慰，而其过程也令人回味。关于重庆大学建筑系一张历史照片的辨识就是笔者最近最感欣慰的工作之一。

金祖怡亲笔识读图

国立重庆大学建筑系一九四九级毕业合影

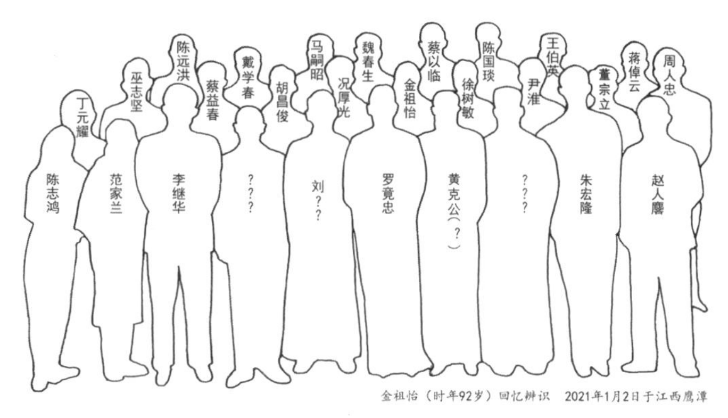

“国立重庆大学建筑系 1949 级毕业合影”人物识别图

2019 年 9 月，笔者非常幸运地联系到了国立重庆大学建筑系 1945 级 [1] 毕业生张之蕃先生（1949 年后改名张之凡）[2] 的哲嗣、著名漫画家张滨先生，并获赠一些老照片，其中明确标明“国立重庆大学建筑系 1949 级毕业合影”的照片无疑是其中重要者之一。照片拍摄于重庆大学著名的石头房子——原工学院大楼主入口，其中有 28 名师生，是有关该系人物十分难得的视觉史料。然而遗憾的是，由于年代久远且照片中的前辈们或已逝去，或已失联，照片中除了站立于第一排正中间着黑色西装的时任系主任罗竟忠 [3] 先生因有其他照片可供参证之外，其他人物就很难辨识。笔者对此曾深以为憾。

然而，令人难以想象的是，2020 年 12 月 21 日笔者的硕博恩师、重庆大学建筑城规学院荣休教授朱昌廉 [4] 先生发来了一条微信推送却奇迹般使厘清这张宝贵的历史照片上的信息成为可能！这个推送是中国民俗摄影协会对于身在新疆乌鲁木齐、年已 91 岁高龄的特别会员金祖怡女士的介绍。老师提醒我说：“她是重大建筑系老校友！”

金祖怡大学毕业证上着学位服照片
金祖怡提供

2021 年 1 月 3 日，金祖怡近照
龙灏摄

老师发来的这一消息不禁令人惊喜万分，因为笔者其实对这个名字是有印象的——在 1948 年 6 月 15 日出版的《重庆大学校刊》“春季运动会普通女子组”的跳高成绩记录中，看到过“第一名：建筑系金祖怡”的姓名记载，只是并不知道她是哪个年级的。

在学界朋友的鼎力帮助，不，应该说是天助之下，我在五天之后的 12 月 26 日中午与金祖怡老学长加了微信并通过交流大致了解到她的生平经历和事业。

金祖怡，1929 年 2 月 5 日生于浙江杭州。抗战期间随家人迁居贵州，1945 年高中毕业于贵州赤水高中，考入私立之江大学建筑系。之江大学抗战期间在贵阳办学，但有档案记载并与金学长回忆可以对应的是：该校 1945 年入校的建筑系一年级教学应在重庆由国立重庆大学工学院建筑系安排完成，此事另文详述。1946 年金祖怡等 8 位之江大学建筑系学生正式转入国立重庆大学建筑系，1949 年 7 月本科毕业获学士学位。在读期间，她于 1949 年 2 月秘密加入了中国共产党，1950 年初新疆军区到内地招技术兵时应召入伍，并于同年 4 月底到达迪化（乌鲁木齐旧称）。起初金祖怡在新疆军区宣传部做报纸的助理编辑，两个月后王震司令员偶然了解到她所学专业，亲笔写信将她调到新疆军区工程处设计科，与其后不久奉调来到新疆、1947 年同样毕业于国立重庆大学建筑系的丈夫刘禾田（大学在校时名为“刘苏翰”）一起，成为新疆当代城市建设和建筑设计事业的主要开拓者。1949 年后新疆军区内的第一批重要建设项目如人民剧场、人民电影院、军区总医院，以及 1950 年中苏合作项目新疆医学院、十月汽车修配厂、石油公司、有色金属公司的设计、建设工作都有他们夫妻的重要贡献。其中 1954 年刘禾田任科长和主创建筑师、金祖怡为建筑股股长的新疆军区工程处设计科（后转为新疆军区生产建设兵团工一师设计科）承接并共同完成设计、1957 年 7 月竣工的新疆人民剧场，它承载了半个世纪以来新疆当代历史上的风起云涌，也是新疆民族艺术和文化的最高殿堂，于 2013 年被列入全国重点文物保护单位，2018 年末又入选了第三批中国 20 世纪建筑遗产，成为新疆现当代建筑史上的一座丰碑。改革开放后，金祖怡担任过新疆维吾尔自治区建设厅首任规划处处长和副总工程师等职务。现已离休。[5]

得知金老学长将于 2021 年元旦假期只身远赴江西鹰潭参加太极推手训练班练拳，我当即决定前往江西拜见，同时请她辨识一下这张老照片。为方便记录，出发前用绘图纸打印了简单处理后只剩人物头像的图纸。

金祖怡在笔者陪同下识读照片并亲笔书写相关信息

2021 年 1 月 2 日晚在江西鹰潭，笔者如愿见到了金老学长。虽然通过之前的微信笔谈和视频交流早已知道她身体很好，但在酒店大堂见面时，年过九旬的老人家精神之矍铄依然令我惊讶。她远远就认出笔者并健步走来与我握手，又回到房间对我带来的照片进行辨识，一一介绍其中各位老师和同学的姓名，以及同学们毕业后的大致经历。她同时拿起签字笔，在我准备好的人像图纸上注明每个人的名字。她记忆力超强，字迹清晰而有力。我深深感佩她的健康，同时也庆幸重庆大学建筑教育史研究得到的上苍眷顾!

交谈中金老提到，20 世纪 80 年代她曾将一张毕业照翻拍赠予她大学时的设计课老师、时任西北建筑工程学院院长的张之凡先生。换言之，张滨先生惠赠笔者的这张照片就是源于金祖怡学长。真是缘分!

金老回忆，该照片大约拍摄于 1949 年的七八月份。当时临近解放，重庆市局势已比较混乱，是班长陈远洪同学将已经较为分散的同学、老师联系回校，组织张罗了拍摄这张珍贵的毕业照。也正因如此，她虽然可以毫不含糊地认出自己的全部同学，但“临时拉来的”老师有几位她并不熟悉、也不全（金老原话），因此未能全部辨识。其中，系主任罗竟忠先生左侧有金老并不十分确定的黄克公先生（本名黄宝勋）[6]，如能确定，这将是迄今仅见的黄先生图像资料。而“黄先生”左侧、身着深色西装的男士金老也未能认出，笔者根据其他图片资料判断很可能为重庆“抗战胜利纪功碑”（现位于重庆市渝中区的“解放碑”）的主要设计者、同时期一直在重庆大学建筑系任教的黎抡杰先生（又名黎宁）[7]。图中金老手书李继华[8]先生姓名的“济”字应为“继”字之误，因为在重庆大学的老档案中李先生姓名皆为“李继华”。罗竟忠先生右侧男士，金老记得是教构造等课程的老师，姓“刘”。据档案材料，当时重庆大学建筑系刘姓教师有 1944 年毕业于中央大学建筑系的助教刘朝阳[9]（吴良镛先生的同班同学），应较为年轻，而照片上的这位老师看上去年龄偏老，所以刘朝阳当另有他人。

限于篇幅所限，金祖怡学长对照片中各位同学的介绍笔者不得不另文披露。本文仅记下“国立重庆大学建筑系 1949 级毕业合影”这张重要历史照片的来源及识读过程与结果。有缘结识金老学长并得到她的指教是重庆大学建筑教育和笔者的幸运，这一经历或许可以视为命运对锲而不舍研究精神的一个肯定。常言道：“念念不忘，必有回响”，对此，拙文或许可以算是一个注脚。

（感谢在联系金祖怡学长过程中提供重要协助的新疆大学建筑系王万江教授、提供毕业照图片的张滨先生、协助处理图片的重庆大学建筑城规学院硕士生荔琼，以及补充完善本文不少信息的美国路易维尔大学教授赖德霖先生。）

龙灏

1 关于档案材料中毕业时间用词“级”与“届”的说明：“文革”前，我国一直以“级”作为大学生毕业年份的后缀，例如“1945 级”“1960 级”就是指该生 1945 年、1960 年大学毕业；“文革”后（实际上还包括“文革”中招收的“工农兵学员”），自第一届全国统考大学生“1977 级”开始，“级”才开始指大学生的是入学年份，毕业年份开始用“届”。

2 张之凡（1922—2001.4.28），生于重庆南川大观石坝址。1946 年毕业于国立重庆大学建筑工程系后留校任教并兼任重庆华侨工商学院讲师、重庆市都市计划委员会副工程师等职。1949 年重庆解放后仍在重大任教，兼任西南工业专科学校讲师、西南建筑公司设计部建筑顾问。1951 年秋由重大选派到哈工大研究班进修。1953—1954 年在苏联专家的指导下结合进修主持了哈工大主楼方案设计及机械楼和电机楼施工详图设计。1954 年经教育部与两校协商留在哈工大任教，担任建筑教研室副主任。1956 年被派往苏联莫斯科建筑学院进修，1957 年评为副教授。1958 年回国后，担任哈工大建筑专业委员会副主任、城乡规划教研室副主任、设计院第一设计室主任等职。1959 年，在哈工大土木系基础上成立了哈尔滨建筑工程学院，先后任该院建筑工程系及建筑系副主任、副教授等职。1965 年担任中国建筑学会理事、中国建筑学会第四届（1966.3）理事。1972—1980 年，先后担任建工系副主任、建筑系主任、院学术委员会委员等职，被评为教授。1980 年后西北建筑工程学院建筑系主任、院长。作品有重庆中共中央西南局办公楼（1950，与徐尚志合作）、哈尔滨工业大学主楼（方案）、机械楼、电机楼。参见：汪国瑜《怀念窗友张之凡》；常怀生《哈尔滨工业大学建筑学院春秋录》，杨永生主编《建筑百家回忆录续编》；张滨《我对父亲的了解原来不及他的同窗和同事》，《每日头条》，2017 年 5 月 22 日，https://kknews.cc/zh-hk/news/g8qlva8.html（赖德霖补注，张之凡大学毕业时间为龙灏根据重庆市档案管查证）。

3 罗竟忠（1902—1975），四川新津人。1918 考入成都联中，1919 赴法勤工俭学，1922 年入比利时国立沙洛王劳动大学（Charleroi T. U.）土木工学（桥梁专业）学习。1925 年毕业。毕业后先后在 [比] 不门厂、柏尔古厂、亚尔速建筑公司任技术工程师。1929 年 7 月回国，经欧美同学会李叔平介绍到川军刘湘部任工程顾问、重庆广阳坝飞机场工程主任。1931 年任（重庆）三益建筑事务所经理。期间在 1932 参加中国工程师学会四川考察团，应四川善后督办刘湘之请，考察全川工矿地藏交通建设资源情况。1934 年任川黔公路工程处长兼总工程师，筑成 175 公里公路。1935 年任重庆大学工学院土木系教授，兼任刘湘部武器修理所建筑顾问。1936 年任利昌运输股份有限公司协理。1938—1946 年任利昌运输股份有限公司越南海防分公司经理。日本侵华战争期间，任国民政府党政考核委员会政务考察团团员、四川省参议员等职。战后，任陪都（重庆）市政建设委员会委员兼下水道工程处处长，主持重庆下水道的设计施工与管理工作，完成长达 50 公里的市中区干沟工程。1947—1949 年重庆大学建筑工程系教授兼主任。还曾任四川省参议员、国家总动员会议专门委员。1949 年底，任重庆市人民政府建设局工务处长，主持全市市政建设工程，后又担任重庆市人民政府建设局主任工程师兼设计科长。1955 年任重庆市设计院总工程师，1958—1960 年任重庆大洪河水电站建设工程总工程师。1962 年 9 月调任（成都）西南工业建筑设计院副总工程师曾任重庆市政协委员、四川省政协常委、农工民主党四川省委员。主要建筑作品有新川电影院、证券交易所、民生公司办公楼等。主要著作有《重庆市下水道工程》（与张人俊编著）（重庆市下水道工程处，1947 年）。参见：《与陈毅、聂荣臻同行留法的建筑专家罗竟忠》，胡文慧（罗竟忠夫人）《怀念竟忠——记农工党四川省委原常委罗竟忠》，http://www.luos.org/list.asp?unid=700（赖德霖补注）。

4 朱昌廉，1934年11月20日生于湖北武汉。重庆大学建筑城规学院建筑系教授、博士生导师，我国著名住宅建筑专家。1957 年本科毕业于同济大学建筑系并分配至重庆建筑工程学院建筑系任教，历任讲师、副教授、教授，曾任中国建筑学会人居环境学术委员会委员、中国土木工程学会住宅工程指导委员会委员，全国统编教材及“十一五”“十二五”国家级规划教材《住宅建筑设计原理》第一版、第二版、第三版主编。培养博士生 3 名、硕士生 16 名，发表论文数十篇。工程设计作品之一“重庆山城宽银幕电影院”曾被评为“建国四十年”重庆十大建筑。

5 笔者根据金祖怡口述及部分网络报道整理。

6 黄宝勋（1908—1957），字克公，湖北黄陂人。1931 年毕业于天津工商学院土木工程系，获有法国巴黎土木工程学院（E.T.P.）建筑工程师证书。曾任（天津）华北水利委员会工程师、云南省建设厅建筑委员会工程师。1939 年 10 月—1940 年任广东省立勷勤大学建筑工程系教授，教授中国建筑史、中国营造学、外国建筑史、都市计划、建筑图案设计、中山大学工学院建筑工程系教授。1941 年 2 月—1947 年任（重庆）陪都建设计划委员会常务委员。期间任西康技艺专科学校房屋建筑教授（1942）。1945 年 10 月—1947 年 9 月任（重庆）抗战胜利纪功碑筹建委员会委员，主持筹划纪功碑建设（建筑师：黎抡杰）。1946 年主编《陪都十年建设计划》。曾任国立重庆大学建筑工程系教授（1947）。参见：彭长歆《岭南建筑的近代化历程研究》，华南理工大学博士学位论文，2004 年（赖德霖补注）。1946—1952 年，也曾担任国立中央工业职业（专科）学校建筑科教授兼系主任（龙灏补注）。

7　黎抡杰（1914—？），笔名黎宁、黎明、赵平原，广东番禺人。1937年毕业于广东省立勷勤大学建筑工程系。1939年5月—1940年3月任国立中山大学建筑工程学系助教，《新建筑》《市政评论》杂志社主编。1942年任重庆大学工学院建筑工程系讲师，1945年任副教授。期间开办（重庆）中国新建筑社事务所。为中国近代现代主义建筑的重要宣传家。代表作品有重庆抗战胜利纪功碑。后赴香港。主要著作有：《建筑的霸权时代》（《广东省立勷勤大学工学院（建筑图案设计展览会）特刊》，1935年3月）、《五年来的中国新建筑运动》（《新建筑》渝版1期，1941年5月），以及《现代建筑》（重庆：中国新建筑社，1941年）、《国际新建筑运动论》（重庆：中国新建筑社，1943年）、《新建筑造型理论的基础》（重庆：中国新建筑社，1943年），《目的建筑》《Le Corbusier戈必意》（重庆：中国新建筑社，1943年）、《构成主义的理论及基础》（重庆：中国新建筑社）等。参见彭长歆主编、王浩娱合编《中国近代大学建筑系毕业生：广东省立勷勤大学建筑工程系（1932－1938）》，（香港）《建筑业导报》，第329号，2005年1月（赖德霖补注）。

8　李继华，四川自贡人。1940年毕业于重庆大学土木工程系。曾任国立重庆大学讲师、建筑系主任。1949年后，历任重庆建筑工程学院副教授、教授、土木系主任、重庆建筑工程学院副院长，中国土木工程学会结构可靠度委员会第一届副主任，中国建筑学会常务理事，九三学社第七届中央委员、四川省委副主任委员。1984年加入中国共产党，长期从事结构安全度和钢结构稳定方面的研究。参加编制的《建筑结构设计统一标准》，获国家科学进步奖二等奖。

9　刘朝阳，四川巴县人。1944年2月毕业于中央大学建筑工程系毕业。曾任教于国立重庆大学建筑系。1949年后任教于重庆建筑工程学院建筑系（赖德霖补注）。

附录

附录一

中国建筑口述史研究大事记
（20 世纪 20 年代—2020 年）

沈阳建筑大学王晶莹、孙鑫姝（整理）

（文中的灰底部分为文史界及国外部分口述史研究背景情况）

• 20 世纪 20 年代

苏州工业专门学校建筑科主任柳士英寻访到“香山帮”匠师姚承祖，延聘他开设中国营造法课程。后教授刘敦桢受姚之托，整理姚著《营造法源》。（见赖德霖、伍江、徐苏斌主编《中国近代建筑史》，第二卷，北京：中国建筑工业出版社，2016 年，370 页）

• 20 世纪 30 年代

梁思成通过采访大木作匠师杨文起、彩画作匠师祖鹤洲，对清工部《工程做法则例》进行整理和研究，1934 年出版《清式营造则例》。(见:《清式营造则例》“序”，北京：清华大学出版社，2006 年）

• 20 世纪 40 年代

1948 年，美国史学家艾伦・耐威斯（Allan Nevins）在哥伦比亚大学建立口述历史研究室，一些中国近现代历史名人的口述传记，如《顾维钧回忆录》（唐德刚，1977 年）、《何廉回忆录》（1966 年）、《蒋廷黻回忆录》（1979 年），以及对张学良的访谈，均由该室完成。

• 20 世纪 50 年代

1959 年 10 月，陈从周、王其明、王世仁和王绍周采访朱启钤，了解北京近代建筑情况。（见张复合《20 世纪初在京活动的外国建筑师及其作品》，《建筑史论文集》，第 12 辑，北京：清华大学出版社，2000 年，106 页，注释 3）

• 20 世纪 60 年代

侯幼彬协助刘敦桢编写《中国建筑史》，负责近代部分。受刘支持和介绍，采访了赵深、陈植、董大酉等前辈。（见侯幼彬《缘分——我与中国近代建筑》，《建筑师》，第 189 期，2017 年 10 月，8-15 页）

• 20 世纪 70 年代

唐德刚整理完成《顾维钧回忆录》（*The Memoires of V. K. Wellington Koo*,1977），《胡适回忆录》（*The Memoir of Hu Shih*,1977），《李宗仁回忆录》（*The Memoir of Li Tsung-jen*,1979）。

• 20 世纪 80 年代

邹德依、窦以德为撰写《中国大百科全书：建筑、园林、城市规划》，到各地的大区、省、市建筑设计院和高校与建筑师、教师举行座谈会或进行专访，计数十次，录下 100 多盘录音带（见“邹德依”，杨永生、王莉慧编《建筑史解码人》，北京：中国建筑工业出版社，2006 年，271-276 页）。该项工作为中国现代建筑史研究中所进行的首次系统性口述史调查和记录。

东南大学研究生方拥在撰写硕士论文《童寯先生与中国近代建筑》的过程中采访了诸多童的同学、同事、学生，以及亲属和友人，并通过书信向陆谦受前辈做了请教。（见“方拥”，杨永生、王莉慧编《建筑史解码人》，北京：中国建筑工业出版社，2006 年，335-341 页）

李乾朗通过采访台湾著名大木匠师陈应彬（1864—1944）的后人并结合实物，对陈展开研究。2005 年出版著作《台湾寺庙建筑大师——陈应彬传》（台北：燕楼古建筑出版社，2005 年）。

1988 年上海市建筑工程管理局成立《上海建筑施工志》办公室，承担这部上海市地方志专志系列书之一的编撰工作。《志》办成员在广泛搜集图书档案资料的同时，也走访熟悉上海建筑施工行业历史的人物搜集口述资料。成果见《上海建筑施工志》编纂委员会编《东方“巴黎”——近代上海建筑史话》（上海文化出版社，1991 年）、《上海建筑施工志》（上海社会科学院出版社，1997 年）。

在中国近代建筑史研究中，赖德霖、伍江、徐苏斌等采访了陈植、谭垣、唐璞、张镈、赵冬日、黄廷爵、汪坦、刘光华等第一、二代建筑家，或他们的亲属和学生，还通过书信向更多前辈做了请教。成果见于他们各自的著作或论文。

• 20 世纪 90 年代

在口述史调查的基础上，李辉出版《摇荡的秋千——是是非非说周扬》（深圳：海天出版社，1998 年）；贺黎、杨健出版《无罪流放—— 66 位知识分子“五七干校告白》（北京：光明日报出版社，1998 年）；邢小群出版《凝望夕阳》（青岛出版社，1999 年）。

1999 年北京大学出版社策划“口述传记”丛书，出版了《风雨平生——萧乾口述自传》《小书生大时代——朱正口述自传》等。

美国学者 John Peter 出版 *The Oral History of Modern Architecture: Interview With the Greatest Architects of the Twentieth Century*（New York：H. N. Abrams, 1994）。

林洙女士在研究中国营造学社历史的过程中采访了诸多当事人和当事人亲属。成果见《叩开鲁班的大门——中国营造学社史略》（北京：中国建筑工业出版社，1995 年）。

1997 年陈喆发表《天工建筑师事务所——访唐璞先生》。（见《当代中国建筑师——唐璞》，北京：中国建筑工业出版社，1997 年，9-11 页）

同济大学研究生崔勇在撰写有关中国营造学社的博士论文过程中采访了许多当事人或当事人的亲友、学生、同事、知情人。访谈记录收入崔著《中国营造学社研究》（南京：东南大学出版社，2000 年）。

• 2000—2009 年

在口述史调查的基础上，陈徒手出版《人有病，天知否——一九四九年后中国文坛纪实》（北京：人民文学出版社，2000 年）。

美国学者格罗·冯·伯姆（Gero von Boehm）访谈贝聿铭，出版 *Conversations with I.M. Pei: Light is the Key*（New York：Prestel Publishing, 2000）。

天津大学研究生沈振森在撰写有关沈理源的硕士论文过程中采访了许多沈的亲属和学生。成果见 2002 年天津大学硕士论文《中国近代建筑的先驱者——建筑师沈理源研究》。

原新华社高级记者王军发表《城记》（北京：生活·读书·新知三联书店，2003 年），在为此书收集史料的十年间，采访了陈占祥先生本人及其亲属，以及梁思成先生的亲友、学生和同事等。

美国纽约圣若望大学历史系教授金介甫（Jeffrey C. Kinkley）搜集大量资料著 *The odyssey of Shen Congwen Odyssey of Shen Congwen* 并由符家钦译为《沈从文传》（北京：国际文化出版公司，2005 年），介绍中国现代著名作家、历史文物研究家、京派小说代表人物沈从文的生平事迹。

东南大学研究生刘怡在撰写有关杨廷宝的博士论文过程中采访了许多杨的学生。访谈记录收入刘和黎志涛著《中国当代杰出的建筑师、建筑教育家杨廷宝》（北京：中国建筑工业出版社，2006 年）。

华中科技大学学生郑德撰写硕士论文，通过现场调研获得口述资料的方式，对汉正街自建区住宅进行了考察和研究。成果见《汉正街自建住宅研究》（武汉：华中科技大学，2007 年）。

中国现代文学馆研究员傅光明根据自己的博士论文扩充而成《口述历史下的老舍之死》（济南：山东画报出版社，2007 年），介绍作家老舍曲折生活经历、老舍之死的史学意义，并且分析了 20 世纪中国知识分子的悲剧宿命。

邢肃芝（洛桑珍珠）口述，张健飞、杨念群笔述的《雪域求法记——一个汉人喇嘛的口述史》（北京：生活·读书·新知三联书店，2008年），讲述了一位精通汉藏佛教、修道有成的高人刑肃芝的传奇经历。

同济大学副教授钱锋在2003—2004年撰写有关中国近现代建筑教育的博士学位论文过程中，采访了国内各高校建筑学科的一些老师，以了解各校现代建筑教育发展的历史情况。成果见钱锋、伍江《中国现代建筑教育史（1920—1980）》（北京：中国建筑工业出版社，2008年）。

香港大学研究生王浩娱在撰写博士论文的过程中采访了范文照、陆谦受等中国近代著名建筑家的后人，以及郭敦礼等1949年以前在大陆接受建筑教育，之后到海外发展的建筑师。成果见 Haoyu Wang, *Mainland Architects in Hong Kong after 1949: A Bifurcated History of Modern Chinese Architecture*, PhD Thesis, University of Hong Kong, 2008。

原广州市设计院副总建筑师蔡德道在访谈中回顾了在20世纪60—80年代在我国建筑界作出杰出贡献的“旅游旅馆设计组”之始末，探讨了从岭南现代建筑的一代宗师夏昌世先生身上所获得的教益与经验，并阐述了现代建筑在中国的若干轶闻。（见蔡德道《往事如烟——建筑口述史三则》，《新建筑》，2008年，第5期）

哈佛大学费正清研究中心联系研究员，前上海交通大学副教授王媛总结了建筑史研究的一般方法，并通过实例说明在建筑史尤其是民居研究中采用口述史方法的重要性，还对如何将这种方法纳入更为规范和学术化的轨道进行了探讨。（见《对建筑史研究中“口述史”方法应用的探讨——以浙西南民居考察为例》，《同济大学学报》，2009年，第5期）

• 2010 年至今

河南工业大学讲师，同济大学博士段建强通过访谈大量当事人，梳理了20世纪50年代以来，尤其是80年代以后上海豫园修复的过程，在此基础上研究了陈从周的造园思想与保护理念、实践意义和学术贡献。成果见《陈从周先生与豫园修复研究：口述史方法的实践》。(《南方建筑》，2011年，第4期）

同济大学教授卢永毅在回忆资料和访谈基础上发表论文《谭垣的建筑设计教学以及对“布扎”体系的再认识）。（见《南方建筑》，2011年，第4期）

同济大学建筑城规学院常青院士借助历史文字、图像和口述史资料的分析，从渊源和修复两个方面，探讨桑珠孜宗堡的变迁真相及复原再现的特殊意义。成果见《桑珠孜宗堡历史变迁及修复工程辑要》，《建筑学报》，2011年，第5期；《西藏山巅宫堡的变迁：桑珠孜宗宫的复生及宗山博物馆设计研究》（上海：同济大学出版社，2015年）。

胡德川、宋倩通过对五位与怀化相关民众的采访，撰写论文《怀化价值及未来——五个人的怀化口述史》。（见《建筑与文化》，2011年，第10期）

同济大学建筑与城市规划学院出版《谭垣纪念文集》《吴景祥纪念文集》《黄作桑纪念文集》（北京：中国建筑工业出版社，2012年），汇集了诸多谭、吴、黄前辈的同事、学生、亲友的回忆文章。《黄作桑纪念文集》中还有钱锋对多位黄的学生的访谈记录。

2012年，建筑出版界前辈杨永生先生的口述自传《缅述》由李鸽、王莉慧记录、整理和编辑，由北京中国建筑工业出版社出版。

河南工业大学讲师段建强发表《口述史学方法与中国近现代建筑史研究》,《2013第五届世界建筑史教学与研究国际研讨会》论文，重庆大学，2013年。

上海大学图书情报档案系连志英以档案部门城市记忆工程建设作为研究对象撰写论文《基于后保管模式及口述史方法构建城市记忆》。(见《中国档案》，2013年，第4期）

上海济光职业技术学院副教授蒲仪军将“口述史”研究方法用于微观研究和保护设计中，发表论文《陕西伊斯兰建筑鹿龄寺及周边环境再生研究——从口述史开始》。（见《华中建筑》，2013年，第5期）

东南大学建筑历史与理论研究所通过采访当事人，编辑出版了《中国建筑研究室口述史（1953—1965）》（南京：东南大学出版社，2013年）。

2013年，中国建筑工业出版社推出“建筑名家口述史丛书”，已出版刘先觉《建筑轶事见闻录》（杨晓龙整理，2013年）、潘谷西《一隅之耕》（李海清、单踊整理，2016年）、侯幼彬《寻觅建筑之道》（李婉贞整理，2017年）。

山西大学薛亚娟在2013年硕士论文《晋西碛口古镇文化景观整体保护研究——以口述史为中心的考察》中，以晋西碛口古镇文化景观为研究对象，以文化景观的保护为研究重点，试图通过口述史的方法，探索对碛口古镇文化景观整体保护的一种模式。

天津大学张倩楠撰写硕士论文，探讨口述史方法在江南古典园林营造技艺研究、园林修缮研究和记录，以及园林研究学者个案研究方面的意义和价值。成果见《江南古典园林及其学术史研究中的口述史方法初探》（天津大学建筑学院，2014年）。

北京建筑大学建筑设计艺术研究中心黄元炤出版《当代建筑师访谈录》（北京，中国建筑工业出版社，2014 年）。

对中国工程院院士：关肇邺、张锦秋、王小东、何镜堂、马国馨、崔愷；教授学者：张钦楠、邹德侬、鲍家声、王建国、赵辰、梅洪元、庄惟敏、黄印武、李立、金秋野、张烨、刘亦师；建筑史：黄汉民、吴钢、祝晓峰、王振飞进行的笔谈，回顾他们与"学报"的情缘，讨论他们对"学报"的期望，撰写《亦师亦友共同成长——〈建筑学报〉编者、读者、作者笔谈录》。（《建筑学报》，2014 年，第 9 期）

清华同衡规划院历史文化名城所在福州上下杭历史街区针对 1949 年之前街区生活的记忆进行了口述史记录工作，成果见齐晓瑾、霍晓卫、张晶晶《城市历史街区空间形成解读——基于口述史等方法的福州上下杭历史街区研究》（《中国建筑史学会年会暨学术研讨会论文集》，2014 年）。

清华大学程晓喜受中国科学技术协会的委托于 2014 年 7 月启动清华大学建筑学院教授关肇邺院士学术成长资料采集工程并担任项目负责人。采集内容包括口述文字资料、证书、证件、信件、手稿、著作、论文、报道、评论、照片、图纸、档案，以及视频影像和音频资料，其中对关肇邺本人的直接访谈 1786 分钟，对多位中国工程院院士的访谈录音 229 分钟。

清华大学建筑历史研究所刘亦师在文献梳理的基础上结合对 13 名健在的中国建筑学会重要成员和历届领导班子成员的口述访谈，撰写《中国建筑学会 60 年史略——从机构史视角看中国现代建筑的发展》。（见《新建筑》，2015 年，第 2 期）

河北工程大学建筑学院副教授武晶以关键人物的口述访谈和相关文献为基础，撰写博士论文《关于〈外国建筑史〉史学的抢救性研究 》（天津：天津大学建筑学院，2016 年）。

同济大学建筑学博士后王伟鹏撰写期刊论文《建筑大师的真实声音评介〈现代建筑口述史——20 世纪最伟大的建筑师访谈〉》。（见《时代建筑》，2016 年，第 5 期）

中国城市规划研究院邹德慈工作室教授级高级城市规划师李浩博士在大量访谈的基础上完成并出版了《八大重点城市规划——新中国成立初期的城市规划历史研究》（上、下卷）（北京：中国建筑工业出版社，2016 年）和《城・事・人——城市规划前辈访谈录》（1-5 辑）（北京：中国建筑工业出版社，2017 年）。撰写期刊论文《城市规划口述历史方法初探（上）、（下）》（分别刊登在《北京规划建设》，2017 年，第 5 期和 2018 年，第 1 期）。

清华同衡规划院齐晓瑾、王翊加、张若冰与北京大学历史学系研究生杨园章、社会学系研究生周颖等，2016 年在福建省晋江市五店市历史街区就宗祠重建、地方文书传承、建筑修缮和大木技艺传承等话题进行系列口述史记录与历史材料解读。调研成果与访谈记录参加深港建筑城市双年展（2017），其他成果待发表。

清华大学建筑历史研究所刘亦师结合文献研究和口述史料，对公营永茂建筑公司的创设背景、发展轨迹、领导成员、职员名单及内部的各种管理制度等内容进行梳理。成果见《永茂建筑公司若干史料拾纂》系列文章，收录于《建筑创作》，2017 年，第 4、5 期。

清华大学建筑学院参与中国科学技术协会老科学家资料采集工程，整理吴良镛、李道增、关肇邺院士口述记录。

中国高校第一部以口述史方式完成的院史记录《东南大学建筑学院教师访谈录》由东南大学建筑学院教师访谈录编写组采访和编辑整理，2017 年由中国建筑工业出版社出版。其中有对不同时期 23 位老教师的访谈记录。

香港大学吴鼎航通过采访大木匠师吴国智完成有关潮州乡土建筑的博士论文。成果见 Ding Hang Wu , *Heaven, Earth and Man: Aesthetic Beauty in Chinese Traditional Vernacular Architecture – An Inquiry in the Master Builders' Oral Tradition and the Vernacular Built-form in Chaozhou*, Ph.D. Dissertation of the University of Hong Kong, 2017。

北京建筑大学刘璧凝在 2017 年硕士学位论文《北京传统建筑砖雕技艺传承人口述史研究方法探索》中对口述史在北京传统建筑中的适用性和研究要点进行探讨，总结适用于北京传统建筑砖雕口述史的作业方法、作业流程及问题设计、整理方式等。

中国社会科学院近代史研究所专家白吉庵将 1985 年 7 月 27 日至 1988 年 1 月 19 日对思想家、教育家和社会改造运动者梁漱溟的 24 次访谈整理成《梁漱溟访谈录》（北京：人民出版社，2017 年）。

华南农业大学林学与风景园林学院的赖展将、巫知雄、陈燕明以英德当地一线英石文化工作者赖展将先生为口述访谈对象，运用历史学的口述历史研究方法，以其个人与英石相关的工作经历，介绍英石文化与产业在改革开放之后的发展历程，撰写期刊论文《英石文化需要崇拜者、创造者和传播者——一位英石文化工作者的口述》留下第一手原生性资料，为英石文化的当代传承作出重要贡献。（见《广东园林》，2017 年，第 5 期）

天津大学孔军 2017 年在博士论文《传承人口述史的时空、记忆与文本研究》中，通过分析大量传承人口述史资料，探讨口述史方法在传承人研究领域中的应用，从时间与空间交织、文化记忆研究取向以及口述史文本采写和样式等方面展开分析，论述传承人口述史的口述实践和文本建构，总结传承人口述史不同于其他类型口述史的特征。同时撰写研究成果期刊论文《试论建筑遗产保护中"非遗"传承人保护的问题与策略》。（见《建筑与文化》，2017 年，第 5 期）

华南农业大学林学与风景园林学院翁子添、李晓雪整理了以前任广州盆景协会会长、岭南盆景研究者谢荣耀为口述访谈对象，从岭南盆景培育技术、树种选择和盆景推广三个主要方面谈岭南盆景的发展和创新的访谈记录，发表期刊论文《岭南盆景的发展与创新——盆景人谢荣耀口述》为岭南盆景的当代研究留下第一手资料。（见《广东园林》，2017年，第6期）

华南农业大学林学与风景园林学院的翁子添、李世颖、高伟基于风景园林学科范畴，以口述史的研究视角对岭南盆景技艺的保护与传承进行初步探讨，撰写《基于岭南民艺平台的"口述盆景"研究与教育探索》。（见《广东园林》，2017年，第6期）

2016年4月—2019年7月，受同济大学建筑设计研究院集团委托，同济大学建筑与城市空间研究所团队开展"同济设计60年"（1952—2018）口述史项目，完成60余组、70余人的正式访谈，三分之一受访者超过80岁。其中，傅信祁、王季卿、董鉴泓、唐云祥、戴复东、吴庐生等年逾90岁的教授在全国院系调整时即进入同济。在此基础上出版《同济大学建筑设计院60年：1958—2018》（华霞虹、郑时龄，2018年）。

河西学院土木工程学院冯星宇撰写期刊论文《基于口述史的张掖古民居历史再现》。（见《河西学院学报》，2018年，第1期）

清华大学建筑历史研究所的刘亦师在《清华大学建筑设计研究院之创建背景及早期发展研究》一文中运用访谈等口述史研究方法对清华大学建筑设计研究院的创办的基础与背景、发展历程及组织运营等方面的史实资料进行系统的整理说明。（见《住区》，2018年，第5期）

沈阳建筑大学设计艺术学院的王鹤、董亚杰以东北地区规模最大、保存最完整的清末乡土民居建筑遗产——长隆德庄园为研究对象，应用口述史方法，对长隆德庄园选址依据、原始布局、建筑功能以及营建过程进行研究，撰写期刊论文《基于口述史方法的乡土民居建筑遗产价值研究初探——以辽南长隆德庄园为例》。（见《沈阳建筑大学学报（社会科学版）》，2018年，第5期）

清华大学建筑历史研究所刘亦师从2018年5月份起，陆续对参与清华设计院创建及对其发展了解20多位老先生进行访谈，着重梳理了20世纪90年代以前的设计院的发展历程。在查证档案材料的基础上，按照设计院发展的历史阶段、围绕重要的工程项目，把这一次获得的口述史料摘选合并成文，撰写《清华大学建筑设计研究院发展历程访谈辑录》。（见《世界建筑》，2018年，第12期）

沈阳建筑大学地域性建筑研究中心陈伯超、刘思铎主编《抢救记忆中的历史》（上海：同济大学出版社，2018年）。20多位学者完成了对贝聿铭、高亦兰、汉宝德、李乾朗、莫宗江、唐璞、汪坦、张镈、张钦楠、邹德慈等著名建筑家和建筑民俗工作者范清静等受访者的建筑口述史采访记录，扩充中国建筑的口述史实物和档案史料，进一步丰富和扩展中国建筑史研究。

谢辰生口述，姚远撰写《谢辰生口述：新中国文物事业重大决策纪事》（北京：生活·读书·新知三联书店，2018年）。

美国口述历史学家唐纳德·里奇的《大家来做口述历史（第3版）》是一本集口述历史理论、方法与实践于一体的百科全书式手册。该书于2019年1月由北京当代中国出版社出版，全新修订的第三版涵盖了近年来数字音频及视频技术的发展对口述历史产生的重大影响，新的技术使得制作和传播口述历史变得更加容易，互联网给发挥口述历史的潜能带来无尽可能。

西南民族大学文学与新闻传播学院邓备撰写期刊论文《国家社科基金项目视角下的口述史研究》，基于国家社科基金项目中的口述史项目，管窥我国口述史研究的现状，对今后的口述史研究和项目管理提出建议。（见《成都大学学报：社会科学版》，2019年，第1期）

成都武侯祠博物馆馆员王旭晨撰写期刊论文《历史是如何被表述的——攀枝花地区三国文化遗存口述史研究》，以口述史研究的方式对攀枝花地区三国文化遗存与历史进行了分析。（见《成都大学学报：社会科学版》，2019年，第1期）

中国电影人口述历史项目专家组组长张锦撰写《口述档案，口述传统与口述历史：概念的混淆及其成因》。（见《山西档案》，2019年，第2期）

西安建筑科技大学崔淮硕士、杨豪中博士撰写期刊论文《中国当代建筑理论研究的口述历史方法初探》，文章通过口述历史实践经验探索出一套指导性的理论原则方法，根据建筑理论的特点，论述如何确定访谈对象、制订访谈大纲以及整理口述资料。对建筑理论或者同类别的口述历史研究具有指导和借鉴意义，也可以为一些实践应用类的研究提供行为准则和流程规范，并为其提供强有力的方法论予以支持。（见《城市建筑》，2019年，第2期）

吴迪撰写《见微知著：论口述史与民间文献在地方志书中的应用——以〈时光里的家园——上海市静安区社区微志选辑〉为例》。（见《上海地方志》，2019年，第3期）

天津大学教授、中国传承人口述史研究所副所长郭平撰写并发表教育部人文社会科学研究规划基金项目“民末以来村落文化的记忆与转向：山西祁县乡民口述史研究”（17YJA850003），阶段性成果《记忆与口述：现代化语境下传统村落“记忆之场”的保护》。（《见民间文化论》，2019年，第3期）

邱霞撰写《“做”口述历史的实践规范与理论探讨》。（见《当代中国史研究》，2019年，第4期）

贵州师范学院美术与设计学院张婧红、杨辉、秦艮娟发表关于2018年贵州省哲学社会科学规划项目青年课题“贵州侗族传统建筑老匠师口述史研究”（批号：18GZQN16）的阶段性成果《口述史方法在少数民族建筑设计营造智慧研究中的应用》。文中运用口述史的研究方法对少数民族传统建筑设计营造匠人进行尽可能全面系统的深度访谈，将其建筑技艺和思想抢救加以记录，为国家和民族保住一份建筑文化遗产。（见《山西建筑》，2019年，第4期）

邱霞于2019年4月10日在《中华读书报》第019版发表文章《从事口述史实践的必读书》。

2019年5月，中国建筑工业出版社出版由王伟鹏、陈芳、谭宇翱翻译的《现代建筑口述史——20世纪最伟大的建筑师访谈》，作者约翰·彼得耗费40年，采访了世界上60多位最卓越的建筑师和工程师，这部前所未有的著作以及附带的光盘借现代建筑创造者之口讲述了现代建筑的故事。

2019年5月25日上午，第二届中国建筑口述史学术研讨会暨华侨建筑研究工作坊在华侨大学（厦门校区）正式拉开帷幕。研讨会由华侨大学建筑学院主办，同济大学出版社、惠安县闽南古建筑研究院协办，《建筑遗产》杂志提供媒体支持，同步出版陈志宏、陈芬芳主编《中国建筑口述史文库（第二辑）：建筑记忆与多元化历史》（上海：同济大学出版社）。第二辑在延续第一辑专题设置的基础上，新加华侨建筑与传统匠作记述、口述史工作经验、历史照片识读三个主题。被访者包括陈式桐、戴复东、关肇邺、刘佐鸿、童勤华、彭一刚、陈伯超、郑孝燮、周维权等，以及闽南匠师陈实生、王世猛和马来西亚木匠陈忠日等。

东南大学建筑学院李晓晖硕士研究生、李新建副教授撰写期刊论文《贵州镇山村石板民居屋面营造技艺以班氏民居为例》，通过实地调研、测绘、走访工匠等方式，揭示石板民居屋面的营造技艺。（见《建筑与文化》，2019年，第6期）

华侨大学研究生黄美意在撰写有关“溪底派”大木匠师谱系的硕士论文过程中采访了许多匠人，成果见2019年华侨大学硕士论文《基于口述史方法的闽南溪底派大木匠师谱系研究》。

山东大学研究生骆晨茜在撰写有关手艺人的身份构建的硕士论文过程中采访了许多内蒙古河套地区的木匠，成果见2019年山东大学硕士论文《手艺的生命：手艺人的身份建构——以内蒙古河套地区木匠为考察对象》。

南京城墙保护管理中心馆员金连玉博士撰写期刊论文《口述史在文化遗产活化利用中的新尝试——以“南京城墙记忆”口述史为例》。（见《自然与文化遗产研究》，2019年，第9期）

国家图书馆研究馆员、中国记忆资源建设总审校全根先撰写的《口述史理论与实践：图书馆员的视角》于2019年9月由北京知识产权出版社出版，本书分为理论与实践两个部分。理论部分探讨了口述史学的一些基本理论问题，着重对口述史项目如何策划、口述史访谈如何准备、重点如何把握、文稿如何整理等问题进行了论述，特别是对口述史访谈后期成果的评价问题，在国内首次进行了详尽的探讨。实践部分基于作者五年来的口述史工作实践，选择“中国图书馆界重要人物”“东北抗日联军老兵口述史”“我们的文字”“学者口述史”等专题进行重点介绍，包括作者所做口述史访谈准备、采访提纲、文稿整理、采访笔记等，具有较强的可操作性和示范性。该书为当前图书馆界开展口述史理论与实践提供了具有借鉴性、操作性的一个阶段性成果。

北京清华同衡规划设计研究院有限公司遗产保护与城乡发展研究中心研究员张晶晶、张捷、霍晓卫撰写期刊论文《〈口述史方法操作及成果标准化指南〉编制实践——口述史在文化遗产保护规划中的应用》。（见《活力城乡美好人居——2019中国城市规划年会论文集（09城市文化遗产保护）》）

杭州师范大学艺术教育研究院陈亭伊撰写期刊论文《口述传统是口述史学的文化机制》。（见《文化月刊》，2019年，第12期）

2019年9月，由周庄镇人民政府编、江苏人民出版社出版的《周庄古镇保护与旅游发展口述史》通过采访的当事人、当时事的陈述，全面展现了周庄模式、周庄经验在古镇开发利用、乡村振兴战略实施、史志事业发展等方面的重要价值。“周庄口述史”项目课题组历时两年多，奔赴上海、北京、南京、苏州及昆山等地，采访了周庄古镇保护与旅游业发展的决策者、实施者、支持者、亲历者，总计116人次，共形成访谈录音5G，视频录像500G，拍摄访谈照片2300余张、搜集老照片220张、信札32封、书籍9本、笔记本5本和口述实录文字121万。在多渠道核实的基础上，最终选取68人的口述，整理成《周庄古镇保护与旅游发展口述史》。昆山市地方志办公室副研究馆员徐秋明撰写《让亲历者还原原真的地方历史——以〈周庄古镇保护与旅游开发口述史〉为例》，介绍了周庄口述史项目实施的内容和工作方法（《江苏地方志》，2019年，第6期）。中国地方志指导小组办公室方志处处长陈旭撰写期刊论文《探究历史原委挖掘历史智慧——评〈周庄古镇保护与旅游开发口述史〉兼论口述史对史志工作的重要意义》。（见《江苏地方志》，2019 年，第 6 期）

中国社会科学院历史理论研究所张德明撰写期刊论文《2018 年中国近代史学史与史学理论研究综述》，对改革开放 40 年来的中国史学理论与史学史进行了总结。（见《北京教育学院学报》，2019 年，第 6 期）

华南理工大学建筑学院吴琳、唐孝祥，凯里学院彭开起撰写期刊论文《历史人类学视角下的工匠口述史研究——以贵州民族传统建筑营造技艺研究为例》，提出需在建立历史观的基础上研究民族工匠口述史，根据实际情况探讨了民族地区工匠口述史的一些实践研究思路，总结出适用于贵州地域工匠口述史的作业方法及处理方式。（见《建筑学报》，2020 年，第 1 期）

中国社会科学院历史理论研究所张德明撰写期刊论文《新世纪以来国内学界口述历史理论研究回顾》，对口述史学研究方法中的细节问题进行了探讨。（见《湖南社会科学》，2020 年，第 1 期）

2020 年 4 月，由丹珍央金著、北京民族出版社出版的《木雅・曲吉建才口述史》从生命史理论的视角出发，运用参与观察法、深度访谈法等研究方法，以木雅著名活佛——木雅・曲吉建才为研究对象，对其生命史进行追溯式考察，将这位活佛、建筑师、学者——“三位一体”的传奇人物，与其时代背景相联系，核对与分析相关史料，描摹他丰富多彩、跌宕起伏的人生历程。

2020 年 5 月，由林源、岳岩敏主编，同济大学出版社出版的《中国建筑口述史文库（第三辑）：融古汇今》一书中包含 30 余篇访谈记录、以访谈为基础的专业论文，以及历史照片识读。内容包括北京民居四合院的保护、山东民居的建造、东南亚华人建筑与丧葬方式、三线建设中的建筑师及其成就等，为建筑历史呈现了丰富的面向。

2020 年 6 月，由江苏人民出版社出版的《“城”封往事》是一本关于南京城墙历史及城墙保护的口述史著作，收录了与南京城墙有关的谢辰生、蒋赞初、梁白泉、杨国庆、叶兆言、海清等 80 余位专业学者及文化名人的口述访谈记录。有利于抢救和保存南京城市发展史重要历史信息，宣传南京城墙文化价值，推进南京城墙申报世界文化遗产工作。有助于充实南京城墙研究的基础研究资料，让更多人了解城墙背后的故事。

2020 年 7 月，由李海珉著、广陵书社出版的《黎里古镇》一书介绍了黎里古镇建筑的历史资料和传说故事。分胜迹景观、老宅厅堂、古镇故事三部分，详细记录各类建筑的规格、结构、工艺特色、历史传承，并深入挖掘其文化内涵和历史底蕴。另外，还收录了弄堂、古桥、厅堂等传说故事，部分为作者在搜集的口述资料基础上撰写而成。

2020 年 7 月，由中国文史出版社出版的《胡适口述自传》是著名历史学家和口述史专家唐德刚根据美国哥伦比亚大学中国口述历史学部所公布的胡适口述回忆 16 次正式录音的英文稿，以及唐德刚所保存并经过胡氏手订的残稿，对照参考、综合译出的。这也是唐德刚在哥伦比亚大学与胡适亲身交往，提着录音机完成的一项傲人的口述史传工程。在这里，胡适重点对自己一生的学术作了总结评价。

2020 年 7 月，由姜萌主编、北京高等教育出版社出版的《公共史学概论》作为中国第一部公共史学教材，以理论梳理为底色、实践操作为导向、素养提升为目的，从公共史学的含义、理论基础和学科框架，通俗史学、口述史学、影像史学、物质文化遗产保护与开发、非物质文化遗产保护与开发、数字公共史学的基本理论和实践经验等方面，系统展示了公共史学的学术积累与发展成果。

2020 年 8 月，由赵小平撰写、西南交通大学出版社出版的《川滇古盐道》一书在实地考察的基础上，结合历史文献、地方志资料及考察所得的口述资料和图片资料，重点对川滇古盐道形成的历史和背景、路线分布、赋存现状、古盐道上的文化遗产进行分述，图文并茂。有利于推动川滇古盐道的保护，使公众认识其历史、现状及旅游、考古学、建筑学、历史文化遗产等多重价值，为对其进行合理有效的开发提供重要参考。

2020 年 8 月，由广西科学技术出版社出版的《柳州旧机场及城防工事群旧址文物保护与相关研究》一书对柳州旧机场及城防工事群旧址的修缮工作进行整理总结，并结合历史资料、实地调研及口述材料进行了相关研究，从文物保护利用的角度，对柳州旧机场及城防工事群旧址的文物构成进行分析研究，详细系统地论述柳州旧机场及城防工事群旧址保护修缮及其相关研究。

2020 年 9 月，由武汉出版社出版的《城市这样生长》是一部关于武汉城市规划变迁的口述史，通过几代规划人的口述实录，讲述了中华人民共和国成立 70 年，尤其是改革开放 40 年来武汉城市经过 6 任规划局局长的 5 次整体规划，逐步升级为国家中心城市过程中发生的沧桑巨变。全书以规划为主线，由 40 篇采访稿组成，涉及 70 余位采访对象，分为局长访谈、城市总体规划访谈和规划大事记，得到近 20 家单位的支持，记录了几代城市规划工作者的奋斗历程，还原可感可知的城市记忆，也为后继者提供更多的历史借鉴和现实指导。

2020年9月，由海峡文艺出版社出版的《福州历史文化村落》一书包含了全福州市入选历史文化名村、传统村落名录的124个行政村或自然村，记述域内基本情况、建置沿革、姓氏人口、文物古迹以及民间技艺、民俗风情、历史人物等具有地域特色的内容，重点体现福州历史文化名村、传统村落的“名”与“特”文化内涵。

2020年10月，由索南加著、西藏人民出版社出版的《桑日文化遗迹研究》一书中，作者通过查阅大量历史文献，结合实地调研，搜集整理地方传说和口述资料，运用文献学、历史学、人类学等多种研究方法，对山南市桑日县境内桑日宗、沃卡宗、丹萨梯等27座文化遗迹的历史渊源、历史演变、现存文物、民俗仪式以及文化名人的生平事迹等进行了全面深入的研究。

2020年10月，中国建筑工业出版社出版的《伦佐·皮亚诺全集》由普利兹克建筑大师伦佐·皮亚诺本人亲自口述并主持编写。该书收录了迄今为止伦佐皮亚诺的所有建筑作品（包括最新作品），手绘、施工、效果图、照片、分析图等一应俱全，主要展示作品建成过程中的一些人物、事件、思想、技术等故事和他的心路历程，其中不乏戏剧冲突，内容全面、丰富，体现了伦佐的建筑设计思想精髓。

2020年11月，由仝晖、于涓编著，中国建筑工业出版社出版的《海右名宿：山东建筑大学建筑城规学院老教授口述史》用口述历史的方式，为山东建筑教育界的15位专业开拓者进行口碑史料的收集与整理，再现山东建筑学和城市规划专业早期教学工作的情况。将“人”的成长（生命史）与专业的建设发展有机结合，并将两条历史的线性叙事线索，放置在山东建筑大学（山东最早开办建筑学和城市规划专业的院校）构成的历史语境下，还原时代变迁中老一辈建大人为师、为学、为人的态度，以及60年专业发展的艰辛历程。

附录二

编者与采访人简介

（按姓氏拼音排序）

陈芬芳 女，华侨大学建筑学院讲师。2007 年天津大学建筑设计及其理论专业硕士研究生毕业，研究生论文题目为《中国古典园林研究文献分析》，2018 年天津大学建筑历史与理论专业博士毕业，博士论文题目为《二十世纪的中国古典园林学术史基础研究》。主要研究方向：传统景观创作理论、闽南传统建筑等，已发表《近代以来的古典园林研究史初探：文献分析与学科分布研究》（2009 年）、《历史文化视野下的中国古典园林研究地理分布分析》（2018 年）、《厦门虎溪岩寺景观理法探析》（2018 年）等论文。

陈　平 男，湖南大学建筑学院硕士毕业。主要从事湖南近代建筑史、遗产保护等方面的研究工作，目前就职于上海市黄浦区旧改办。

陈耀威 男，台湾成功大学建筑系毕业。国际古迹遗址理事会及其马来西亚理事会会员，马来西亚文化遗产部的注册文化资产保存师以及华侨大学兼职教授，现任陈耀威文史建筑研究室主持。从事文化资产保存，文化建筑设计以及华人文史研究工作。著有：《槟城龙山堂邱公司历史与建筑》《甲必丹郑景贵的慎之家塾与海记栈》《掰逆摄影》《文思古建工程作品集》《槟榔屿本头公巷福德正神庙》（合著）、*Penang Shophouses: A Handbook of Features and Materials*。曾主持修复槟城鲁班古庙、潮州会馆韩江家庙、潮州会馆办公楼、本头公巷福德正神庙、大伯公街海珠屿大伯公庙、清和社等传统建筑与店屋。

陈志宏 男，华侨大学建筑学院，教授，博士。主要研究方向：近代华侨建筑文化海外传播史、闽台地域建筑研究。主要著作：《闽南近代建筑》（2012 年）、《中国建筑口述史文库（第二辑）：建筑记忆与多元化历史》（2019 年），并参与五卷本《中国近代建筑史》（2016 年）的编写工作。主要奖项：2009 年获首届中国建筑史学青年学术论文二等奖，2017 年设计作品“闽南生态文化走廊示范段 – 木棉新驿驿站”获中国建筑学会主办首届海丝建筑文化青年设计师大奖赛二等奖。

戴　路 女，工学博士，天津大学建筑学院建筑系教授。主要研究领域：中国近现代建筑历史与理论研究、中国现代建筑的动态跟踪、20 世纪中国建筑遗产保护、地域性建筑、建筑设计与可持续发展。主要著作：《印度现代建筑》（与邹德侬，2002 年）、《中国现代建筑史》（普通高等教育“十一五”国家级规划教材）（与邹德侬、张向炜，2010 年）、《地域性建筑理论与亚洲现代地域性建筑》（与曾坚，2021 年），译著《当代世界建筑》（与刘丛红、邹颖，2003 年）。

关晓曦 女，华侨大学建筑学院 2019 级建筑学硕士研究生。研究方向：华侨建筑文化海外传播研究。

郭皓琳 女，谢菲尔德哈勒姆大学理学硕士（城市规划），南昌理工学院建筑工程学院讲师。

何盛强 男，华中科技大学建筑与城市规划学院 2018 级硕士研究生，湖北省城镇化工程技术研究中心。研究方向：近当代城市与建筑、文化遗产保护和建筑设计。已发表国际会议论文 1 篇，2020 中国城市规划年会论文 1 篇。

何思晴 女，华南理工大学建筑学院科研助理，华南理工大学风景园林硕士。研究方向：历史文化遗产保护。

胡英盛 男，同济大学建筑历史与理论博士。山东工艺美术学院建筑与景观设计学院副院长、副教授，硕士生导师。主持国家社科项目艺术学基金课题“山东明清庄园建筑群落测绘调研及保护”（15BG086）、山东省社会科学规划研究项目“城镇化进程中山东典型院落文化遗产保护策略研究”（15CWYJ12）、山东省研究生教育质量提升计划：山东省乡村振兴建设背景下环艺设计硕士研究生创新能力培养研究（SDYY18159）、山东省高等学校青创人才引育计划“传统村落保护管理与活化利用服务团队”。

黄丽妍　女，华中科技大学建筑与城市规划学院 2018 级硕士研究生，湖北省城镇化工程技术研究中心。研究方向：近当代城市与建筑、文化遗产保护。

黄　怡　女，同济大学建筑与城市规划学院教授，博士生导师。兼任上海同济城市规划设计研究院总规划师，同济大学城市更新与社区规划设计中心主任，中国社会学会理事、中国城市社会学会副会长、中国城市科学研究会生态城市研究专委会委员。研究方向：城乡人居环境规划理论与设计、城市更新与设计、住房与社区规划、城市社会学、乡村规划等。出版有《社区规划》《城市社会分层与居住隔离》《新城市社会学》《社会城市》等多部专著和译著。

贾　超　男，华南理工大学建筑历史与理论方向博士毕业，现为青岛理工大学建筑与城乡规划学院讲师，硕士生导师，建筑系主任助理、国家工业遗产专家库专家。长期从事工业遗产、近代建筑、建筑美学、建筑摄影等相关领域研究工作。先后发表论文 10 余篇、出版专著 1 部，主持或参与省市级以上课题 5 项，完成相关实践项目 8 项。

姜海纳　男，1999 年毕业于哈尔滨工业大学建筑系，获学士学位。2002 年毕业于哈尔滨工业大学建筑系，获硕士学位。华建集团华东建筑设计研究总院院刊《A+》执行主编，高级工程师。发表有《那些尘封的记忆：上海展览中心（原中苏友好大厦）》（与汪孝安，《华建筑》，2019 年，第 25 期）等。

赖德霖　男，清华大学建筑历史与理论专业和美国芝加哥大学中国美术史专业博士，现为美国路易维尔大学美术系摩根讲席教授、美术史教研室主任。主要研究领域：中国近代建筑与城市。曾与王浩娱等合编《近代哲匠录：中国近代重要建筑师、建筑事务所名录》（2006 年），与伍江、徐苏斌等合编五卷本《中国近代建筑史》（2016 年），主要著作：《中国近代建筑史研究》（2007 年）、《民国礼制建筑与中山纪念》（2012 年）、《走进建筑走进建筑史：赖德霖自选集》（2012 年）、《中国近代思想史与建筑史学史》（2016 年）。

李　鸽　女，哈尔滨工业大学博士，现为中国建筑工业出版社《建筑师》杂志主编。主要从事现代建筑理论、建筑历史研究等相关方向的期刊和图书出版。曾主要负责编辑出版《中国近代建筑史》（五卷本）（2016 年），与王莉慧合作整理出版建筑出版家杨永生先生的口述出版物《缅述》（2012 年），编辑出版《走在运河线上——大运河沿线历史城市与建筑研究》《增订宣南鸿雪图志》等多部图书。

李光雨　女，同济大学建筑与城市规划学院博士研究生。研究方向：城乡社区发展和住房建设。

李红琳　女，哈尔滨工业大学建筑学院，2016 级建筑学专业硕士研究生，寒地城乡人居环境科学与技术工业和信息化部重点实验室。研究方向：寒地聚落保护与更新、西方建筑历史与思潮。

李　萌　女，美国芝加哥大学斯拉夫语言文学系博士，现为芝加哥大学东亚语言文明系中文教师。研究方向：20 世纪在华俄国侨民文学、20 世纪五六十年代中国留苏生群体。主要著作：《缺失的一环：在华俄国侨民文学》（2007 年）。

李　怡　女，天津大学建筑学院 2019 级硕士研究生。主要研究领域：中国现代建筑史。

林思含　女，哈尔滨工业大学建筑学院，2019 级建筑学专业硕士研究生，寒地城乡人居环境科学与技术工业和信息化部重点实验室。研究方向：寒地聚落保护与更新、西方建筑历史与思潮。

林溪瑶　女，华中科技大学建筑与城市规划学院 2018 级硕士研究生，湖北省城镇化工程技术研究中心。研究方向：近当代城市与建筑、文化遗产保护。发表会议论文《“非城非乡”：三线建设聚落特征及其比较研究》（第二十五届中国民居建筑学术年会）。

刘　访　女，山东工艺美术学院建筑与景观设计学院 2020 级研究生。研究方向：传统民居与村落保护。

刘　晖　男，1996 年湖南大学建筑学本科毕业。2005 年华南理工大学建筑历史与理论专业博士毕业。华南理工大学建筑学院副教授、硕士研究生导师、注册城市规划师、一级注册建筑师、文物保护工程责任设计师，中国建筑学会工业建筑遗产学术委员会委员，佛山市立法专家顾问。近年来主要从事历史文化遗产保护规划和工业遗产研究。发表学术论文 25 篇，专著译著 5 部。

刘军瑞　男，同济大学建筑与城规学院博士，河南理工大学建筑与艺术设计学院讲师。研究方向：中国建筑史和乡土营造匠师口述史。参加导师李浈教授主持的两个国家自然科学基金项目：51378357、51878450。发表论文《中山市传统民居营造技艺初探》《“口述史”方法在传统营造研究中的若干问题探析》（与李浈）等。

刘 涟 女，同济大学建筑与城市规划学院，2019级建筑学专业博士研究生。研究方向：近代住宅室内的近现代历史演进及保护机制研究。个人及团队发表有：《文化交融——上海近代中西方名人住宅室内外中西元素比较研究》（《2017中国室内设计论文集》，北京：中国水利水电出版社，2017年）、《命运的交织与异同的由来——上海孙中山故居与鲁迅故居室内空间比较研究》（《家具与室内装饰》，2017年12月），《近代上海文化名人居住室内环境特征研究》（与左琰，《时代建筑》，2017年11月）、《从国际饭店到吴同文住宅——邬达克现代派建筑中的装饰风格研究》（与左琰、刘春瑶，《建筑师》，2017年6月）。

刘亦师 男，清华大学建筑学院，美国加州伯克利大学建筑系博士，现任清华大学建筑学院副教授、博士生导师，专攻中国近现代建筑史，目前正在编写清华大学建筑学院院史（1946—1976）。

龙 灏 男，重庆大学建筑城规学院建筑系教授，博士生导师，系主任，重庆大学医疗与住居建筑研究所所长。主要从事医疗、居住及城市更新等方面的教学研究工作，业余爱好探寻本院办学历史情况。

龙美洁 女，山东工艺美术学院建筑与景观设计学院2020级研究生。研究方向：传统民居与村落保护。

卢永毅 女，同济大学建筑与城市规划学院教授，博士生导师，并担任《建筑师》等多种国内外建筑和遗产杂志的编委。主要从事西方建筑历史与理论教学与研究，上海近代建筑与城市史及近代建筑遗产保护研究工作。发表数十篇相关研究论文，合著《产品设计现代生活——工业设计的发展历程》（1995年），主编及合作主编《地方遗产的保护与复兴：亚洲近代建筑网络第四次国际会议论文集》（2005年）、《建筑理论的多维视野》（2009年）、《谭垣纪念文集》（2010年）、《黄作燊纪念文集》（2012年），合译有[比]海嫩著《建筑与现代性批判性》（2015年），并参与五卷本《中国近代建筑史》（2016年）的编写工作。

朴玉顺 女，教授，博士，博士研究生导师，于沈阳建筑大学从事研究、教学工作。主要研究方向：辽河流域人居环境史研究。建筑学科和风景园林学科的史学方向学术带头人，全国建筑史学会理事和学术委员，全国历史文化名城名镇名村保护专家委员会委员、中国建筑学会民居学术委员会委员、国家科技奖评审专家、国家自然科学基金评审专家、国家社科基金评审专家、中国勘察设计协会传统建筑分会专家委员会专家、辽宁省文化厅保护工程专家组成员等学术兼职。作为项目主持人完成包括国家自然基金和社科基金在内的20余项国家各级科研项目。所完成科研项目与科研成果获省部级科研奖励达29项。在国内外重要学术刊物上发表学术论文57篇。正式出版9本学术专著。主持和参与完成服务地方经济建设项目近40项，获辽宁省、沈阳市优秀勘察设计一、二等奖。

钱 锋 女，同济大学博士，现为同济大学建筑与城市规划学院建筑系副教授。主要教学和研究方向为西方建筑史和中国近现代建筑史。代表著作有：《中国现代建筑教育史（1920—1980）》（与伍江，2008年），译著有《勒·柯布西耶：理念与形式》（与沈君承等，2020年），以及论文《“现代”还是“古典”：文远楼建筑语言的重新解读》《从一组早期校舍作品解读圣约翰大学建筑系的设计思想》等。承担有国家自然科学基金项目“近代美国宾夕法尼亚大学建筑设计教育及其对中国的影响”“中国早期建筑教育体系的西方溯源及其在中国的转化”等课题，并参与五卷本《中国近代建筑史》（2016年）的编写工作。

任 尧 男，2019年长安大学建筑学本科毕业，获建筑学学士学位。2019年于华侨大学攻读建筑学硕士学位，研究方向：建筑历史与遗产保护，导师为陈芬芳。

申雅倩 女，沈阳建筑大学2019级建筑学专业硕士研究生。研究方向：传统民居营造技艺。

孙佳爽 女，2013年毕业于哈尔滨工业大学建筑学院建筑学专业，获学士学位。2014年毕业于伦敦大学学院建筑设计专业，获硕士学位。现任华建集团华东建筑设计研究总院院刊《A+》媒体编辑，华建集团“上海八十年代高层建筑”课题研究员。主要从事建筑类杂志的策划与组稿、建筑类相关课题研究、建筑类学术活动的策划与执行。发表有《机器人粘土打印》（《建筑机器人建造》，2015年）、《数字制陶工艺研究》（《时代建筑》，2015年，第6期）、《环境行为学视角下的智慧社区建构研究》（《住宅科技》，2017年，第12期）。

孙鑫姝 女，沈阳建筑大学建筑研究所，2018级建筑设计及其理论专业方向硕士研究生。研究方向：辽宁近现代城市建筑发展研究。

谭刚毅 男，华中科技大学建筑与城市规划学院副院长、教授、博士生导师。中国建筑学会民居建筑学术委员会秘书长，中国建筑学会建筑教育分会副主任委员。香港大学和英国谢菲尔德大学访问学者。主要从事传统民居与乡土实践、近当代城市与建筑、文化遗产保护和建筑设计等方面的研究。完成学术著作5本，境内外期刊和会议论文逾 50 篇，主持国家自然科学基金 3 项、英国国家学术院基金项目 1 项（中方负责人）。曾获全国优秀博士学位论文提名奖、联合国教科文组织亚太地区文化遗产保护奖第一名“杰出项目奖”、IDA 国际设计金奖以及其他国内外竞赛和设计奖项。多次指导学生设计竞赛和论文竞赛获奖，获 2019 宝钢优秀教师奖。

涂小锵　男，华侨大学建筑学院 2019 级建筑学博士研究生。研究方向：华侨建筑文化海外传播研究。

汪晓茜　女，博士，东南大学建筑学院历史与理论研究所副教授，研究生导师。主要研究领域：世界建筑史、中国近现代建筑、建筑遗产保护与更新。迄今主持或参与近 20 项科研项目，发表学术论文和著作 70 多篇（部）。代表著作：《外国建筑简史》（与刘先觉，国家精品教材）、《大匠筑迹——民国时代的南京职业建筑师》《南京历代经典建筑》《叠合与融通：近世中西合璧建筑艺术》（与李海清），参与五卷本《中国近代建筑史》（2016 年）等。两度荣获东南大学最受欢迎的十佳研究生导师，曾获中国建筑学会建筑史分会颁发的勒柯布西耶奖。

王　丹　女，华中科技大学建筑与城市规划学院 2019 级硕士研究生，湖北省城镇化工程技术研究中心。研究方向：近当代城市与建筑、文化遗产保护。

王晶莹　女，沈阳建筑大学建筑研究所，2017 级建筑及其理论专业方向专硕研究生。主要研究领域：工业遗产保护与再利用。

王睿智　男，清华大学建筑学院，2019 级建筑学专业博士研究生，研究方向：建筑历史与理论、中国近代建筑史。

王伟鹏　男，南京大学建筑学博士，同济大学建筑学博士后流动站出站。主要从事西方建筑历史与理论、美国建筑、建筑翻译等方面的研究工作。发表有《洞见还是吹捧？文森特・斯卡利评罗伯特・文丘里》（《建筑师》，182 期，2016 年 4 月）、《建筑大师的真实声音：评介〈现代建筑口述史：20 世纪最伟大的建筑师访谈〉》（《时代建筑》，2016 年，第 5 期）、《查尔斯・詹克斯的后现代主义建筑历史写作》（《建筑师》，196 期，2018 年 12 月）等多篇论文，译有 [美] 约翰・彼得著《现代建筑口述史：20 世纪最伟大的建筑师访谈》（2019 年）。

王雅坤　女，山东科技大学土木工程与建筑学院教师。研究方向：青岛近代建筑与建筑师研究。

吴鼎航　男，香港大学建筑历史与理论博士，师从龙炳颐教授，香港大学建筑学系博士后。现为香港珠海学院建筑学系助理教授。主要研究领域：中国传统民居建筑及遗产保护。

吴英华　女，吉林大学哲学系本科毕业，长期从事企业公共关系和建筑媒体方面的工作。现任华建集团华东建筑设计研究总院媒体运营总监、《A+》责任编辑，华建集团“上海八十年代高层建筑”课题研究员。发表有《一个真正意义上的新生代枢纽口岸——港珠澳大桥珠海口岸工程设计总负责人郭建祥访谈》（《建筑知识》，2018 年，第 8 期）。

忻　运　女，2017 年毕业于北卡罗来纳大学教堂山分校城市与区域规划系，获硕士学位。现任华建集团华东建筑设计研究总院院刊《A+》媒体编辑，华建集团“上海八十年代高层建筑”课题研究员。

游灵慧　女，华侨大学建筑学院 2019 级研究生，主要研究领域：华侨建筑文化海外传播研究。

张应静　女，重庆大学艺术学院，2012 级设计艺术学专业硕士研究生。曾任《城市环境设计》杂志组稿编辑，现任华建集团华东建筑设计研究总院有限公司院刊《A+》编辑，华建集团“上海八十年代高层建筑”课题研究员。

赵　琳　女，青岛理工大学建筑与城乡规划学教授、博士、副院长，建筑历史研究所主任。山东土木建筑协会理事、青岛历史建筑保护协会理事。长期从事建筑历史与理论科研与教学工作，主要研究方向：传统营造与技艺、山东地域建筑、青岛近代建筑等。主要著作包括：《宋元江南佛教建筑初探》（2003 年）、《魏晋南北朝室内环境艺术研究》（2005 年）、《图解青岛里院建筑》（2019 年），发表学术论文 31 篇。成果曾获山东省教育厅优秀科研成果三等奖、省文化厅优秀科研成果二等奖，多次荣获国家级大赛优秀指导教师，青岛市建功女明星及“巾帼建功”先进个人称号。

朱　莹　女，哈尔滨工业大学建筑学院，硕士研究生导师，寒地城乡人居环境科学与技术工业和信息化部重点实验室。研究方向：寒地聚落保护与更新、西方建筑历史与思潮。

图书在版编目（CIP）数据

地方记忆与社区营造 / 赵琳，贾超主编 . -- 上海：同济大学出版社，2021.5

（中国建筑口述史文库 . 第四辑）

ISBN 978-7-5608-9838-4

Ⅰ . ①地… Ⅱ . ①赵… ②贾… Ⅲ . ①建筑史—史料—中国 Ⅳ . ① TU-092

中国版本图书馆 CIP 数据核字 (2021) 第 049290 号

中国建筑口述史文库　第四辑

地方记忆与社区营造

主　　编　赵琳　贾超

出 品 人　华春荣

特邀编辑　赖德霖　**责任编辑**　江岱　**助理编辑**　金言　**责任校对**　徐春莲　**装帧设计**　钱如潺

出版发行　同济大学出版社　www.tongjipress.com.cn

（地址：上海市四平路 1239 号　邮编：200092　电话：021-65985622）

经　　销　全国各地新华书店

印　　刷　上海安枫印务有限公司

开　　本　787mm × 1092mm　1/16

印　　张　22

字　　数　549 000

版　　次　2021 年 5 月第 1 版　2021 年 5 月第 1 次印刷

书　　号　ISBN 978-7-5608-9838-4

定　　价　92.00 元